正点原子教你学嵌入式系统丛书

FreeRTOS 源码详解与应用开发
——基于 STM32(第 2 版)

许颖劲　左忠凯　刘　军　编著

北京航空航天大学出版社

内容简介

本书辅以大量的例程，全面讲解了 FreeRTOS 的原理以及源码，主要内容包括任务管理和任务调度、系统裁减和配置、时间管理、队列、信号量、软件定时器、事件标志组、任务通知、低功耗 Tickless 模式、空闲任务以及内存管理等。同时，本书配有大量的图例，对于想要深入学习 RTOS 类系统原理的人来说是一个不错的选择。本书是再版书，相比旧版，使用了更新的 FreeRTOS 内核版本作为解析对象，并针对 FreeRTOS 在多种 ARM Cortex－M 架构下的运行进行了介绍；同时，本书对知识点的介绍更加详细、讲解的先后顺序更加合理。

本书配套资料包括视频教程、文档教程、各个例程的源码及相关参考资料，所有资料均可在开源电子网免费下载（网址为 www.openedv.com）。

本书适合那些想要学习 FreeRTOS 的初学者，也可作为高等院校计算机、电子技术、自动化、嵌入式等相关专业的教材。

图书在版编目(CIP)数据

FreeRTOS 源码详解与应用开发 ：基于 STM32 / 许颖劲，左忠凯，刘军编著. -- 2 版. -- 北京 ：北京航空航天大学出版社，2023.7

ISBN 978－7－5124－4100－2

Ⅰ. ①F… Ⅱ. ①许… ②左… ③刘… Ⅲ. ①微控制器—系统开发 Ⅳ. ①TP332.3

中国国家版本馆 CIP 数据核字(2023)第 086801 号

FreeRTOS 源码详解与应用开发——基于 STM32(第 2 版)

许颖劲　左忠凯　刘　军　编著

责任编辑　董立娟

*

北京航空航天大学出版社出版发行

北京市海淀区学院路 37 号(邮编 100191)　http://www.buaapress.com.cn

发行部电话：(010)82317024　传真：(010)82328026

读者信箱：emsbook@buaacm.com.cn　邮购电话：(010)82316936

三河市华骏印务包装有限公司印装　各地书店经销

*

开本：710×1 000　1/16　印张：25　字数：533 千字

2023 年 9 月第 2 版　2024 年 5 月第 2 次印刷　印数：2 001～4 000 册

ISBN 978－7－5124－4100－2　定价：89.00 元

第2版前言

《FreeRTOS 源码详解与应用开发——基于 STM32》出版至今已经有了六七年的时间了，在这期间 FreeRTOS 的版本也已经有了更新。同时，笔者收到了大量热心读者的积极反馈，于是笔者认为该到了改版的时候。

作者按照成书时 FreeRTOS 内核的最新版 V10.4.6 进行了修订，同时介绍了 ARM Cortex-M 内核的相关内容，使得读者不论使用 STM32F1、STM32F4、STM32F7、STM32H7 还是其他 ARM Cortex-M 内核的 MCU，都能很好地学习 FreeRTOS。另外，此次修订使得全书知识点的介绍更加详细、介绍的先后顺序更加合理，更有助于读者由浅入深地学习 FreeRTOS。每个实验都配套了实验例程的流程图，并且采用了相同的程序框架，不论是在阅读还是理解代码方面都更加方便。

本书配套资料包括书中涉及的相关视频教程、文档教程以及各个实验的例程源码相关参考资料，读者均可免费获取，网址为：www.opendev.com/docs/。

编　者

2023 年 3 月

第1版前言

背景知识

近年来微处理器的性能呈爆炸式增长，尤其是在 ARM 公司发布了 Cortex－M 内核以后，全球很多大型半导体厂商都推出了基于 Cortex－M 内核的 MCU。以 ST（意法半导体）为例，先后推出了 STM32F1、STM32F4、STM32F7 和最近刚推出的 STM32H7，其性能已经远超曾经的 ARM7，甚至已经超过了大多数的 ARM9 处理器。强大的性能意味着复杂的功能、复杂的应用，随着应用中所需功能的增多，裸机开发越来越吃力，应用中各功能模块的管理遇到了前所未有的挑战。这时候，一个科学的、合理的模块化管理方法显得尤为重要，而这个正是操作系统的基本功能，即任务管理。

提起操作系统，大多数人的第一反应应该是 Windows、Linux、Android 和 IOS 等这些常用的大型操作系统。很不幸的是，对于 Cortex－M 这种级别的 MCU 来讲，这些系统一个都用不了，它们有自己专用的操作系统，叫 RTOS 类操作系统。RTOS 是 Real TimeOperating System 的缩写，也就是实时操作系统。RTOS 类操作系统有很多，如 μC/OS－II/III、RTX、RT－Thread、FreeRTOS 等。那为何本书选择 FreeRTOS 呢？最主要的原因就是 FreeRTOS 免费，而且全球占有量很大，很多第三方组件厂商都选择 FreeRTOS 作为默认操作系统，比如 STM32 官方库、TouchGFX 图形界面、各种 WiFi 和蓝牙的协议栈等，因此本书选择了 FreeRTOS。系统的运行需要一个平台，本书选取正点原子推出的 STM32F429 阿波罗开发板，本书所涉及的例程都是基于此款开发板编写的；如果读者使用其他类型的开发板，则只需要对例程稍做修改即可。

本书特点

- 由简入深，从最基本的 API 函数使用方法讲起，让读者对于 FreeRTOS 先有一个基本的概念，后续章节再对 FreeRTOS 的各功能模块进行详细讲解。
- 对 FreeRTOS 中重要的功能模块，比如信号量、队列、列表和列表项等，进行了源码级的剖析，对其中重要的 API 函数源码进行了详细分析。
- 针对 FreeRTOS 的移植过程，笔者每操作一步都记录下来写进本书，尽可能保证移植过程合理、无误，尽量确保读者通过参考本书的移植过程可以将

FreeRTOS 移植到任何 FreeRTOS 所支持的 MCU 上。

- 对于本书中晦涩难懂的原理性知识,我们都会配有相应的图形,采用图文结合的方式加深对原理的理解。所有图形都采用 Visio 软件进行绘制,保证图形质量,图形配色合理、大气。
- 操作系统是运行在处理器上的,因此,肯定会涉及处理器架构方面的知识,本书中涉及的地方都会标记出可以参考的书籍以及章节,方便想要深入了解的读者去阅读参考。
- 基本上每章都有相应的练习和使用例程,通过理论加实践的方式来加强对 FreeRTOS 操作系统的掌握。
- 考虑到不同读者的 C 语言使用水平不同,本书涉及的例程中都没有使用复杂的 C 语言语法,基本都是最常用的语法。

使用对象

- 使用 FreeROTS 操作系统的研发人员,或者毕业设计等需要使用 FreeRTOS 的学生。
- 对 FreeRTOS 感兴趣、想要深入了解其运行原理的爱好者。
- 学习过其他 RTOS 类操作系统、想要再掌握一种 RTOS 类操作系统的爱好者。

软硬件平台

使用 FreeRTOS 肯定避免不了编写、编译程序,程序编译完成以后肯定也需要下载到硬件上去运行。编写程序的 IDE 和运行程序的硬件平台有很多种,本书使用的软硬件平台如下:

硬件平台:正点原子推出的 STM32F429 阿波罗开发板。拥有这款开发板的读者可以直接下载本书中的所有例程,无须任何修改。正点原子有多款 STM32 开发板,包括 STM32F103、STM32F407、STM32F429 和 STM32F767,本书所有例程都有这些开发板的对应版本,拥有这些开发板的读者可以直接下载对应的例程。使用其他开发板的读者也不用着急,本书例程操作的都是 STM32 最基本的外设,比如串口、定时器、I/O 等,只须稍稍修改就可以将例程在自己的开发板上运行起来。

IDE 开发工具:Keil 公司的 MDK 5.22。

FreeRTOS 版本:V9.0.0 版本的 FreeRTOS。

STM32 库:ST 最新推出的 HAL 库,版本为 V1.4.2。

参考资料

本书编写过程中参考过很多资料,但是最有用的就只有那几份文档和书籍,首推的就是 FreeRTOS 官方的两份文档:《FreeRTOS_Reference_Manual_V9.0.0》和《Mastering_the_FreeRTOS_Real_Time_Kernel - A_Hands - On_Tutorial_Guide》,

读者可以在 FreeRTOS 官网下载。另外，涉及 Cortex－M 内核的时候推荐读者参考《ARM Cortex－M3 与 Cortex－M4 权威指南（第 3 版）》，此书对 Cortex－M3/M4 内核进行了详细讲解。本书重点讲解 FreeROTS 的原理和使用，不会对 STM32 的使用过多讲解，这方面的资料可以参考正点原子推出的精通 STM32F4 系列丛书和 ST 官方的参考手册、数据手册等。

配套资料

本书配套资料包括视频教程、文档教程、各个例程的源码及相关参考资料，所有资料均可在开源电子网免费下载，网址为 www.openedv.com。

感　谢

衷心感谢刘军、张洋、刘勇财、周莉、刘海涛、李振勇、黄树乾、吴振阳、彭立峰、罗建等人的审稿，感谢开源电子网广大网友对本书提出的建议。

由于编者水平有限，加之时间仓促，难免会有错误和不足之处，希望广大读者能够提出宝贵意见。如果发现有错误的地方可以发邮件到邮箱：zuozhongkai@outlook.com，或者在论坛 www.openedv.com 上留言。

左忠凯

2017 年 5 月

目　录

第1章

FreeRTOS 简介

从本章开始，我们就踏入了FreeRTOS的大门。FreeRTOS是一个RTOS类的嵌入式实时操作系统，在学习和使用FreeRTOS之前，需要先了解什么是FreeRTOS、为什么选择学习FreeRTOS以及FreeRTOS的特点，这也是本章的目的。

本章分为如下几部分：

1.1　初始FreeRTOS

1.2　磨刀不误砍柴工

1.3　FreeRTOS源码初探

1.1　初识 FreeRTOS

1.1.1　什么是 FreeRTOS

FreeRTOS的名字可以分为两部分：Free和RTOS，Free就是免费的、自由的、不受约束的意思；RTOS全称是Real Time Operating System，中文名就是实时操作系统。注意，RTOS不是指某一特定的操作系统，而是指一类操作系统，例如，μC/OS、FreeRTOS、RTX、RT－Thread等这些都是RTOS类的操作系统。因此，从FreeRTOS的名字中就能看出，FreeROTS是一款免费的实时操作系统。

操作系统是允许多个任务"同时运行"的，操作系统的这个特性被称为多任务。然而实际上，一个CPU核心在某一时刻只能运行一个任务，而操作系统中任务调度器的责任就是决定在某一时刻CPU究竟要运行哪一个任务。任务调度器使得CPU在各个任务之间来回切换并处理任务，由于切换处理任务的速度非常快，因此就给人造成了一种同一时刻有多个任务同时运行的错觉。

操作系统的分类方式可以由任务调度器的工作方式决定，比如有的操作系统给每个任务分配同样的运行时间，时间到了就切换到下一个任务，Unix操作系统就是这样的。RTOS的任务调度器被设计为可预测的，而这正是嵌入式实时操作系统所需要的。在实时环境中，要求操作系统必须实时地对某一个事件做出响应，因此任务调度器的行为必须是可预测的。像FreeRTOS这种传统的RTOS类操作系统是由用户给每个任务分配一个任务优先级，然后任务调度器就可以根据此优先级来决定下一刻应该运行哪个任务。

FreeRTOS 是众多 RTOS 类操作系统中的一种，十分小巧，可以在资源有限的微控制器中运行，当然，FreeRTOS 也不仅仅局限于在微控制器中使用；单从文件数量上来看 FreeRTOS 要比 μC/OS 少得多。

1.1.2 为什么选择 FreeRTOS

上面说了 RTOS 类操作系统有很多，那为什么要选择 FreeRTOS 呢？μC/OS 教程中说过，学习 RTOS 首选 μC/OS，因为 μC/OS 的资料很多，尤其是中文资料，相比之下 FreeRTOS 的资料少，而且大多数是英文的，那为什么还要选择学习和使用它呢？主要原因有以下的几点：

① 免费，这是很重要的一点。因为做产品的时候要考虑产品的成本，显而易见的，FreeRTOS 操作系统就是一个很好的选择，当然，也可以选择其他免费的 RTOS 操作系统。

② 简单。这一点单从 FreeRTOS 操作系统的文件数量上就能感觉到(这个在后面的具体学习中就会看到)，其与 μC/OS 操作系统系统相比要少很多。

③ 使用广泛。许多半导体厂商和软件厂商都在其产品中使用了 FreeRTOS 操作系统。例如，许多半导体厂商都在其产品的 SDK 包中使用 FreeRTOS 操作系统，尤其是涉及 Wi-Fi、蓝牙等带协议栈的芯片或模块；GUI 设计软件库 TouchGFX 在其软件的应用例程中使用了 FreeRTOS 操作系统；ST 公司也在其 STM32Cube 生态系统中加入了对 FreeRTOS 操作系统的支持。

④ 资料齐全。FreeRTOS 的官网(https://www.freertos.org/)上提供了大量的相关文档及例程源码，但都是英文版。

⑤ 可移植性强。FreeRTOS 操作系统支持多种不同架构、不同型号的处理器，比如 STM32 系列的 F1、F4、F7 和 H7 等都可以移植 FreeRTOS，极大地方便了我们学习和使用 FreeRTOS 操作系统。

1.1.3 FreeRTOS 的特点

FreeRTOS 操作系统是一个功能强大的 RTOS 操作系统，并且能够根据需求进行功能裁减，以满足各种环境的要求。FreeRTOS 的特点如图 1.1 所示。

1.1.4 商业许可

FreeRTOS 采用了 MIT 开源许可，这允许将其应用于商业，并且不需要公开源代码。此外，FreeRTOS 还衍生出了另外两个操作系统：OpenRTOS 和 SafeRTOS，其中，OpenRTOS 使用了和 FreeRTOS 相同的代码，但却受商业授权保护。OpenRTOS 的商业许可和 FreeRTOS 的 MIT 开源许可对比如表 1.1 所列。

SafeRTOS 同样是 FreeRTOS 的衍生版本，其符合工业、医疗、汽车和其他国际

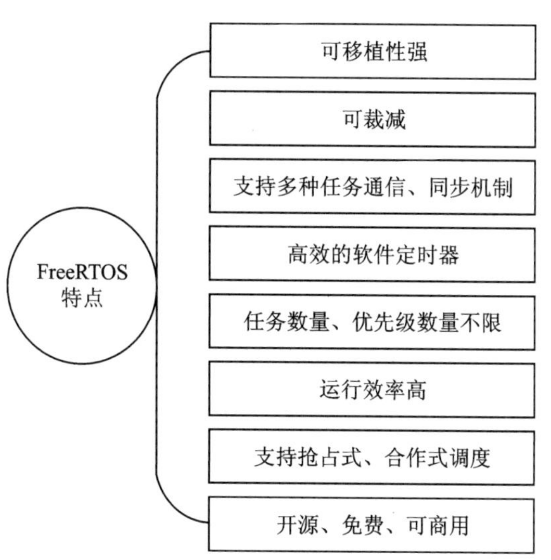

图 1.1　FreeRTOS 特点

安全标准的严格要求，具有更高的安全性。

表 1.1　FreeRTOS 和 OpenRTOS 的许可区别

对比项	FreeRTOS MIT 开源许可	OpenRTOS 商业许可
是否免费	是	否
是否可以在商业应用中使用	是	是
是否免版权费	是	是
是否提供维护	否	是
是否可以在商业基础上获得专业的技术支持	是	是
是否提供法律保护	否	是
是否需要开源使用了 FreeRTOS 服务的应用程序	否	否
是否需要开源对 RTOS 内核修改的部分	否	否
是否需要证明在产品中使用了 FreeRTOS	否	否
是否需要向应用程序的用户提供 FreeRTOS 代码	否	否

1.2　磨刀不误砍柴工

1.2.1　查找资料

不管学习什么，第一件事情就是查找资料，可能有的读者会说“查找资料还不容易吗，打开搜索引擎直接搜索就行了”，虽然这样搜索出来的资料会包含许多不错的内容，比如各种博客和论坛上的经验帖，但是要从众多资料中找到精华部分还是需要耗费大量时间的,并且这些资料也不够权威、及时。由于 FreeRTOS 的更新速度很快,许多第三方的资料都无法做到实时更新,顺带一提的是,笔者编写本书时 FreeRTOS 内核的最新版本是 V10.4.6,本书及配套的例程源码都是基于这个版本的。因此,获取 FreeRTOS 最权威、最实时的资料最好的地方是 FreeRTOS 官网,网址是 https://www.freertos.org/,如图 1.2 所示。FreeRTOS 的官网是全英文的,由此可见英语对一个嵌入式工程师的重要性。

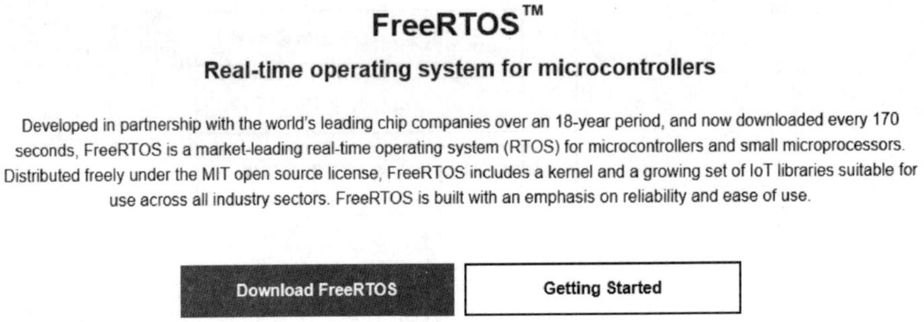

图 1.2 FreeRTOS 官网

图 1.2 下方的两个按钮分别是 Download FreeRTOS 和 Getting Started,单击 Download FreeRTOS 就能够下载到最新发布的 FreeRTOS,而 Getting Started 就是在 FreeRTOS 官网查看在线资料的入口。单击 Getting Started,再单击 Getting started with the FreeRTOS kernel 底下的 Learn More 就能够查看到有关 FreeRTOS 内核的在线资料文档了。同时在页面的左侧可以看到 FreeRTOS 在线资料的导航栏,如图 1.3 所示。

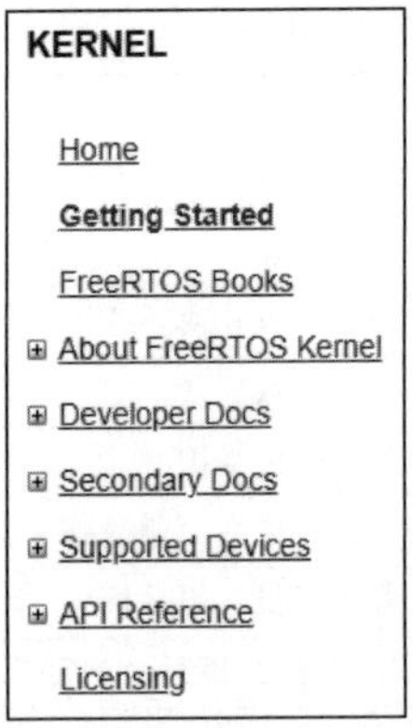

图 1.3 FreeRTOS 在线资料导航栏

从图 1.3 可以看到,FreeRTOS 的官网提供了大量的在线资料,其中包括了入门 FreeRTOS、FreeRTOS 的官方书籍、FreeRTOS 内核的相关内容、开发文档、次要文档、FreeRTOS 支持的设备、FreeRTOS API 参考手册、FreeRTOS 的授权说明。Developer Docs(开发文档)和 Secondary Docs(次要文档)是 FreeRTOS 官方提供的 FreeRTOS 在线文档。FreeRTOS API 参考手册中详细地介绍了 FreeRTOS 中各个 API 的使用说明,包括 API 函数的参数说明、返回值说明以及 API 用法举例。

任意打开一个创建任务的 API 函数,相关界面如图 1.4 所示。在这个界面下方就可以看到 xTaskCreate 这个 API 函数的详细用法说明和用法举例,用法举例的代码如下所示:

Getting Started

FreeRTOS Books

⊞ About FreeRTOS Kernel

⊞ Developer Docs

⊞ Secondary Docs

⊞ Supported Devices

⊟ API Reference

⊟ Task Creation

TaskHandle_t (type)

xTaskCreate()

xTaskCreate

[Task Creation]

task. h

```
BaseType_t xTaskCreate(    TaskFunction_t pvTaskCode,
                           const char * const pcName,
                           configSTACK_DEPTH_TYPE usStackDepth,
                           void *pvParameters,
                           UBaseType_t uxPriority,
                           TaskHandle_t *pxCreatedTask
                         );
```

图 1.4　创建任务 API 函数

```
/* 被创建的任务 */
void vTaskCode (void * pvParameters)
{
    /* 确保传入的参数是 1 */
    configASSERT (((uint32_t) pvParameters) == 1);
    for( ;; )
    {
        /* 任务代码 */
    }
}
/* 用来创建任务的函数 */
void vOtherFunction (void)
{
    BaseType_t xReturned;
    TaskHandle_t xHandle = NULL;
    /* 创建任务 */
    xReturned = xTaskCreate(
                    vTaskCode,              /* 任务函数 */
                    "NAME",                 /* 任务名 */
                    STACK_SIZE,             /* 任务堆栈大小,单位:字 */
                    (void * ) 1,            /* 传递给任务函数的参数 */
                    tskIDLE_PRIORITY,       /* 任务优先级 */
                    &xHandle);              /* 任务句柄 */
    if (xReturned == pdPASS)
    {
        /* 任务创建完成,使用任务句柄来删除任务 */
        vTaskDelete (xHandle);
    }
}
```

1.2.2　FreeRTOS 官方文档

接触过 μC/OS 的读者都知道,μC/OS 官方的文档和书籍做得非常好,参见 μC/OS 官网(https://micrium.atlassian.net/wiki/),如图 1.5 所示。可以看到,其中不仅仅提供了 μC/OS 的文档和书籍,还提供了各种组件的文档和书籍,包括 μC/

CAN、μC/USB-Device、μC/TCP-IP 等,并且大多数书籍都在售,具体可自行搜索。

空间
按标题筛选
μC/CAN Documentation
products
uccan
products_communication
doc_comm
μC/CANopen Documentation
canopen
documentation
doc_comm
μC/Clk Documentation
products
products_buildingblocks
ucclk
clk_manual
+1

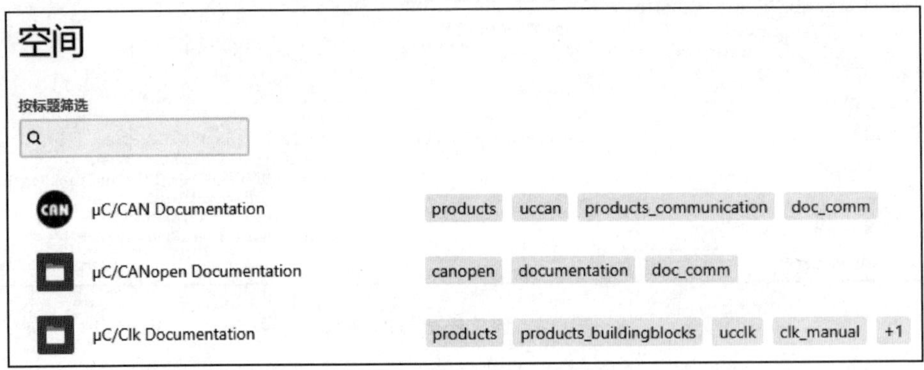

图 1.5 μC/OS 官方文档索引页(部分)

那么 FreeRTOS 官方的文档和教程怎么样呢?单击导航栏中的 FreeRTOS Books,则能看到 FreeRTOS 的官方文档和配套的源代码,如图 1.6 所示。

FreeRTOS Documentation
PDF files
The unprecedented demand for FreeRTOS is keeping us very busy - so much so that finding time to complete our latest book "Mastering the FreeRTOS Real Time Kernel" is proving challenging! Complimentary pre-release copies have been provided to purchasers of the older books for some time - and now we have extended that offer to everybody. Use the links below to download your copy.
Mastering the FreeRTOS Real Time Kernel - a Hands On Tutorial Guide
FreeRTOS V10.0.0 Reference Manual
Book companion source code

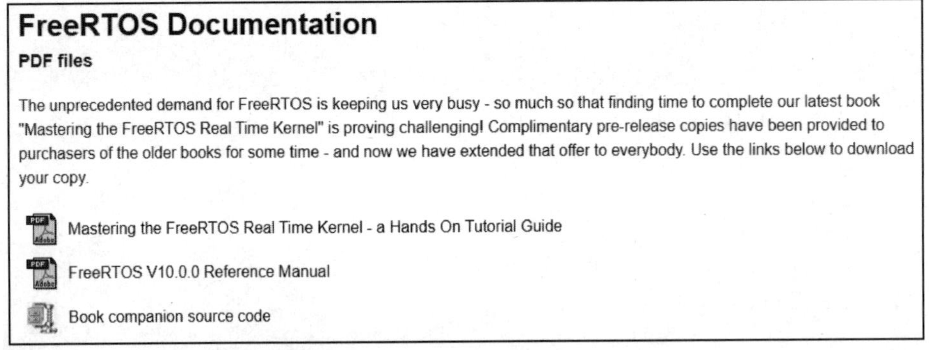

图 1.6 FreeRTOS 官方文档

从图 1.6 可以看到,FreeRTOS 官方提供了两份 PDF 文档和一份文档配套的源代码,其中一份 PDF 是 FreeRTOS 的教程指南,另一份 PDF 是 FreeRTOS 的参考手册。相比 μC/OS,FreeRTOS 官方提供的文档确实有点少。FreeRTOS 官方还提供了两份在线文档,就是刚刚提到的 Developer Docs 和 Secondary Docs。以 Developer Docs 为例,在导航栏中单击 Developer Docs 就能看到文档的目录,如图 1.7 所示。

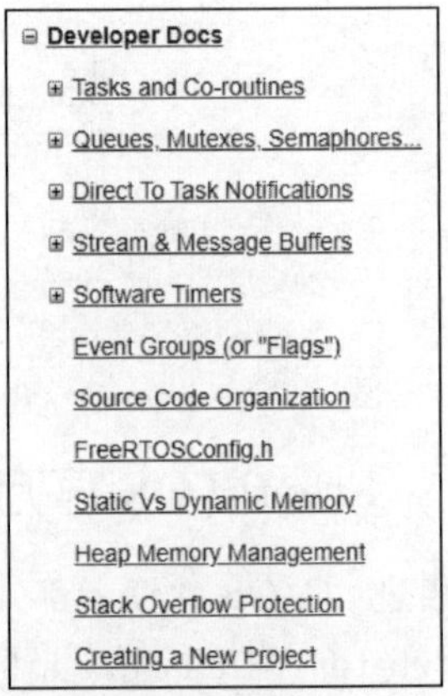

Developer Docs
Tasks and Co-routines
Queues, Mutexes, Semaphores...
Direct To Task Notifications
Stream & Message Buffers
Software Timers
Event Groups (or "Flags")
Source Code Organization
FreeRTOSConfig.h
Static Vs Dynamic Memory
Heap Memory Management
Stack Overflow Protection
Creating a New Project

图 1.7 Developer Docs

1.2.3 Cortex－M 架构资料

本书是以正点原子的 STM32 系列板卡为例讲解 FreeRTOS，在 FreeRTOS 移植的任务切换原理中会涉及芯片结构的相关知识，可以参考 *The Definitive Guide to ARM Cortex M3 and Cortex M4 Processors, 3rd Edition*，中文版本为《ARM Cortex－M3 与 Cortex－M4 权威指南(第 3 版)》(清华大学出版社出版)。后面学习中涉及 ARM Cortex－M 架构的知识均参考自这本书。

1.3 FreeRTOS 源码初探

1.3.1 FreeRTOS 源码下载

笔者编写此教程的时候，FreeRTOS 最新发布的版本是 v202112.00，FreeRTOS 内核的最新版本是 V10.4.6。注意，FreeRTOS 和 FreeRTOS 内核是两个不同的东西，FreeRTOS 包含了 FreeRTOS 内核以及其他的一些 FreeRTOS 组件，v202112.00 版本的 FreeRTOS 对应的 FreeRTOS 内核版本就是 V10.4.6，本书讲解的主要内容是 FreeRTOS 内核，因此书中以及配套例程源码全部基于 FreeRTOS 内核的 V10.4.6 版本，为了方便讲解，下文中所有的 FreeRTOS 内核都简称为 FreeRTOS。在 FreeRTOS 官网的主页单击 Download FreeRTOS 即可进入到 FreeRTOS 的下载页面，如图 1.8 所示。

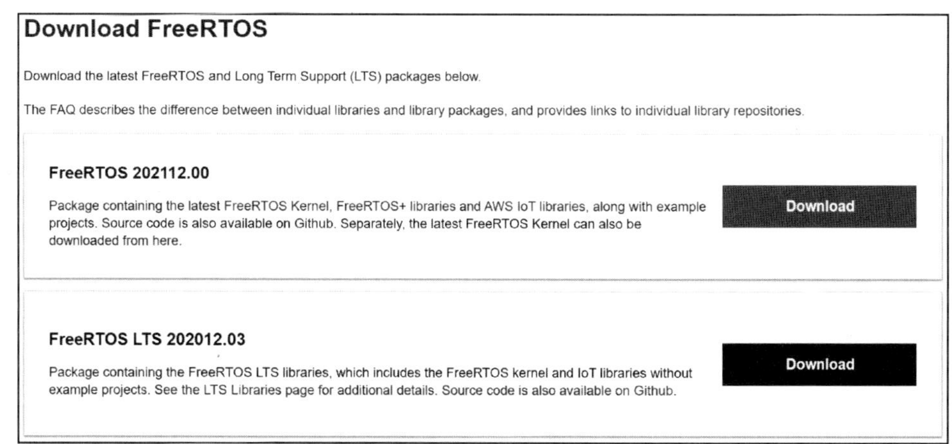

图 1.8 FreeRTOS 下载页面

从图 1.8 可以看到，FreeRTOS 提供两个版本的 FreeRTOS 下载链接，分别为 FreeRTOS 和 FreeRTOS LTS。其中，FreeRTOS LTS 是 FreeRTOS Long Time Support，这个版本的 FreeRTOS 会受官方的长期支持和维护，如果是做产品，当然

优先选择 FreeRTOS LTS;但如果是学习,当然选择最新的发布版本 FreeRTOS,因此单击图 1.8 中的 Download 按钮进行 FreeRTOS 的下载。当然,也可以通过 Github 下载,或单独下载 V10.4.6 版本的 FreeRTOS 内核,这里为了方便读者理解,下载包含了 FreeRTOS 组件的 FreeRTOS v202112.00。下载解压后得到的文件,如图 1.9 所示。

图 1.9 就是 FreeRTOS 的根目录。各子文件和子文件的描述如表 1.2 所列。

表 1.2 FreeRTOS 根目录文件描述

名 称	描 述
FreeRTOS	FreeRTOS 内核
FreeRTOS - Plus	FreeRTOS 组件
tools	工具
GitHub - FreeRTOS - Home	FreeRTOS 的 GitHub 仓库链接
Quick_Start_Guide	快速入门指南官方文档链接
Upgrading - to - FreeRTOS - xxx	升级到指定 FreeRTOS 版本官方文档链接
History. txt	FreeRTOS 历史更新记录
其他	其他

打开图 1.9 中的 FreeRTOS 子文件夹就能看到 FreeRTOS 内核的文件,如图 1.10 所示。这里展示的就是 FreeRTOS 内核的根目录。接下来就开始介绍 FreeRTOS 内核中的文件。

图 1.9 FreeRTOS 根目录文件

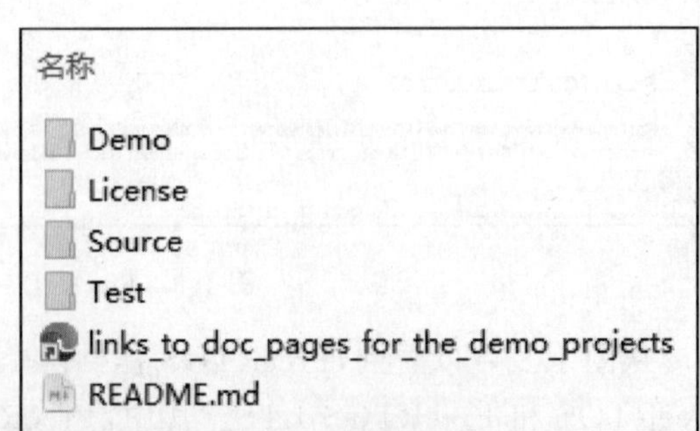

图 1.10 FreeRTOS 内核文件

1.3.2　FreeRTOS 文件预览

(1) Demo 文件夹

Demo 文件夹里面就是 FreeRTOS 的演示工程，打开以后如图 1.11 所示。限于篇幅，图 1.11 仅展示了 Demo 文件夹中的部分演示工程。从 Demo 文件夹中可以看出，FreeRTOS 支持多种芯片架构的多种不同型号的芯片，其中包括了 ST 的 F1、F4、F7 和 H7 系列的相关 FreeRTOS 演示工程，这对于入门学习 FreeRTOS 十分有帮助，在学习移植 FreeRTOS 的过程中就可以参考这些演示工程。

(2) License 文件夹

License 文件夹中包含了 FreeRTOS 的相关许可信息，如果是要使用 FreeRTOS 做产品，就得仔细地看看这个文件夹中的内容。

(3) Source 文件夹

这个文件夹中的内容就是 FreeRTOS 的源代码了，这就是学习和使用 FreeRTOS 的重中之重。Source 文件夹打开后如图 1.12 所示。

图 1.12 中的文件就是 FreeRTOS 的源文件了。可以看到，就文件数量而言，FreeRTOS 的文件数量相对 μC/OS 而言少了不少。Source 文件夹中各文件和文件夹的描述如表 1.3 所列。

可以看到，Source 文件夹中的 portable 内包含了 FreeRTOS 的移植文件，这些移植文件是针对不同芯片架构的。FreeRTOS 操作系统归根到底是一个软件层面的东西，那 FreeRTOS 是如何跟硬件联系在一起的呢？portable 文件夹里面的东西就是连接软件层面的 FreeRTOS 操作系统和硬件层面的芯片的桥梁。打开 protable 文件夹可以看到，FreeRTOS 针对不同的芯片架构和不同的编译器提供了不同的移植文件，由于本书是使用 MDK 开发正点原子的 STM32 系列板卡，因此这里只重点介绍其中部分移植文件，如图 1.13 所示。

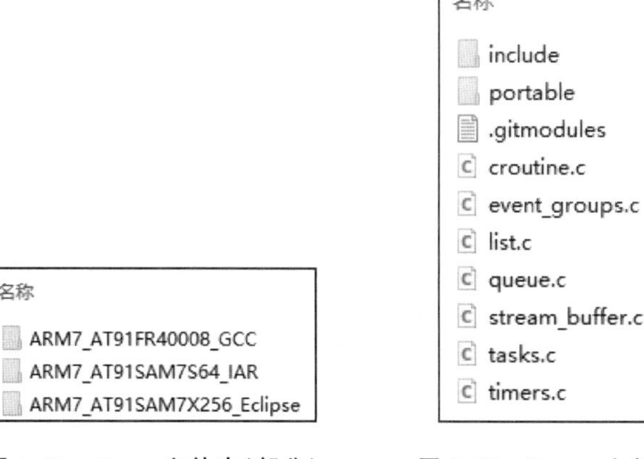

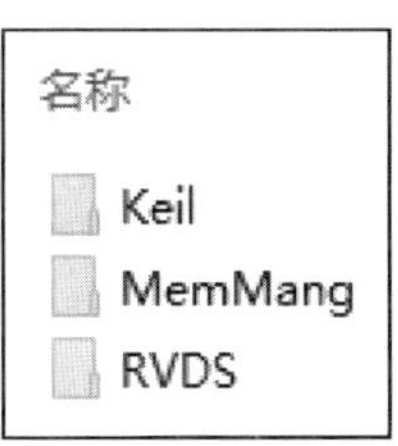

图 1.11　Demo 文件夹(部分)

图 1.12　Source 文件夹

图 1.13　portable 文件夹

表 1.3 Source 文件夹描述

名　称	描　述
include	包含了 FreeRTOS 的头文件
portable	包含了 FreeRTOS 的移植文件
croutine. c	协程相关文件
event_groups. c	事件相关文件
list. c	列表相关文件
queue. c	队列相关文件
stream_buffer. c	流式缓冲区相关文件
tasks. c	任务相关文件
timers. c	软件定时器相关文件

首先来看一下 Keil 文件夹，打开 Keil 文件夹后可以看到，Keil 文件夹中只有一个文件，文件名为 See - also - the - RVDS - directory. txt，看文件名就知道要转到 RVDS 文件夹了。接下来打开 RVDS 文件夹，如图 1.14 所示。

从图 1.14 中可以看出，FreeRTOS 提供了 ARM Cortex - M0、ARM Cortex - M3、ARM Cortex - M3、ARM Cortex - M7 等内核芯片的移植文件，这里不再深入介绍了，后面讲解到 FreeRTOS 移植部分的时候再进行详细分析。

最后再来看图 1.13 中的 MemMang 文件夹，打开 MemMang 文件夹后的界面如图 1.15 所示。MemMang 中的文件是 FreeRTOS 提供的用于内存管理的文件，从图 1.15 中可以看到，MemMang 文件夹中包含了 5 个 C 源文件，对应了 5 种内存管理的方法。这里暂不对 FreeRTOS 提供的内存管理进行深究，后面讲解到相关内容时再详细分析。

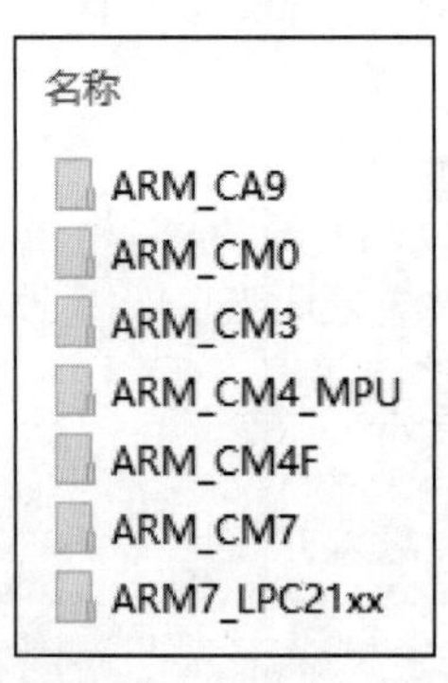

图 1.14 RVDS 文件夹

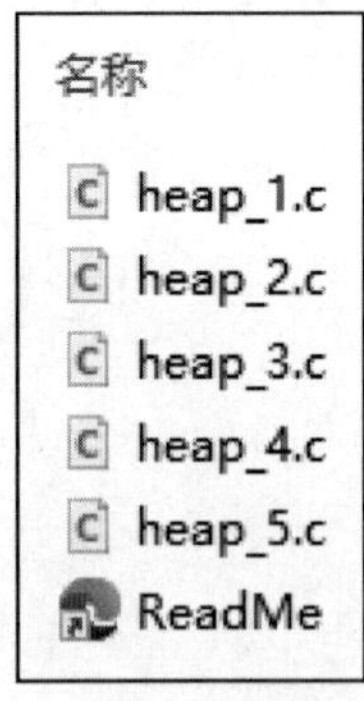

图 1.15 MemMang 文件夹

第 2 章

FreeRTOS 移植

上一章初步了解了一下 FreeRTOS 并获取了其源码，接着介绍了 FreeRTOS 源码的目录结构，本章就正式踏上 FreeRTOS 的学习之旅。在学习 FreeRTOS 之前，需要先做好 FreeRTOS 的移植，本书就以正点原子的 STM32 系列开发板为例进行 FreeRTOS 的移植。

本章分为如下几部分：

2.1　FreeRTOS 移植

2.2　FreeRTOS 移植实验

2.1　FreeRTOS 移植

2.1.1　移植前准备

开始移植 FreeRTOS 之前，需要提前准备好一个用于移植 FreeRTOS 的基础工程和 FreeRTOS 的源码。

(1) 基础工程

本书后续一些实验当中需要用到 LED、LCD、定时器、串口、内存管理等外设及功能，因此就以正点原子标准例程- HAL 库版本的内存管理的实验工程为基础工程进行 FreeRTOS 的移植。由于内存管理实验例程的 BSP 文件夹中可能不包含定时器的驱动文件，因此如果内存管理实验历程的 BSP 文件夹不包含 TIMER 文件夹，需要从定时器相关实验的 BSP 文件夹中复制一份 TIMER 到 FreeRTOS 移植基础工程当中。

(2) FreeRTOS 源码

本书使用的 FreeRTOS 内核源码的版本 V10.4.6，即 FreeRTOS v202112.00。第 1 章已经详细介绍了如何从 FreeRTOS 的官网获取 FreeRTOS 的源码，同样的，本书配套资料中也提供了本书所使用的 FreeRTOS 源码，即 FreeRTOS v202112.00 (FreeRTOS 内核 V10.4.6)，路径为：软件资料→FreeRTOS 学习资料→FreeRTOSv202112.00.zip。

2.1.2 添加 FreeRTOS 文件

在准备好基础工程和 FreeRTOS 的源码后，接下来就可以开始 FreeRTOS 的移植了。

1. 添加 FreeRTOS 源码

在基础工程的 Middlewares 文件夹中新建一个 FreeRTOS 子文件夹，如图 2.1 所示。这里要说明的是，图 2.1 中的其他文件夹为内存管理实验工程中原本就存在的，对于正点原子的不同 STM32 开发板，图 2.1 中的文件可能有所不同，但只须新建一个 FreeRTOS 子文件即可。

接着就需要将 FreeRTOS 的源代码添加到刚刚新建的 FreeRTOS 子文件中。将 FreeRTOS 内核源码的 Source 文件夹下的所有文件添加到工程的 FreeRTOS 文件夹中，如图 2.2 所示。

图 2.1 新建 FreeRTOS 子文件夹

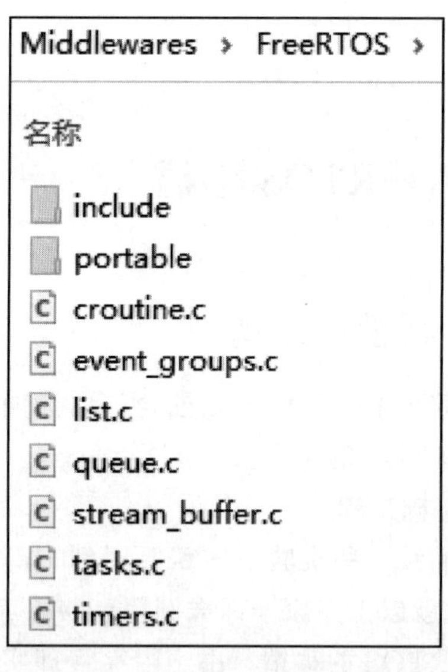

图 2.2 添加 FreeRTOS 源码

注意，在正点原子的 STM32 系列开发板上移植 FreeRTOS 时，portable 文件夹中的文件只需要使用到图 1.13 中的 3 个文件夹，对于其余用不到的文件，读者可以自行决定删除与否。

2. 将文件添加到工程

打开基础工程，新建两个文件分组，分别为 Middlewares/FreeRTOS_CORE 和 Middlewares/FreeRTOS_PORT，如图 2.3 所示。

Middlewares/FreeRTOS_CORE 分组用于存放 FreeRTOS 的内核 C 源码文件，

将“1. 添加 FreeRTOS 源码”步骤中的 FreeRTOS 目录下的所有 FreeRTOS 的内核 C 源文件添加到 Middlewares/FreeRTOS_CORE 分组中。

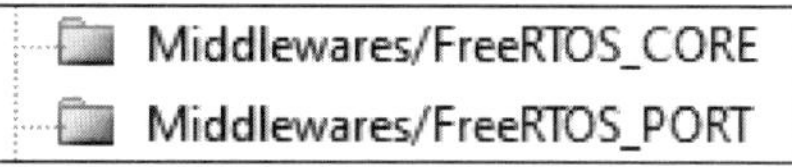

图 2.3 添加分组

Middlewares/FreeRTOS_PORT 分组用于存放 FreeRTOS 内核的移植文件，需要添加两个文件到这个分组，分别为 heap_x.c 和 port.c。

首先是 heap_x.c。路径 FreeRTOS/portable/MemMang 下有 5 个 C 源文件，分别对应了 5 种 FreeRTOS 提供的内存管理算法，读者在进行 FreeRTOS 移植的时候可以根据需求选择合适的方法，具体这 5 种内存管理的算法在后续 FreeRTOS 内存管理章节会具体分析。这里就先使用 heap_4.c，将 heap_4.c 添加到 Middlewares/FreeRTOS_PORT 分组中。

接着是 port.c。port.c 是 FreeRTOS 与 MCU 硬件连接的桥梁，因此对于正点原子的 STM32 系列的不同开发板，所使用的 port.c 文件是不同的。port.c 文件的路径在 FreeRTOS/portable/RVDS 下。进入到 FreeRTOS/portable/RVDS 可以看到，FreeRTOS 针对不同的 MCU 提供了不同的 port.c 文件，对应关系如表 2.1 所列。只须将开发板芯片对应的 port.c 文件添加到 Middlewares/FreeRTOS_PORT 分组中即可。

将所有 FreeRTOS 相关的所需文件添加到工程后的界面如图 2.4 所示。

表 2.1 不同类型开发板与 port.c 的对应关系

正点原子的 STM32 系列开发板类型	port.c 所在文件夹
STM32F1	ARM_CM3
STM32F4	ARM_CM4F
STM32F7	ARM_CM7/r0p1
STM32H7	ARM_CM7/r0p1

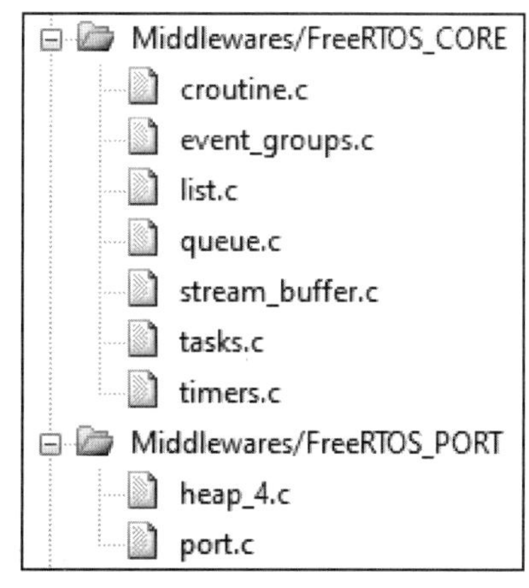

图 2.4 添加 FreeRTOS 相关文件

3. 添加头文件路径

这里需要添加两个头文件路径，毋庸置疑，其中一个头文件路径就是 FreeRTOS/include，另外一个头文件路径为 port.c 文件的路径，根据表 2.1 中不同类型开发板与 port.c 文件的对应关系进行添加即可。添加完成后如图 2.5 所示（这里以正点原子的 STM32F1 系列开发板为例，其他类型的开发板类似）。

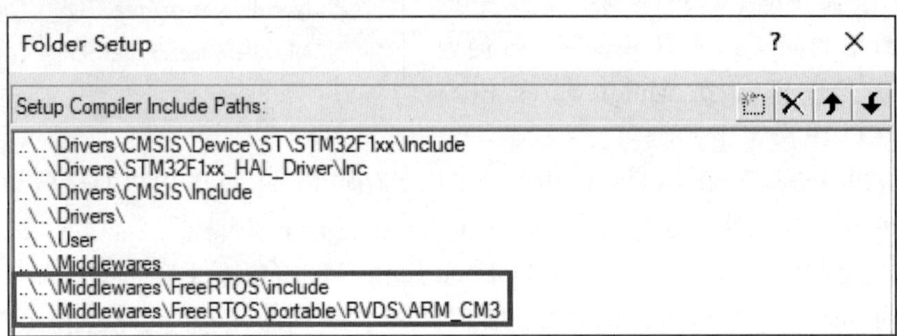

图 2.5　添加头文件路径

4. 添加 FreeRTOSConfig.h 文件

FreeRTOSConfig.h 是 FreeRTOS 操作系统的配置文件,FreeRTOS 操作系统是可裁减的,用户可以根据需求对 FreeRTOS 进行裁减,从而节约 MCU 的内存资源。那么 FreeRTOSConfig.h 文件从哪里来呢? 主要有 3 个途径。

(1) FreeRTOSConfig.h 获取途径一

第一种途径就是用户自行编写,用户可以根据自己的需求编写 FreeRTOSConfig.h 来对 FreeRTOS 操作系统进行裁减。FreeRTOS 官网的在线文档中详细描述了 FreeRTOSConfig.h 中各个配置项,网址为 https://www.freertos.org/a00110.html。当然,对于 FreeRTOS 新手来说,笔者不建议自行编写。

(2) FreeRTOSConfig.h 获取途径二

第二种途径就是 FreeRTOS 内核的演示工程,在 1.3.2 小节中介绍了 Demo 文件夹,Demo 文件夹中包含了 FreeRTOS 官方提供的演示工程,这些演示工程中就包含了每个演示工程对应的 FreeRTOSConfig.h 文件。需要注意的是,有些演示工程使用的是老版本 FreeRTOS,因此部分演示工程的 FreeRTOSConfig.h 文件并不能够很好地适用于新版本的 FreeRTOS。任意打开其中一个演示工程,如图 2.6 所示。

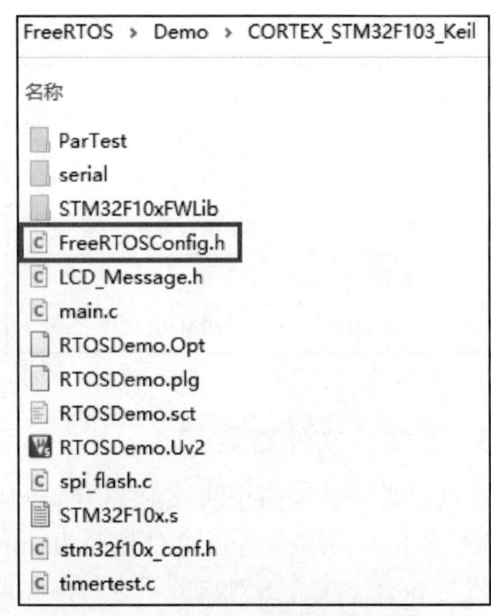

图 2.6　FreeRTOS 官方演示工程

读者可以在 Demo 文件夹中找到与自己使用芯片相似的演示工程中的 FreeRTOSConfig.h 文件,并根据自己的需求稍作修改。

(3) FreeRTOSConfig.h 获取途径三

第三种途径,也是笔者推荐的。可以从本书配套例程"FreeRTOS 移植实验"的 User 子文件夹下找到 FreeRTOSConfig.h 文件,这个文件就是参考 FreeRTOS 官网对 FreeRTOSConfig.h 文件的描述、并针对正点原子的 STM32 系列开发板编写的。这里要说明的是,本书用于学习 FreeRTOS,因此 FreeRTOSConfig.h 文件中并没有对 FreeRTOS 的功能作过多的裁减,大部分的功能都保留了,只不过在后续的部分实验中还需要对 FreeRTOSConfig.h 文件作相应的修改,以满足实验的需求。

本书就以途径 3 为例进行讲解,只须将配套例程"FreeRTOS 移植实验"User 子文件夹下的 FreeRTOSConfig.h 文件添加到基础工程的 User 子目录下即可。注意,正点原子的 STM32 系列开发板对应的 FreeRTOSConfig.h 文件是不通用的,具体原因在后续分析 FreeRTOSConfig.h 文件的时候会具体讲解。

2.1.3 修改 SYSTEM 文件

SYSTEM 文件夹中的文件一开始是针对 μC/OS 编写的,因此使用 FreeRTOS 时需要作相应的修改。SYSTEM 文件夹中一共需要修改 3 个文件,分别是 sys.h、usart.c、delay.c。

1. sys.h 文件

sys.h 文件的修改很简单,其中使用了宏 SYS_SUPPORT_OS 来定义是否支持 OS,因为要支持 FreeRTOS,就应当将宏 SYS_SUPPORT_OS 定义为 1,具体修改如下所示:

```
/**
 * SYS_SUPPORT_OS 用于定义系统文件夹是否支持 OS
 * 0,不支持 OS
 * 1,支持 OS
 */
#define     SYS_SUPPORT_OS          1
```

2. usart.c 文件

usart.c 文件的修改也很简单,一共有两个地方需要修改,首先就是串口的中断服务函数。原本在使用 μC/OS 的时候,进入和退出中断需要添加 OSIntEnter()和 OSIntExit()两个函数,这是 μC/OS 对于中断的相关处理机制,而 FreeRTOS 中并没有这种机制,因此将这两行代码删除。修改后串口的中断服务函数如下所示。

(1) 正点原子 STM32F1 系列

```
void USART_UX_IRQHandler(void)
{
    HAL_UART_IRQHandler(&g_uart1_handle);          /* 调用 HAL 库中断处理公用函数 */
    while (HAL_UART_Receive_IT (&g_uart1_handle,
                                (uint8_t *)g_rx_buffer,
                                RXBUFFERSIZE) != HAL_OK)/* 重新开启中断并接收数据 */
```

```
    {
        /* 如果出错会卡死在这里 */
    }
}
```

(2) 正点原子 STM32F4/F7/H7 系列

```
void USART_UX_IRQHandler(void)
{
    uint32_t timeout = 0;
    uint32_t maxDelay = 0x1FFFF;
    HAL_UART_IRQHandler(&g_uart1_handle);          /* 调用 HAL 库中断处理公用函数 */
    timeout = 0;
    while (HAL_UART_GetState(&g_uart1_handle)
            != HAL_UART_STATE_READY)               /* 等待就绪 */
    {
        timeout ++ ;                               /* 超时处理 */
        if(timeout > maxDelay)
        {
            break;
        }
    }
    timeout = 0;
    /* 一次处理完成之后,重新开启中断并设置 RxXferCount 为 1 */
    while (HAL_UART_Receive_IT (&g_uart1_handle,
                                (uint8_t *)g_rx_buffer,
                                RXBUFFERSIZE) != HAL_OK)
    {
        timeout ++ ; /* 超时处理 */
        if (timeout > maxDelay)
        {
            break;
        }
    }
}
```

接下来 usart.c 要修改的第二个地方就是导入的头文件。因为串口的中断服务函数中已经删除了 μC/OS 的相关代码,并且也没有使用到 FreeRTOS 的相关代码,因此将 usart.c 中包含的关于 OS 的头文件删除。要删除的代码如下所示:

```
/* 如果使用 os,则包括下面的头文件即可. */
#if SYS_SUPPORT_OS
#include "includes.h"          /* os 使用 */
#endif
```

3. delay.c 文件

接下来修改 SYSTEM 文件夹中的最后一个文件——delay.c。delay.c 文件需要改动的地方比较多,大致可分为 3 个步骤。

(1) 删除适用于 μC/OS 但不适用于 FreeRTOS 的相关代码

一共需要删除一个全局变量、6 个宏定义、3 个函数，这些要删除的代码在使用 μC/OS 的时候会使用到，但是在使用 FreeRTOS 的时候无须使用。需要删除的代码如下所示：

```
/* 定义 g_fac_ms 变量，表示 ms 延时的倍乘数
 * 代表每个节拍的 ms 数，(仅在使能 os 的时候，需要用到)
 */
static uint16_t g_fac_ms = 0;
/*
 * 当 delay_us/delay_ms 需要支持 OS 的时候需要 3 个与 OS 相关的宏定义和函数来支持
 * 首先是 3 个宏定义：
 *         delay_osrunning :用于表示 OS 当前是否正在运行，以决定是否可以使用相关函数
 *         delay_ostickspersec  :用于表示 OS 设定的时钟节拍
 *                               delay_init 将根据这个参数来初始化 systick
 *         delay_osintnesting   :用于表示 OS 中断嵌套级别，因为中断里面不可以调度
 *                               delay_ms 使用该参数来决定如何运行
 * 然后是 3 个函数
 *         delay_osschedlock    :用于锁定 OS 任务调度，禁止调度
 *         delay_osschedunlock  :用于解锁 OS 任务调度，重新开启调度
 *         delay_ostimedly      :用于 OS 延时，可以引起任务调度
 *
 * 本例程仅作 UCOSII 和 UCOSIII 的支持，其他 OS 请自行参考移植
 */
/* 支持 UCOSII */
#ifdef  OS_CRITICAL_METHOD   /* OS_CRITICAL_METHOD 定义了
                              * 说明要支持 UCOSII
                              */
#define delay_osrunning OSRunning             /* OS 是否运行标记，0，不运行；1，在运行 */
#define delay_ostickspersec OS_TICKS_PER_SEC    /* OS 时钟节拍，即每秒调度次数 */
#define delay_osintnesting OSIntNesting         /* 中断嵌套级别，即中断嵌套次数 */
#endif

/* 支持 UCOSIII */
#ifdef CPU_CFG_CRITICAL_METHOD   /* CPU_CFG_CRITICAL_METHOD 定义了
                                  * 说明要支持 UCOSIII
                                  */
#define delay_osrunning OSRunning             /* OS 是否运行标记，0，不运行；1，在运行 */
#define delay_ostickspersec OSCfg_TickRate_Hz   /* OS 时钟节拍，即每秒调度次数 */
#define delay_osintnesting OSIntNestingCtr      /* 中断嵌套级别，即中断嵌套次数 */
#endif

/**
 * @brief     us 级延时时，关闭任务调度(防止打断 us 级延迟)
 * @param    无
 * @retval   无
 */
static void delay_osschedlock(void)
```

```
{
#ifdef CPU_CFG_CRITICAL_METHOD      /* 使用 UCOSIII */
    OS_ERR err;
    OSSchedLock(&err);              /* UCOSIII 的方式,禁止调度,防止打断 us 延时 */
#else                               /* 否则 UCOSII */
    OSSchedLock();                  /* UCOSII 的方式,禁止调度,防止打断 us 延时 */
#endif
}

/**
 * @brief    us 级延时时,恢复任务调度
 * @param    无
 * @retval   无
 */
static void delay_osschedunlock(void)
{
#ifdef CPU_CFG_CRITICAL_METHOD      /* 使用 UCOSIII */
    OS_ERR err;
    OSSchedUnlock(&err);            /* UCOSIII 的方式,恢复调度 */
#else                               /* 否则 UCOSII */
    OSSchedUnlock();                /* UCOSII 的方式,恢复调度 */
#endif
}

/**
 * @brief    us 级延时时,恢复任务调度
 * @param    ticks: 延时的节拍数
 * @retval   无
 */
static void delay_ostimedly(uint32_t ticks)
{
#ifdef CPU_CFG_CRITICAL_METHOD
    OS_ERR err;
    OSTimeDly(ticks, OS_OPT_TIME_PERIODIC, &err);  /* UCOSIII 延时采用周期模式 */
#else
    OSTimeDly(ticks);                              /* UCOSII 延时 */
#endif
}
```

(2) 添加 FreeRTOS 的相关代码

只需要在 delay.c 文件中使用 extern 关键字导入一个 FreeRTOS 函数——xPortSysTickHandler()即可,这个函数用于处理 FreeRTOS 系统时钟节拍,本书使用 SysTick 作为 FreeRTOS 操作系统的心跳,因此需要在 SysTick 的中断服务函数中调用这个函数。因此将代码添加到 SysTick 中断服务函数之前,代码修改如下:

```
extern void xPortSysTickHandler(void);
/**
 * @brief     systick 中断服务函数,使用 OS 时用到
 * @param     ticks: 延时的节拍数
```

```
  * @retval    无
  */
void SysTick_Handler(void)
{
    /* 代码省略 */
}
```

(3) 修改部分内容

最后要修改的内容包括两个，分别是 4 个函数（分别是 SysTick_Handler()、delay_init()、delay_us()和 delay_ms()）和头文件。

1) SysTick_Handler()

这个函数是 SysTick 的中断服务函数，需要在这个函数中重复调用上个步骤中导入的函数 xPortSysTickHandler()。代码修改后如下所示：

```
/**
  * @brief    systick 中断服务函数,使用 OS 时用到
  * @param    ticks: 延时的节拍数
  * @retval    无
  */
void SysTick_Handler(void)
{
    HAL_IncTick();
    /* OS 开始跑了,才执行正常的调度处理 */
    if (xTaskGetSchedulerState() != taskSCHEDULER_NOT_STARTED)
    {
        xPortSysTickHandler();
    }
}
```

2) delay_init()

函数 delay_init()主要用于初始化 SysTick。这里要说明的是，在后续调用函数 vTaskStartScheduler()（这个函数在后面讲解到 FreeRTOS 任务调度器的时候会具体分析）的时候，FreeRTOS 会按照 FreeRTOSConfig.h 文件的配置对 SysTick 进行初始化，因此 delay_init()函数初始化的 SysTick 主要使用在 FreeRTOS 开始任务调度之前。函数 delay_init()要修改的部分主要为 SysTick 的重装载值以及删除不用的代码，代码修改如下：

正点原子 STM32F1 系列：

```
void delay_init(uint16_t sysclk)
{
#if SYS_SUPPORT_OS
    uint32_t reload;
#endif
    SysTick->CTRL = 0;
    HAL_SYSTICK_CLKSourceConfig(SYSTICK_CLKSOURCE_HCLK_DIV8);
    g_fac_us = sysclk / 8;
```

```
#if SYS_SUPPORT_OS
    reload = sysclk / 8;
    /* 使用 configTICK_RATE_HZ 计算重装载值
     * configTICK_RATE_HZ 在 FreeRTOSConfig.h 中定义
     */
    reload * = 1000000 / configTICK_RATE_HZ;
    /* 删除不用的 g_fac_ms 相关代码 */
    SysTick ->CTRL |= 1 << 1;
    SysTick ->LOAD = reload;
    SysTick ->CTRL |= 1 << 0;
#endif
}
```

正点原子 STM32F4/F7/H7 系列：

```
void delay_init(uint16_t sysclk)
{
#if SYS_SUPPORT_OS
    uint32_t reload;
#endif
    HAL_SYSTICK_CLKSourceConfig(SYSTICK_CLKSOURCE_HCLK);
    g_fac_us = sysclk;
#if SYS_SUPPORT_OS
    reload = sysclk;
    /* 使用 configTICK_RATE_HZ 计算重装载值
     * configTICK_RATE_HZ 在 FreeRTOSConfig.h 中定义
     */
    reload * = 1000000 / configTICK_RATE_HZ;
    /* 删除不用的 g_fac_ms 相关代码 */
    SysTick ->CTRL |= SysTick_CTRL_TICKINT_Msk;
    SysTick ->LOAD = reload;
    SysTick ->CTRL |= SysTick_CTRL_ENABLE_Msk;
#endif
}
```

可以看到，在正点原子 STM32 系列开发板的标准例程源码中，STM32F1 系列的函数 delay_init()将 SysTick 的时钟频率设置为 CPU 时钟频率的 1/8，而 STM32F4/F7/H7 系列的函数 delay_init()则将 SysTick 的时钟频率设置为与 CPU 相同的时钟频率；由于 FreeRTOS 在配置 SysTick 时并不会配置其时钟源，因此这将导致正点原子 STM32F1 系列与正点原子 STM32F4/F7/H7 系列的 FreeRTOSConfig.h 文件有所差异，并且也只有这一点存在差异，这是读者在使用正点原子提供的 FreeRTOSConfig.h 文件时需要注意的地方。

3) delay_us()

函数 delay_us()用于微秒级的 CPU 忙延时，原本的函数 delay_us()延时的前后加入了自定义函数 delay_osschedlock()和 delay_osschedunlock()用于锁定和解锁 μC/OS 的任务调度器，以此来让延时更加准确。FreeRTOS 中可以不用加入这两个

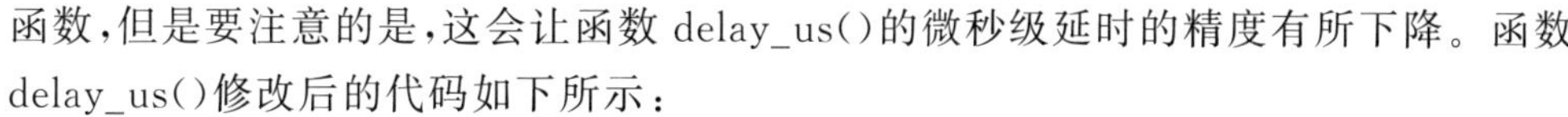

函数，但是要注意的是，这会让函数 delay_us()的微秒级延时的精度有所下降。函数 delay_us()修改后的代码如下所示：

```
void delay_us(uint32_t nus)
{
    uint32_t ticks;
    uint32_t told, tnow, tcnt = 0;
    uint32_t reload = SysTick ->LOAD;
    /* 删除适用于 μC/OS 用于锁定任务调度器的自定义函数 */
    ticks = nus * g_fac_us;
    told = SysTick ->VAL;
    while (1)
    {
        tnow = SysTick ->VAL;
        if (tnow != told)
        {
            if (tnow < told)
            {
                tcnt += told - tnow;
            }
            else
            {
                tcnt += reload - tnow + told;
            }
            told = tnow;
            if (tcnt >= ticks)
            {
                break;
            }
        }
    }
    /* 删除适用于 μC/OS 用于解锁任务调度器的自定义函数 */
}
```

4）delay_ms()

函数 delay_ms()用于毫秒级的 CPU 忙延时，原本的函数 delay_ms()会判断 μC/OS 是否运行，如果 μC/OS 正在运行，就使用 μC/OS 的 OS 延时进行毫秒级的延时，否则就调用函数 delay_us()进行毫秒级的 CPU 忙延时。FreeRTOS 中可以将函数 delay_ms()定义为只进行 CPU 忙延时，当需要 OS 延时的时候，调用 FreeRTOS 提供的 OS 延时函数 vTaskDelay()（在下文讲解 FreeRTOS 时间管理的时候会对此函数进行分析）进行系统节拍级延时。函数 delay_ms()修改后的代码如下所示：

```
void delay_ms(uint16_t nms)
{
    uint32_t i;
    for (i = 0; i < nms; i++)
    {
```

```
        delay_us(1000);
    }
}
```

5) 包含头文件

根据上述步骤的修改,delay.c 文件中使用到了 FreeRTOS 的相关函数,因此就需要在 delay.c 文件中包含 FreeRTOS 的相关头文件,并且移除掉原本存在的 μC/OS 相关头文件。先看一下修改前 delay.c 文件中包含的 μC/OS 相关的头文件:

```
/* 添加公共头文件 (ucos 需要用到) */
#include "includes.h"
修改成如下内容:
/* 添加公共头文件(FreeRTOS 需要用到) */
#include "FreeRTOS.h"
#include "task.h"
```

至此,SYSTEM 文件夹针对 FreeRTOS 的修改就完成了。

2.1.4 修改中断相关文件

在 FreeRTOS 的移植过程中会涉及 3 个重要的中断,分别是 FreeRTOS 系统时基定时器的中断(SysTick 中断)、SVC 中断、PendSV 中断(SVC 中断和 PendSV 中断在下文讲解 FreeRTOS 中断和 FreeRTOS 任务切换的时候会具体分析)。这 3 个中断的中断服务函数在 HAL 库提供的文件中都有定义,对于正点原子不同的 STM32 开发板,对应了不同的文件,具体对应关系如表 2.2 所列。

表 2.2 不同类型开发板与中断服务函数所在文件的对应关系

正点原子的 STM32 系列开发板类型	中断服务函数所在文件
STM32F1	stm32f1xx_it.c
STM32F4	stm32f4xx_it.c
STM32F7	stm32f7xx_it.c
STM32H7	stm32h7xx_it.c

其中,SysTick 的中断服务函数在 delay.c 文件中已经定义了,并且 FreeRTOS 也提供了 SVC 和 PendSV 的中断服务函数,因此需要将 HAL 库提供的这 3 个中断服务函数注释掉。这里采用宏开关的方式让 HAL 库中的这 3 个中断服务函数不加入编译,使用的宏在 sys.h 中定义,因此还需要导入 sys.h 头文件。读者须按照表 2.2 找到对应的文件进行修改,修改后的代码如下所示:

```
/* 仅展示修改部分,其余代码未修改、不展示 */
/* Includes ------------------------------------------*/
/* 导入 sys.h 头文件 */
#include "./SYSTEM/SYS/sys.h"
/**
  * @brief   This function handles SVCall exception.
  * @param   None
```

```
    * @retval   None
    */
  /* 加入宏开关 */
  #if (!SYS_SUPPORT_OS)
  void SVC_Handler(void)
  {
  }
  #endif
  /**
    * @brief    This function handles PendSVC exception.
    * @param    None
    * @retval   None
    */
  /* 加入宏开关 */
  #if (!SYS_SUPPORT_OS)
  void PendSV_Handler(void)
  {
  }
  #endif
  /**
    * @brief    This function handles SysTick Handler.
    * @param    None
    * @retval   None
    */
  /* 加入宏开关 */
  #if (!SYS_SUPPORT_OS)
  void SysTick_Handler(void)
  {
    HAL_IncTick();
  }
  #endif
```

最后，也是移植 FreeRTOS 要修改的最后一个地方，FreeRTOSConfig.h 文件中有如下定义：

```
  #define configPRIO_BITS               __NVIC_PRIO_BITS
```

对于这个宏定义，后面讲解到 ARM Corten - M 和 FreeRTOS 中断的时候会具体分析。可以看到，这个宏定义将 configPRIO_BITS 定义成__NVIC_PRIO_BITS，而__NVIC_PRIO_BITS 在 HAL 库中有相关定义。对于正点原子不同的 STM32 开发板，__NVIC_PRIO_BITS 定义在不同的文件中，具体的对应关系如表 2.3 所列。

表 2.3　不同类型开发板与__NVIC_PRIO_BITS 所在文件的对应关系

正点原子的 STM32 系列开发板类型	__NVIC_PRIO_BITS 所在文件
STM32F1	stm32f103xe.h
STM32F4	stm32f407xx.h 或 stm32f429xx.h
STM32F7	stm32f750xx.h 或 stm32f767xx.h
STM32H7	stm32h750xx.h 或 stm32h743xx.h

读者按照表 2.3 找到对应的文件进行修改。虽然不同类型的开发板对应的文件不同,但是__NVIC_PRIO_BITS 都被定义成了相同的值,如下所示:

```
#define __NVIC_PRIO_BITS          4U
```

这个值是正确的,但是如果将__NVIC_PRIO_BITS 定义成 4U,在编译 FreeRTOS 工程的时候,Keil 会报错,具体的解决方法就是将 4U 改成 4,代码修改后如下所示:

```
#define __NVIC_PRIO_BITS          4
```

到此为止,FreeRTOS 就移植完毕了。整体来说难度并不是很高,但是作为 FreeRTOS 的初学者,有些读者可能不明白移植过程中涉及的一些修改步骤,对于这个问题,笔者建议耐心跟着本书介绍的步骤完成,在后续的讲解中会一一为读者解决这些问题。

2.1.5 可选步骤(建议完成)

这个步骤是可选的,但是笔者强烈建议读者完成,因为在后续实验中会使用到,并且规范工程。

1. 修改工程目标名称

本书以标准例程-HAL 库版本的内存管理实验工程为基础工程,内存管理实验工程的工程目标名为 MALLOC,为了规范工程,笔者建议将工程目标名修改为 FreeRTOS 或根据读者的实际场景进行修改,如图 2.7 所示。

2. 移除 USMART 调试组件

由于本书并未使用到 USMART 调试组件,因此建议将 USMART 调试组件从工程中移除。如果读者需要使用 USMART 调试组件,也可选择保留。移除 USAMRT 调试组件后工程文件分组如图 2.8 所示(这里以正点原子的 STM32F1 系列开发板为例,其他开发板类似)。

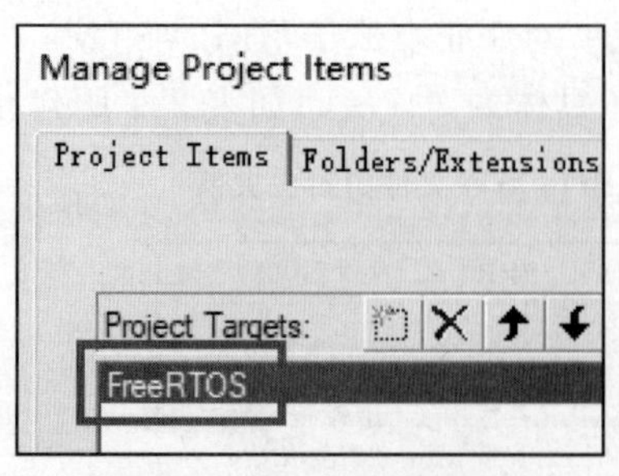

图 2.7 修改工程目标名

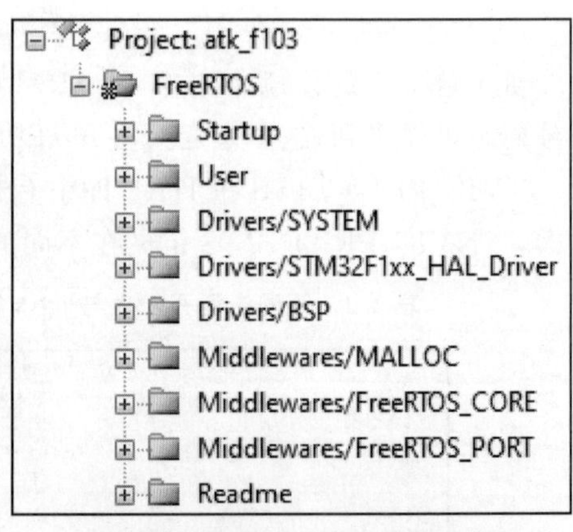

图 2.8 移除 USMART 调试组件

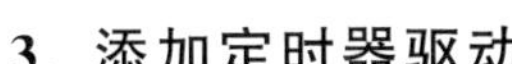

3. 添加定时器驱动

由于在后续的实验中需要使用到 STM32 的基本定时器外设，因此需要向工程中添加定时器的相关驱动文件，读者也可在后续实验需要用到定时器的时候再进行添加。将定时器的相关驱动文件添加到工程的 Drivers/BSP 文件分组中，如图 2.9 所示（这里以正点原子的 STM32F1 系列开发板为例，其他开发板类似）。

图 2.9 是针对正点原子战舰开发板的，其他正点原子开发板都是类似的，只需要将 btim.c 文件添加到 Drivers/BSP 文件分组中即可。注意，标准例程-HAL 版本的内存管理实验工程中并没有定时器的相关驱动文件，读者可以在标准例程-HAL 版本中定时器的相关实验工程中复制定时器的驱动文件到本书 FreeRTOS 移植的实验工程中，这点在 2.1.1 小节中也提到过。

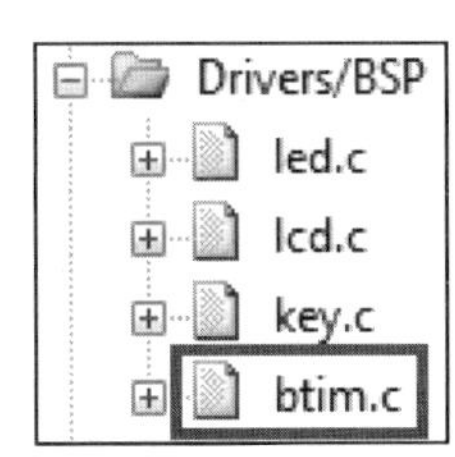

图 2.9　添加定时器驱动

2.1.6　添加应用程序

移植好 FreeRTOS 之后，当然要测试一下移植是否成功。在本步骤中，一共需要修改一个文件并添加两个文件，修改的一个文件为 main.c，添加的两个文件为 freertos_demo.c 和 freertos_demo.h。main.c 主要是在 main() 函数中完成一些硬件的初始化，最后调用 freertos_demo.c 文件中的 freertos_demo() 函数。freertos_demo.c 则是用于编写 FreeRTOS 的相关应用程序代码。

1. main.c

由于正点原子的 STM32 系列开发板众多，这里以正点原子战舰开发板为例进行演示，读者可以根据自己移植的目标开发板在配套例程源码的“FreeRTOS 移植实验”中查看对应的 main.c 文件。正点原子战舰开发板“FreeRTOS 移植实验”中的 main.c 文件如下所示：

```
/**
 ****************************************************************************
 * @file        main.c
 * @author      正点原子团队(ALIENTEK)
 * @version     V1.4
 * @date        2022-01-04
 * @brief       FreeRTOS 实验
 * @license     Copyright (c) 2020-2032, 广州市星翼电子科技有限公司
 ****************************************************************************
 * @attention
 *
 * 实验平台:正点原子 STM32F103 开发板
 * 在线视频:www.yuanzige.com
```

```
 * 技术论坛:www.openedv.com
 * 公司网址:www.alientek.com
 * 购买地址:openedv.taobao.com
 *
 ****************************************************************
 */
#include "./SYSTEM/sys/sys.h"
#include "./SYSTEM/usart/usart.h"
#include "./SYSTEM/delay/delay.h"
#include "./BSP/LED/led.h"
#include "./BSP/LCD/lcd.h"
#include "./BSP/KEY/key.h"
#include "./BSP/SRAM/sram.h"
#include "./MALLOC/malloc.h"
#include "freertos_demo.h"
int main(void)
{
    HAL_Init();                              /* 初始化 HAL 库 */
    sys_stm32_clock_init(RCC_PLL_MUL9);      /* 设置时钟,72 MHz */
    delay_init(72);                          /* 延时初始化 */
    usart_init(115200);                      /* 串口初始化为 115 200 */
    led_init();                              /* 初始化 LED */
    lcd_init();                              /* 初始化 LCD */
    key_init();                              /* 初始化按键 */
    sram_init();                             /* SRAM 初始化 */
    my_mem_init(SRAMIN);                     /* 初始化内部 SRAM 内存池 */
    my_mem_init(SRAMEX);                     /* 初始化外部 SRAM 内存池 */
    freertos_demo();                         /* 运行 FreeRTOS 例程 */
}
```

可以看到,main.c 文件中只包含了一个 main()函数,main()函数主要完成了一些外设的初始化,如串口、LED、LCD、按键等,并在最后调用了函数 freertos_demo()。

2. freertos_demo.c

```
/**
 ****************************************************************
 * @file        main.c
 * @author      正点原子团队(ALIENTEK)
 * @version     V1.4
 * @date        2022-01-04
 * @brief       FreeRTOS 移植实验
 * @license     Copyright (c) 2020-2032,广州市星翼电子科技有限公司
 ****************************************************************
 * @attention
 * 实验平台:正点原子 战舰 F103 开发板
 * 在线视频:www.yuanzige.com
 * 技术论坛:www.openedv.com
 * 公司网址:www.alientek.com
 * 购买地址:openedv.taobao.com
```

```
 *
 *************************************************************
 */
#include "freertos_demo.h"
#include "./SYSTEM/usart/usart.h"
#include "./BSP/LED/led.h"
#include "./BSP/LCD/lcd.h"
/*FreeRTOS*******************************************************/
#include "FreeRTOS.h"
#include "task.h"
/****************************************************************/
/*FreeRTOS 配置*/
/*START_TASK 任务 配置
 *包括：任务句柄 任务优先级 堆栈大小 创建任务
 */
#define START_TASK_PRIO      1                        /*任务优先级*/
#define START_STK_SIZE       128                      /*任务堆栈大小*/
TaskHandle_t                 StartTask_Handler;       /*任务句柄*/
void start_task(void *pvParameters);                  /*任务函数*/
/*TASK1 任务 配置
 *包括：任务句柄 任务优先级 堆栈大小 创建任务
 */
#define TASK1_PRIO           2                        /*任务优先级*/
#define TASK1_STK_SIZE       128                      /*任务堆栈大小*/
TaskHandle_t                 Task1Task_Handler;       /*任务句柄*/
void task1(void *pvParameters);                       /*任务函数*/
/*TASK2 任务 配置
 *包括：任务句柄 任务优先级 堆栈大小 创建任务
 */
#define TASK2_PRIO           3                        /*任务优先级*/
#define TASK2_STK_SIZE       128                      /*任务堆栈大小*/
TaskHandle_t                 Task2Task_Handler;       /*任务句柄*/
void task2(void *pvParameters);                       /*任务函数*/
/****************************************************************/
/*LCD 刷屏时使用的颜色*/
uint16_t lcd_discolor[11] = { WHITE,BLACK,BLUE,RED,
                              MAGENTA,GREEN,CYAN,YELLOW,
                              BROWN,BRRED,GRAY};
/**
 * @brief    FreeRTOS 例程入口函数
 * @param    无
 * @retval   无
 */
void freertos_demo(void)
{
    lcd_show_string(10, 10, 220, 32, 32, "STM32",RED);
    lcd_show_string(10, 47, 220, 24, 24, "FreeRTOS Porting",RED);
    lcd_show_string(10, 76, 220, 16, 16, "ATOM@ALIENTEK",RED);
```

```
    xTaskCreate ((TaskFunction_t) start_task,           /* 任务函数 */
                 (const char*     ) "start_task",       /* 任务名称 */
                 (uint16_t        ) START_STK_SIZE,     /* 任务堆栈大小 */
                 (void*           ) NULL,               /* 传入给任务函数的参数 */
                 (UBaseType_t     ) START_TASK_PRIO,    /* 任务优先级 */
                 (TaskHandle_t*   ) &StartTask_Handler);/* 任务句柄 */
    vTaskStartScheduler();
}
/**
  * @brief     start_task
  * @param     pvParameters : 传入参数(未用到)
  * @retval    无
  */
void start_task(void *pvParameters)
{
    taskENTER_CRITICAL();               /* 进入临界区 */
    /* 创建任务 1 */
    xTaskCreate ((TaskFunction_t ) task1,
                 (const char*    ) "task1",
                 (uint16_t       ) TASK1_STK_SIZE,
                 (void*          ) NULL,
                 (UBaseType_t    ) TASK1_PRIO,
                 (TaskHandle_t*  ) &Task1Task_Handler);
    /* 创建任务 2 */
    xTaskCreate ((TaskFunction_t ) task2,
                 (const char*    ) "task2",
                 (uint16_t       ) TASK2_STK_SIZE,
                 (void*          ) NULL,
                 (UBaseType_t    ) TASK2_PRIO,
                 (TaskHandle_t*  ) &Task2Task_Handler);
    vTaskDelete(StartTask_Handler);   /* 删除开始任务 */
    taskEXIT_CRITICAL();              /* 退出临界区 */
}
/**
  * @brief    task1
  * @param    pvParameters : 传入参数(未用到)
  * @retval   无
  */
void task1(void *pvParameters)
{
    uint32_t task1_num = 0;
    while(1)
    {
        lcd_clear(lcd_discolor[++task1_num % 14]);    /* 刷新屏幕 */
        lcd_show_string(10, 10, 220, 32, 32, "STM32",RED);
        lcd_show_string(10, 47, 220, 24, 24, "FreeRTOS Porting",RED);
        lcd_show_string(10, 76, 220, 16, 16, "ATOM@ALIENTEK",RED);
        LED0_TOGGLE();                                  /* LED0 闪烁 */
        vTaskDelay(1000);                               /* 延时 1 000 tick */
```

```
    }
}
/**
 * @brief    task2
 * @param    pvParameters : 传入参数(未用到)
 * @retval   无
 */
void task2(void * pvParameters)
{
    float float_num = 0.0;
    while(1)
    {
        float_num += 0.01f;                                  /* 更新数值 */
        printf("float_num: %0.4f\r\n",float_num);            /* 打印数值 */
        vTaskDelay(1000);                                    /* 延时 1 000 tick */
    }
}
```

对于 freertos_demo.c 文件，这里先简单介绍一下其代码结构。这个文件的代码结构可分为 6 个部分，分别是包含头文件、FreeRTOS 相关配置、全局变量及自定义函数、应用程序入口函数、开始任务入口函数、其他任务入口函数，接下来分别介绍。

(1) 包含头文件

包含的头文件分成两个部分，分别为 FreeRTOS 头文件和其他头文件，如下所示：

```
#include "freertos_demo.h"
#include "./SYSTEM/usart/usart.h"
#include "./BSP/LED/led.h"
#include "./BSP/LCD/lcd.h"
/*FreeRTOS*********************************************************/
#include "FreeRTOS.h"
#include "task.h"
/*****************************************************************/
```

(2) FreeRTOS 相关配置

FreeRTOS 的配置主要包括所创建 FreeRTOS 任务的相关定义(任务优先级、任务堆栈大小、任务句柄、任务函数)以及 FreeRTOS 相关变量(信号量、事件、列表、软件定时器等)的定义，如下所示：

```
/* FreeRTOS 配置 */
/* START_TASK  任务  配置
 * 包括：任务句柄  任务优先级  堆栈大小  创建任务
 */
#define START_TASK_PRIO         1                        /* 任务优先级 */
#define START_STK_SIZE          128                      /* 任务堆栈大小 */
TaskHandle_t                    StartTask_Handler;       /* 任务句柄 */
void start_task(void * pvParameters);                    /* 任务函数 */
```

```
/* TASK1 任务 配置
 * 包括：任务句柄 任务优先级 堆栈大小 创建任务
 */
#define TASK1_PRIO          2                       /* 任务优先级 */
#define TASK1_STK_SIZE      128                     /* 任务堆栈大小 */
TaskHandle_t                Task1Task_Handler;      /* 任务句柄 */
void task1(void * pvParameters);                    /* 任务函数 */
/* TASK2 任务 配置
 * 包括：任务句柄 任务优先级 堆栈大小 创建任务
 */
#define TASK2_PRIO          3                       /* 任务优先级 */
#define TASK2_STK_SIZE      128                     /* 任务堆栈大小 */
TaskHandle_t                Task2Task_Handler;      /* 任务句柄 */
void task2(void * pvParameters);                    /* 任务函数 */
/*****************************************************************/
```

(3) 全局变量及自定义函数

这部分主要用来定义全局变量及自定义的函数，如下所示：

```
/* LCD 刷屏时使用的颜色 */
uint16_t lcd_discolor[11] = { WHITE,BLACK,BLUE,RED,
                              MAGENTA,GREEN,CYAN,YELLOW,
                              BROWN,BRRED,GRAY};
```

(4) 应用程序入口函数

这部分就是函数 freertos_demo()。函数 freertos_demo()一开始就是在 LCD 上显示一些具体实验相关的信息，然后创建开始任务，最后开启 FreeRTOS 系统任务调度，如下所示：

```
/**
 * @brief    FreeRTOS 例程入口函数
 * @param    无
 * @retval   无
 */
void freertos_demo(void)
{
    lcd_show_string(10, 10, 220, 32, 32, "STM32",RED);
    lcd_show_string(10, 47, 220, 24, 24, "FreeRTOS Porting",RED);
    lcd_show_string(10, 76, 220, 16, 16, "ATOM@ALIENTEK",RED);
    xTaskCreate ((TaskFunction_t  )start_task,          /* 任务函数 */
                 (const char *    )"start_task",        /* 任务名称 */
                 (uint16_t        )START_STK_SIZE,      /* 任务堆栈大小 */
                 (void *          )NULL,                /* 传入给任务函数的参数 */
                 (UBaseType_t     )START_TASK_PRIO,     /* 任务优先级 */
                 (TaskHandle_t *  )&StartTask_Handler); /* 任务句柄 */
    vTaskStartScheduler();
}
```

(5) 开始任务入口函数

这部分就是开始任务的入口函数。开始任务主要用于创建或初始化特定实验中

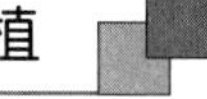

使用到的一些硬件外设和 FreeRTOS 相关的软件(信号量、事件、列表、软件定时器等)以及创建其他用于实验演示的任务,如下所示:

```
/**
 * @brief     start_task
 * @param     pvParameters : 传入参数(未用到)
 * @retval    无
 */
void start_task(void * pvParameters)
{
    taskENTER_CRITICAL();                 /* 进入临界区 */
    /* 创建任务 1 */
    xTaskCreate ((TaskFunction_t  ) task1,
                 (const char *     ) "task1",
                 (uint16_t         ) TASK1_STK_SIZE,
                 (void *           ) NULL,
                 (UBaseType_t      ) TASK1_PRIO,
                 (TaskHandle_t *   ) &Task1Task_Handler);
    /* 创建任务 2 */
    xTaskCreate ((TaskFunction_t  ) task2,
                 (const char *     ) "task2",
                 (uint16_t         ) TASK2_STK_SIZE,
                 (void *           )NULL,
                 (UBaseType_t      )T ASK2_PRIO,
                 (TaskHandle_t *   ) &Task2Task_Handler);
    vTaskDelete(StartTask_Handler);        /* 删除开始任务 */
    taskEXIT_CRITICAL();                   /* 退出临界区 */
}
```

(6) 其他任务入口函数

这部分就包含了实验中用于演示的任务入口函数,如下所示:

```
/**
 * @brief    task1
 * @param    pvParameters : 传入参数(未用到)
 * @retval   无
 */
void task1(void * pvParameters)
{
    uint32_t task1_num = 0;
    while(1)
    {
        lcd_clear(lcd_discolor[ ++ task1_num % 14]);      /* 刷新屏幕 */
        lcd_show_string(10, 10, 220, 32, 32, "STM32",RED);
        lcd_show_string(10, 47, 220, 24, 24, "FreeRTOS Porting",RED);
        lcd_show_string(10, 76, 220, 16, 16, "ATOM@ALIENTEK",RED);
        LED0_TOGGLE();                                      /* LED0 闪烁 */
        vTaskDelay(1000);                                   /* 延时 1 000 tick */
    }
}
```

```
/**
  * @brief    task2
  * @param    pvParameters : 传入参数(未用到)
  * @retval   无
  */
void task2(void * pvParameters)
{
    float float_num = 0.0;
    while(1)
    {
        float_num  += 0.01f;                           /* 更新数值 */
        printf("float_num: %0.4f\r\n",float_num);     /* 打印数值 */
        vTaskDelay(1000);                              /* 延时 1 000 tick */
    }
}
```

以上就是 freertos_demo. c 文件的代码结构,本书配套的实验例程都会按这个代码结构来编写实验代码,建议读者先熟悉这个代码结构。

3. freertos_demo. h

```
#ifndef __FREERTOS_DEMO_H
#define __FREERTOS_DEMO_H
void freertos_demo(void);
#endif
```

freertos_demo. h 这个文件很简单,就是将函数 freertos_demo()导出给其他 C 源文件调用。

2.1.7 使用 AC6 编译工程(扩展)

首先说明,本书配套的实验工程全部采用 AC5 进行开发。AC 是 ARM Compiler 的简称,是用于编译 ARM 处理器代码的编译工具链,AC 后面的 5 和 6 表示的是 AC 的版本号。Keil MDK 中集成了 AC5 和 AC6 编译工具链,这里简单地对比一下 AC5 和 AC6 的差异,如表 2.4 所列。

表 2.4 AC5&AC6 简单对比

对比项	AC5	AC6	说 明
中文支持	较好	较差	AC6 对中文支持极差,goto definition 无法使用,报错等
代码兼容性	较好	较差	AC6 对某些代码优化可能导致运行异常,须慢慢调试
编译速度	较慢	较快	AC6 编译速度比 AC5 快
语法检查	一般	严格	AC6 语法检查非常严格,代码严谨性较好

虽然 AC6 的编译速度比较快,但是 AC5 在各方面的兼容性都比 AC6 要好,因此笔者推荐新手使用 AC5。当然,读者可以自由选择使用 AC5 或 AC6,正点原子的源码都是支持 AC6 的,只不过在 Keil MDK 的选项配置方面有些差异,如表 2.5 所列。

表 2.5　AC5&AC6 配置差异

选　项	AC5	AC6	说　明
Target→ARM Compiler	V5. xx	V6. xx	选择对应的编译工具

通过以上配置，正点原子的裸机程序已经能够正常使用 AC6 编译工具进行编译了，但是对于 FreeRTOS 还需要稍作修改，需要修改两个地方，分别是 FreeRTOS 的 port. c 文件和头文件路径。

1. FreeRTOS 的 port. c 文件

2.1.2 小节中往工程添加 port. c 文件的路径为 FreeRTOS/portable/RVDS，这是在使用 AC5 编译工具的前提下，如果使用 AC6 编译工具，那么 port. c 文件的路径应该改为 FreeRTOS/portable/GCC。对于正点原子不同的 STM32 开发板，只要根据表 2.1 将对应的 port. c 文件添加到工程中即可。

2. 头文件路径

2.1.2 小节中添加了一个以 port. c 文件路径为路径的头文件路径，由于使用 AC6 编译工具时使用了别的 port. c 文件，因此需要将原来以 port. c 文件路径为路径的头文件路径按照表 2.1 修改为新的 port. c 文件的路径为路径的头文件路径。修改后如图 2.10 所示（这里以正点原子的 STM32F1 系列开发板为例，其他类型的开发板类似）。

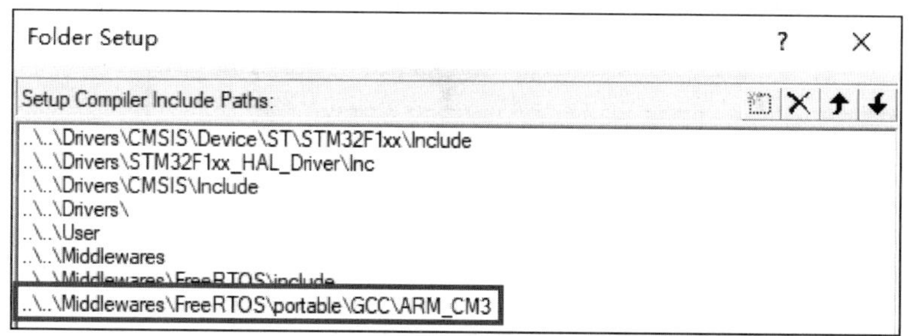

图 2.10　修改头文件路径

注意，在切换了 Keil MDK 编译工具之后，最好完整地重新编译一遍工程，即 Rebuild all target files 而不是 Build Target，以免出现一些莫名的问题。

2.2　FreeRTOS 移植实验

2.2.1　功能设计

本实验主要用于验证 FreeRTOS 移植是否成功，设计了 3 个任务，功能如表 2.6

所列。

表 2.6　各任务功能描述

任务名	任务功能描述
start_task	用于创建其他任务
task1	用于刷新 LCD 背景颜色和控制 LED0 闪烁
task2	用于通过串口打印浮点计算结果

该实验的实验工程可参考配套资料的“FreeRTOS 实验例程 2 FreeRTOS 移植实验”。

2.2.2　软件设计

1. 程序流程图

本实验的程序流程如图 2.11 所示。

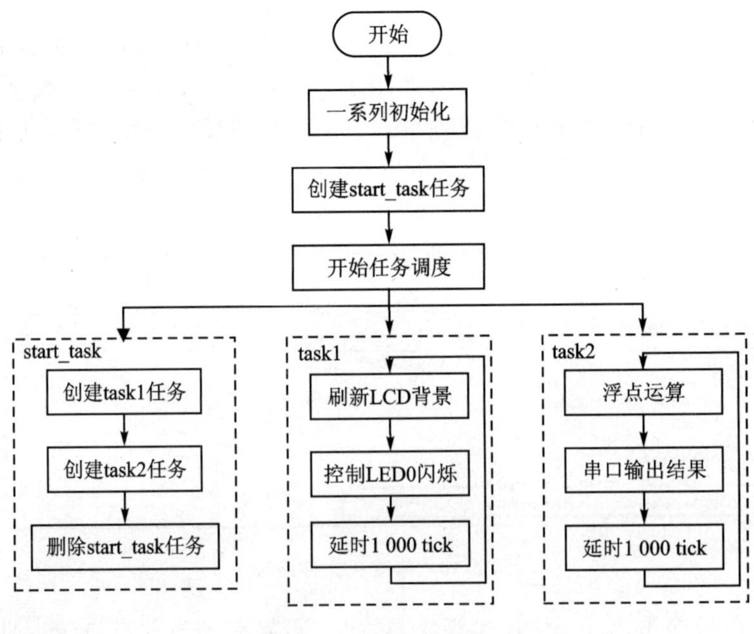

图 2.11　程序流程图

2. 程序解析

2.1.6 小节中已经对整体的代码结构作了说明，这里主要解析 task1 任务和 task2 任务，而具体的任务创建、任务调度等 FreeRTOS 的相关知识后面会具体分析。

(1) task1 任务

task1 任务的入口函数代码如下所示：

```
/**
  * @brief     task1
  * @param     pvParameters : 传入参数(未用到)
  * @retval     无
  */
void task1(void * pvParameters)
{
    uint32_t task1_num = 0;
    while(1)
    {
        lcd_clear(lcd_discolor[++task1_num % 14]);     /* 刷新屏幕 */
        lcd_show_string(10, 10, 220, 32, 32, "STM32",RED);
        lcd_show_string(10, 47, 220, 24, 24, "FreeRTOS Porting",RED);
        lcd_show_string(10, 76, 220, 16, 16, "ATOM@ALIENTEK",RED);
        LED0_TOGGLE();                                  /* LED0 闪烁 */
        vTaskDelay(1000);                               /* 延时 1 000 tick */
    }
}
```

可以看到,task1 任务比较简单,在一个 while(1)循环中,每间隔 1 000 个 tick 就刷新一次屏幕背景,并控制 LED0 闪烁。

(2) task2 任务

```
/**
  * @brief     task2
  * @param     pvParameters : 传入参数(未用到)
  * @retval     无
  */
void task2(void * pvParameters)
{
    float float_num = 0.0;
    while(1)
    {
        float_num  += 0.01f;                          /* 更新数值 */
        printf("float_num: %0.4f\r\n",float_num);    /* 打印数值 */
        vTaskDelay(1000);                             /* 延时 1 000 ms */
    }
}
```

可以看到,task2 任务也很简单,在一个 while(1)循环中,每间隔 1 000 个 tick 就进行一次浮点运算,并将运算结果通过串口输出。

本实验所设计的任务都比较简单,并没有具体实际的意义,只是为了验证 FreeRTOS 移植的成功与否,因此本实验所涉及的一些函数包括函数的用法,读者暂时无须深究,后面会有详细讲解。

2.2.3　下载验证

编译并下载代码,复位后可以看到 LCD 屏幕上显示了本次实验的相关信息,如

图 2.12 所示，并且 LCD 屏幕的背景颜色和板载的 LED0 每间隔 1 000 个 tick 就切换一次状态(根据 FreeRTOSConfig.h 文件的相关配置，1 000 个 tick 大致相当于 1 000 ms，具体配置和换算的方法在后面讲解到 FreeRTOS 时间管理的时候会具体分析)。

图 2.12 LCD 显示内容

同时通过串口调试助手可以看到，串口每间隔 1 000 个 tick 就输出一次浮点计算的结果，如图 2.13 所示。

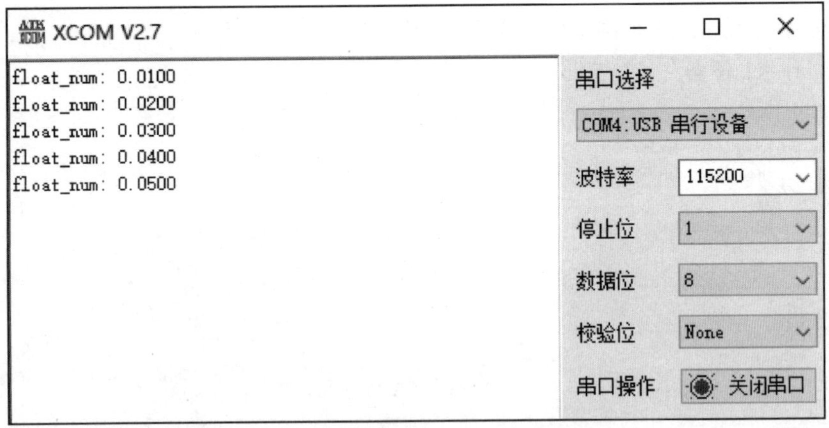

图 2.13 串口调试助手显示内容

第3章 FreeRTOS系统配置

在实际使用 FreeRTOS 时，需要考虑各方面的因素，如芯片架构、芯片的 Flash 和 RAM 的大小。为了使 FreeRTOS 适用于各种场景，FreeRTOS 被设计成可配置和裁减的，本章就来详细讲解如何配置和裁减 FreeRTOS。

本章分为如下几部分：

3.1 FreeRTOSConfig. h 文件

3.2 config 配置项

3.3 INCLUDE 配置项

3.4 其他配置项

3.1 FreeRTOSConfig. h 文件

针对 FreeRTOSConfig. h 文件，FreeRTOS 官方的在线文档中有详细的说明，网址为 https://www. freertos. org/a00110. html。

FreeRTOSConfig. h 文件中有几十个配置项，这使得用户能够很好地配置和裁减 FreeRTOS。虽然有很多的配置项，但是初学者也不用觉得学习 FreeRTOS 是一件很难的事，正点原子针对其 STM32 系列开发板，以“能用的都用上”的原则，编写并为读者提供了 FreeRTOSConfig. h 文件，读者可参照 2.1.2 小节中“FreeRTOSConfig. h 获取途径三”获取。

FreeRTOSConfig. h 文件中的配置项可分为 3 大类：config 配置项、INCLUDE 配置项和其他配置项，下面就详细讲解这 3 类配置项。

3.2 config 配置项

config 配置项按照配置的功能分类，可分为 10 类，分别为基础配置项、内存分配相关定义、钩子函数相关定义、运行时间和任务状态统计相关定义、协程相关定义、软件定时器相关定义、中断嵌套行为配置、断言、FreeRTOS MPU 特殊定义和 ARMv8－M 安全侧端口相关定义。下面就分别介绍这些 config 配置项。

3.2.1 基础配置项

FreeRTOS 的一些基础配置项包括 configUSE_PREEMPTION、configUSE_PORT_OPTIMISED_TASK_SELECTION、configUSE_TICKLESS_IDLE、configCPU_CLOCK_HZ、configSYSTICK_CLOCK_HZ、configTICK_RATE_HZ、configMAX_PRIORITIES、configMINIMAL_STACK_SIZE、configMAX_TASK_NAME_LEN、configUSE_16_BIT_TICKS、configIDLE_SHOULD_YIELD、configUSE_TASK_NOTIFICATIONS、configTASK_NOTIFICATION_ARRAY_ENTRIES、configUSE_MUTEXES、configUSE_RECURSIVE_MUTEXES、configUSE_COUNTING_SEMAPHORES、configUSE_ALTERNATIVE_API、configQUEUE_REGISTRY_SIZE、configUSE_QUEUE_SETS、configUSE_TIME_SLICING、configUSE_NEWLIB_REENTRANT、configENABLE_BACKWARD_COMPATIBILITY、configNUM_THREAD_LOCAL_STORAGE_POINTERS、configSTACK_DEPTH_TYPE 及 configMESSAGE_BUFFER_LENGTH_TYPE。

1) configUSE_PREEMPTION

此宏用于设置系统的调度方式。当宏 configUSE_PREEMPTION 设置为 1 时,系统使用抢占式调度;当宏 configUSE_PREEMPTION 设置为 0 时,系统使用协程式调度。抢占式调度和协程式调度的区别在于,协程式调度是正在运行的任务主动释放 CPU 后才能切换到下一个任务,任务切换的时机完全取决于正在运行的任务。协程式的优点在于可以节省开销,但是功能比较有限,现在的 MCU 性能都比较强大,建议使用抢占式调度。

2) configUSE_PORT_OPTIMISED_TASK_SELECTION

FreeRTOS 支持两种方法来选择下一个要执行的任务,分别为通用方法和特殊方法。

当宏 configUSE_PORT_OPTIMISED_TASK_SELECTION 设置为 0 时,使用通用方法。通用方法是完全使用 C 实现的软件算法,因此支持所用硬件,并且不限制任务优先级的最大值,但效率相较于特殊方法低。

当宏 configUSE_PORT_OPTIMISED_TASK_SELECTION 设置为 1 时,使用特殊方法。特殊方法的效率相较于通用方法高,但是特殊方法依赖于一个或多个特定架构的汇编指令(一般是类似计算前导零[CLZ]的指令),因此特殊方法并不支持所有硬件,并且对任务优先级的最大值一般也有限制,通常为 32。

3) configUSE_TICKLESS_IDLE

当宏 configUSE_TICKLESS_IDLE 设置为 1 时,使能 tickless 低功耗模式;设置为 0 时,tick 中断则会移植运行。tickless 低功耗模式并不适用于所有硬件。

4) configCPU_CLOCK_HZ

此宏应设置为 CPU 的内核时钟频率,单位为 Hz。

5）configSYSTICK_CLOCK_HZ

此宏应设置为 SysTick 的时钟频率，当 SysTick 的时钟源频率与内核时钟频率不同时才可以定义，单位为 Hz。

6）configTICK_RATE_HZ

此宏用于设置 FreeRTOS 系统节拍的中断频率，单位为 Hz。

7）configMAX_PRIORITIES

此宏用于定义系统支持的最大任务优先级数量，最大任务优先级数值为 configMAX_PRIORITIES－1。

8）configMINIMAL_STACK_SIZE

此宏用于设置空闲任务的栈空间大小，单位为 word。

9）configMAX_TASK_NAME_LEN

此宏用于设置任务名的最大字符数。

10）configUSE_16_BIT_TICKS

此宏用于定义系统节拍计数器的数据类型，当宏 configUSE_16_BIT_TICKS 设置为 1 时，系统节拍计数器的数据类型为 16 位无符号整型；当宏 configUSE_16_BIT_TICKS 设置为 0 时，系统节拍计数器的数据类型为 32 为无符号整型。

11）configIDLE_SHOULD_YIELD

当宏 configIDLE_SHOULD_YIELD 设置为 1 时，在抢占调度下，同等优先级的任务可抢占空闲任务，并沿用空闲任务剩余的时间片。

12）configUSE_TASK_NOTIFICATIONS

当宏 configUSE_TASK_NOTIFICATIONS 设置为 1 时，开启任务通知功能。当开启任务通知功能后，每个任务将多占用 8 字节的内存空间。

13）configTASK_NOTIFICATION_ARRAY_ENTRIES

此宏用于定义任务通知数组的大小。

14）configUSE_MUTEXES

此宏用于使能互斥信号量，当宏 configUSE_MUTEXS 设置为 1 时，使能互斥信号量；当宏 configUSE_MUTEXS 设置为 0 时，则不使能互斥信号量。

15）configUSE_RECURSIVE_MUTEXES

此宏用于使能递归互斥信号量，当宏 configUSE_RECURSIVE_MUTEXES 设置为 1 时，使能递归互斥信号量；当宏 configUSE_RECURSIVE_MUTEXES 设置为 0 时，则不使能递归互斥信号量。

16）configUSE_COUNTING_SEMAPHORES

此宏用于使能计数型信号量，当宏 configUSE_COUNTING_SEMAPHORES 设置为 1 时，使能计数型信号量；当宏 configUSE_COUNTING_SEMAPHORES 设置为 0 时，则不使能计数型信号量。

17) configUSE_ALTERNATIVE_API

此宏在 FreeRTOS V9.0.0 之后已弃用。

18) configQUEUE_REGISTRY_SIZE

此宏用于定义可以注册的队列和信号量的最大数量。此宏定义仅用于调试使用。

19) configUSE_QUEUE_SETS

此宏用于使能队列集,当宏 configUSE_QUEUE_SETS 设置为 1 时,使能队列集;当宏 configUSE_QUEUE_SETS 设置为 0 时,则不使能队列集。

20) configUSE_TIME_SLICING

此宏用于使能时间片调度,当宏 configUSE_TIMER_SLICING 设置为 1 且使用抢占式调度时,使能时间片调度;当宏 configUSE_TIMER_SLICING 设置为 0 时,则不使能时间片调度。

21) configUSE_NEWLIB_REENTRANT

此宏用于为每个任务分配一个 NewLib 重入结构体,当宏 configUSE_NEWLIB_REENTRANT 设置为 1 时,FreeRTOS 将为每个创建任务的任务控制块分配一个 NewLib 重入结构体。

22) configENABLE_BACKWARD_COMPATIBILITY

此宏用于兼容 FreeRTOS 老版本的 API 函数。

23) configNUM_THREAD_LOCAL_STORAGE_POINTERS

此宏用于在任务控制块中分配一个线程本地存储指针数组,当此宏被定义为大于 0 时,configNUM_THREAD_LOCAL_STORAGE_POINTERS 为线程本地存储指针数组的元素个数;当宏 configNUM_THREAD_LOCAL_STORAGE_POINTERS 为 0 时,则禁用线程本地存储指针数组。

24) configSTACK_DEPTH_TYPE

此宏用于定义任务堆栈深度的数据类型,默认为 uint16_t。

25) configMESSAGE_BUFFER_LENGTH_TYPE

此宏用于定义消息缓冲区中消息长度的数据类型,默认为 size_t。

3.2.2 内存分配相关定义

与 FreeRTOS 内存分配相关的配置项包括 configSUPPORT_STATIC_ALLOCATION、configSUPPORT_DYNAMIC_ALLOCATION、configTOTAL_HEAP_SIZE、configAPPLICATION_ALLOCATED_HEAP 及 configSTACK_ALLOCATION_FROM_SEPARATE_HEAP。

1) configSUPPORT_STATIC_ALLOCATION

当宏 configSUPPORT_STSTIC_ALLOCATION 设置为 1 时,FreeRTOS 支持使用静态方式管理内存,此宏默认设置为 0。如果将 configSUPPORT_STATIC_

ALLOCATION 设置为1,用户还需要提供两个回调函数:vApplicationGetIdleTaskMemory()和 vApplicationGetTimerTaskMemory(),更详细的内容请参考第6章的“静态创建与删除任务实验”。

2) configSUPPORT_DYNAMIC_ALLOCATION

当宏 configSUPPORT_DYNAMIC_ALLOCATION 设置为1时,FreeRTOS 支持使用动态方式管理内存,此宏默认设置为1。

3) configTOTAL_HEAP_SIZE

此宏定义用于 FreeRTOS 动态内存管理的内存大小,即 FreeRTOS 的内存堆,单位为 Byte。

4) configAPPLICATION_ALLOCATED_HEAP

此宏用于自定义 FreeRTOS 的内存堆,当宏 configAPPLICATION_ALLOCATED_HEAP 设置为1时,用户需要自行创建 FreeRTOS 的内存堆,否则 FreeRTOS 的内存堆将由编译器分配。利用此宏定义,可以使用 FreeRTOS 动态管理外扩内存。

5) configSTACK_ALLOCATION_FROM_SEPARATE_HEAP

此宏用于自定义函数 pvPortMallocStack()和 vPortFreeStack(),这两个函数用于动态创建、删除任务时申请和释放任务的任务栈内存。当宏 configSTACK_ALLOCATION_FROM_SEPARATE_HEAP 设置为1时,用户须提供 pvPortMallocStack()和 vPortFreeStack()函数。

3.2.3 钩子函数相关定义

FreeRTOS 中一些钩子函数的相关配置项包括 configUSE_IDLE_HOOK、configUSE_TICK_HOOK、configCHECK_FOR_STACK_OVERFLOW、configUSE_MALLOC_FAILED_HOOK 及 configUSE_DAEMON_TASK_STARTUP_HOOK。

1) configUSE_IDLE_HOOK

此宏用于使能使用空闲任务钩子函数。当宏 configUSE_IDLE_HOOK 设置为1时,则使能使用空闲任务钩子函数,用户须自定义相关钩子函数;当宏 configUSE_IDLE_HOOK 设置为0时,则不使能使用空闲任务钩子函数。

2) configUSE_TICK_HOOK

此宏用于使能使用系统时钟节拍中断钩子函数。当宏 configUSE_TICK_HOOK 设置为1时,使能使用系统时钟节拍中断钩子函数,用户须自定义相关钩子函数;当宏 configUSE_TICK_HOOK 设置为0时,则不使能使用系统时钟节拍中断钩子函数。

3) configCHECK_FOR_STACK_OVERFLOW

此宏用于使能栈溢出检测。当宏 configCHECK_FOR_STACK_OVERFLOW

设置为 1 时,使用栈溢出检测方法一;当宏 configCHECK_FOR_STACK_OVERFLOW 设置为 2 时,栈溢出检测方法二;当宏 configCHECK_FOR_STACK_OVERFLOW 设置为 0 时,不使能栈溢出检测。

4) configUSE_MALLOC_FAILED_HOOK

此宏用于使能使用动态内存分配失败钩子函数。当宏 configUSE_MALLOC_FAILED_HOOK 设置为 1 时,使能使用动态内存分配失败钩子函数,用户须自定义相关钩子函数;当宏 configUSE_MALLOC_FAILED_HOOK 设置为 0 时,则不使能使用动态内存分配失败钩子函数。

5) configUSE_DAEMON_TASK_STARTUP_HOOK

此宏用于使能使用定时器服务任务首次执行前的钩子函数。当宏 configUSE_DEAMON_TASK_STARTUP_HOOK 设置为 1 时,使能使用定时器服务任务首次执行前的钩子函数,此时用户须定义定时器服务任务首次执行的相关钩子函数;当宏 configUSE_DEAMON_TASK_STARTUP_HOOK 设置为 0 时,则不使能使用定时器服务任务首次执行前的钩子函数。

3.2.4 运行时间和任务状态统计相关定义

与运行时间和任务状态统计相关的配置项包括 configGENERATE_RUN_TIME_STATS、configUSE_TRACE_FACILITY 及 configUSE_STATS_FORMATTING_FUNCTIONS。

1) configGENERATE_RUN_TIME_STATS

此宏用于使能任务运行时间统计功能。当宏 configGENERATE_RUN_TIME_STATS 设置为 1 时,使能任务运行时间统计功能,此时用户需要提供两个函数,一个是用于配置任务运行时间统计功能的函数 portCONFIGURE_TIMER_FOR_RUN_TIME_STATS(),一般是完成定时器的初始化;另一个函数是 portGET_RUN_TIME_COUNTER_VALUE(),该函数用于获取定时器的计时值。当宏 configGENERATE_RUN_TIME_STATS 设置为 0 时,则不使能任务运行时间统计功能。

2) configUSE_TRACE_FACILITY

此宏用于使能可视化跟踪调试,当宏 configUSE_TRACE_FACILITY 设置为 1 时,使能可视化跟踪调试;当宏 configUSE_TRACE_FACILITY 设置为 0 时,则不使能可视化跟踪调试。

3) configUSE_STATS_FORMATTING_FUNCTIONS

当此宏与 configUSE_TRACE_FACILITY 同时设置为 1 时,则编译函数 vTaskList()和函数 vTaskGetRunTimeStats();否则,将忽略编译函数 vTaskList()和函数 vTaskGetRunTimeStats()。

3.2.5 协程相关定义

与协程相关的配置项包括 configUSE_CO_ROUTINES 及 configMAX_CO_ROUTINE_PRIORITIES。

1）configUSE_CO_ROUTINES

此宏用于启用协程，当宏 configUSE_CO_ROUTINES 设置为 1 时，启用协程；当宏 configUSE_CO_ROUTINES 设置为 0 时，则不启用协程。

2）configMAX_CO_ROUTINE_PRIORITIES

此宏用于设置协程的最大任务优先级数量，协程的最大任务优先级数值为 configMAX_CO_ROUTINE_PRIORITIES－1。

3.2.6 软件定时器相关定义

与软件定时器相关的配置项包括 configUSE_TIMERS、configTIMER_TASK_PRIORITY、configTIMER_QUEUE_LENGTH 及 configTIMER_TASK_STACK_DEPTH。

1）configUSE_TIMERS

此宏用于启用软件定时器功能，当宏 configUSE_TIMERS 设置为 1 时，启用软件定时器功能；当宏 configUSE_TIMERS 设置为 0 时，则不启用软件定时器功能。

2）configTIMER_TASK_PRIORITY

此宏用于设置软件定时器处理任务的优先级，当启用软件定时器功能时，系统创建一个用于处理软件定时器的软件定时器处理任务。

3）configTIMER_QUEUE_LENGTH

此宏用于定义软件定时器队列的长度，软件定时器的开启、停止与销毁等操作都是通过队列实现的。

4）configTIMER_TASK_STACK_DEPTH

此宏用于设置软件定时器处理任务的栈空间大小，当启用软件定时器功能时，系统创建一个用于处理软件定时器的软件定时器处理任务。

3.2.7 中断嵌套行为配置

与中断嵌套相关的配置项包括 configPRIO_BITS、configLIBRARY_LOWEST_INTERRUPT_PRIORITY、configLIBRARY_MAX_SYSCALL_INTERRUPT_PRIORITY、configKERNEL_INTERRUPT_PRIORITY、configMAX_SYSCALL_INTERRUPT_PRIORITY 及 configMAX_API_CALL_INTERRUPT_PRIORITY。

1）configPRIO_BITS

此宏应定义为 MCU 的 8 位优先级配置寄存器实际使用的位数。

2) configLIBRARY_LOWEST_INTERRUPT_PRIORITY

此宏应定义为 MCU 的最低中断优先等级，对于 STM32，在使用 FreeRTOS 时，建议将中断优先级分组设置为组 4，此时中断的最低优先级为 15。此宏定义用于辅助配置宏 configKERNEL_INTERRUPT_PRIORITY。

3) configLIBRARY_MAX_SYSCALL_INTERRUPT_PRIORITY

此宏定义用于设置 FreeRTOS 可管理中断的最高优先级，当中断的优先级数值小于 configLIBRARY_MAX_SYSCALL_INTERRUPT_PRIORITY 时，此中断不受 FreeRTOS 管理。此宏定义用于辅助配置宏 configMAX_SYSCALL_INTERRUPT_PRIORITY。

4) configKERNEL_INTERRUPT_PRIORITY

此宏应定义为 MCU 的最低中断优先等级在中断优先级配置寄存器中的值，对于 STM32，即宏 configLIBRARY_LOWEST_INTERRUPT_PRIORITY 偏移 4 bit 的值。

5) configMAX_SYSCALL_INTERRUPT_PRIORITY

此宏应定义为 FreeRTOS 可管理中断的最高优先等级在中断优先级配置寄存器中的值，对于 STM32，即宏 configLIBRARY_MAX_SYSCALL_INTERRUPT_PRIORITY 偏移 4 bit 的值。

6) configMAX_API_CALL_INTERRUPT_PRIORITY

此宏为宏 configMAX_SYSCALL_INTERRUPT_PRIORITY 的新名称，只用在 FreeRTOS 官方一些新的移植当中，此宏与宏 configMAX_SYSCALL_INTERRUPT_PRIORITY 是等价的。

3.2.8 断　言

FreeRTOS 中断言的相关配置项包括 vAssertCalled(char, int)及 configASSERT(x)。

1) vAssertCalled(char, int)

此宏用于辅助配置宏 configASSERT(x)以通过串口打印相关信息。

2) configASSERT(x)

此宏为 FreeRTOS 操作系统中的断言，断言会对表达式 x 进行判断，当 x 为假时，断言失败，表明程序出错，于是使用宏 vAssertCalled(char, int)通过串口打印相关的错误信息。断言常用于检测程序中的错误，使用断言将增加程序的代码大小和执行时间，因此建议在程序调试通过后将宏 configASSERT(x)进行注释，以较少额外的开销。

3.2.9 FreeRTOS MPU 特殊定义

FreeRTOS 中 MPU 的相关配置项包括 configINCLUDE_APPLICATION_DE-

FINED_PRIVILEGED_FUNCTIONS、configTOTAL_MPU_REGIONS、configTEX_S_C_B_FLASH、configTEX_S_C_B_SRAM、configENFORCE_SYSTEM_CALLS_FROM_KERNEL_ONLY 及 configALLOW_UNPRIVILEGED_CRITICAL_SECTIONS。

本文暂不涉及 FreeRTOS 中 MPU 的相关内容，感兴趣的读者可自行查阅相关资料。

3.3 INCLUDE 配置项

FreeRTOS 使用 INCLUDE 配置项对部分 API 函数进行条件编译，当 INCLUDE 配置项被定义为 1 时，其对应的 API 函数会加入编译。对于用不到的 API 函数，用户可以将其对应的 INCLUDE 配置项设置为 0，那么这个 API 函数就不会加入编译，以减少不必要的系统开销。INCLUDE 配置项与其对应 API 函数的功能描述如表 3.1 所列。

表 3.1 INCLUDE 配置项与其对应 API 函数功能描述

配置项	API 函数功能描述
INCLUDE_vTaskPrioritySet	设置任务优先级
INCLUDE_uxTaskPriorityGet	获取任务优先级
INCLUDE_vTaskDelete	删除任务
INCLUDE_vTaskSuspend	挂起任务
INCLUDE_xResumeFromISR	恢复在中断中挂起的任务
INCLUDE_vTaskDelayUntil	任务绝对延时
INCLUDE_vTaskDelay	任务延时
INCLUDE_xTaskGetSchedulerState	获取任务调度器状态
INCLUDE_xTaskGetCurrentTaskHandle	获取当前任务的任务句柄
INCLUDE_uxTaskGetStackHighWaterMark	获取任务堆栈历史剩余最小值
INCLUDE_xTaskGetIdleTaskHandle	获取空闲任务的任务句柄
INCLUDE_eTaskGetState	获取任务状态
INCLUDE_xEventGroupSetBitFromISR	在中断中设置事件标志位
INCLUDE_xTimerPendFunctionCall	将函数的执行挂到定时器服务任务
INCLUDE_xTaskAbortDelay	中断任务延时
INCLUDE_xTaskGetHandle	通过任务名获取任务句柄
INCLUDE_xTaskResumeFromISR	恢复在中断中挂起的任务

3.4 其他配置项

剩余的几个其他配置项为 xPortPendSVHandler、vPortSVCHandler 及 secureconfigMAX_SECURE_CONTEXTS。

1) ureconfigMAX_SECURE_CONTEXTS

此宏为 ARMv8 - M 安全侧端口的相关配置项,本文暂不涉及 ARMv8 - M 安全侧端口的相关内容,感兴趣的读者可自行查阅相关资料。

2) endSVHandler 和 vPortSVCHandler

这两个宏为 PendSV 和 SVC 的中断服务函数,主要用于 FreeRTOS 操作系统的任务切换。有关 FreeRTOS 操作系统中任务切换的相关内容后续详细讲解。

第4章 FreeRTOS中断管理

FreeRTOS 的中断管理是一个很重要的内容，需要根据所使用的 MCU 进行具体配置。本章会结合 ARM Cortex - M 的 NVIC 来讲解 STM32 平台下 FreeRTOS 的中断管理。

本章分为如下几部分：

4.1 ARM Cortex - M 中断

4.2 FreeRTOS 中断配置项

4.3 FreeRTOS 中断管理详解

4.4 FreeRTOS 中断测试实验

4.1 ARM Cortex - M 中断

4.1.1 简 介

中断是 CPU 的一种常见特性，一般由硬件产生；当中断发生后，则会中断 CPU 当前正在执行的程序而跳转到中断对应的服务程序去执行。ARM Cortex - M 内核的 MCU 具有一个用于中断管理的嵌套向量中断控制器（NVIC，全称 Nested vectored interrupt controller）。

ARM Cortex - M 的 NVIC 最大可支持 256 个中断源，其中包括 16 个系统中断和 240 个外部中断。然而芯片厂商一般情况下都用不完这些资源，以正点原子的战舰开发板为例，所使用的 STM32F103ZET6 芯片就只用到了 10 个系统中断和 60 个外部中断。

4.1.2 中断优先级管理

ARM Cortex - M 使用 NVIC 对不同优先级的中断进行管理，首先看一下 NVIC 在 CMSIS 中的结构体定义，如下所示：

```
typedef struct
{
    __IOM    uint32_t ISER[8U];              /* 中断使能寄存器 */
             uint32_t RESERVED0[24U];
```

```
    __IOM    uint32_t ICER[8U];              /* 中断除能寄存器 */
             uint32_t RSERVED1[24U];
    __IOM    uint32_t ISPR[8U];              /* 中断使能挂起寄存器 */
             uint32_t RESERVED2[24U];
    __IOM    uint32_t ICPR[8U];              /* 中断除能挂起寄存器 */
             uint32_t RESERVED3[24U];
    __IOM    uint32_t IABR[8U];              /* 中断有效位寄存器 */
             uint32_t RESERVED4[56U];
    __IOM    uint8_t  IP[240U];              /* 中断优先级寄存器 */
             uint32_t RESERVED5[644U];
    __OM     uint32_t STIR;                  /* 软件触发中断寄存器 */
} NVIC_Type;
```

在 NVIC 的相关结构体中，成员变量 IP 用于配置外部中断的优先级。成员变量 IP 的定义如下所示：

```
__IOM    uint8_t IP[240U];          /* 中断优先级寄存器 */
```

可以看到，成员变量 IP 是一个 uint8_t 类型的数组，数组一共有 240 个元素，数组中每一个 8 bit 的元素都可以用来配置对应的外部中断的优先级。

综上可知，ARM Cortex－M 使用了 8 位寄存器来配置中断的优先等级，这个寄存器就是中断优先级配置寄存器，因此最大中断的优先级配置范围为 0～255。但是芯片厂商一般用不完这些资源，对于 STM32，只用到了中断优先级配置寄存器的高 4 位[7:4]，低 4 位[3:0]取 0 处理。因此 STM32 提供了最大 $2^4=16$ 级的中断优先等级，如图 4.1 所示。

Bit7	Bit6	Bit5	Bit4	Bit3	Bit2	Bit1	Bit0
用于表达优先级			没有实现，读回0				

图 4.1　中断优先级配置寄存器

中断优先级配置寄存器的值与对应的优先等级成反比，即中断优先级配置寄存器的值越小，中断的优先等级越高。

STM32 的中断优先级可以分为抢占优先级和子优先级，抢占优先级和子优先级的区别如下：

- 抢占优先级：抢占优先级高的中断可以打断正在执行但抢占优先级低的中断，即中断嵌套。
- 子优先级：抢占优先级相同时，子优先级高的中断不能打断正在执行但子优先级低的中断，即子优先级不支持中断嵌套。

STM32 中每个中断的优先级就由抢占优先级和子优先级共同组成，使用中断优先级配置寄存器的高 4 位来配置抢占优先级和子优先级，那么中断优先级配置寄存器的高 4 位是如何分配、设置抢占优先级和子优先级的呢？一共有 5 种分配方式对应这中断优先级分组的 5 个组。优先级分组的 5 种分组情况在 HAL 中进行了定

义，如下所示：

```
#define NVIC_PRIORITYGROUP_0     0x00000007U          /* 优先级分组 0 */
#define NVIC_PRIORITYGROUP_1     0x00000006U          /* 优先级分组 1 */
#define NVIC_PRIORITYGROUP_2     0x00000005U          /* 优先级分组 2 */
#define NVIC_PRIORITYGROUP_3     0x00000004U          /* 优先级分组 3 */
#define NVIC_PRIORITYGROUP_4     0x00000003U          /* 优先级分组 4 */
```

优先级分组对应的抢占优先级和子优先级分配方式如表 4.1 所列。

表 4.1　优先级分组

优先级分组	抢占优先级	子优先级	优先级配置寄存器高 4 位
NVIC_PriorityGroup_0	0 级抢占优先级	0～15 级子优先级	0 bit 用于抢占优先级，4 bit 用于子优先级
NVIC_PriorityGroup_1	0～1 级抢占优先级	0～7 级子优先级	1 bit 用于抢占优先级，3 bit 用于子优先级
NVIC_PriorityGroup_2	0～3 级抢占优先级	0～3 级子优先级	2 bit 用于抢占优先级，2 bit 用于子优先级
NVIC_PriorityGroup_3	0～7 级抢占优先级	0～1 级子优先级	3 bit 用于抢占优先级，1 bit 用于子优先级
NVIC_PriorityGroup_4	0～15 级抢占优先级	0 级子优先级	4 bit 用于抢占优先级，0 bit 用于子优先级

STM32 的中断既要设置中断优先级分组又要设置抢占优先级和子优先级，看起来十分复杂。其实对于 FreeRTOS，官方强烈建议 STM32 在使用 FreeRTOS 的时候，使用中断优先级分组 4（NVIC_PriorityGroup_4）即优先级配置寄存器的高 4 位全部用于抢占优先级，不使用子优先级，这么一来用户就只需要设置抢占优先级即可，本书配套的例程源码也全部将中断优先级分组设置为中断优先级分组 4（NVIC_PriorityGroup_4），如下所示：

```
/* Set Interrupt Group Priority */
HAL_NVIC_SetPriorityGrouping(NVIC_PRIORITYGROUP_4);
```

4.1.3　3 个系统中断优先级配置寄存器

除了外部中断，系统中断有独立的中断优先级配置寄存器，分别为 SHPR1、SHPR2、SHPR3，下面就分别来看一下这 3 个寄存器的作用。

1. SHPR1

SHPR1 寄存器的地址为 0xE000ED18，用于配置 MemManage、BusFault、UsageFault 的中断优先级。各比特位的功能描述如表 4.2 所列。

表 4.2 SHPR1 寄存器

比特位	名 称	功能描述
[31:24]	PRI_7	保留
[23:16]	PRI_6	UsageFault 中断优先级
[15:8]	PRI_5	BusFault 中断优先级
[7:0]	PRI_4	MemManage 中断优先级

2. SHPR2

SHPR2 寄存器的地址为 0xE000ED1C,用于配置 SVCall 的中断优先级。各比特位的功能描述如表 4.3 所列。

表 4.3 SHPR2 寄存器

比特位	名 称	功能描述
[31:24]	PRI_11	SVCall 中断优先级
[23:0]	—	保留

3. SHPR3

SHPR3 寄存器的地址为 0xE000ED20,用于配置 PendSV、SysTick 的中断优先级。各比特位的功能描述如表 4.4 所列。

表 4.4 SHPR3 寄存器

比特位	名 称	功能描述
[31:24]	PRI_15	SysTick 中断优先级
[23:16]	PRI_14	PendSV 中断优先级
[15:0]	—	保留

FreeRTOS 在配置 PendSV 和 SysTick 中断优先级时就使用到了 SHPR3 寄存器,因此读者须多留意此寄存器。

4.1.4 3 个中断屏蔽寄存器

ARM Cortex－M 有 3 个用于屏蔽中断的寄存器,分别为 PRIMASK、FAULTMASK 和 BASEPRI,下面就分别来看一下这 3 个寄存器的作用。

1. PRIMASK

作用:PRIMASK 寄存器有 32 bit,但只有 bit0 有效,是可读可写的,将 PRIMASK 寄存器设置为 1 用于屏蔽除 NMI 和 HardFault 外的所有异常和中断,将 PRIMASK 寄存器清 0 用于使能中断。

用法一:

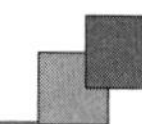

```
CPSIE I                      /* 清除 PRIMASK(使能中断) */
CPSID I                      /* 设置 PRIMASK(屏蔽中断) */
```

用法二：

```
MRS R0, PRIMASK              /* 读取 PRIMASK 值 */
MOV R0, #0
MSR PRIMASK, R0              /* 清除 PRIMASK(使能中断) */
MOV R0, #1
MSR PRIMASK, R0              /* 设置 PRIMASK(屏蔽中断) */
```

用法三：

```
__get_PRIMASK();             /* 读取 PRIMASK 值 */
__set_PRIMASK(0U);           /* 清除 PRIMASK(使能中断) */
__set_PRIMASK(1U);           /* 设置 PRIMASK(屏蔽中断) */
```

2. FAULTMASK

作用：FAULTMASK 寄存器有 32 bit，但只有 bit0 有效，也是可读可写的，将 FAULTMASK 寄存器设置为 1 用于屏蔽除 NMI 外的所有异常和中断，将 FAULTMASK 寄存器清零用于使能中断。

用法一：

```
CPSIE F                      /* 清除 FAULTMASK(使能中断) */
CPSID F                      /* 设置 FAULTMASK(屏蔽中断) */
```

用法二：

```
MRS R0, FAULTMASK            /* 读取 FAULTMASK 值 */
MOV R0, #0
MSR FAULTMASK, R0            /* 清除 FAULTMASK(使能中断) */
MOV R0, #1
MSR FAULTMASK, R0            /* 设置 FAULTMASK(屏蔽中断) */
```

用法三：

```
__get_FAULTMASK();           /* 读取 FAULTMASK 值 */
__set_FAULTMASK(0U);         /* 清除 FAULTMASK(使能中断) */
__set_FAULTMASK(1U);         /* 设置 FAULTMASK(屏蔽中断) */
```

3. BASEPRI

作用：BASEPRI 有 32 bit，但只有低 8 位[7:0]有效，也是可读可写的。比起 PRIMASK 和 FAULTMASK 寄存器直接屏蔽掉大部分中断的方式，BASEPRI 寄存器的功能显得更加细腻，BASEPRI 用于设置一个中断屏蔽的阈值，设置好 BASEPRI 后，中断优先级低于 BASEPRI 的中断就都会被屏蔽掉。FreeRTOS 就使用 BASEPRI 寄存器来管理受 FreeRTOS 管理的中断，而不受 FreeRTOS 管理的中断则不受 FreeRTOS 的影响。

用法一：

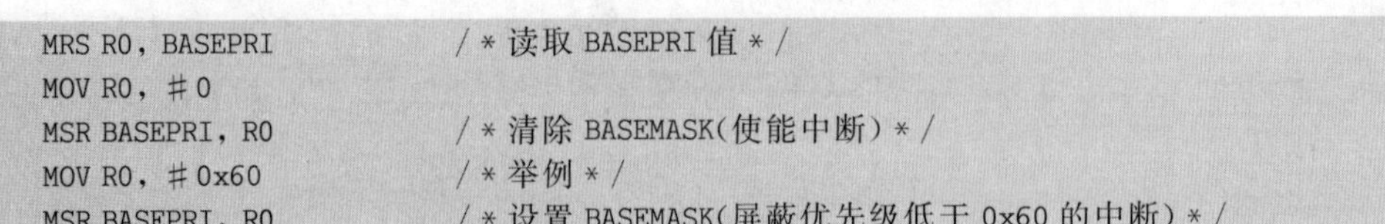

```
MRS R0, BASEPRI           /* 读取 BASEPRI 值 */
MOV R0, #0
MSR BASEPRI, R0           /* 清除 BASEMASK(使能中断) */
MOV R0, #0x60             /* 举例 */
MSR BASEPRI, R0           /* 设置 BASEMASK(屏蔽优先级低于 0x60 的中断) */
```

用法二：

```
__get_BASEPRI();          /* 读取 BASEPRI 值 */
__set_BASEPRI(0);         /* 清除 BASEPRI(使能中断) */
__set_BASEPRI(0x60);      /* 设置 BASEPRI(屏蔽优先级小于 0x60 的中断) */
```

4.1.5 中断控制状态寄存器

中断状态状态寄存器(ICSR)的地址为 0xE000ED04，用于设置和清除异常的挂起状态，以及获取当前系统正在执行的异常编号。各比特位的功能描述如表 4.5 所列。

表 4.5 中断控制状态寄存器

比特位	名 称	功能描述
[31]	NMIPENDSET	设置 NMI 挂起
[30:29]	—	保留
[28]	PENDSVSET	设置 PendSV 挂起
[27]	PENDSVCLR	清除 PendSV 挂起
[26]	PENDSTSET	设置 SysTick 挂起
[25]	PENDSTCLR	清除 SysTick 挂起
[24]	—	保留
[23]	Reserved for Debug use	调试使用
[22]	ISRPENDING	设置外部中断挂起
[21]	—	保留
[20:12]	VECTPENDING	挂起的异常编号
[11]	RETTOBASE	指示是否存在抢占的异常
[10:9]	—	保留
[8:0]	VECTACTIVE	正在执行的异常编号

这个寄存器主要关注 VECTACTIVE 段[8:0]，通过读取 VECTACTIVE 段就能够判断当前执行的代码是否在中断中。

4.2 FreeRTOS 中断配置项

FreeRTOSConfig.h 文件中有 6 个与中断相关的 FreeRTOS 配置项，详细参见 3.2.7 小节。本节主要根据 4.1 节为读者分析如何配置这 6 个中断相关的 FreeRTOS 配置项。

（1）configPRIO_BITS

此宏是用于辅助配置的宏，主要用于辅助配置宏 configKERNEL_INTERRUPT_PRIORITY 和宏 configMAX_SYSCALL_INTERRUPT_PRIORITY。此宏应定义为 MCU 的 8 位优先级配置寄存器实际使用的位数，因为 STM32 只使用到了中断优先级配置寄存器的高 4 位，因此，此宏应配置为 4。

（2）configLIBRARY_LOWEST_INTERRUPT_PRIORITY

此宏用于辅助配置宏 configKERNEL_INTERRUPT_PRIORITY，应设置为 MCU 的最低优先等级。因为 STM32 只使用了中断优先级配置寄存器的高 4 位，因此 MCU 的最低优先等级就是 $2^4-1=15$，因此，此宏应配置为 15。

（3）configLIBRARY_MAX_SYSCALL_INTERRUPT_PRIORITY

此宏用于辅助配置宏 configMAX_SYSCALL_INTERRUPT_PRIORITY，适用于配置 FreeRTOS 可管理的最高优先级的中断，此功能就是操作 BASEPRI 寄存器来实现的。此宏的值可以根据用户的实际使用场景来决定，本书配套例程源码全部将此宏配置为 5，即中断优先级高于 5 的中断不受 FreeRTOS 影响，如图 4.2 所示。

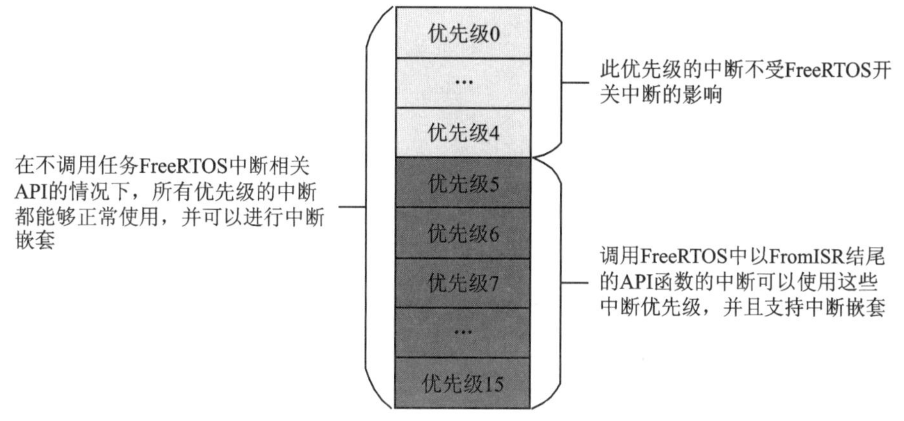

图 4.2 中断优先级配置示例图

（4）configKERNEL_INTERRUPT_PRIORITY

此宏应配置为 MCU 的最低优先级在中断优先级配置寄存器中的值，在 FreeRTOS 的源码中，使用此宏将 SysTick 和 PenSV 的中断优先级设置为最低优先级。因为 STM32 只使用了中断优先级配置寄存器的高 4 位，因此，此宏应配置为最低中断优先级在中断优先级配置寄存器高 4 位的表示，即（configLIBRARY_LOWEST_INTERRUPT_PRIORITY << (8 - configPRIO_BITS)）。

（5）configMAX_SYSCALL_INTERRUPT_PRIORITY

此宏用于配置 FreeRTOS 可管理的最高优先级的中断，在 FreeRTOS 的源码中，使用此宏来打开和关闭中断。因为 STM32 只使用了中断优先级配置寄存器的高 4 位，因此，此宏应配置为（configLIBRARY_MAX_SYSCALL_INTERRUPT_

PRIORITY << (8 - configPRIO_BITS))。

(6) configMAX_API_CALL_INTERRUPT_PRIORITY

此宏为宏 configMAX_SYSCALL_INTERRUPT_PRIORITY 的新名称，只用在 FreeRTOS 官方一些新的移植当中，与宏 configMAX_SYSCALL_INTERRUPT_PRIORITY 是等价的。

4.3 FreeRTOS 中断管理详解

了解 ARM Cortex - M 中断和 FreeRTOS 中断配置项的相关内容后，接下来本节将通过分析 FreeRTOS 源码的方式来讲解 FreeRTOS 是如何管理中断的。

4.3.1 PendSV 和 SysTick 中断优先级

在 4.1.3 小节中提到，FreeRTOS 使用 SHPR3 寄存器配置 PendSV 和 SysTick 的中断优先级，那么 FreeRTOS 是如何配置的呢？在 FreeRTOS 的源码中有如下定义：

```
#define portNVIC_SHPR3_REG                                              \
        ( * ((volatile uint32_t * ) 0xe000ed20))
#define portNVIC_PENDSV_PRI                                             \
        (((uint32_t) configKERNEL_INTERRUPT_PRIORITY) << 16UL)
#define portNVIC_SYSTICK_PRI                                            \
        (((uint32_t) configKERNEL_INTERRUPT_PRIORITY) << 24UL)
```

可以看到，宏 portNVIC_SHPR3_REG 被定义成了一个指向 0xE000ED20 地址的指针，而 0xE000ED20 就是 SHPR3 寄存器地址的指针，因此只须通过宏 portNVIC_SHPR3_REG 就能够访问 SHPR3 寄存器了。

接着是宏 portNVIC_PENDSV_PRI 和宏 portNVIC_SYSTICK_PRI 分别定义成了宏 configKERNEL_INTERRUPT_PRIORITY 左移 16 位和 24 位。其中宏 configKERNEL_INTERRUPT_PRIORITY 在 FreeRTOSConfig.h 文件中被定义成了系统的最低优先等级，而左移的 16 位和 24 位正好是 PendSV 和 SysTick 中断优先级配置在 SHPR3 寄存器中的位置，因此只须将宏 portNVIC_PENDSV_PRI 和宏 portNVIC_SYSTICK_PRI 对应地写入 SHPR3 寄存器，就能将 PendSV 和 SysTick 的中断优先级设置为最低优先级。

接着 FreeRTOS 在启动任务调度器的函数中设置了 PendSV 和 SysTick 的中断优先级，代码如下所示：

```
BaseType_t xPortStartScheduler (void)
{
    /* 忽略其他代码 */
    /* 设置 PendSV 和 SysTick 的中断优先级为最低中断优先级 */
    portNVIC_SHPR3_REG |= portNVIC_PENDSV_PRI;
```

```
    portNVIC_SHPR3_REG |= portNVIC_SYSTICK_PRI;
    /* 忽略其他代码 */
}
```

4.3.2　FreeRTOS 开关中断

前面说过，FreeRTOS 使用 BASEPRI 寄存器来管理受 FreeRTOS 管理的中断，而不受 FreeRTOS 管理的中断不受 FreeRTOS 开关中断的影响，那么 FreeRTOS 开关中断是如何操作的呢？首先来看一下 FreeRTOS 开关中断的宏定义，代码如下所示：

```
#define portDISABLE_INTERRUPTS()     vPortRaiseBASEPRI()
#define portENABLE_INTERRUPTS()      vPortSetBASEPRI (0)
#define taskDISABLE_INTERRUPTS()     portDISABLE_INTERRUPTS()
#define taskENABLE_INTERRUPTS()      portENABLE_INTERRUPTS()
```

根据上面代码，再来看一下函数 vPortRaiseBASEPRI()和函数 vPortSetBASEPRI()，具体的代码如下所示：

1. 函数 vPortRaiseBASEPRI()

```
{
    uint32_t ulNewBASEPRI = configMAX_SYSCALL_INTERRUPT_PRIORITY;
    __asm
    {
        /* 设置 BasePRI 寄存器 */
        msr basepri,ulNewBASEPRI
        dsb
        isb
    }
}
```

可以看到，函数 vPortRaiseBASEPRI()就是将 BASEPRI 寄存器设置为宏 configMAX_SYSCALL_INTERRUPT_PRIORITY 配置的值。

这里再简单介绍一下 DSB 和 ISB 指令，DSB 和 ISB 指令分别为数据同步隔离和指令同步隔离，更详细内容读者可自行查阅相关资料。

2. 函数 vPortSetBASEPRI()

```
static portFORCE_INLINE void vPortSetBASEPRI (uint32_t ulBASEPRI)
{
    __asm
    {
        /* 设置 BasePRI 寄存器 */
        msr basepri,ulBASEPRI
    }
}
```

可以看到，函数 vPortSetBASEPRI()就是将 BASEPRI 寄存器设置为指定的值。

下面再来看看 FreeRTOS 中开关中断的两个宏定义：

(1) 宏 portDISABLE_INTERRUPTS()

```
#define portDISABLE_INTERRUPTS()      vPortRaiseBASEPRI()
```

从上面的宏定义可以看出，FreeRTOS 关闭中断的操作就是将 BASEPRI 寄存器设置为宏 configMAX_SYSCALL_INTERRUPT_PRIORITY 的值，以此来达到屏蔽受 FreeRTOS 管理的中断，而不影响到那些不受 FreeRTOS 管理的中断。

(2) 宏 portENABLE_INTERRUPTS()

```
#define portENABLE_INTERRUPTS()      vPortSetBASEPRI (0)
```

从上面的宏定义可以看出，FreeRTOS 开启中断的操作就是将 BASEPRI 寄存器的值清零，以此来取消屏蔽中断。

4.3.3 FreeRTOS 进出临界区

临界区是指那些必须完整运行的区域，在临界区中的代码必须完整运行，不能被打断。例如，一些使用软件模拟的通信协议在通信时，必须严格按照通信协议的时序进行，不能被打断。FreeRTOS 在进出临界区的时候，通过关闭和打开受 FreeRTOS 管理的中断，以保护临界区中的代码。FreeRTOS 的源码中就包含了许多临界区的代码，这部分代码都用临界区进行保护，用户在使用 FreeRTOS 编写应用程序的时候也要注意一些不能被打断的操作，并为这部分代码加上临界区进行保护。

对于进出临界区，FreeRTOS 的源码中有 4 个相关的宏定义，分别为 taskENTER_CRITICAL()、taskENTER_CRITICAL_FROM_ISR()、taskEXIT_CRITICAL()、taskEXIT_CRITICAL_FROM_ISR(x)。这 4 个宏定义分别用于在中断和非中断中进出临界区，定义代码如下所示：

```
/* 进入临界区 */
#define taskENTER_CRITICAL()                    portENTER_CRITICAL()
#define portENTER_CRITICAL()                    vPortEnterCritical()
/* 中断中进入临界区 */
#define taskENTER_CRITICAL_FROM_ISR()           portSET_INTERRUPT_MASK_FROM_ISR()
#define portSET_INTERRUPT_MASK_FROM_ISR()       ulPortRaiseBASEPRI()
/* 退出临界区 */
#define taskEXIT_CRITICAL()                     portEXIT_CRITICAL()
#define portEXIT_CRITICAL()                     vPortExitCritical()
/* 中断中退出临界区 */
#define taskEXIT_CRITICAL_FROM_ISR(x)           portCLEAR_INTERRUPT_MASK_FROM_ISR(x)
#define portCLEAR_INTERRUPT_MASK_FROM_ISR(x)    vPortSetBASEPRI(x)
```

下面分别来看一下这 4 个进出临界区的宏定义。

1. 宏 taskENTER_CRITICAL()

此宏用于在非中断中进入临界区，展开后是函数 vPortEnterCritical()。函数 vPortEnterCritical()的代码如下所示：

```
void vPortEnterCritical (void)
{
    /* 关闭受 FreeRTOS 管理的中断 */
    portDISABLE_INTERRUPTS();
    /* 临界区支持嵌套 */
    uxCriticalNesting++;
    if (uxCriticalNesting == 1)
    {
        /* 这个函数不能在中断中调用 */
        configASSERT ((portNVIC_INT_CTRL_REG & portVECTACTIVE_MASK) == 0);
    }
}
```

从上面的代码中可以看出，函数 vPortEnterCritical()进入临界区就是关闭中断，当然，不受 FreeRTOS 管理的中断是不受影响的。还可以看出，FreeRTOS 的临界区是可以嵌套的，意思就是说，在程序中可以重复地进入临界区，只要后续重复退出相同次数的临界区即可。

在上面的代码中还有一个断言，代码如下所示：

```
if (uxCriticalNesting == 1)
{
    /* 这个函数不能在中断中调用 */
    configASSERT ((portNVIC_INT_CTRL_REG & portVECTACTIVE_MASK) == 0);
}
```

断言中使用到的两个宏定义在 FreeRTOS 的源码中都有定义，定义如下所示：

```
#define portNVIC_INT_CTRL_REG          ( * ((volatile uint32_t * ) 0xe000ed04))
#define portVECTACTIVE_MASK            (0xFFUL)
```

可以看出，宏 portNVIC_INT_CTRL_REG 就是指向中断控制状态寄存器(ICSR)的指针，而宏 portVECTACTIVE_MASK 就是 ICSR 寄存器中 VECTACTIVE 段对应的位置，因此这个断言就是用来判断当第一次进入临界区的时候，是否是从中断服务函数中进入的。因为函数 vportEnterCritical()用于从非中断中进入临界区，如果用户错误地在中断服务函数中调用函数 vportEnterCritical()，那么就会通过断言报错。

2. 宏 taskENTER_CRITICAL_FROM_ISR()

此宏用于从中断中进入临界区，此宏展开后是函数 ulPortRaiseBASEPRI()。函数 ulPortRaiseBASEPRI()的代码如下所示：

```
static portFORCE_INLINE uint32_t ulPortRaiseBASEPRI (void)
{
    uint32_t ulReturn,ulNewBASEPRI = configMAX_SYSCALL_INTERRUPT_PRIORITY;
    __asm
    {
        /* 读取 BASEPRI 寄存器 */
        mrs ulReturn,basepri
```

```
        /* 设置 BASEPRI 寄存器 */
        msr basepri,ulNewBASEPRI
        dsb
        isb
    }
    return ulReturn;
}
```

可以看到,函数 ulPortRaiseBASEPRI()同样是将 BASEPRI 寄存器设置为宏 configMAX_SYSCALL_INTERRUPT_PRIORITY 的值,以达到关闭中断的效果,当然,不受 FreeRTOS 管理的中断是不受影响的。只不过函数 ulPortRaiseBASEPRI()在设置 BASEPRI 寄存器之前先读取了 BASEPRI 的值,并在函数的最后返回这个值,这是为了在后续从中断中退出临界区时恢复 BASEPRI 寄存器的值。

从上面的代码中也可以看出,从中断中进入临界区是不支持嵌套的。

3. 宏 taskEXIT_CRITICAL()

此宏用于从非中断中退出临界区,此宏展开后是函数 vPortExitCritical()。函数 vPortExitCritical()的代码如下所示:

```
void vPortExitCritical (void)
{
    /* 必须是进入过临界区才能退出 */
    configASSERT (uxCriticalNesting);
    uxCriticalNesting--;
    if (uxCriticalNesting == 0)
    {
        /* 打开中断 */
        portENABLE_INTERRUPTS();
    }
}
```

这个函数就很好理解了,就是将用于临界区嵌套的计数器减 1,当计数器减到 0 的时候,说明临界区已经没有嵌套了,于是调用函数 portENABLE_INTERRUPT()打开中断。在函数的一开始还有一个断言,这个断言用于确保用于临界区嵌套的计数器在进入此函数时不为 0,这样就保证了用户不会在还未进入临界区时就错误地调用此函数退出临界区。

4. taskEXIT_CRITICAL_FROM_ISR(x)

此宏用于从中断中退出临界区,此宏展开后是调用了函数 vPortSetBASEPRI(),并将参数 x 传入函数 vPortSetBASEPRI()。其中,参数 x 就是宏 taskENTER_CRITICAL_FROM_ISR()的返回值,用于在从中断中对出临界区时恢复 BASEPRI 寄存器。

读者在使用 FreeRTOS 进行开发的时候,应适当并合理地使用临界区,以让设计的程序更加可靠。

4.4　FreeRTOS 中断测试实验

4.4.1　功能设计

本实验主要用于测试 FreeRTOS 打开和关闭中断对中断的影响。本实验设计了两个任务，功能如表 4.6 所列。

表 4.6　各任务功能描述

任务名	任务功能描述
start_task	用于初始化定时器和创建其他任务
task1	用于打开和关闭中断

该实验的实验工程可参考配套资料的“FreeRTOS 实验例程 4 FreeRTOS 中断测试实验”。

4.4.2　软件设计

1. 程序流程图

本实验的程序流程如图 4.3 所示。

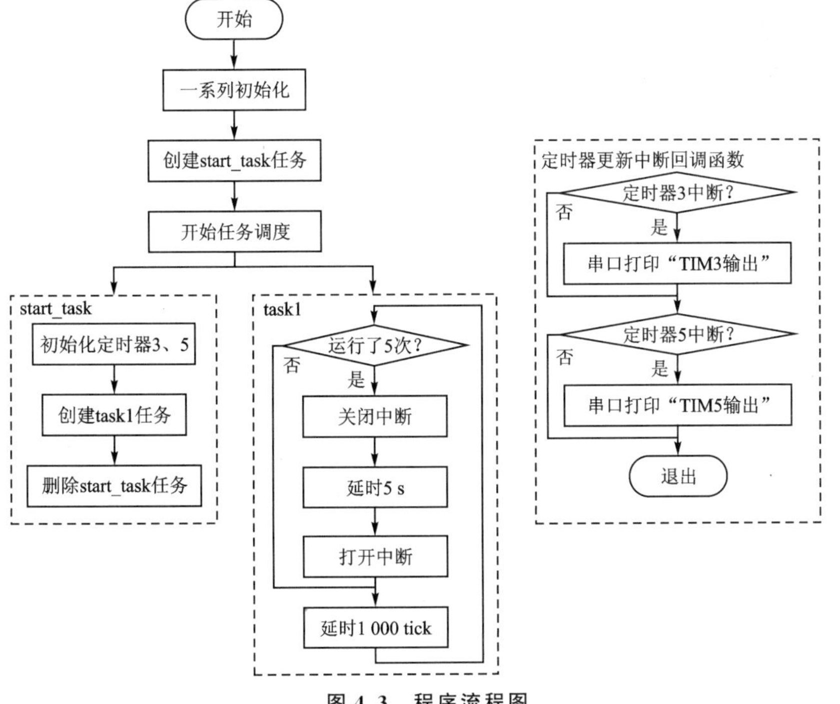

图 4.3　程序流程图

2. FreeRTOS 函数解析

1）函数 portDISABLE_INTERRUPTS()

此函数是一个宏定义，此宏的具体解析可参考 4.3.2 小节。

2）函数 portENABLE_INTERRUPTS()

此函数是一个宏定义，此宏的具体解析可参考 4.3.2 小节。

3. 程序解析

整体的代码结构可参考 2.1.6 小节，本小节着重讲解本实验相关的部分。

(1) start_task 任务

start_task 任务的入口函数代码如下所示：

```
/**
 * @brief      start_task
 * @param      pvParameters : 传入参数(未用到)
 * @retval     无
 */
void start_task(void * pvParameters)
{
    taskENTER_CRITICAL();                  /* 进入临界区 */
    /* 初始化 TIM3、TIM5 */
    btim_tim3_int_init(10000 - 1, 7200 - 1);
    btim_tim5_int_init(10000 - 1, 7200 - 1);
    /* 创建任务 1 */
    xTaskCreate ((TaskFunction_t  ) task1,
                 (const char *     ) "task1",
                 (uint16_t         ) TASK1_STK_SIZE,
                 (void *           ) NULL,
                 (UBaseType_t      ) TASK1_PRIO,
                 (TaskHandle_t *   ) &Task1Task_Handler);
    vTaskDelete(StartTask_Handler);        /* 删除开始任务 */
    taskEXIT_CRITICAL();                   /* 退出临界区 */
}
```

正点原子各开发板的资源有所差异，因此上面代码中初始化定时器 3 和定时器 5 的部分也有所差异，这里以正点原子战舰开发板为例，配置定时器 3 和定时器 5 的更新中断，中断频率设置为 1 Hz，即 1 s 中断一次。

(2) 定时器中断配置

```
void btim_tim3_int_init(uint16_t arr, uint16_t psc)
{
    /* 忽略其他代码 */
    HAL_NVIC_SetPriority(BTIM_TIM3_INT_IRQn, 4, 0); /* 设置抢占优先级 4,子优先级 0 */
    HAL_NVIC_EnableIRQ(BTIM_TIM3_INT_IRQn);        /* 开启 ITM3 中断 */
    /* 忽略其他代码 */
}
void btim_tim5_int_init(uint16_t arr, uint16_t psc)
{
```

```
    /* 忽略其他代码 */
    HAL_NVIC_SetPriority(BTIM_TIM5_INT_IRQn, 6, 0); /* 设置抢占优先级 6,子优先级 0 */
    HAL_NVIC_EnableIRQ(BTIM_TIM5_INT_IRQn);        /* 开启 ITM5 中断 */
    /* 忽略其他代码 */
}
```

从以上代码中可以看到，在初始化定时器 3 和定时器 5 时，配置并打开了定时器 3 和定时器 5 的中断。其中，定时器 3 的中断优先级设置为抢占优先级 4、子优先级 0，定时器 5 的中断优先级设置为抢占优先级 6、子优先级 0。

由于 FreeRTOSConfig.h 文件中配置了受 FreeRTOS 管理的最高优先级为 5，如下所示：

```
#define configLIBRARY_MAX_SYSCALL_INTERRUPT_PRIORITY     5
```

因此，在下载验证之前就能够猜测：定时器 3 的中断不受 FreeRTOS 管理，定时器 5 的中断受 FreeRTOS 管理。

下面再来看一下定时器 3 和定时器 5 的更新中断服务函数，代码如下所示：

```
void HAL_TIM_PeriodElapsedCallback(TIM_HandleTypeDef *htim)
{
    if (htim == (&g_tim3_handle))
    {
        printf("TIM3 输出\r\n");
    }
    else if (htim == (&g_tim5_handle))
    {
        printf("TIM5 输出\r\n");
    }
}
```

从以上代码可以看出，当定时器 3 中断时，则从串口打印“TIM3 输出\r\n”；当定时器 5 中断时，则从串口打印“TIM5 输出\r\n”。

(3) task1 任务

```
/**
  * @brief      task1
  * @param      pvParameters : 传入参数(未用到)
  * @retval     无
  */
void task1(void *pvParameters)
{
    uint32_t task1_num = 0;
    while (1)
    {
        if ( ++task1_num == 5)
        {
            printf("FreeRTOS 关闭中断\r\n");
            portDISABLE_INTERRUPTS();     /* FreeRTOS 关闭中断 */
            delay_ms(5000);
```

```
                printf("FreeRTOS 打开中断\r\n");
                portENABLE_INTERRUPTS();        /* FreeRTOS 打开中断 */
            }
            vTaskDelay(1000);
        }
    }
```

可以看到,task1 任务就是按照流程图 4.3 打开和关闭中断,本实验的目的就是观察 FreeRTOS 开关中断对定时器 3 和定时器 5 中断的影响。

4.4.3　下载验证

编译并下载代码,复位后可以看到 LCD 屏幕上显示了本次实验的相关信息,如图 4.4 所示。

同时,通过串口调试助手就能看到本次实验的结果,如图 4.5 所示。可以看到,在 FreeRTOS 关闭中断之前,定时器 3 和定时器 5 都以 1 s 一次的频率从串口输出中断信息;当 FreeRTOS 关闭中断后,由于定时器 5 的中断优先级在 FreeRTOS 的中断管理范围内,因此,定时器 5 的中断被屏蔽,定时器 3 的中断则不受影响;当 FreeRTOS 重新打开中断后,定时器 5 又可以发生中断了。

图 4.4　LCD 显示内容

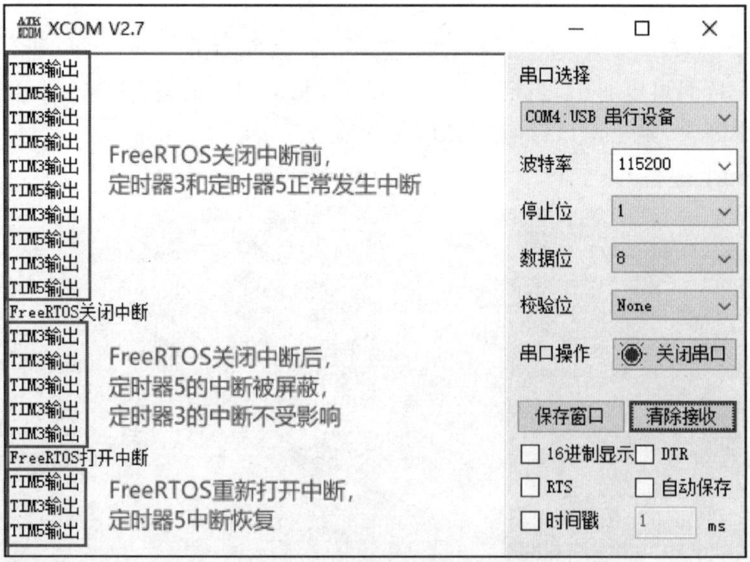

图 4.5　串口调试助手显示内容

第 5 章

FreeRTOS 任务基础知识

任务和任务管理是 RTOS 的核心，FreeRTOS 也不例外，并且，绝大多数使用 RTOS 的目的就是使用 RTOS 的多任务管理能力。对于初学者，特别是没有 RTOS 基础的读者，了解 FreeRTOS 的任务管理机制是非常有必要的。为了帮助读者更好地理解 FreeRTOS 的任务管理机制，本章就先介绍 FreeRTOS 任务的一些基础知识。

本章分为如下几部分：

5.1　单任务系统和多任务系统

5.2　FreeRTOS 任务状态

5.3　FreeRTOS 任务优先级

5.4　FreeRTOS 任务调度方式

5.5　FreeRTOS 任务控制块

5.6　FreeRTOS 任务栈

5.1　单任务和多任务系统

5.1.1　单任务系统

对于单任务系统的编程方式，即裸机的编程方式，其编程方式的框架一般都是在 main()函数中使用一个大循环，在循环中顺序地调用相应的函数以处理相应的事务。这个大循环的部分可以视为应用程序的后台，而应用程序的前台则是各种中断的中断服务函数。因此，单任务系统也叫前后台系统。前后台系统的运行示意如图 5.1 所示。

从图 5.1 可以看出，前后台系统的实时性很差，因为大循环中函数处理的事务没有优先级之分，必须顺序地执行处理。不论待处理事务的紧急程度有多高，没轮到只能等着。虽然中断能够处理一些紧急的事务，但是在一些大型的嵌入式应用中，这样的单任务系统就会显得力不从心。

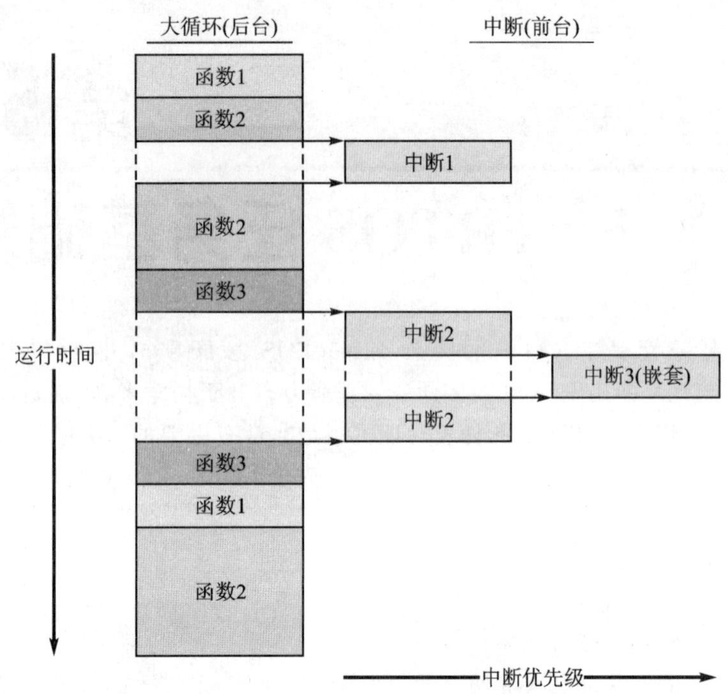

图 5.1　前后台系统运行示意图

5.1.2　多任务系统

多任务系统在处理事务的实时性上比单任务系统要好得多,从宏观上来看,多任务系统的多个任务是可以“同时”运行的,因此紧急的事务就可以无须等待 CPU 处理完其他事务再被处理。

注意,多任务系统的多个任务可以“同时”运行是从宏观的角度而言的,对于单核的 CPU 而言,CPU 在同一时刻只能够处理一个任务,但是多任务系统的任务调度器会根据相关的任务调度算法将 CPU 的使用权分配给任务,在任务获取 CPU 使用权之后的极短时间(宏观角度)后,任务调度器又会将 CPU 的使用权分配给其他任务,如此往复;在宏观的角度看来,就像是多个任务同时运行了一样。

多任务系统的运行示意如图 5.2 所示。可以看出,相较于单任务系统,多任务系统的任务也是具有优先级的,高优先级的任务可以像中断的抢占一样,抢占低优先级任务的 CPU 使用权;优先级相同的任务则各自轮流运行一段极短的时间(宏观角度),从而产生“同时”运行的错觉。以上就是抢占式调度和时间片调度的基本原理。

在任务有了优先级的多任务系统中,用户就可以将紧急的事务放在优先级高的任务中进行处理,那么整个系统的实时性就会大大地提高。

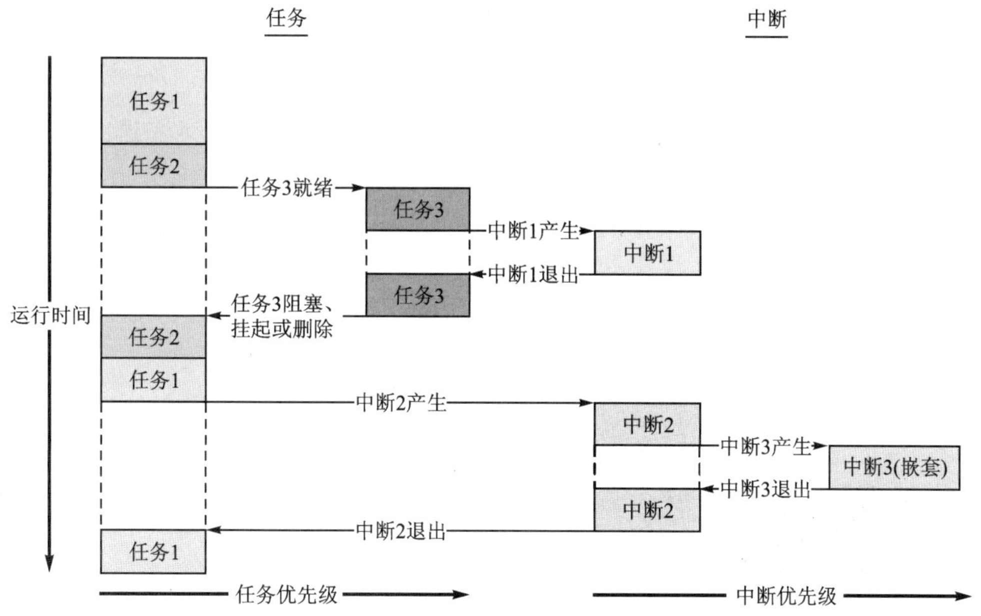

图 5.2　多任务系统运行示意图

5.2　FreeRTOS 任务状态

FreeRTOS 中任务存在 4 种任务状态，分别为运行态、就绪态、阻塞态和挂起态。FreeRTOS 运行时，任务的状态一定是这 4 种状态中的一种，下面就分别来介绍。

(1) 运行态

如果一个任务得到 CPU 的使用权，即任务被实际执行时，那么这个任务处于运行态。如果运行 RTOS 的 MCU 只有一个处理器核心，那么在任务时刻都只能有一个任务处理运行态。

(2) 就绪态

如果一个任务已经能够被执行(不处于阻塞态后挂起态)，但当前还未被执行(具有相同优先级或更高优先级的任务正持有 CPU 使用权)，那么这个任务就处于就绪态。

(3) 阻塞态

如果一个任务因延时一段时间或等待外部事件发生，那么这个任务就处于阻塞态。例如，任务调用了函数 vTaskDelay()并且延时一段时间，那么在延时超时之前，这个任务就处理阻塞态。任务也可以处于阻塞态以等待队列、信号量、事件组、通知或信号量等外部事件。通常情况下，处于阻塞态的任务都有一个阻塞的超时时间，在任务阻塞达到或超过这个超时时间后，即使任务等待的外部事件还没有发生，任务的阻塞态也会被解除。

注意,处于阻塞态的任务是无法被运行的。

(4) 挂起态

任务一般通过函数 vTaskSuspend()和函数 vTaskResums()进入和退出挂起态与阻塞态一样,处于挂起态的任务也无法被运行。

4 种任务状态之间的转换图如图 5.3 所示。

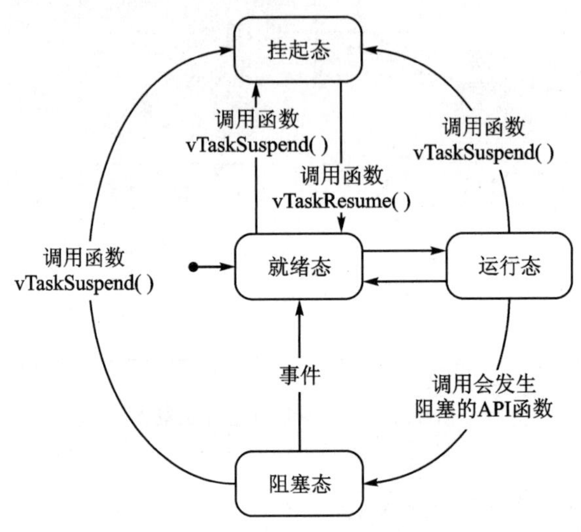

图 5.3　任务状态转换图

5.3　FreeRTOS 任务优先级

任务优先级是决定任务调度器如何分配 CPU 使用权的因素之一。每一个任务都被分配一个 0～(configMAX_PRIORITIES - 1)的任务优先级,宏 configMAX_PRIORITIES 在 FreeRTOSConfig.h 文件中定义(更详细的内容可参考 3.2.1 小节)。

如果在 FreeRTOSConfig.h 文件中将宏 configUSE_PORT_OPTIMISED_TASK_SELECTION 定义为 1,那么 FreeRTOS 会使用特殊方法计算下一个要运行的任务,这种特殊方法一般是使用硬件计算前导零指令;对于 STM32 而言,硬件计算前导零的指令,最大支持 32 位的数,因此宏 configMAX_PRIORITIES 的值不能超过 32。当然,系统支持的优先级数量越多,系统消耗的资源也就越多,因此读者在实际的工程开发当中,应当合理地将宏 configMAX_PRIORITIES 定义为满足应用需求的最小值。

FreeRTOS 的任务优先级高低与其对应的优先级数值是成正比的,也就是说,任务优先级数值为 0 的任务优先级是最低的任务优先级,任务优先级数值为(configMAX_PRIORITIES - 1)的任务优先级是最高的任务优先级。FreeRTOS 的任务优先级高低与其对应数值的逻辑关系正好与 STM32 的中断优先级高低与其对应数值的逻辑关系相反，如图 5.4 所示，刚入门 FreeRTOS 的读者要特别注意。

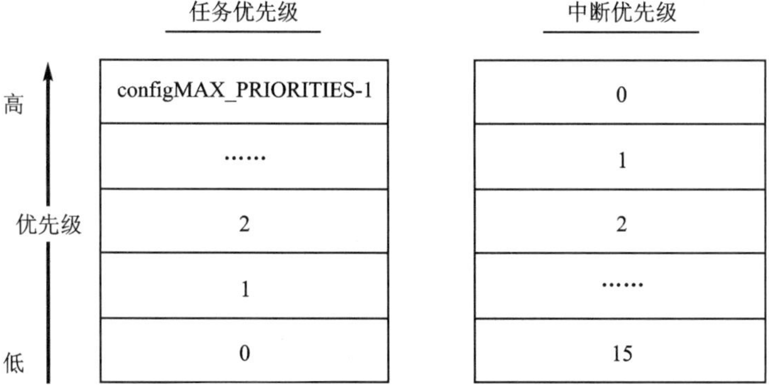

图 5.4　任务优先级与中断优先级

5.4　FreeRTOS 任务调度方式

FreeRTOS 一共支持 3 种任务调度方式，分别为抢占式调度、时间片调度和协程式调度。

在 FreeRTOS 官方的在线文档中，FreeRTOS 官方对协程式调度做了特殊说明，如图 5.5 所示。翻译过来就是"协程式调度用于一些资源非常少的设备，但是现在已经很少用到了。虽然协程式调度的相关代码还没有被删除，但是今后也不打算继续开发了。"

Note: Co-routines were implemented for use on very small devices, but are very rarely used in the field these days. For that reason, while there are no plans to remove co-routines from the code, there are also no plans to develop them further.

图 5.5　协程式调度特殊说明

可以看出，FreeRTOS 官方已经不再开发协程式调度了，因此笔者并不推荐读者在开发中使用。协程式调度是专门为资源十分紧缺的设备开发的，因此使用协程式调度也会受到很多的限制，但是现在 MCU 的资源都已经十分"富裕"了，因此也就没有必要再使用和学习协程式调度了，本书也不再提供相关教程。

(1) 抢占式调度

抢占式调度主要针对优先级不同的任务，每个任务都有一个优先级，优先级高的任务可以抢占优先级低的任务；只有当优先级高的任务发生阻塞或者被挂起，低优先级的任务才可以运行。

(2) 时间片调度

时间片调度主要针对优先级相同的任务，当多个任务的优先级相同时，任务调度器会在每一次系统时钟节拍到的时候切换任务；也就是说，CPU 轮流运行优先级相同的任务，每个任务运行的时间就是一个系统时钟节拍。有关系统时钟节拍的相关内容，在后面讲解 FreeRTOS 系统时钟节拍的时候会具体分析。

5.5 FreeRTOS 任务控制块

FreeRTOS 中的每一个已创建任务都包含一个任务控制块，任务控制块是一个结构体变量，FreeRTOS 用任务控制块结构体存储任务的属性。

任务控制块的定义如以下代码所示：

```
typedef struct tskTaskControlBlock
{
    /* 指向任务栈栈顶的指针 */
    volatile StackType_t * pxTopOfStack;
#if (portUSING_MPU_WRAPPERS == 1)
    /* MPU 相关设置 */
    xMPU_SETTINGS xMPUSettings;
#endif
    /* 任务状态列表项 */
    ListItem_t xStateListItem;
    /* 任务等待事件列表项 */
    ListItem_t xEventListItem;
    /* 任务的任务优先级 */
    UBaseType_t uxPriority;
    /* 任务栈的起始地址 */
    StackType_t * pxStack;
    /* 任务的任务名 */
    char pcTaskName [configMAX_TASK_NAME_LEN];
#if ((portSTACK_GROWTH > 0) || (configRECORD_STACK_HIGH_ADDRESS == 1))
    /* 指向任务栈栈底的指针 */
    StackType_t * pxEndOfStack;
#endif
#if (portCRITICAL_NESTING_IN_TCB == 1)
    /* 记录任务独自的临界区嵌套次数 */
    UBaseType_t uxCriticalNesting;
#endif
#if (configUSE_TRACE_FACILITY == 1)
    /* 由系统分配(每创建一个任务,值增加一),分配任务的值都不同,用于调试 */
    UBaseType_t uxTCBNumber;
    /* 由函数 vTaskSetTaskNumber()设置,用于调试 */
    UBaseType_t uxTaskNumber;
#endif
#if (configUSE_MUTEXES == 1)
    /* 保存任务原始优先级,用于互斥信号量的优先级翻转 */
```

```
    UBaseType_t uxBasePriority;
    /*记录任务获取的互斥信号量数量*/
    UBaseType_t uxMutexesHeld;
#endif
#if (configUSE_APPLICATION_TASK_TAG == 1)
    /*用户可自定义任务的钩子函数用于调试*/
    TaskHookFunction_t pxTaskTag;
#endif
#if (configNUM_THREAD_LOCAL_STORAGE_POINTERS > 0)
    /*保存任务独有的数据*/
    void * pvThreadLocalStoragePointers[configNUM_THREAD_LOCAL_STORAGE_POINTERS];
#endif
#if (configGENERATE_RUN_TIME_STATS == 1)
    /*记录任务处于运行态的时间*/
    configRUN_TIME_COUNTER_TYPE ulRunTimeCounter;
#endif
#if (configUSE_NEWLIB_REENTRANT == 1)
    /*用于 Newlib*/
    struct  _reent xNewLib_reent;
#endif
#if (configUSE_TASK_NOTIFICATIONS == 1)
    /*任务通知值*/
    volatile uint32_t ulNotifiedValue [configTASK_NOTIFICATION_ARRAY_ENTRIES];
    /*任务通知状态*/
    volatile uint8_t ucNotifyState [configTASK_NOTIFICATION_ARRAY_ENTRIES];
#endif
#if (tskSTATIC_AND_DYNAMIC_ALLOCATION_POSSIBLE != 0)
    /*任务静态创建标志*/
    uint8_t ucStaticallyAllocated;
#endif
#if (INCLUDE_xTaskAbortDelay == 1)
    /*任务被中断延时标志*/
    uint8_t ucDelayAborted;
#endif
#if (configUSE_POSIX_ERRNO == 1)
    /*用于 POSIX*/
    int iTaskErrno;
#endif
} tskTCB;
typedef struct tskTaskControlBlock * TaskHandle_t;
```

从上面的代码可以看出，FreeRTOS 的任务控制块结构体中包含了很多成员变量，但是，大部分的成员变量都可以通过 FreeRTOSConfig.h 配置文件中的配置项宏定义进行裁减。

5.6 FreeRTOS 任务栈

不论是裸机编程还是 RTOS 编程，栈空间的使用都非常重要。函数中的局部变量、函数调用时的现场保护和函数的返回地址等都是存放在栈空间中的。

对于 FreeRTOS,当使用静态方式创建任务时,需要用户自行分配一块内存,作为任务的栈空间,静态方式创建任务的函数原型如下所示:

```
TaskHandle_t xTaskCreateStatic (TaskFunction_t           pxTaskCode,
                                const char * const       pcName,
                                const uint32_t           ulStackDepth,
                                void * const             pvParameters,
                                UBaseType_t              uxPriority,
                                StackType_t * const      puxStackBuffer,
                                StaticTask_t * const     pxTaskBuffer)
```

其中,函数的参数 ulStackDepth 为任务栈的大小,参数 puxStackBuffer 为任务的栈的内存空间。FreeRTOS 会根据这两个参数,为任务设置好任务的栈。

而使用动态方式创建任务时,系统会自动从系统堆中分配一块内存,作为任务的栈空间。动态方式创建任务的函数原型如下所示:

```
BaseType_t xTaskCreate (TaskFunction_t                    pxTaskCode,
                        const char * const                pcName,
                        const configSTACK_DEPTH_TYPE      usStackDepth,
                        void * const                      pvParameters,
                        UBaseType_t                       uxPriority,
                        TaskHandle_t * const              pxCreatedTask)
```

其中,函数的参数 usStackDepth 即为任务栈的大小。FreeRTOS 会根据栈的大小,从 FreeRTOS 的系统堆中分配一块内存,作为任务的栈空间。

值得一提的是,参数 usStackDepth 表示的任务栈大小,实际上是以字为单位的,并非以字节为单位。对于静态方式创建任务的函数 xTaskCreateStatic(),参数 usStackDepth 表示的是作为任务栈且其数据类型为 StackType_t 的数组 puxStack-Buffer 中元素的个数;而对于动态方式创建任务的函数 xTaskCreate(),参数 usStackDepth 将被用于申请作为任务栈的内存空间,其内存申请相关代码,如下所示:

```
pxStack = pvPortMallocStack((((size_t)usStackDepth) * sizeof(StackType_t)));
```

可以看出,静态和动态创建任务时,任务栈的大小都与数据类型 StackType_t 有关。对于 STM32 而言,该数据类型的相关定义如下所示:

```
#define portSTACK_TYPE uint32_t
typedef portSTACK_TYPE StackType_t;
```

因此,不论是使用静态方式创建任务还是使用动态方式创建任务,任务的任务栈大小都应该为 ulStackDepth * sizeof(uint32_t)字节,即 ulStackDepth 字。

第 6 章

FreeRTOS 任务相关 API 函数

了解 FreeRTOS 中任务的基础知识后，本章就开始学习 FreeRTOS 中任务相关的 API 函数。本章着重讲解 FreeRTOS 中几个任务相关 API 函数的用法，相关的原理性知识会在后面的章节详细讲解。由简入难，先知其然，然后再知其所以然，这也是学习的一种方法。

本章分为如下几部分：

6.1　FreeRTOS 创建和删除任务

6.2　FreeRTOS 任务创建与删除实验(动态方法)

6.3　FreeRTOS 任务创建与删除实验(静态方法)

6.4　FreeRTOS 挂起和恢复任务

6.5　FreeRTOS 任务挂起与恢复实验

6.1　FreeRTOS 创建和删除任务相关 API 函数

FreeRTOS 中用于创建和删除任务的 API 函数如表 6.1 所列。

表 6.1　任务创建和删除 API 函数

函　数	描　述
xTaskCreate()	动态方式创建任务
xTaskCreateStatic()	静态方式创建任务
xTaskCreateRestricted()	动态方式创建使用 MPU 限制的任务
xTaskCreateRestrictedStatic()	静态方式创建使用 MPU 限制的任务
vTaskDelete()	删除任务

1. 函数 xTaskCreate()

此函数用于使用动态的方式创建任务，任务的任务控制块以及任务的栈空间所需的内存均由 FreeRTOS 从 FreeRTOS 管理的堆中分配。若使用此函数，则需要在 FreeRTOSConfig.h 文件中将宏 configSUPPORT_DYNAMIC_ALLOCATION 配置为 1。此函数创建的任务会立刻进入就绪态，由任务调度器调度运行。函数原型如下所示：

```
BaseType_t xTaskCreate(
    TaskFunction_t                      pxTaskCode,
    const char * const                  pcName,
    const configSTACK_DEPTH_TYPE        usStackDepth,
    void * const                        pvParameters,
    UBaseType_t                         uxPriority,
    TaskHandle_t * const                pxCreatedTask);
```

函数 xTaskCreate()的形参描述如表 6.2 所列。

表 6.2 函数 xTaskCreate()形参相关描述

形 参	描 述
pxTaskCode	指向任务函数的指针
pcName	任务名,最大长度为 configMAX_TASK_NAME_LEN
usStackDepth	任务堆栈大小,单位:字(注意,单位不是字节)
pvParameters	传递给任务函数的参数
uxPriority	任务优先级,最大值为(configMAX_PRIORITIES−1)
pxCreatedTask	任务句柄,任务成功创建后,会返回任务句柄。任务句柄就是任务的任务控制块

函数 xTaskCreate()的返回值如表 6.3 所列。

表 6.3 函数 xTaskCreate()返回值相关描述

返回值	描 述
pdPASS	任务创建成功
errCOULD_NOT_ALLOCATE_REQUIRED_MEMORY	内存不足,任务创建失败

2. 函数 xTaskCreateStatic()

此函数用于使用静态的方式创建任务,任务控制块以及任务栈空间所需的内存需要由用户分配提供。若使用此函数,则需要在 FreeRTOSConfig.h 文件中将宏 configSUPPORT_STATIC_ALLOCATION 配置为 1。此函数创建的任务会立刻进入就绪态,由任务调度器调度运行。函数原型如下所示:

```
TaskHandle_t xTaskCreateStatic(
    TaskFunction_t                  pxTaskCode,
    const char * const              pcName,
    const uint32_t                  ulStackDepth,
    void * const                    pvParameters,
    UBaseType_t                     uxPriority,
    StackType_t * const             puxStackBuffer,
    StaticTask_t * const            pxTaskBuffer);
```

函数 xTaskCreateStatic()的形参描述如表 6.4 所列。

表 6.4　函数 xTaskCreateStatic()形参相关描述

形　参	描　述
pxTaskCode	指向任务函数的指针
pcName	任务名，最大长度为 configMAX_TASK_NAME_LEN
ulStackDepth	任务堆栈大小，单位：字（注意，单位不是字节）
pvParameters	传递给任务函数的参数
uxPriority	任务优先级，最大值为(configMAX_PRIORITIES－1)
puxStackBuffer	任务栈指针，内存由用户分配提供
pxTaskBuffer	任务控制块指针，内存由用户分配提供

函数 xTaskCreateStatic()的返回值如表 6.5 所列。

表 6.5　函数 xTaskCreateStatic()返回值相关描述

返回值	描　述
NULL	用户没有提供相应的内存，任务创建失败
其他值	任务句柄，任务创建成功

3. 函数 xTaskCreateRestricted()

此函数用于使用动态的方式创建受 MPU 保护的任务，任务控制块以及任务栈空间所需的内存均由 FreeRTOS 从 FreeRTOS 管理的堆中分配。若使用此函数，则需要将宏 configSUPPORT_DYNAMIC_ALLOCATION 和宏 portUSING_MPU_WRAPPERS 同时配置为 1。此函数创建的任务会立刻进入就绪态，由任务调度器调度运行。函数原型如下所示：

```
BaseType_t xTaskCreateRestricted(
    const TaskParameters_t * const    pxTaskDefinition,
    TaskHandle_t *                    pxCreatedTask);
```

函数 xTaskCreateRestricted()的形参描述如表 6.6 所列。

表 6.6　函数 xTaskCreateRestricted()形参相关描述

形　参	描　述
pxTaskDefinition	指向任务参数结构体的指针，结构体中包含任务函数、任务名、任务优先级等任务参数
pxCreadedTask	任务句柄。任务成功创建后会返回任务句柄，任务句柄就是任务的控制块

函数 xTaskCreateRestricted()的返回值如表 6.7 所列。

表 6.7　函数 xTaskCreateRestricted()返回值相关描述

返回值	描　述
pdPASS	任务创建成功
errCOULD_NOT_ALLOCATE_REQUIRED_MEMORY	内存不足，任务创建失败

4. 函数 xTaskCreateRestrictedStatic()

此函数用于使用静态的方式创建受 MPU 保护的任务，此函数创建的任务的任务控制块以及任务的栈空间所需的内存需要由用户自行分配提供。若使用此函数，则需要将宏 configSUPPORT_STATIC_ALLOCATION 和宏 portUSING_MPU_WRAPPERS 同时配置为 1。此函数创建的任务会立刻进入就绪态，由任务调度器调度运行。函数原型如下所示：

```
BaseType_t xTaskCreateRestrictedStatic(
    const TaskParameters_t * const    pxTaskDefinition,
    TaskHandle_t *                    pxCreatedTask);
```

函数 xTaskCreateRestrictedStatic()的形参描述如表 6.8 所列。

表 6.8 函数 xTaskCreateRestrictedStatic()形参相关描述

形 参	描 述
pxTaskDefinition	指向任务参数结构体的指针，结构体中包含任务函数、任务名、任务优先级等任务参数
pxCreadedTask	任务句柄。任务成功创建后会返回任务句柄，任务句柄就是任务的任务控制块

函数 xTaskCreateRestrictedStatic()的返回值如表 6.9 所列。

表 6.9 函数 xTaskCreateRestrictedStatic()返回值相关描述

返回值	描 述
pdPASS	任务创建成功
errCOULD_NOT_ALLOCATE_REQUIRED_MEMORY	没有提供相应的内存，任务创建失败

5. 函数 vTaskDelete()

此函数用于删除已被创建的任务，被删除的任务将被从就绪态任务列表、阻塞态任务列表、挂起态任务列表和事件列表中移除。要注意的是，空闲任务会负责释放被删除任务中由系统分配的内存，但是由用户在任务删除前申请的内存则需要用户在任务被删除前提前释放，否则将导致内存泄露。若使用此函数，则需要在 FreeRTOSConfig.h 文件中将宏 INCLUDE_vTaskDelete 配置为 1。函数原型如下所示：

```
void vTaskDelete(TaskHandle_t xTaskToDelete);
```

函数 vTaskDelete()的形参描述如表 6.10 所列。

表 6.10 函数 vTaskDelete()形参相关描述

形 参	描 述
xTaskToDelete	待删除任务的任务句柄

函数 vTaskDelete()无返回值。

6.2　FreeRTOS 任务创建与删除实验(动态方法)

6.2.1　功能设计

本实验主要实现 FreeRTOS 使用动态方法创建和删除任务，设计了 4 个任务，功能如表 6.11 所列。

表 6.11　各任务功能描述

任务名	任务功能描述
start_task	用于使用动态方法创建其他任务
task1	用于任务创建和删除测试
task2	用于任务创建和删除测试
task3	用于删除测试任务

该实验的实验工程可参考配套资料中的"FreeRTOS 实验例程 6-1 FreeRTOS 任务创建与删除实验(动态方法)"。

6.2.2　软件设计

1. 程序流程图

本实验的程序流程如图 6.1 所示。

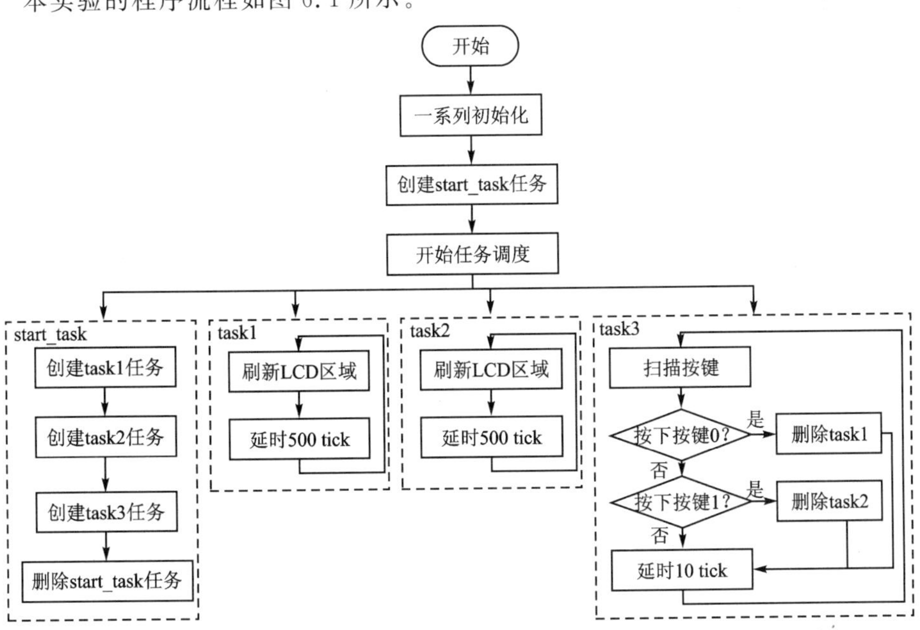

图 6.1　程序流程图

2. FreeRTOS 函数解析

1) 函数 xTaskCreate()

此函数用于使用动态方法创建任务,详细可参考 6.1 节。

2) 函数 vTaskDelete()

此函数用于删除任务,详细可参考 6.1 节。

3. 程序解析

整体的代码结构可参考 2.1.6 小节,本小节着重讲解本实验相关的部分。

(1) FreeRTOS 配置

由于本实验需要使用动态方法创建任务,因此需要配置 FreeRTOS 以支持动态内存管理,并向工程添加动态内存管理算法文件。

首先,在 FreeRTOSConfig.h 文件中开启支持动态内存管理,如下所示:

```
#define configSUPPORT_DYNAMIC_ALLOCATION         1
```

接着向工程添加动态内存管理算法文件,本书使用的是 heap_4.c 文件。

(2) start_task 任务

start_task 任务的入口函数代码如下所示:

```
/**
  * @brief     start_task
  * @param     pvParameters : 传入参数(未用到)
  * @retval    无
  */
void start_task(void * pvParameters)
{
    taskENTER_CRITICAL();                 /* 进入临界区 */
    /* 创建任务 1 */
    xTaskCreate ((TaskFunction_t ) task1,                /* 任务函数 */
                 (const char *    ) "task1",             /* 任务名称 */
                 (uint16_t        ) TASK1_STK_SIZE,      /* 任务堆栈大小 */
                 (void *          ) NULL,                /* 传入给任务函数的参数 */
                 (UBaseType_t     ) TASK1_PRIO,          /* 任务优先级 */
                 (TaskHandle_t *  ) &Task1Task_Handler); /* 任务句柄 */
    /* 创建任务 2 */
    xTaskCreate ((TaskFunction_t ) task2,                /* 任务函数 */
                 (const char *    ) "task2",             /* 任务名称 */
                 (uint16_t        ) TASK2_STK_SIZE,      /* 任务堆栈大小 */
                 (void *          ) NULL,                /* 传入给任务函数的参数 */
                 (UBaseType_t     ) TASK2_PRIO,          /* 任务优先级 */
                 (TaskHandle_t *  ) &Task2Task_Handler); /* 任务句柄 */
    /* 创建任务 3 */
    xTaskCreate ((TaskFunction_t ) task3,                /* 任务函数 */
                 (const char *    ) "task3",             /* 任务名称 */
                 (uint16_t        ) TASK3_STK_SIZE,      /* 任务堆栈大小 */
                 (void *          ) NULL,                /* 传入给任务函数的参数 */
                 (UBaseType_t     ) TASK3_PRIO,          /* 任务优先级 */
```

```
                (TaskHandle_t * ) &Task3Task_Handler);     /* 任务句柄 */
    vTaskDelete(StartTask_Handler);     /* 删除开始任务 */
    taskEXIT_CRITICAL();                /* 退出临界区 */
}
```

从上面的代码中可以看到，start_task 任务使用了函数 xTaskCreate()，动态地创建了 task1、task2 和 task3 任务。

(3) task1 和 task2 任务

```
/**
 * @brief     task1
 * @param     pvParameters : 传入参数(未用到)
 * @retval    无
 */
void task1(void * pvParameters)
{
    uint32_t task1_num = 0;
    while (1)
    {
        lcd_fill(6, 131, 114, 313,lcd_discolor[ ++ task1_num % 11]);
        lcd_show_xnum(71, 111,task1_num, 3, 16, 0x80,BLUE);
        vTaskDelay(500);
    }
}
/**
 * @brief     task2
 * @param     pvParameters : 传入参数(未用到)
 * @retval    无
 */
void task2(void * pvParameters)
{
    uint32_t task2_num = 0;
    while (1)
    {
        lcd_fill(126, 131, 233, 313,lcd_discolor[11 - ( ++ task2_num % 11)]);
        lcd_show_xnum(191, 111,task2_num, 3, 16, 0x80,BLUE);
        vTaskDelay(500);
    }
}
```

从以上代码中可以看到，task1 和 task2 任务分别每间隔 500 tick 就区域刷新一次屏幕，task1 和 task2 任务主要是用于测试任务的创建与删除。当 task1 和 task2 任务被创建后，就能够看到屏幕上每间隔 500 tick 进行一次区域刷新；而当 task1 和 task2 任务被删除后，屏幕上显示的内容就不再变化。

(4) task3 任务

```
/**
 * @brief     task3
 * @param     pvParameters : 传入参数(未用到)
```

```
 * @retval    无
 */
void task3(void * pvParameters)
{
    uint8_t key = 0;
    while (1)
    {
        key = key_scan(0);
        switch (key)
        {
            case KEY0_PRES:                          /* 删除任务 1 */
            {
                vTaskDelete(Task1Task_Handler);
                break;
            }
            case KEY1_PRES:                          /* 删除任务 2 */
            {
                vTaskDelete(Task2Task_Handler);
                break;
            }
            default:
            {
                break;
            }
        }
        vTaskDelay(10);
    }
}
```

从上面的代码中可以看到，task3 任务负责扫描按键，当检测到 KEY0 按键被按下时候，调用函数 vTaskDelaete()删除 task1 任务；当检测到 KEY1 按键被按下时，调用函数 vTaskDelete()删除 task2 任务。

6.2.3 下载验证

编译并下载代码，复位后可以看到 LCD 屏幕上显示了本次实验的相关信息，如图 6.2 所示。

图 6.2 LCD 显示内容

其中，每间隔 500 tick，task1 和 task2 的屏幕区域就刷新一次，并且 task1 和 task2 后方数字也随之加一，此时表示 task1 和 task2 任务均被创建，并且正在运行中。

当按下 KEY0 按键后，task1 任务被删除，此时，task1 的屏幕区域不再刷新，并且 task1 后方的数字也不再改变，表明 task1 任务已被删

除，不再运行。当按下 KEY1 按键后，task2 任务被删除，此时，task2 的屏幕区域不再刷新，并且 task2 后方的数字也不再改变，表明 task2 任务已经被删除，不再运行。

6.3　FreeRTOS 任务创建与删除实验(静态方法)

6.3.1　功能设计

本实验主要实现 FreeRTOS 使用静态方法创建和删除任务，设计了 4 个任务，功能如表 6.12 所列。

表 6.12　各任务功能描述

任务名	任务功能描述
start_task	用于使用静态方法创建其他任务
task1	用于任务创建和删除测试
task2	用于任务创建和删除测试
task3	用于删除测试任务

该实验的实验工程可参考配套资料中的“FreeRTOS 实验例程 6－2 FreeRTOS 任务创建与删除实验(静态方法)”。

6.3.2　软件设计

1. 程序流程图

本实验的程序流程如图 6.3 所示。

2. FreeRTOS 函数解析

1) 函数 xTaskCreateStatic()

此函数用于使用静态方法创建任务，详细可参考 6.1 节。

2) 函数 vTaskDelete()

此函数用于删除任务，详细可参考 6.1 节。

3. 程序解析

整体的代码结构可参考 2.1.6 小节，本小节着重讲解本实验相关的部分。

(1) FreeRTOS 配置

由于本实验要使用静态方法创建任务，因此需要在 FreeRTOSConfig.h 文件中作相应的配置，具体的配置如下所示：

```
#define configSUPPORT_STATIC_ALLOCATION            1
```

当在 FreeRTOSConfig.h 文件中将宏 configSUPPORT_STATIC_ALLOCATION 配置为 1 后，不论宏 configSUPPORT_DYNAMIC_ALLOCATION 配置为何

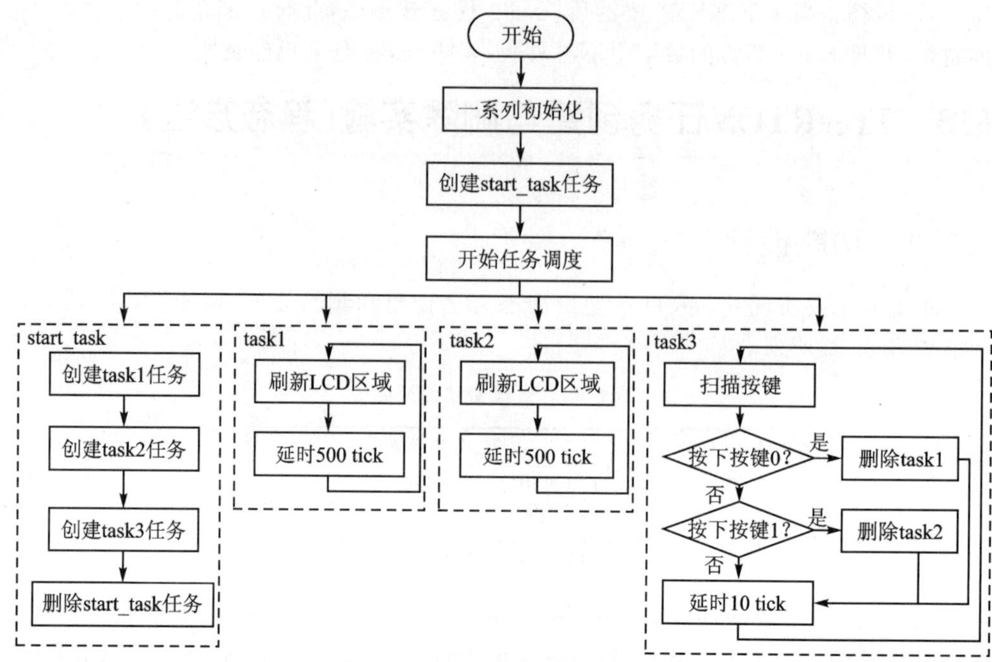

图 6.3　程序流程图

值,系统都不再使用动态方式管理内存,因此需要用户提供用于提供空闲任务和软件定时器服务任务(如果启用了软件定时器)内存的两个回调函数,这两个回调函数分别为函数 vApplicationGetIdleTaskMemory()和函数 vApplicationGetTimerTask-Memory()。本实验在 freertos_demo.c 文件中定义了这两个回调函数,具体的代码如下所示:

```
/* 空闲任务任务堆栈 */
static StackType_t      IdleTaskStack[configMINIMAL_STACK_SIZE];
/* 空闲任务控制块 */
static StaticTask_t     IdleTaskTCB;
/* 定时器服务任务堆栈 */
static StackType_t      TimerTaskStack[configTIMER_TASK_STACK_DEPTH];
/* 定时器服务任务控制块 */
static StaticTask_t     TimerTaskTCB;
/**
 * @brief   获取空闲任务的任务堆栈和任务控制块内存,因为本例程使用的
            静态内存,因此空闲任务的任务堆栈和任务控制块的内存就应该
            由用户来提供,FreeRTOS 提供了接口函数 vApplicationGetIdleTaskMemory()
            实现此函数即可
 * @param   ppxIdleTaskTCBBuffer:任务控制块内存
            ppxIdleTaskStackBuffer:任务堆栈内存
            pulIdleTaskStackSize:任务堆栈大小
 * @retval  无
 */
```

```
void vApplicationGetIdleTaskMemory (StaticTask_t     **ppxIdleTaskTCBBuffer,
                                    StackType_t      **ppxIdleTaskStackBuffer,
                                    uint32_t         *pulIdleTaskStackSize)
{
    * ppxIdleTaskTCBBuffer = &IdleTaskTCB;
    * ppxIdleTaskStackBuffer = IdleTaskStack;
    * pulIdleTaskStackSize = configMINIMAL_STACK_SIZE;
}
/**
 * @brie    获取定时器服务任务的任务堆栈和任务控制块内存
 * @param   ppxTimerTaskTCBBuffer:任务控制块内存
            ppxTimerTaskStackBuffer:任务堆栈内存
            pulTimerTaskStackSize:任务堆栈大小
 * @retval 无
 */
void vApplicationGetTimerTaskMemory (StaticTask_t     **ppxTimerTaskTCBBuffer,
                                     StackType_t      **ppxTimerTaskStackBuffer,
                                     uint32_t         *pulTimerTaskStackSize)
{
    * ppxTimerTaskTCBBuffer = &TimerTaskTCB;
    * ppxTimerTaskStackBuffer = TimerTaskStack;
    * pulTimerTaskStackSize = configTIMER_TASK_STACK_DEPTH;
}
```

(2) start_task 任务

```
/**
 * @brief     start_task
 * @param     pvParameters : 传入参数(未用到)
 * @retval    无
 */
void start_task(void * pvParameters)
{
    taskENTER_CRITICAL();               /* 进入临界区 */
    /* 创建任务 1 */
    Task1Task_Handler = xTaskCreateStatic(
                (TaskFunction_t  ) task1,           /* 任务函数 */
                (const char *    ) "task1",         /* 任务名称 */
                (uint32_t        ) TASK1_STK_SIZE,  /* 任务堆栈大小 */
                (void *          ) NULL,            /* 传递给任务函数的参数 */
                (UBaseType_t     ) TASK1_PRIO,      /* 任务优先级 */
                (StackType_t *   ) Task1TaskStack,  /* 任务堆栈 */
                (StaticTask_t *  ) &Task1TaskTCB);  /* 任务控制块 */
    /* 创建任务 2 */
    Task2Task_Handler = xTaskCreateStatic(
                (TaskFunction_t)task2,              /* 任务函数 */
                (const char * )"task2",             /* 任务名称 */
                (uint32_t)TASK2_STK_SIZE,           /* 任务堆栈大小 */
                (void * )NULL,                      /* 传递给任务函数的参数 */
                (UBaseType_t)TASK2_PRIO,            /* 任务优先级 */
```

```
                (StackType_t * )Task2TaskStack,         /* 任务堆栈 */
                (StaticTask_t * )&Task2TaskTCB);        /* 任务控制块 */
    /* 创建任务 3 */
    Task3Task_Handler = xTaskCreateStatic(
                (TaskFunction_t)task3,                  /* 任务函数 */
                (const char * )"task3",                 /* 任务名称 */
                (uint32_t)TASK3_STK_SIZE,               /* 任务堆栈大小 */
                (void * )NULL,                          /* 传递给任务函数的参数 */
                (UBaseType_t)TASK3_PRIO,                /* 任务优先级 */
                (StackType_t * )Task3TaskStack,         /* 任务堆栈 */
                (StaticTask_t * )&Task3TaskTCB);        /* 任务控制块 */
    vTaskDelete(StartTask_Handler);     /* 删除开始任务 */
    taskEXIT_CRITICAL();                /* 退出临界区 */
}
```

从上面的代码中可以看到，start_task 任务使用了函数 xTaskCreateStatic()，静态地创建了 task1、task2 和 task3 任务。

(3) task1 和 task2 任务

```
/**
 * @brief     task1
 * @param     pvParameters : 传入参数(未用到)
 * @retval    无
 */
void task1(void * pvParameters)
{
    uint32_t task1_num = 0;
    while (1)
    {
        lcd_fill(6, 131, 114, 313,lcd_discolor[ ++ task1_num % 11]);
        lcd_show_xnum(71, 111,task1_num, 3, 16, 0x80,BLUE);
        vTaskDelay(500);
    }
}
/**
 * @brief     task2
 * @param     pvParameters : 传入参数(未用到)
 * @retval    无
 */
void task2(void * pvParameters)
{
    uint32_t task2_num = 0;
    while (1)
    {
        lcd_fill(126, 131, 233, 313,lcd_discolor[11 - ( ++ task2_num % 11)]);
        lcd_show_xnum(191, 111,task2_num, 3, 16, 0x80,BLUE);
        vTaskDelay(500);
    }
}
```

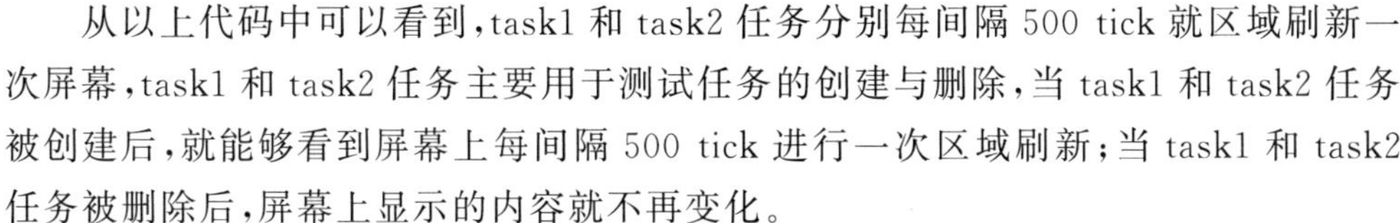

从以上代码中可以看到，task1 和 task2 任务分别每间隔 500 tick 就区域刷新一次屏幕，task1 和 task2 任务主要用于测试任务的创建与删除，当 task1 和 task2 任务被创建后，就能够看到屏幕上每间隔 500 tick 进行一次区域刷新；当 task1 和 task2 任务被删除后，屏幕上显示的内容就不再变化。

(4) task3 任务

```
/**
  * @brief     task3
  * @param     pvParameters : 传入参数(未用到)
  * @retval     无
  */
void task3(void * pvParameters)
{
    uint8_t key = 0;
    while (1)
    {
        key = key_scan(0);
        switch (key)
        {
            case KEY0_PRES:                                  /* 删除任务 1 */
            {
                vTaskDelete(Task1Task_Handler);
                break;
            }
            case KEY1_PRES:                                  /* 删除任务 2 */
            {
                vTaskDelete(Task2Task_Handler);
                break;
            }
            default:
            {
                break;
            }
        }
        vTaskDelay(10);
    }
}
```

从上面的代码中可以看到，task3 任务负责扫描按键，当检测到 KEY0 按键被按下时候，调用函数 vTaskDelaete()删除 task1 任务；当检测到 KEY1 按键被按下时，调用函数 vTaskDelete()删除 task2 任务。

6.3.3　下载验证

编译并下载代码，复位后可以看到 LCD 屏幕上显示了本次实验的相关信息，如图 6.4 所示。

其中，每间隔 500 tick，task1 和 task2 的屏幕区域就刷新一次，并且 task1 和

task2 后方数字也随之加一,此时表示 task1 和 task2 任务均被创建,并且正在运行中。

当按下 KEY0 按键后,task1 任务被删除,此时,task1 的屏幕区域不再刷新,并且 task1 后方的数字也不再改变,表明 task1 任务已被删除,不再运行。当按下 KEY1 按键后,task2 任务被删除,此时,task2 的屏幕区域不再刷新,并且 task2 后方的数字也不再改变,表明 task2 任务已经被删除,不再运行。

图 6.4 LCD 显示内容

6.2 节及本节中分别介绍了在 FreeRTOS 中创建任务的两种方式,分别为动态方法创建任务和静态方法创建任务。可以看出使用动态创建任务的方法相较于使用静态创建任务的方法简单。在实际的应用中,动态方式创建任务是比较常用的,除非有特殊的需求,一般都会使用动态方式创建任务。

6.4 FreeRTOS 挂起和恢复任务相关 API 函数

FreeRTOS 中用于挂起和恢复任务的 API 函数如表 6.13 所列。

表 6.13 任务创建和删除 API 函数

函　数	描　述
vTaskSuspend()	挂起任务
vTaskResume()	恢复被挂起的任务
xTaskResumeFromISR()	在中断中恢复被挂起的任务

1. 函数 vTaskSuspend()

此函数用于挂起任务,若使用此函数,则需要在 FreeRTOSConfig.h 文件中将宏 INCLUDE_vTaskSuspend 配置为 1。无论优先级如何,被挂起的任务都将不再被执行,直到任务被恢复。此函数并不支持嵌套,不论使用此函数重复挂起任务多少次,只须调用一次恢复任务的函数,那么任务就不再被挂起。函数原型如下所示:

```
void vTaskSuspend(TaskHandle_t xTaskToSuspend)
```

函数 vTaskSuspend()的形参描述如表 6.14 所列。

表 6.14 函数 vTaskSuspend()形参相关描述

形　参	描　述
xTaskToSuspend	待挂起任务的任务句柄

函数 vTaskSuspend()无返回值。

2. 函数 vTaskResume()

此函数用于在任务中恢复被挂起的任务，若使用此函数，则需要在 FreeRTOSConfig.h 文件中将宏 INCLUDE_vTaskSuspend 配置为 1。不论一个任务被函数 vTaskSuspend()挂起多少次，只需要使用函数 vTakResume()恢复一次，就可以继续运行。函数原型如下所示：

```
void vTaskResume(TaskHandle_t xTaskToResume)
```

函数 vTaskResume()的形参描述如表 6.15 所列。

表 6.15　函数 vTaskResume()形参相关描述

形　参	描　述
xTaskToResume	待恢复任务的任务句柄

函数 vTaskResume()无返回值。

3. 函数 xTaskResumeFromISR()

此函数用于在中断中恢复被挂起的任务，若使用此函数，则需要在 FreeRTOSConfig.h 文件中将宏 INCLUDE_xTaskResumeFromISR 配置为 1。不论一个任务被函数 vTaskSuspend()挂起多少次，只需要使用函数 vTakResumeFromISR()恢复一次，就可以继续运行。函数原型如下所示：

```
BaseType_t xTaskResumeFromISR(TaskHandle_t xTaskToResume)
```

函数 xTaskResumeFromISR()的形参描述如表 6.16 所列。

表 6.16　函数 xTaskResumeFromISR()形参相关描述

形　参	描　述
xTaskToResume	待恢复任务的任务句柄

函数 xTaskResumeFromISR()的返回值如表 6.17 所列。

表 6.17　函数 xTaskResumeFromISR()返回值相关描述

返回值	描　述
pdTRUE	任务恢复后需要进行任务切换
pdFALSE	任务恢复后不需要进行任务切换

6.5 FreeRTOS 任务挂起与恢复实验

6.5.1 功能设计

本实验主要实现 FreeRTOS 挂起和恢复任务，设计了 4 个任务，功能如表 6.18

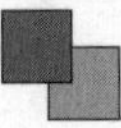

所列。

表 6.18 各任务功能描述

任务名	任务功能描述
start_task	用于创建其他任务
task1	用于任务挂起和恢复测试
task2	用于对照测试
task3	用于挂起和恢复任务

该实验的实验工程可参考配套资料中的“FreeRTOS 实验例程 6-3 FreeRTOS 任务挂起与恢复实验”。

6.5.2 软件设计

1. 程序流程图

本实验的程序流程如图 6.5 所示。

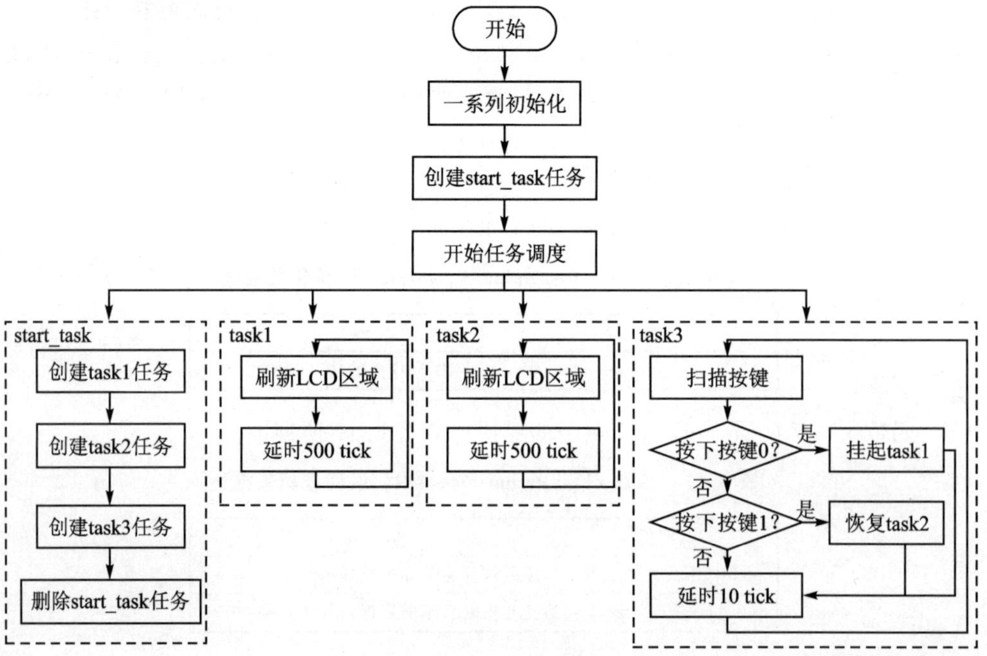

图 6.5 程序流程图

2. FreeRTOS 函数解析

1) 函数 vTaskSuspend()

此函数用于挂起任务，详细可参考 6.4 节。

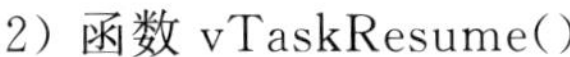

2) 函数 vTaskResume()

此函数用于恢复被挂起的任务,详细可参考6.4节。

3. 程序解析

整体的代码结构可参考2.1.6小节,本小节着重讲解本实验相关的部分。

(1) FreeRTOS 配置

由于本实验需要使用任务挂起和恢复的相关函数,因此需要在 FreeRTOSConfig.h 文件中使能包含任务挂起和恢复的配置项,如下所示:

```
#define INCLUDE_vTaskSuspend            1
```

(2) start_task 任务

```
/**
 * @brief     start_task
 * @param     pvParameters : 传入参数(未用到)
 * @retval    无
 */
void start_task(void * pvParameters)
{
    taskENTER_CRITICAL();                  /* 进入临界区 */
    /* 创建任务 1 */
    xTaskCreate ((TaskFunction_t )task1,                /* 任务函数 */
                 (const char *    )"task1",              /* 任务名称 */
                 (uint16_t        )TASK1_STK_SIZE,       /* 任务堆栈大小 */
                 (void *          )NULL,                 /* 传入给任务函数的参数 */
                 (UBaseType_t     )TASK1_PRIO,           /* 任务优先级 */
                 (TaskHandle_t *  )&Task1Task_Handler);  /* 任务句柄 */
    /* 创建任务 2 */
    xTaskCreate ((TaskFunction_t )task2,                /* 任务函数 */
                 (const char *    )"task2",              /* 任务名称 */
                 (uint16_t        )TASK2_STK_SIZE,       /* 任务堆栈大小 */
                 (void *          )NULL,                 /* 传入给任务函数的参数 */
                 (UBaseType_t     )TASK2_PRIO,           /* 任务优先级 */
                 (TaskHandle_t *  )&Task2Task_Handler);  /* 任务句柄 */
    /* 创建任务 3 */
    xTaskCreate ((TaskFunction_t )task3,                /* 任务函数 */
                 (const char *    )"task3",              /* 任务名称 */
                 (uint16_t        )TASK3_STK_SIZE,       /* 任务堆栈大小 */
                 (void *          )NULL,                 /* 传入给任务函数的参数 */
                 (UBaseType_t     )TASK3_PRIO,           /* 任务优先级 */
                 (TaskHandle_t *  )&Task3Task_Handler);  /* 任务句柄 */
    vTaskDelete(StartTask_Handler);         /* 删除开始任务 */
    taskEXIT_CRITICAL();                    /* 退出临界区 */
}
```

从上面的代码中可以看到,start_task 任务主要是用于创建 task1、task2 和 task3 任务。

(3) task1 和 task2 任务

```
/**
  * @brief     task1
  * @param     pvParameters : 传入参数(未用到)
  * @retval    无
  */
void task1(void * pvParameters)
{
    uint32_t task1_num = 0;
    while (1)
    {
        lcd_fill(6, 131, 114, 313,lcd_discolor[ ++ task1_num % 11]);
        lcd_show_xnum(71, 111,task1_num, 3, 16, 0x80,BLUE);
        vTaskDelay(500);
    }
}
/**
  * @brief     task2
  * @param     pvParameters : 传入参数(未用到)
  * @retval    无
  */
void task2(void * pvParameters)
{
    uint32_t task2_num = 0;
    while (1)
    {
        lcd_fill(126, 131, 233, 313,lcd_discolor[11 - ( ++ task2_num % 11)]);
        lcd_show_xnum(191, 111,task2_num, 3, 16, 0x80,BLUE);
        vTaskDelay(500);
    }
}
```

从以上代码中可以看到,task1 和 task2 任务分别每间隔 500 tick 就区域刷新一次屏幕,task1 任务主要是用于测试任务的挂起与恢复,而 task2 任务则用于对照。当 task1 和 task2 任务被创建后,就能够看到屏幕上每间隔 500 tick 进行一次区域刷新;而当 task1 任务被挂起后,屏幕上 task1 任务刷新的区域就不再变化;当 task1 任务被恢复后,屏幕上 task1 任务刷新的区域又再次发生变化。

(4) task3 任务

```
/**
  * @brief     task3
  * @param     pvParameters : 传入参数(未用到)
  * @retval    无
  */
void task3(void * pvParameters)
{
    uint8_t key = 0;
    while (1)
```

```
    {
        key = key_scan(0);
        switch (key)
        {
            case KEY0_PRES:                          /* 挂起任务 1 */
            {
                vTaskSuspend(Task1Task_Handler);
                break;
            }
            case KEY1_PRES:                          /* 恢复任务 1 */
            {
                vTaskResume(Task1Task_Handler);
                break;
            }
            default:
            {
                break;
            }
        }
        vTaskDelay(10);
    }
}
```

从上面的代码中可以看到，task3 任务负责扫描按键，当检测到 KEY0 按键被按下时候，调用函数 vTaskSuspend()挂起 task1 任务；当检测到 KEY1 按键被按下时，调用函数 vTaskResume()恢复 task1 任务。

6.5.3　下载验证

编译并下载代码，复位后可以看到 LCD 屏幕上显示了本次实验的相关信息，如图 6.6 所示。

其中，每间隔 500 tick，task1 和 task2 的屏幕区域就刷新一次，并且 task1 和 task2 后方数字也随之加一，此时表示 task1 和 task2 任务均被创建，并且正在运行中。

当按下 KEY0 按键后，task1 任务被挂起，此时，task1 的屏幕区域不再刷新，并且 task1 后方的数字也不再改变，表明 task1 任务已被挂起，暂停运行，而 task2 任务不受影响。当按下 KEY1 按键后，task1 任务被恢复，此时，task1 的屏幕区域再次刷新，并且 task1 后方的数字也再次改变，表明 task1 任务已经被恢复运行。

图 6.6　LCD 显示内容

第7章

FreeRTOS 列表和列表项

FreeRTOS 的源码中大量地使用了列表和列表项,因此想要深入学习 FreeRTOS,列表和列表项是必备的基础知识。这里所说的列表和列表项是 FreeRTOS 源码中 List 和 List Item 的直译,事实上,FreeRTOS 中的列表和列表项就是数据结构中的链表和节点。这部分的内容并不难,但对于理解 FreeRTOS 相当重要,因此建议读者在对本章内容了解透彻后再继续后面章节的学习。

本章分为如下几部分:

7.1 FreeRTOS 列表和列表项简介

7.2 FreeRTOS 列表和列表项相关 API 函数

7.3 FreeRTOS 操作列表和列表项的宏定义

7.4 FreeRTOS 列表项的插入与删除实验

7.1 FreeRTOS 列表和列表项简介

7.1.1 列 表

列表(List)是 FreeRTOS 中最基本的一种数据结构,其在物理存储单元上是非连续、非顺序的,在 FreeRTOS 中的应用十分广泛。注意,FreeRTOS 中的列表是一个双向链表。list.h 文件中有列表的相关定义,具体代码如下所示:

```
typedef struct xLIST
{
    listFIRST_LIST_INTEGRITY_CHECK_VALUE                            /* 校验值 */
    volatile UBaseType_t                    uxNumberOfItems;        /* 列表中列表项的数量 */
    ListItem_t * configLIST_VOLATILE        pxIndex;                /* 用于遍历列表 */
    MiniListItem_t                          xListEnd;               /* 最后一个列表项 */
    listSECOND_LIST_INTEGRITY_CHECK_VALUE                           /* 校验值 */
} List_t;
```

① 该结构体中包含了两个宏,分别为 listFIRST_LIST_INTEGRITY_CHECK_VALUE 和 listSECOND_LIST_INTEGRITY_CHECK_VALUE,用于检测列表项数据完整性。

② 成员变量 uxNumberOfItems 用于记录列表中列表项的个数(不包含 xListEnd),当往列表中插入列表项时,该值加 1;当从列表中移除列表项时,该值减 1。

③ 成员变量 pxIndex 用于指向列表中的某个列表项,一般用于遍历列表中的所有列表项。

④ 成员变量 xListEnd 是一个迷你列表项(详见 7.1.3 小节)。列表中迷你列表项的值一般被设置为最大值,用于将列表中的所有列表项按升序排序时,排在最末尾;同时,xListEnd 也用于挂载其他插入到列表中的列表项。

列表的结构示意图如图 7.1 所示。

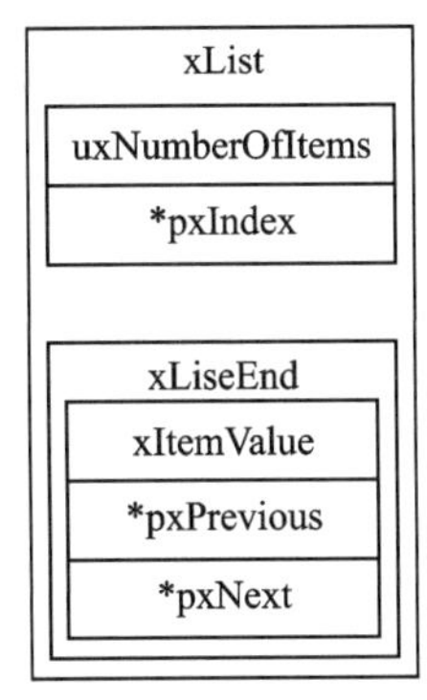

图 7.1 列表结构示意图

7.1.2 列表项

列表项(List Item)是列表中用于存放数据的地方。list.h 文件中有列表项的相关定义,具体代码如下所示:

```
struct xLIST_ITEM
{
    listFIRST_LIST_ITEM_INTEGRITY_CHECK_VALUE   /* 用于检测列表项的数据完整性 */
    configLIST_VOLATILE TickType_t             xItemValue;   /* 列表项的值 */
    struct xLIST_ITEM * configLIST_VOLATILE    pxNext;       /* 下一个列表项 */
    struct xLIST_ITEM * configLIST_VOLATILE    pxPrevious;   /* 上一个列表项 */
    void *                                     pvOwner;      /* 列表项的拥有者 */
    struct xLIST * configLIST_VOLATILE         pxContainer;  /* 列表项所在列表 */
    listSECOND_LIST_ITEM_INTEGRITY_CHECK_VALUE  /* 用于检测列表项的数据完整性 */
};
typedef struct xLIST_ITEM ListItem_t; /* 重定义成 ListItem_t */
```

① 如同列表一样,列表项中也包含了两个用于检测列表项数据完整性的宏定义。

② 成员变量 xItemValue 为列表项的值,多用于按升序对列表中的列表项进行排序。

③ 成员变量 pxNext 和 pxPrevious 分别用于指向列表中列表项的下一个列表项和上一个列表项。

④ 成员变量 pxOwner 用于指向包含列表项的对象(通常是任务控制块),因此,列表项和包含列表项的对象之间存在双向链接。

⑤ 成员变量 pxContainer 用于指向列表项所在列表。

列表项的结构示意图如图 7.2 所示。

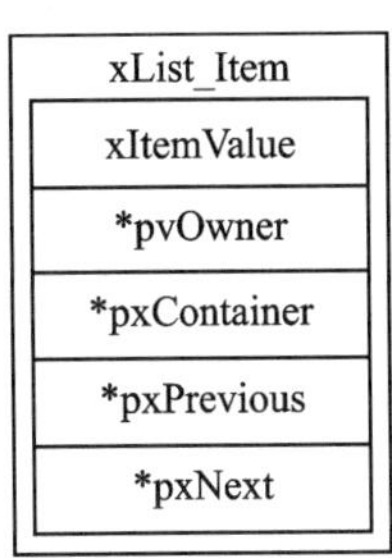

图 7.2 列表项结构示意图

7.1.3 迷你列表项

迷你列表项(Mini List Item)也是列表项,但仅用于标记列表的末尾和挂载其他插入列表中的列表项,一般用户用不到该列表项。list.h 文件中有迷你列表项的相关定义,具体的代码录下所示:

```
struct xMINI_LIST_ITEM
{
    listFIRST_LIST_ITEM_INTEGRITY_CHECK_VALUE  /* 用于检测列表项的数据完整性 */
    configLIST_VOLATILE TickType_t              xItemValue;    /* 列表项的值 */
    struct xLIST_ITEM * configLIST_VOLATILE     pxNext;        /* 下一个列表项 */
    struct xLIST_ITEM * configLIST_VOLATILE     pxPrevious;    /* 上一个列表项 */
};
typedef struct xMINI_LIST_ITEM MiniListItem_t; /* 重定义成 MiniListItem_t */
```

① 迷你列表项中也同样包含用于检测列表项数据完整性的宏定义。

② 成员变量 xItemValue 为列表项的值,多用于按升序对列表中的列表项进行排序。

③ 成员变量 pxNext 和 pxPrevious 分别用于指向列表中列表项的下一个列表项和上一个列表项。

④ 迷你列表项相比于列表项,因为只用于标记列表的末尾和挂载其他插入列表中的列表项,因此不需要成员变量 pxOwner 和 pxContainer,以节省内存开销。

迷你列表项的结构示意图如图 7.3 所示。

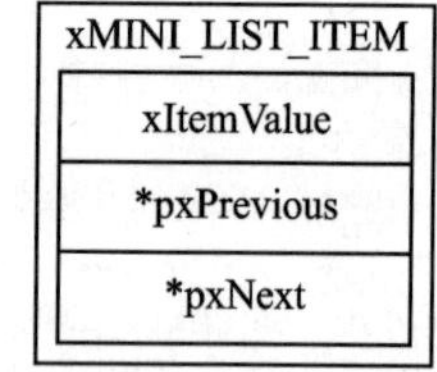

图 7.3 迷你列表项结构示意图

7.2 FreeRTOS 列表和列表项相关 API 函数

FreeRTOS 中列表和列表项相关的 API 函数如表 7.1 所列。

表 7.1 列表和列表项相关 API 函数

函 数	描 述
vListInitialise()	初始化列表
vListInitialiseItem()	初始化列表项
vListInsertEnd()	列表末尾插入列表项
vListInsert()	列表插入列表项
uxListRemove()	列表移除列表项

1. 函数 vListInitialise()

此函数用于初始化列表,定义列表之后需要先对其进行初始化;只有初始化后的

列表，才能够正常地被使用。列表初始化的过程其实就是初始化列表中的成员变量。函数原型如下所示：

```
void vListInitialise(List_t * const pxList);
```

函数 vListInitialise()的形参描述如表 7.2 所列。

表 7.2 函数 vListInitialise()形参相关描述

形　参	描　述
pxList	待初始化列表

函数 vListInitialise()无返回值。

函数 vListInitialise()在 list.c 文件中有定义，具体的代码如下所示：

```
void vListInitialise(
    List_t * const pxList)
{
    /* 初始化时，列表中只有 xListEnd，因此 pxIndex 指向 xListEnd */
    pxList ->pxIndex = (ListItem_t * ) & (pxList ->xListEnd);
    /* xListEnd 的值初始化为最大值，用于列表项升序排序时，排在最后 */
    pxList ->xListEnd.xItemValue = portMAX_DELAY;
    /* 初始化时，列表中只有 xListEnd，因此上一个和下一个列表项都为 xListEnd 本身 */
    pxList ->xListEnd.pxNext = (ListItem_t * ) & (pxList ->xListEnd);
    pxList ->xListEnd.pxPrevious = (ListItem_t * ) & (pxList ->xListEnd);
    /* 初始化时，列表中的列表项数量为 0(不包含 xListEnd) */
    pxList ->uxNumberOfItems = (UBaseType_t) 0U;
    /* 初始化用于检测列表数据完整性的校验值 */
    listSET_LIST_INTEGRITY_CHECK_1_VALUE (pxList);
    listSET_LIST_INTEGRITY_CHECK_2_VALUE (pxList);
}
```

函数 vListInitialise()初始化后的列表结构示意图如图 7.4 所示。

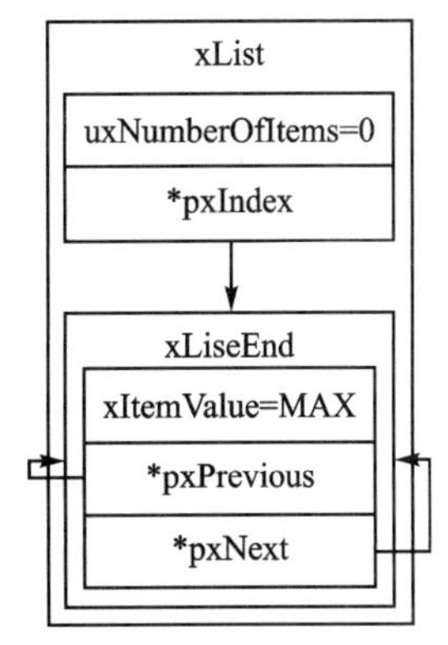

图 7.4 初始化后的列表结构示意图

2. 函数 vListInitialiseItem()

此函数用于初始化列表项，如同列表一样，定义列表项之后也需要先对其进行初始化；只有初始化有的列表项，才能够被正常地使用。列表项初始化的过程也是初始化列表项中的成员变量。函数原型如下所示：

```
void vListInitialiseItem(ListItem_t * const pxItem);
```

函数 vListInitialiseItem()的形参描述如表 7.3 所列。

表 7.3　函数 vListInitialiseItem()形参相关描述

形　参	描　述
pxItem	待初始化列表项

函数 vListInitialiseItem()无返回值。

函数 vListInitialiseItem()在 list.c 文件中有定义，具体的代码如下所示：

```
void vListInitialiseItem(
    ListItem_t * const pxItem)
{
    /* 初始化时，列表项所在列表设为空 */
    pxItem ->pxContainer = NULL;
    /* 初始化用于检测列表项数据完整性的校验值 */
    listSET_FIRST_LIST_ITEM_INTEGRITY_CHECK_VALUE (pxItem);
    listSET_SECOND_LIST_ITEM_INTEGRITY_CHECK_VALUE (pxItem);
}
```

这个函数比较简单，只须将列表项所在列表设置为空，以保证列表项不在任何一个列表项中即可。函数 vListInitialiseItem()初始化后的列表项结构示意图，如图 7.5 所示。

3. 函数 vListInsertEnd()

此函数用于将待插入列表的列表项插入到列表 pxIndex 指针指向列表项的前面，是一种无序的插入方法。函数原型如下所示：

```
void vListInsertEnd(
    List_t * const pxList,
    ListItem_t * const pxNewListItem);
```

函数 vListInsertEnd()的形参描述如表 7.4 所列。

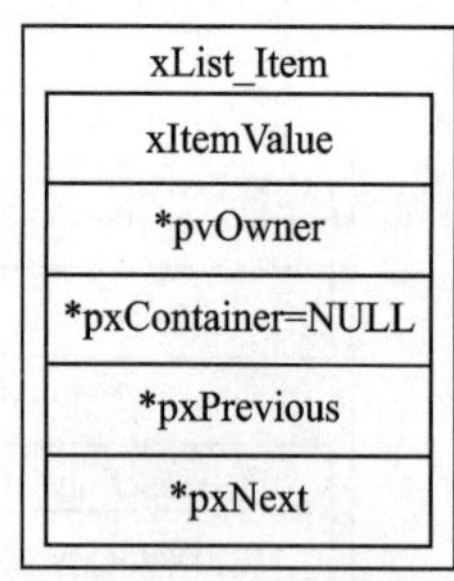

图 7.5　初始化后的列表项结构示意图

表 7.4　函数 vListInsertEnd()形参相关描述

形　参	描　述
pxList	列表
pxNewListItem	待插入列表项

函数 vListInsertEnd()无返回值。

函数 vListInsertEnd()在 list.c 文件中有定义，具体的代码如下所示：

```
void vListInsertEnd(
    List_t * const pxList,
```

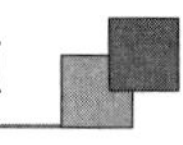

```
    ListItem_t * const pxNewListItem)
{
    /* 获取列表 pxIndex 指向的列表项 */
    ListItem_t * const pxIndex = pxList ->pxIndex;
    /* 检查参数是否正确 */
    listTEST_LIST_INTEGRITY (pxList);
    listTEST_LIST_ITEM_INTEGRITY (pxNewListItem);
    /* 更新待插入列表项的指针成员变量 */
    pxNewListItem ->pxNext = pxIndex;
    pxNewListItem ->pxPrevious = pxIndex ->pxPrevious;
    /* 更新列表中原本列表项的指针成员变量 */
    pxIndex ->pxPrevious ->pxNext = pxNewListItem;
    pxIndex ->pxPrevious = pxNewListItem;
    /* 更新待插入列表项的所在列表成员变量 */
    pxNewListItem ->pxContainer = pxList;
    /* 更新列表中列表项的数量 */
    (pxList ->uxNumberOfItems) ++ ;
}
```

从上面的代码可以看出，此函数就是将待插入的列表项插入到列表 pxIndex 指向列表项的前面。注意，pxIndex 不一定指向 xListEnd，而是有可能指向列表中任意一个列表项。函数 vListInsertEnd()插入列表项后的列表结构示意图，如图 7.6 所示。

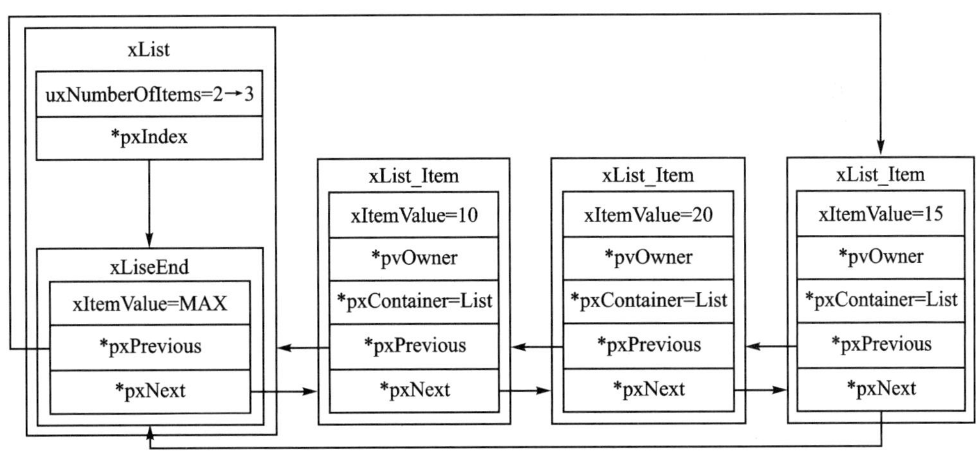

图 7.6 函数 vListInsertEnd()插入列表项后的列表结构示意图

4. 函数 vListInsert()

此函数用于将待插入列表的列表项按照列表项值升序排序的顺序，有序地插入到列表中。函数原型如下所示：

```
void vListInsert(
    List_t * const pxList,
    ListItem_t * const pxNewListItem);
```

函数 vListInsert()的形参描述如表 7.5 所列。

表 7.5　函数 vListInsert()形参相关描述

形　参	描　述
pxList	列表
pxNewListItem	待插入列表项

函数 vListInsert()无返回值。

函数 vListInsert()在 list.c 文件中有定义，具体的代码如下所示：

```
void vListInsert(
    List_t * const pxList,
    ListItem_t * const pxNewListItem)
{
    ListItem_t * pxIterator;
    const TickType_t xValueOfInsertion = pxNewListItem ->xItemValue;
    /* 检查参数是否正确 */
    listTEST_LIST_INTEGRITY (pxList);
    listTEST_LIST_ITEM_INTEGRITY (pxNewListItem);
    /* 如果待插入列表项的值为最大值 */
    if (xValueOfInsertion == portMAX_DELAY)
    {
        /* 插入的位置为列表 xListEnd 前面 */
        pxIterator = pxList ->xListEnd.pxPrevious;
    }
    else
    {
        /* 遍历列表中的列表项，找到插入的位置 */
        for ( pxIterator = (ListItem_t * ) & (pxList ->xListEnd);
            pxIterator ->pxNext ->xItemValue  <= xValueOfInsertion;
            pxIterator = pxIterator ->pxNext)
        {}
    }
    /* 将待插入的列表项插入指定位置 */
    pxNewListItem ->pxNext = pxIterator ->pxNext;
    pxNewListItem ->pxNext ->pxPrevious = pxNewListItem;
    pxNewListItem ->pxPrevious = pxIterator;
    pxIterator ->pxNext = pxNewListItem;
    /* 更新待插入列表项所在列表 */
    pxNewListItem ->pxContainer = pxList;
    /* 更新列表中列表项的数量 */
    (pxList ->uxNumberOfItems) ++ ;
}
```

从上面的代码可以看出，此函数在将待插入列表项插入列表之前会前遍历列表，找到待插入列表项需要插入的位置。待插入列表项需要插入的位置是依照列表中列表项的值按照升序排序确定的。函数 vListInsert()插入列表项后的列表结构示意图，如图 7.7 所示。

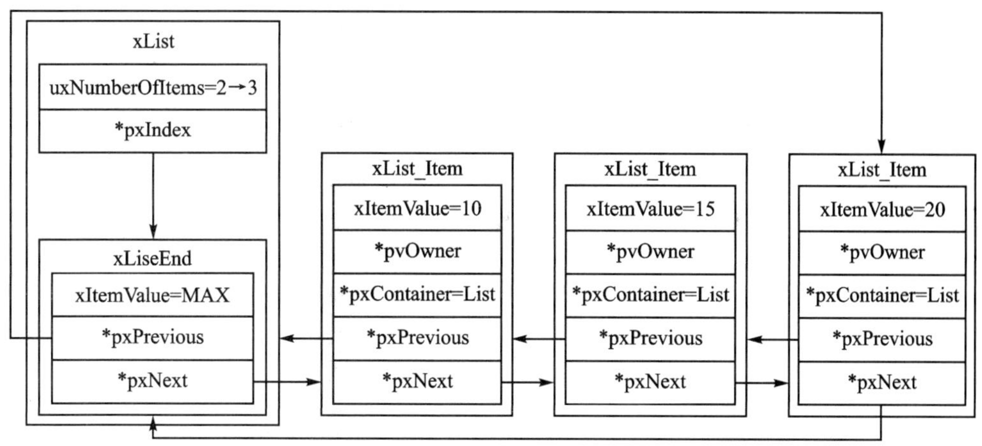

图 7.7　函数 vListInsert()插入列表项后的列表结构示意图

5. 函数 uxListRemove()

此函数用于将列表项从列表项所在列表中移除，函数原型如下所示：

```
UBaseType_t uxListRemove(ListItem_t * const pxItemToRemove);
```

函数 uxListRemove()的形参描述如表 7.6 所列。

表 7.6　函数 uxListRemove()形参相关描述

形　参	描　述
pxItemToRemove	待移除的列表项

函数 uxListRemove()的返回值如表 7.7 所列。

表 7.7　函数 uxListRemove()返回值相关描述

返回值	描　述
整数	待移除列表项移除后，所在列表剩余列表项的数量

函数 uxListRemove()在 list.c 文件中有定义，具体的代码如下所示：

```
UBaseType_t uxListRemove(
    ListItem_t * const pxItemToRemove)
{
    List_t * const pxList = pxItemToRemove ->pxContainer;
    /* 从列表中移除列表项 */
    pxItemToRemove ->pxNext ->pxPrevious = pxItemToRemove ->pxPrevious;
    pxItemToRemove ->pxPrevious ->pxNext = pxItemToRemove ->pxNext;
    /* 如果 pxIndex 正指向待移除的列表项 */
    if (pxList ->pxIndex == pxItemToRemove)
    {
```

```
        /* pxIndex 指向上一个列表项 */
        pxList->pxIndex = pxItemToRemove->pxPrevious;
    }
    /* 将待移除列表项的所在列表指针清空 */
    pxItemToRemove->pxContainer = NULL;
    /* 更新列表中列表项的数量 */
    (pxList->uxNumberOfItems)--;
    /* 返回列表项移除后列表中列表项的数量 */
    return pxList->uxNumberOfItems;
}
```

注意,函数 uxListRemove()移除后的列表项依然与列表有着单向联系,即移除后列表项中用于指向上一个和下一个列表项的指针依然指向列表中的列表项。函数 uxListRemove()移除列表项后的列表结构示意图,如图 7.8 所示。

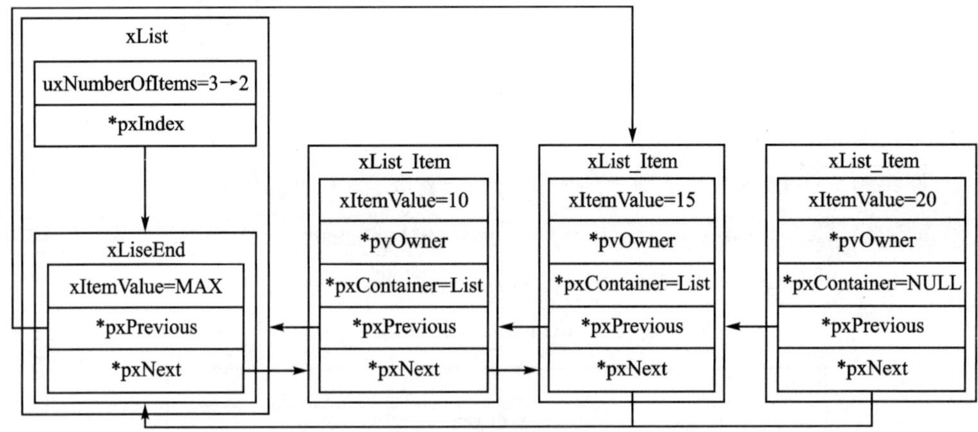

图 7.8　函数 uxListRemove()移除列表项后的列表结构示意图

7.3　FreeRTOS 操作列表和列表项的宏

list.h 文件中定义了大量的宏,用来操作列表以及列表项,如表 7.8 所列。

表 7.8　操作列表及列表项的宏

宏定义	描　述
listSET_LIST_ITEM_OWNER(pxListItem, pxOwner)	设置列表项的拥有者
listGET_LIST_ITEM_OWNER(pxListItem)	获取列表项的拥有者
listSET_LIST_ITEM_VALUE(pxListItem, xValue)	设置列表项的值
listGET_LIST_ITEM_VALUE(pxListItem)	获取列表项的值
listGET_ITEM_VALUE_OF_HEAD_ENTRY(pxList)	获取列表头部列表项的值
listGET_HEAD_ENTRY(pxList)	获取列表的头部列表项

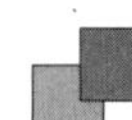

续表 7.8

宏定义	描　述
listGET_NEXT(pxListItem)	获取列表项的下一个列表项
listGET_END_MARKER(pxList)	获取列表的尾部列表项
listLIST_IS_EMPTY(pxList)	判断列表是否为空
listCURRENT_LIST_LENGTH(pxList)	获取列表包含的列表项数量
listGET_OWNER_OF_NEXT_ENTRY(pxTCB, pxList)	获取下一个列表项的拥有者
listREMOVE_ITEM(pxItemToRemove)	将列表项从列表中移除
listINSERT_END(pxList, pxNewListItem)	列表末尾插入列表项
listGET_OWNER_OF_HEAD_ENTRY(pxList)	获取列表头部列表项的拥有者
listIS_CONTAINED_WITHIN(pxList, pxListItem)	判断列表项是否在列表中
listLIST_ITEM_CONTAINER(pxListItem)	获取列表项所在列表
listLIST_IS_INITIALISED(pxList)	判断列表是否完成初始化

这些宏操作列表及列表项的实现都比较简单，读者可阅读 list.h 文件查看具体的实现方法；也可在后续阅读 FreeRTOS 源码时，遇到这些宏定义时再查阅。

7.4　FreeRTOS 列表项的插入与删除实验

7.4.1　功能设计

本实验主要实现 FreeRTOS 列表项的插入与删除，设计了两个任务，功能如表 7.9 所列。

表 7.9　各任务功能描述

任务名	任务功能描述
start_task	用于创建其他任务
task1	用于进行列表项的插入与删除

该实验的实验工程可参考配套资料中的“FreeRTOS 实验例程 7 FreeRTOS 列表项的插入与删除实验”。

7.4.2　软件设计

1. 程序流程图

本实验的程序流程如图 7.9 所示。

2. FreeRTOS 函数解析

1）函数 vListInitialise()

此函数用于初始化列表，详细可参考 7.2.1 小节。

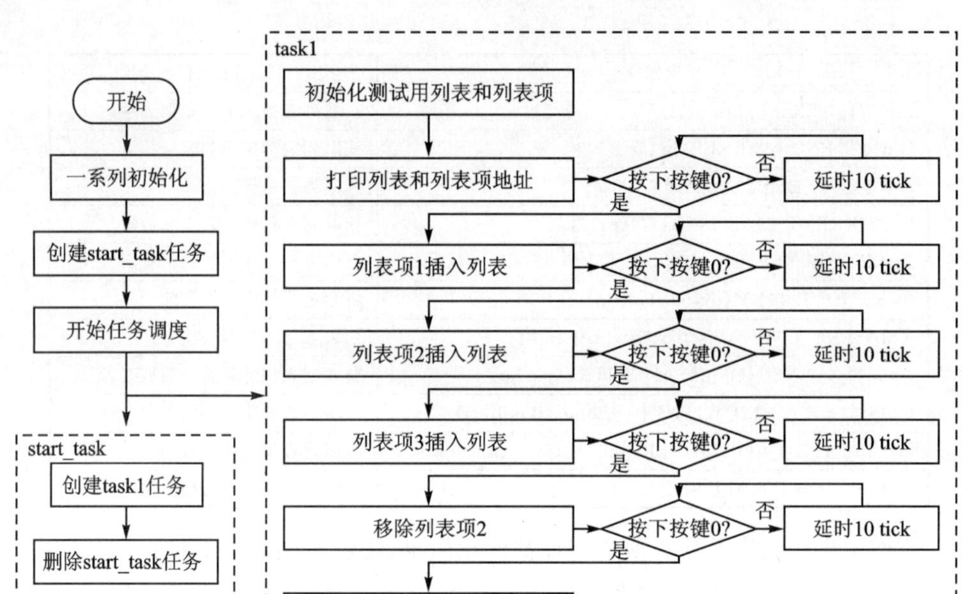

图 7.9 程序流程图

2）函数 vListInitialiseItem()

此函数用于初始化列表项，详细可参考 7.2.2 小节。

3）函数 vListInsert()

此函数用于将列表项插入到列表中，详细可参考 7.2.4 小节。

4）函数 uxListRemove()

子函数用于将列表项从列表中移除，详细可参考 7.2.5 小节。

5）函数 vListInsertEnd()

此函数用于将列表项插入到列表末尾，详细可参考 7.2.3 小节。

3. 程序解析

整体的代码结构可参考 2.1.6 小节，本小节着重讲解本实验相关的部分。

(1) start_task 任务

```
/**
 * @brief    start_task
 * @param    pvParameters : 传入参数(未用到)
 * @retval   无
 */
void start_task(void * pvParameters)
```

```
{
    taskENTER_CRITICAL();                /* 进入临界区 */
    /* 创建任务 1 */
    xTaskCreate ((TaskFunction_t  ) task1,
                 (const char *     ) "task1",
                 (uint16_t         ) TASK1_STK_SIZE,
                 (void *           ) NULL,
                 (UBaseType_t      ) TASK1_PRIO,
                 (TaskHandle_t *   ) &Task1Task_Handler);
    vTaskDelete(StartTask_Handler);      /* 删除开始任务 */
    taskEXIT_CRITICAL();                 /* 退出临界区 */
}
```

从上面的代码中可以看到，start_task 任务主要是用于创建 task1 任务。

(2) task1 任务

```
/**
  * @brief    task1
  * @param    pvParameters : 传入参数(未用到)
  * @retval   无
  */
void task1(void * pvParameters)
{
    /* 第一步:初始化列表和列表项 */
    vListInitialise(&TestList);                  /* 初始化列表 */
    vListInitialiseItem(&ListItem1);             /* 初始化列表项 1 */
    vListInitialiseItem(&ListItem2);             /* 初始化列表项 2 */
    vListInitialiseItem(&ListItem3);             /* 初始化列表项 3 */
    /* 第二步:打印列表和其他列表项的地址 */
    printf("/**************第二步:打印列表和列表项的地址**************/\r\n");
    printf("项目\t\t\t地址\r\n");
    printf("TestList\t\t0x%p\t\r\n", &TestList);
    printf("TestList->pxIndex\t0x%p\t\r\n",TestList.pxIndex);
    printf("TestList->xListEnd\t0x%p\t\r\n", (&TestList.xListEnd));
    printf("ListItem1\t\t0x%p\t\r\n", &ListItem1);
    printf("ListItem2\t\t0x%p\t\r\n", &ListItem2);
    printf("ListItem3\t\t0x%p\t\r\n", &ListItem3);
    printf("/**************************结束***************************/\r\n");
    printf("按下 KEY0 键继续!\r\n\r\n\r\n");
    while (key_scan(0) != KEY0_PRES)
    {
        vTaskDelay(10);
    }
    /* 第三步:列表项 1 插入列表 */
    printf("/*****************第三步:列表项 1 插入列表*****************/\r\n");
    vListInsert ((List_t *          )&TestList,          /* 列表 */
                 (ListItem_t *      )&ListItem1);        /* 列表项 */
    /* 省略打印信息相关代码 */
    while (key_scan(0) != KEY0_PRES)
    {
```

```
        vTaskDelay(10);
    }
    /*第四步:列表项 2 插入列表*/
    printf("/******************第四步:列表项 2 插入列表******************/\r\n");
    vListInsert ((List_t *          )&TestList,         /*列表*/
                 (ListItem_t *      )&ListItem2);       /*列表项*/
    /*省略打印信息相关代码*/
    while (key_scan(0) != KEY0_PRES)
    {
        vTaskDelay(10);
    }
    /*第五步:列表项 3 插入列表*/
    printf("/******************第五步:列表项 3 插入列表******************/\r\n");
    vListInsert ((List_t *          )&TestList,         /*列表*/
                 (ListItem_t *      )&ListItem3);       /*列表项*/
    /*省略打印信息相关代码*/
    while (key_scan(0) != KEY0_PRES)
    {
        vTaskDelay(10);
    }
    /*第六步:移除列表项 2*/
    printf("/********************第六步:移除列表项 2********************/\r\n");
    uxListRemove ((ListItem_t *)&ListItem2);            /*移除列表项*/
    /*省略打印信息相关代码*/
    while (key_scan(0) != KEY0_PRES)
    {
        vTaskDelay(10);
    }
    /*第七步:列表末尾添加列表项 2*/
    printf("/****************第七步:列表末尾添加列表项 2****************/\r\n");
    vListInsertEnd ((List_t *           )&TestList,         /*列表*/
                    (ListItem_t *       )&ListItem2);       /*列表项*/
    /*省略打印信息相关代码*/
    while(1)
    {
        vTaskDelay(10);
    }
}
```

从以上代码中可以看到,task1 分别执行了列表和列表项的初始化、列表项插入列表、列表项移除和列表项插入列表末尾等操作,并将每次操作的结果通过串口输出。

7.4.3 下载验证

编译并下载代码,复位后可以看到 LCD 屏幕上显示了本次实验的相关信息,如图 7.10 所示。

同时,通过串口打印了列表及列表项初始化后的地址信息,如图 7.11 所示。

图 7.10 LCD 显示内容

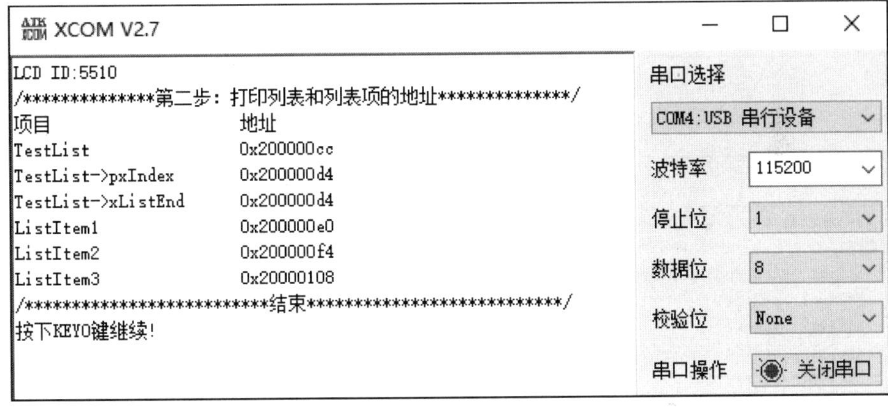

图 7.11 串口调试助手一

从图 7.11 可以得到列表和列表项初始化后信息，如下所示：

① 列表的地址为 0x200000CC。

② 列表 xListEnd 的地址为 0x200000D4，这符合 xListEnd 在列表结构体中的偏移量。

③ 列表 pxIndex 指向 0x200000D4，即初始化后 pxIndex 指向 xListEnd。

④ 列表项 1 的地址为 0x200000E0。

⑤ 列表项 2 的地址为 0x200000F4。

⑥ 列表项 3 的地址为 0x20000108。

接着按下 KEY0，将列表项 1 插入列表中，如图 7.12 所示。

从图 7.12 中可以得到列表项 1 插入列表后的信息，如下所示：

① 列表 xListEnd 的下一个列表项指向 0x200000E0，即列表项 1 的地址。

② 列表项 1 的下一个列表项指向 0x200000D4，即列表 xListEnd 的地址。

③ 列表 xListEnd 的上一个列表项指向 0x200000E0，即列表项 1 的地址。

④ 列表项 1 的上一个列表项指向 0x200000D4，即列表 xListEnd 的地址。

接着按下 KEY0，将列表项 2 插入列表中，如图 7.13 所示。

从图 7.13 中可以得到列表项 2 插入列表后的信息，如下所示：

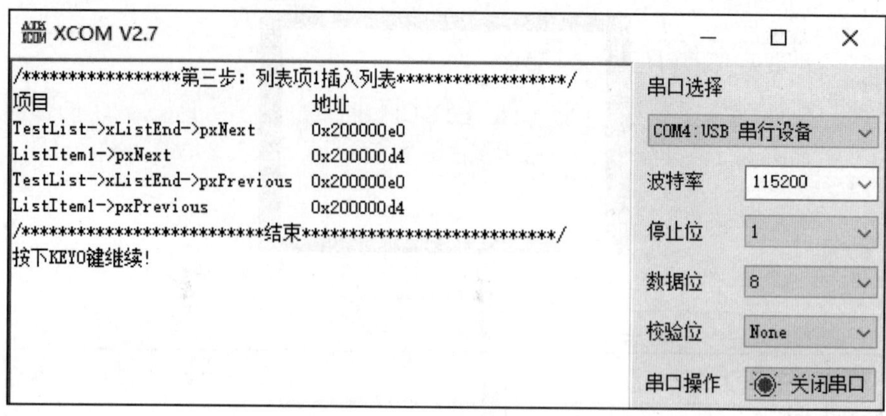

图 7.12　串口调试助手二

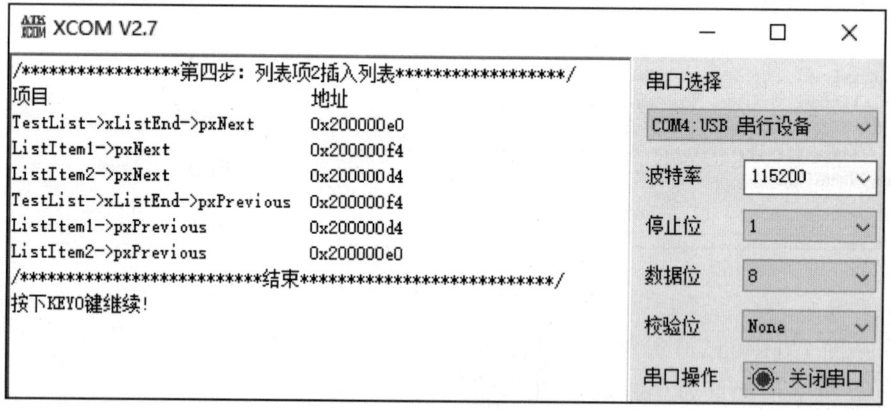

图 7.13　串口调试助手三

① 列表 xListEnd 的下一个列表项指向 0x200000E0,即列表项 1 的地址。

② 列表项 1 的下一个列表项指向 0x200000F4,即列表项 2 的地址。

③ 列表项 2 的下一个列表项指向 0x200000D4,即列表 xListEnd 的地址。

④ 列表 xListEnd 的上一个列表项指向 0x200000F4,即列表项 2 的地址。

⑤ 列表项 1 的上一个列表项指向 0x200000D4,即列表 xListEnd 的地址。

⑥ 列表项 2 的上一个列表项指向 0x200000E0,即列表项 1 的地址。

接着按下 KEY0,将列表项 3 插入列表中,如图 7.14 所示。

从图 7.14 可以得到列表项 2 插入列表后的信息,如下所示:

① 列表 xListEnd 的下一个列表项指向 0x200000E0,即列表项 1 的地址。

② 列表项 1 的下一个列表项指向 0x200000F4,即列表项 2 的地址。

③ 列表项 2 的下一个列表项指向 0x20000108,即列表项 3 的地址。

④ 列表项 3 的下一个列表项指向 0x200000D4,即列表 xListEnd 的地址。

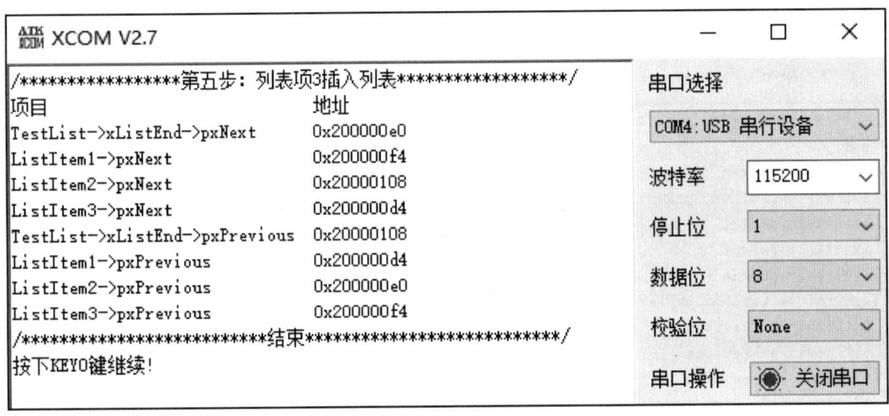

图 7.14　串口调试助手四

⑤ 列表 xListEnd 的上一个列表项指向 0x20000108，即列表项 3 的地址。

⑥ 列表项 1 的上一个列表项指向 0x200000D4，即列表 xListEnd 的地址。

⑦ 列表项 2 的上一个列表项指向 0x200000E0，即列表项 1 的地址。

⑧ 列表项 3 的上一个列表项指向 0x200000F4，即列表项 2 的地址。

接着按下 KEY0，移除列表项 2，如图 7.15 所示。

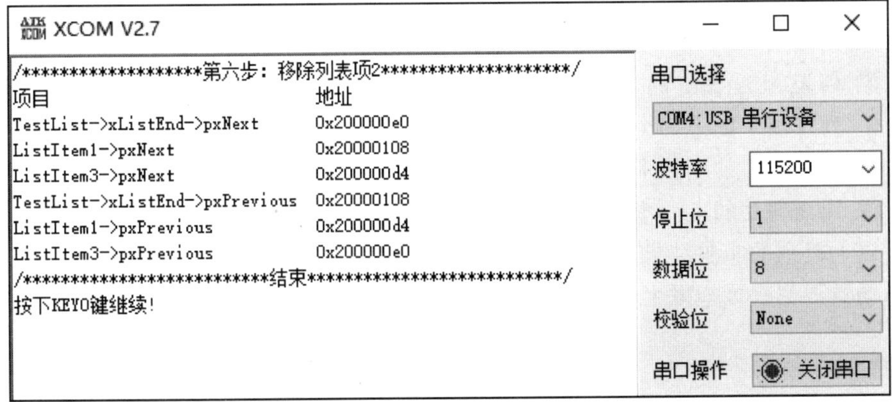

图 7.15　串口调试助手五

从图 7.15 可以得到移除列表项 2 后的信息，如下所示：

① 列表 xListEnd 的下一个列表项指向 0x200000E0，即列表项 1 的地址。

② 列表项 1 的下一个列表项指向 0x20000108，即列表项 3 的地址。

③ 列表项 3 的下一个列表项指向 0x200000D4，即列表 xListEnd 的地址。

④ 列表 xListEnd 的上一个列表项指向 0x20000108，即列表项 3 的地址。

⑤ 列表项 1 的上一个列表项指向 0x200000D4，即列表 xListEnd 的地址。

⑥ 列表项 3 的上一个列表项指向 0x200000E0，即列表项 1 的地址。

接着按下 KEY0,将列表项 2 插入列表末尾,如图 7.16 所示。

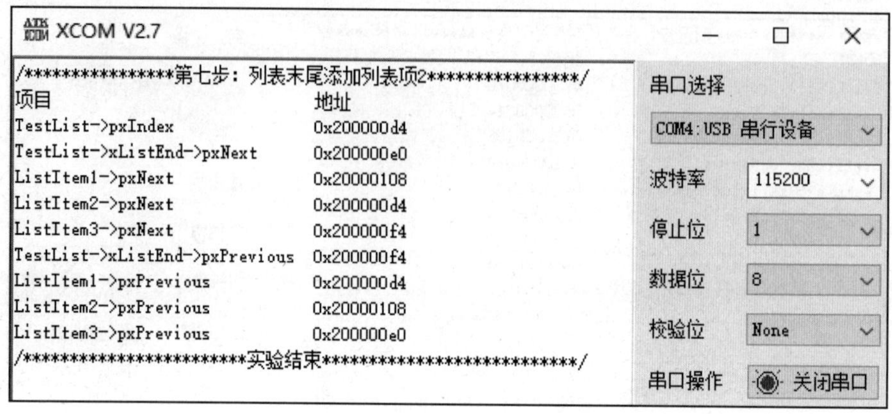

图 7.16　串口调试助手六

从图 7.16 可以得到列表项 2 插入列表末尾后的信息,如下所示:

① 列表 pxIndex 指向 0x200000D4,即 xListEnd 的地址。

② 列表 xListEnd 的下一个列表项指向 0x200000E0,即列表项 1 的地址。

③ 列表项 1 的下一个列表项指向 0x20000108,即列表项 3 的地址。

④ 列表项 2 的下一个列表项指向 0x200000D4,即列表 xListEnd 的地址。

⑤ 列表项 3 的下一个列表项指向 0x200000F4,即列表项 2 的地址。

⑥ 列表 xListEnd 的上一个列表项指向 0x200000F4,即列表项 2 的地址。

⑦ 列表项 1 的上一个列表项指向 0x200000D4,即列表 xListEnd 的地址。

⑧ 列表项 2 的上一个列表项指向 0x20000108,即列表项 3 的地址。

⑨ 列表项 3 的上一个列表项指向 0x200000E0,即列表项 1 的地址。

以上得到的实验结果均与预期的相符。注意,本实验过程中得到的地址信息在不同场景下都有可能发生改变,但是地址信息所对应的列表、列表项等须与上述实验结果一致。

第 8 章

FreeRTOS 系统启动流程及任务相关函数解析

前面介绍了 FreeRTOS 中任务创建、删除、挂起和恢复等几个基础 API 函数的使用方法，并且讲解了 FreeRTOS 中极为重要的列表和列表项。本章将讲解 FreeRTOS 系统启动到第一个任务开始运行的一整个流程，也就是 FreeRTOS 系统的启动流程。

本章分为如下几部分：

8.1 FreeRTOS 开启任务调度器

8.2 FreeRTOS 启动第一个任务

8.3 FreeRTOS 任务状态列表

8.4 FreeRTOS 创建任务函数解析

8.5 FreeRTOS 删除任务函数解析

8.6 FreeRTOS 挂起任务函数解析

8.7 FreeRTOS 恢复任务函数解析

8.8 FreeRTOS 空闲任务

8.1 FreeRTOS 开启任务调度器

8.1.1 函数 vTaskStartScheduler()

前面章节的例程实验都是在函数 freertos_demo()中使用 FreeRTOS 的任务创建 API 函数来创建 start_task 任务后，再调用函数 vTaskStartScheduler()，如下所示（以 FreeRTOS 移植实验为例）：

```
/**
 * @brief     FreeRTOS 例程入口函数
 * @param     无
 * @retval    无
 */
```

```
void freertos_demo(void)
{
    lcd_show_string(10, 10, 220, 32, 32, "STM32",RED);
    lcd_show_string(10, 47, 220, 24, 24, "FreeRTOS Porting",RED);
    lcd_show_string(10, 76, 220, 16, 16, "ATOM@ALIENTEK",RED);
    xTaskCreate ((TaskFunction_t  )start_task,           /* 任务函数 */
                 (const char *    )"start_task",         /* 任务名称 */
                 (uint16_t        )START_STK_SIZE,       /* 任务堆栈大小 */
                 (void *          )NULL,                 /* 传入给任务函数的参数 */
                 (UBaseType_t     )START_TASK_PRIO,      /* 任务优先级 */
                 (TaskHandle_t *  )&StartTask_Handler);  /* 任务句柄 */
    vTaskStartScheduler();
}
```

函数 vTaskStartScheduler()用于启动任务调度器。任务调度器启动后，FreeRTOS 便开始进行任务调度；除非调用函数 xTaskEndScheduler()停止任务调度器，否则不会再返回。函数 vTaskStartScheduler()的代码如下所示：

```
void vTaskStartScheduler(void)
{
    BaseType_t xReturn;
    /* 如果启用静态内存管理，则优先使用静态方式创建空闲任务 */
#if (configSUPPORT_STATIC_ALLOCATION == 1)
{
        StaticTask_t *   pxIdleTaskTCBBuffer = NULL;
        StackType_t *    pxIdleTaskStackBuffer = NULL;
        uint32_t         ulIdleTaskStackSize;
    vApplicationGetIdleTaskMemory (&pxIdleTaskTCBBuffer,
                                   &pxIdleTaskStackBuffer,
                                   &ulIdleTaskStackSize);
    xIdleTaskHandle = xTaskCreateStatic (prvIdleTask,
                                         configIDLE_TASK_NAME,
                                         ulIdleTaskStackSize,
                                         (void * ) NULL,
                                         portPRIVILEGE_BIT,
                                         pxIdleTaskStackBuffer,
                                         pxIdleTaskTCBBuffer);
    if (xIdleTaskHandle != NULL)
    {
        xReturn = pdPASS;
    }
    else
    {
        xReturn = pdFAIL;
    }
}
#else
    /* 未启用静态内存管理，则使用动态方式创建空闲任务 */
{
```

```
    xReturn = xTaskCreate (prvIdleTask,
                           configIDLE_TASK_NAME,
                           configMINIMAL_STACK_SIZE,
                           (void * ) NULL,
                           portPRIVILEGE_BIT,
                           &xIdleTaskHandle);
}
#endif
    /* 如果启用软件定时器,则需要创建定时器服务任务 */
#if (configUSE_TIMERS == 1)
{
    if (xReturn == pdPASS)
    {
        xReturn = xTimerCreateTimerTask();
    }
}
#endif
    if (xReturn == pdPASS)
    {
#ifdef FREERTOS_TASKS_C_ADDITIONS_INIT
{
        /* 此函数用于添加一些附加初始化,不用理会 */
        freertos_tasks_c_additions_init();
}
#endif
        /* FreeRTOS 关闭中断
         * 以保证在开启任务调度器之前或过程中,SysTick 不会产生中断
         * 在第一个任务开始运行时,会重新打开中断
         */
        portDISABLE_INTERRUPTS();
#if (configUSE_NEWLIB_REENTRANT == 1)
{
        /* Newlib 相关 */
        _impure_ptr = & (pxCurrentTCB ->xNewLib_reent);
}
#endif
        /* 初始化一些全局变量
         * xNextTaskUnblockTime: 下一个距离取消任务阻塞的时间,初始化为最大值
         * xSchedulerRunning: 任务调度器运行标志,设为已运行
         * xTickCount: 系统使用时钟计数器,宏 configINITIAL_TICK_COUNT 默认为 0
         */
        xNextTaskUnblockTime = portMAX_DELAY;
        xSchedulerRunning = pdTRUE;
        xTickCount = (TickType_t) configINITIAL_TICK_COUNT;
        /* 为实现任务运行时间统计功能而初始化时基定时器
         * 是否启用该功能,可在 FreeRTOSConfig.h 文件中进行配置
         */
        portCONFIGURE_TIMER_FOR_RUN_TIME_STATS();
        /* 设置用于系统时钟节拍的硬件定时器(SysTick)
```

```
         * 会在这个函数中进入第一个任务,并开始任务调度
         * 任务调度开启后便不会再返回
         */
        xPortStartScheduler();
    }
    else
    {
        /* 动态方式创建空闲任务和定时器服务任务(如果有)时,因分配给 FreeRTOS 的堆
         * 空间不足,导致任务无法成功创建 */
        configASSERT (xReturn != errCOULD_NOT_ALLOCATE_REQUIRED_MEMORY);
    }
    /* 防止编译器警告,不用理会 */
    (void) xIdleTaskHandle;
    /* 调试使用,不用理会 */
    (void) uxTopUsedPriority;
}
```

从上面的代码可以看出,函数 vTaskStartScheduler()主要做了 6 件事情。

① 创建空闲任务。根据是否支持静态内存管理,使用静态方式或动态方式创建空闲任务。

② 创建定时器服务任务。创建定时器服务任务需要配置启用软件定时器,创建定时器服务任务同样根据是否配置支持静态内存管理来使用静态或动态方式创建。

③ 关闭中断。使用 portDISABLE_INTERRUPT()关闭中断,这种方式只关闭受 FreeRTOS 管理的中断。关闭中断主要是为了防止 SysTick 中断在任务调度器开启之前或过程中产生中断。FreeRTOS 会在开始运行第一个任务时重新打开中断。

④ 初始化一些全局变量,并将任务调度器的运行标志设置为已运行。

⑤ 初始化任务运行时间统计功能的时基定时器。任务运行时间统计功能需要一个硬件定时器提供高精度的计数,这个硬件定时器就在这里进行配置;如果配置不启用任务运行时间统计功能,就无须进行这项硬件定时器的配置。

⑥ 最后就是调用函数 xPortStartScheduler()。

8.1.2 函数 xPortStartScheduler()

函数 xPortStartScheduler()完成启动任务调度器中与硬件架构相关的配置部分,以及启动第一个任务,具体的代码如下所示:

```
BaseType_t xPortStartScheduler(void)
{
    /* 设置 PendSV 和 SysTick 的中断优先级为最低优先级 */
    portNVIC_SHPR3_REG |= portNVIC_PENDSV_PRI;
    portNVIC_SHPR3_REG |= portNVIC_SYSTICK_PRI;
    /* 配置 SysTick
     * 清空 SysTick 的计数值
```

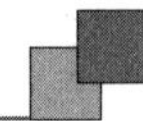

```
     * 根据 configTICK_RATE_HZ 配置 SysTick 的重装载值
     * 开启 SysTick 计数和中断
     */
    vPortSetupTimerInterrupt();
    /* 初始化临界区嵌套次数计数器为 0 */
    uxCriticalNesting = 0;
    /* 使能 FPU
     * 仅 ARM Cortex - M4/M7 内核 MCU 才有此行代码
     * ARM Cortex - M3 内核 MCU 无 FPU
     */
    prvEnableVFP();
    /* 在进出异常时,自动保存和恢复 FPU 相关寄存器
     * 仅 ARM Cortex - M4/M7 内核 MCU 才有此行代码
     * ARM Cortex - M3 内核 MCU 无 FPU
     */
    * (portFPCCR) |= portASPEN_AND_LSPEN_BITS;
    /* 启动第一个任务 */
    prvStartFirstTask();
    /* 不会返回这里 */
    return 0;
}
```

函数 xPortStartScheduler()的解析如下所示：

① 在启用断言的情况下，函数 xPortStartScheduler()会检测用户在 FreeRTOSConfig.h 文件中对中断的相关配置是否有误，感兴趣的读者可自行查看这部分的相关代码。

② 配置 PendSV 和 SysTick 的中断优先级为最低优先级，详细参考 4.3.1 小节。

③ 调用函数 vPortSetupTimerInterrupt()配置 SysTick。函数 vPortSetupTimerInterrupt()首先会将 SysTick 当前计数值清空，并根据 FreeRTOSConfig.h 文件中配置的 configSYSTICK_CLOCK_HZ（SysTick 时钟源频率）和 configTICK_RATE_HZ（系统时钟节拍频率）计算并设置 SysTick 的重装载值，然后启动 SysTick 计数和中断。

④ 初始化临界区嵌套计数器为 0。

⑤ 调用函数 prvEnableVFP()使能 FPU，因为 ARM Cortex - M3 内核 MCU 无 FPU，此函数仅在 ARM Cortex - M4/M7 内核 MCU 平台上被调用，执行该函数后 FPU 被开启。

⑥ 接下来将 FPCCR 寄存器的[31:30]置 1，这样在进出异常时，FPU 的相关寄存器就会自动地保存和恢复。同样地，由于 ARM Cortex - M3 内核 MCU 无 FPU，因此代码仅在 ARM Cortex - M4/M7 内核 MCU 平台上被调用。

⑦ 调用函数 prvStartFirstTask()启动第一个任务。

8.2 FreeRTOS 启动第一个任务

8.2.1 函数 prvStartFirstTask()

函数 prvStartFirstTask()用于初始化启动第一个任务前的环境,主要是重新设置 MSP 指针,并使能全局中断。具体的代码如下所示(这里以正点原子的 STM32F1 系列开发板为例,其他类型的开发板类似):

```
__asm void prvStartFirstTask(void)
{
    /* 8 字节对齐 */
    PRESERVE8
    ldr r0, = 0xE000ED08      /* 0xE000ED08 为 VTOR 地址 */
    ldr r0, [ r0 ]            /* 获取 VTOR 的值 */
    ldr r0, [ r0 ]            /* 获取 MSP 的初始值 */
    /* 初始化 MSP */
    msr msp,r0
    /* 使能全局中断 */
    cpsie i
    cpsie f
    dsb
    isb
    /* 调用 SVC 启动第一个任务 */
    svc 0
    nop
    nop
}
```

从上面的代码可以看出,函数 prvStartFirstTask()是一段汇编代码,解析如下所示:

① 首先是使用了 PRESERVE8 进行 8 字节对齐,这是因为栈在任何时候都是需要 4 字节对齐的,而调用入口的 8 字节对齐,在进行 C 编程的时候编译器会自动完成,而对于汇编就需要开发者手动进行对齐。

② 接下来的 3 行代码是为了获得 MSP 指针的初始值,那么这里就能够引出两个问题:

a. 什么是 MSP 指针?

程序在运行过程中需要一定的栈空间来保存局部变量等一些信息。当有信息保存到栈中时,MCU 会自动更新 SP 指针,使 SP 指针指向最后一个入栈的元素,那么程序就可以根据 SP 指针从栈中存取信息。对于正点原子的 STM32F1、STM32F4、STM32F7 和 STM32H7 开发板上使用的 ARM Cortex - M 的 MCU 内核来说,ARM Cortex - M 提供了两个栈空间,这两个栈空间的堆栈指针分别是 MSP(主堆栈指针)和 PSP(进程堆栈指针)。在 FreeRTOS 中 MSP 是给系统栈空间使用的,而

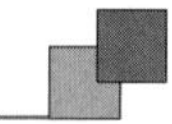

PSP 是给任务栈使用的，也就是说，FreeRTOS 任务的栈空间是通过 PSP 指向的，而进入中断服务函数时则使用 MSP 指针。当使用不同的堆栈指针时，SP 会等于当前使用的堆栈指针。

b. 为什么是 0xE000ED08?

0xE000ED08 是 VTOR（向量表偏移寄存器）的地址，VTOR 中保存了向量表的偏移地址。一般来说，向量表其实是从地址 0x00000000 开始的，但是在有的情况下可能需要修改或重定向向量表的首地址，因此 ARM Cortex－M 提供了 VTOR 对向量表进行从定向。而向量表是用来保存中断异常的入口函数地址，即栈顶地址，并且向量表中的第一个字保存的就是栈底的地址。start_stm32xxxxxx. s 文件中有如下定义：

```
__Vectors   DCD    __initial_sp                  ;栈底指针
            DCD    Reset_Handler                 ;Reset Handler
            DCD    NMI_Handler                   ;NMI Handler
            DCD    HardFault_Handler             ;Hard Fault Handler
            DCD    MemManage_Handler             ;MPU Fault Handler
```

以上就是向量表（只列出前几个）的部分内容，可以看到向量表的第一个元素就是栈指针的初始值，也就是栈底指针。

了解了这两个问题之后，接下来再来看看代码。首先是获取 VTOR 的地址；接着获取 VTOR 的值，也就是获取向量表的首地址；最后获取向量表中第一个字的数据，也就是栈底指针了。

③ 在获取了栈顶指针后，将 MSP 指针重新赋值为栈底指针。这个操作相当于丢弃了程序之前保存在栈中的数据，因为 FreeRTOS 从开启任务调度器到启动第一个任务都是不会返回的，是一条不归路，因此将栈中的数据丢弃也不会有影响。

④ 重新赋值 MSP 后接下来就重新使能全局中断，因为之前在函数 vTaskStartScheduler()中关闭了受 FreeRTOS 管理的中断。

⑤ 最后使用 SVC 指令，并传入系统调用号 0，触发 SVC 中断。

8.2.2　函数 vPortSVCHandler()

当使能了全局中断，并且手动触发 SVC 中断后，就会进入到 SVC 的中断服务函数中。SVC 的中断服务函数为 vPortSVCHandler()，该函数在 port. c 文件中有定义，具体的代码如下所示（这里以正点原子的 STM32F1 系列开发板为例，其他类型的开发板类似）：

```
__asm void vPortSVCHandler(void)
{
    /* 8 字节对齐 */
    PRESERVE8
    /* 获取任务栈地址 */
    ldr r3, = pxCurrentTCB          /* r3 指向优先级最高的就绪态任务的任务控制块 */
```

```
    ldr r1,[ r3 ]                /* r1 为任务控制块地址 */
    ldr r0,[ r1 ]                /* r0 为任务控制块的第一个元素(栈顶) */
    /* 模拟出栈,并设置 PSP */
    ldmia r0 !,{ r4 - r11 }      /* 任务栈弹出到 CPU 寄存器 */
    msr psp,r0                   /* 设置 PSP 为任务栈指针 */
    isb
    /* 使能所有中断 */
    mov r0,# 0
    msr basepri,
    /* 使用 PSP 指针,并跳转到任务函数 */
    orr r14,# 0xd
    bx r14
}
```

从上面代码中可以看出,函数 vPortSVCHandler()就是用来跳转到第一个任务函数中去的。该函数的具体解析如下:

① 首先通过 pxCurrentTCB 获取优先级最高的就绪态任务的任务栈地址,即系统将要运行的任务。pxCurrentTCB 是一个全局变量,用于指向系统中优先级最高的就绪态任务的任务控制块。前面创建 start_task 任务、空闲任务、定时器处理任务时自动根据任务的优先级高低进行赋值,赋值过程在后续分析任务创建函数时再具体分析。

这里举个例子,在 FreeRTOS 移植实验中,start_task 任务、空闲任务、定时器处理任务的优先级如表 8.1 所列。可以看出,定时器处理任务的任务优先级为 31,是系统中优先级最高的任务,因此当进入 SVC 中断时,pxCurrentTCB 就指向了定时器处理任务的任务控制块。

表 8.1 FreeRTOS 移植实验任务优先级

任　务	任务优先级
start_task 任务	1
空闲任务	0
定时器处理任务	31

接着通过获取任务控制块中的第一个元素得到该任务的栈顶指针,任务控制块的相关内容可查看 5.5 节介绍。

② 接下来通过任务的栈顶指针,将任务栈中的内容出栈到 CPU 寄存器中而任务栈中的内容在调用任务创建函数的时候已经初始化了。然后再设置 PSP 指针,这么一来,任务的运行环境就准备好了。

③ 通过往 BASEPRI 寄存器中写 0 来允许中断。

④ 最后通过两条汇编指令使 CPU 跳转到任务的函数中去执行,代码如下所示:

```
orr r14,# 0xd
bx r14
```

要弄清楚这两条汇编代码,首先要清楚 r14 寄存器是干什么用的。通常情况下,r14 为链接寄存器(LR),用于保存函数的返回地址。但是在异常或中断处理函数中,r14 为 EXC_RETURN(关于 r14 寄存器的相关内容,感兴趣的读者可自行查阅相关资料)。EXC_RETURN 各比特位的描述如表 8.2 所列。

表 8.2　EXC_RETURN 描述

比特位	描　述
[32:28]	EXC_RETURN 标识位 0xF
[27:5]	保留,必须为 0xFFFFFF
[4]	0:使用了浮点单元,进出中断需要保护和恢复浮点寄存器 1:未使用浮点单元,进出中断无须保护和恢复浮点寄存器
[3]	0:中断返回后进入 Handler 模式 1:中断返回后进入线程模式
[2]	0:中断返回后使用 MSP 1:中断返回后使用 PSP
[1]	保留,必须为 0
[0]	保留,必须为 1

EXC_RETURN 只有 6 个合法的值,如表 8.3 所列。

表 8.3　EXC_RETURN 合法值描述

描　述	使用浮点单元	未使用浮点单元
中断返回后进入 Hamdler 模式,并使用 MSP	0xFFFFFFE1	0xFFFFFFF1
中断返回后进入线程模式,并使用 MSP	0xFFFFFFE9	0xFFFFFFF9
中断返回后进入线程模式,并使用 PSP	0xFFFFFFED	0xFFFFFFFD

此时是在 SVC 的中断服务函数中,因此 r14 应为 EXC_RETURN。将 r14 与 0xd 作或操作,然后将值写入 r14,那么就是将 r14 的值设置为 0xFFFFFFFD 或 0xFFFFFFED(具体看是否使用了浮点单元),即返回后进入线程模式,并使用 PSP。注意,SVC 中断服务函数的前面将 PSP 指向了任务栈。

总之,FreeRTOS 对于进入中断后 r14 为 EXC_RETURN 的具体应用就是,通过判断 EXC_RETURN 的 bit4 是否为 0 来判断任务是否使用了浮点单元。

最后通过 bx r14 指令跳转到任务的任务函数中执行,这时 CPU 自动从 PSP 指向的栈中出栈 R0、R1、R2、R3、R12、LR、PC、xPSR 寄存器。并且如果 EXC_RETURN 的 bit4 为 0(使用了浮点单元),那么 CPU 还会自动恢复浮点寄存器。

8.3　FreeRTOS 任务状态列表

首先介绍一下 FreeRTOS 中的任务状态列表。前面章节说了,FreeRTOS 中的任务无非就 4 种状态,分别为运行态、就绪态、阻塞态和挂起态,除了运行态,其他 3 种任务状态的任务都有其对应的任务状态列表,FreeRTOS 使用这些任务状态列表来管理处于不同状态的任务。任务状态列表在 task.c 文件中有定义,具体的定义代

码如下所示:

```
/*就绪态任务列表*/
PRIVILEGED_DATA static List_t pxReadyTasksLists[ configMAX_PRIORITIES ];
/*阻塞态任务列表*/
PRIVILEGED_DATA static List_t xDelayedTaskList1;
PRIVILEGED_DATA static List_t xDelayedTaskList2;
PRIVILEGED_DATA static List_t * volatile pxDelayedTaskList;
PRIVILEGED_DATA static List_t * volatile pxOverflowDelayedTaskList;
/*挂起态任务列表*/
PRIVILEGED_DATA static List_t xPendingReadyList;
```

下面对上面代码中各个任务状态的列表定义进行解析。

① 就绪态任务列表:从定义中可以看出,就绪态任务列表是一个数组,数组中元素的个数由宏 configMAX_PRIORITY 确定,宏 configMAX_PRIORITY 为配置的系统最大任务优先级。由此可见,FreeRTOS 为每个优先等级的任务都分配了一个就绪态任务列表,每一个就绪态任务列表中的就绪态任务的任务优先级又与其相同就绪态任务列表的任务相同。

② 阻塞态任务列表:阻塞态任务列表一共有两个,分别为是阻塞态任务列表 1 和阻塞态任务列表 2,并且该有两个阻塞态任务列表指针。这么做的目的是解决任务阻塞时间溢出的问题,后续讲解阻塞相关的内容时再具体分析。

③ 挂起态任务列表:被挂起的任务会被添加到挂起态任务列表中。

8.4 FreeRTOS 创建任务函数解析

1. 函数 xTaskCreate()

FreeRTOS 中创建任务的函数描述可参考 6.1 节,本节着重分析函数 xTaskCreate()。函数 xTaskCreate()在 task.c 文件中有定义,具体的代码如下所示:

```
BaseType_t xTaskCreate (TaskFunction_t                     pxTaskCode,
                        const char * const                 pcName,
                        const configSTACK_DEPTH_TYPE       usStackDepth,
                        void * const                       pvParameters,
                        UBaseType_t                        uxPriority,
                        TaskHandle_t * const               pxCreatedTask)
{
    TCB_t * pxNewTCB;
    BaseType_t xReturn;
    /*宏 portSTACK_GROWTH 用于定义栈的生长方向
     * STM32 的栈是向下生长的
     *因此宏 portSTACK_GROWTH 定义为 -1
     */
#if (portSTACK_GROWTH > 0)
```

```
{
    /* 为任务控制块申请内存空间 */
    pxNewTCB = (TCB_t * ) pvPortMalloc(sizeof (TCB_t));
    /* 任务控制块内存申请成功 */
    if (pxNewTCB != NULL)
    {
        /* 为任务栈空间申请内存空间 */
        pxNewTCB->pxStack =
            (StackType_t * )pvPortMallocStack((((size_t)usStackDepth) *
                                                    sizeof(StackType_t)));
        /* 任务栈空间内存申请失败 */
        if (pxNewTCB->pxStack == NULL)
        {
            /* 释放申请到的任务控制块内存 */
            vPortFree (pxNewTCB);
            pxNewTCB = NULL;
        }
    }
}
#else
{
    StackType_t * pxStack;
    /* 为任务栈空间申请内存空间 */
    pxStack = pvPortMallocStack((((size_t)usStackDepth) * sizeof(StackType_t)));
    /* 任务栈空间内存申请成功 */
    if (pxStack != NULL)
    {
        /* 为任务控制块申请内存空间 */
        pxNewTCB = (TCB_t * ) pvPortMalloc(sizeof (TCB_t));
        /* 任务控制块内存申请成功 */
        if (pxNewTCB != NULL)
        {
            /* 设置任务控制块中的任务栈指针 */
            pxNewTCB->pxStack = pxStack;
        }
        else
        {
            /* 释放申请到的任务栈空间内存 */
            vPortFreeStack (pxStack);
        }
    }
    else
    {
        pxNewTCB = NULL;
    }
}
#endif
    /* 任务控制块和任务栈空间的内存均申请成功 */
    if (pxNewTCB != NULL)
```

```
    {
        /* 宏 tskSTATIC_AND_DYNAMIC_ALLOCATION_POSSIBLE 用于
         * 指示系统是否同时支持静态和动态方式创建任务
         * 如果系统同时支持多种任务创建方式
         * 则需要标记任务具体是静态方式还是动态方式创建的
         */
#if (tskSTATIC_AND_DYNAMIC_ALLOCATION_POSSIBLE != 0)
{
        /* 标记任务是动态方式创建的 */
        pxNewTCB->ucStaticallyAllocated =
            tskDYNAMICALLY_ALLOCATED_STACK_AND_TCB;
}
#endif
        /* 初始化任务控制块中的成员变量 */
        prvInitialiseNewTask (pxTaskCode,
                              pcName,
                              (uint32_t) usStackDepth,
                              pvParameters,
                              uxPriority,
                              pxCreatedTask,
                              pxNewTCB,
                              NULL);
        /* 将任务添加到就绪态任务列表中
         * 这个函数会同时比较就绪态任务列表中的任务优先级
         * 并更新 pxCurrentTCB 为就绪态任务列表中优先级最高的任务
         */
        prvAddNewTaskToReadyList (pxNewTCB);
        /* 返回 pdPASS,说明任务创建成功 */
        xReturn = pdPASS;
    }
    else
    {
        /* 内存申请失败,则返回内存申请失败的错误 */
        xReturn = errCOULD_NOT_ALLOCATE_REQUIRED_MEMORY;
    }
    return xReturn;
}
```

① 函数 xTaskCreate()创建任务,首先为任务的任务控制块以及任务栈空间申请内存,如果任务控制块或任务栈空间的内存申请失败,则释放已经申请到的内存,并返回内存申请失败的错误。

② 任务创建所需的内存申请成功后,使用函数 prvInitialiseNewTask()初始化任务控制块中的成员变量,包括任务函数指针、任务名、任务栈大小、任务函数参数、任务优先级等。

③ 最后调用函数 prvAddNewTaskToReadList()将任务添加到就绪态任务列表中,从这里可以看出,任务被创建后是立马被添加到就绪态任务列表中的。

2. 函数 prvInitialiseNewTask()

函数 prvInitialiseNewTask()用于创建任务时初始化任务控制块中的成员变量，在 task.c 文件中有定义，具体的代码如下所示：

```
static void prvInitialiseNewTask(
        TaskFunction_t                   pxTaskCode,       /* 任务函数 */
        const char * const               pcName,           /* 任务名 */
        const uint32_t                   ulStackDepth,     /* 任务栈大小 */
        void * const                     pvParameters,     /* 任务函数参数 */
        UBaseType_t                      uxPriority,       /* 任务优先级 */
        TaskHandle_t * const             pxCreatedTask,    /* 返回的任务句柄 */
        TCB_t *                          pxNewTCB,         /* 任务控制块 */
        const MemoryRegion_t * const     xRegions)         /* MPU 相关 */
{
    StackType_t * pxTopOfStack;
    UBaseType_t x;
    /* 此宏用于将新建任务的任务栈设置为已知值(由宏 tskSTACK_FILL_BYTE 定义) */
#if (tskSET_NEW_STACKS_TO_KNOWN_VALUE == 1)
{
    /* 将任务栈写满 tskSTACK_FILL_BYTE */
    (void) memset (pxNewTCB ->pxStack,
                (int) tskSTACK_FILL_BYTE,
                (size_t) ulStackDepth * sizeof (StackType_t));
}
#endif
    /* 宏 portSTACK_GROWTH 用于定义栈的生长方向
     * STM32 的栈是向下生长的,
     * 因此宏 portSTACK_GROWTH 定义为 - 1
     */
#if (portSTACK_GROWTH < 0)
{
    /* 获取任务栈的栈顶地址 */
    pxTopOfStack = & (pxNewTCB ->pxStack [ulStackDepth - (uint32_t) 1 ]);
    /* 对栈顶地址按宏 portBYTE_ALIGNMENT_MASK 进行字节对齐(8 字节对齐) */
    pxTopOfStack = (StackType_t * ) (((portPOINTER_SIZE_TYPE)pxTopOfStack) &
                (~((portPOINTER_SIZE_TYPE)portBYTE_ALIGNMENT_MASK)));
    /* 检查栈顶地址是否按宏 portBYTE_ALIGNMENT_MASK 进行字节对齐(8 字节对齐) */
    configASSERT ((((portPOINTER_SIZE_TYPE)pxTopOfStack&
                (portPOINTER_SIZE_TYPE)portBYTE_ALIGNMENT_MASK) ==
                0UL));
    /* 此宏用于开启栈顶地址最大值记录功能(用于调试,不用理会) */
#if (configRECORD_STACK_HIGH_ADDRESS == 1)
{
    /* 保存栈顶地址的最大值
     * 因为栈是向下生长的,因此初始值就是最大值
     */
    pxNewTCB ->pxEndOfStack = pxTopOfStack;
}
```

```
#endif
}
#else
{
    /* 获取任务栈的栈顶地址 */
    pxTopOfStack = pxNewTCB->pxStack;
    /* 检查栈顶地址是否按宏 portBYTE_ALIGNMENT_MASK 进行字节对齐(8 字节对齐) */
    configASSERT ((((portPOINTER_SIZE_TYPE)pxNewTCB->pxStack &
                    (portPOINTER_SIZE_TYPE)portBYTE_ALIGNMENT_MASK) ==
                    0UL));
    /* 计算栈顶地址的最大值
     * 因为栈是向上生长的,因此栈顶地址的最大值为栈的初始值 + 栈的大小
     */
    pxNewTCB->pxEndOfStack = pxNewTCB->pxStack + (ulStackDepth - (uint32_t)1);
}
#endif
    /* 初始化任务名成员变量 */
    if (pcName != NULL)
    {
        /* 任务名的最大长度由宏 configMAX_TASK_NAME_LEN 定义 */
        for (x = (UBaseType_t)0; x < (UBaseType_t)configMAX_TASK_NAME_LEN; x++)
        {
            /* 复制任务名 */
            pxNewTCB->pcTaskName[ x ] = pcName[ x ];
            /* 任务名的长度不足宏 configMAX_TASK_NAME_LEN,则提前退出循环 */
            if (pcName[x] == (char) 0x00)
            {
                break;
            }
        }
        /* 在任务名成员变量末尾加上 '\0' */
        pxNewTCB->pcTaskName [configMAX_TASK_NAME_LEN - 1] = '\0';
    }
    else
    {
        /* 为赋值任务名,创建任务时,可以不给任务名
         */
        pxNewTCB->pcTaskName[ 0 ] = 0x00;
    }
    /* 检查任务优先级数值是否合法 */
    configASSERT (uxPriority < configMAX_PRIORITIES);
    /* 确保任务优先级数值合法 */
    if (uxPriority >= (UBaseType_t) configMAX_PRIORITIES)
    {
        uxPriority = (UBaseType_t) configMAX_PRIORITIES - (UBaseType_t) 1U;
    }
    /* 初始化任务优先级成员变量 */
    pxNewTCB->uxPriority = uxPriority;
```

```
    /* 此宏用于启用互斥信号量 */
#if (configUSE_MUTEXES == 1)
{
    /* 初始化任务原始优先级和互斥信号量持有计数器成员变量 */
    pxNewTCB->uxBasePriority = uxPriority;/* 用于解决优先级翻转问题 */
    pxNewTCB->uxMutexesHeld = 0;/* 用于互斥信号量的递归功能 */
}
#endif
    /* 初始化任务状态列表项和事件列表项成员变量 */
    vListInitialiseItem(&(pxNewTCB->xStateListItem));
    vListInitialiseItem(&(pxNewTCB->xEventListItem));
    /* 初始化任务状态列表项的拥有者为任务控制块 */
    listSET_LIST_ITEM_OWNER(&(pxNewTCB->xStateListItem),pxNewTCB);
    /* 初始化事件列表项的值与任务优先级成反比(列表中的列表项按照列表项的值以升
       序排序) */
    listSET_LIST_ITEM_VALUE(&(pxNewTCB->xEventListItem),
                    (TickType_t)configMAX_PRIORITIES - (TickType_t)uxPriority);
    /* 初始化任务事件列表项的拥有者为任务控制块 */
    listSET_LIST_ITEM_OWNER(&(pxNewTCB->xEventListItem),pxNewTCB);
    /* 此宏用于启用任务单独临界区嵌套计数 */
#if (portCRITICAL_NESTING_IN_TCB == 1)
{
    /* 任务单独临界区嵌套计数器初始化为 0 */
    pxNewTCB->uxCriticalNesting = (UBaseType_t) 0U;
}
#endif
    /* 此宏用于自定义任务的钩子函数(用于调试,不用理会) */
#if (configUSE_APPLICATION_TASK_TAG == 1)
{
    /* 钩子函数初始化为空 */
    pxNewTCB->pxTaskTag = NULL;
}
#endif
    /* 此宏用于启用任务运行时间统计功能 */
#if (configGENERATE_RUN_TIME_STATS == 1)
{
    /* 任务运行时间计数器初始化为 0 */
    pxNewTCB->ulRunTimeCounter = (configRUN_TIME_COUNTER_TYPE) 0;
}
#endif
    (void) xRegions;
    /* 此宏用于保存任务独有数据 */
#if (configNUM_THREAD_LOCAL_STORAGE_POINTERS != 0)
{
    /* 任务独有数据记录数组初始化为 0 */
    memset ((void *) &(pxNewTCB->pvThreadLocalStoragePointers[ 0 ]),
            0x00,
            sizeof (pxNewTCB->pvThreadLocalStoragePointers));
```

```
}
#endif
    /* 此宏用于启用任务通知功能 */
#if (configUSE_TASK_NOTIFICATIONS == 1)
{
    /* 任务通知值和任务通知状态初始化为 0 */
    memset ((void * ) & (pxNewTCB ->ulNotifiedValue[ 0 ]),
            0x00,
            sizeof (pxNewTCB ->ulNotifiedValue));
    memset ((void * ) & (pxNewTCB ->ucNotifyState[ 0 ]),
            0x00,
            sizeof (pxNewTCB ->ucNotifyState));
}
#endif
    /* 此宏用于启用任务延时中断功能 */
#if (INCLUDE_xTaskAbortDelay == 1)
{
    /* 任务被中断延时标志初始化为假 */
    pxNewTCB ->ucDelayAborted = pdFALSE;
}
#endif
    /* 此部分用于初始化任务栈
     * 分为 3 种情况
     * 1. 启用了栈溢出检测功能并且栈的生长方向向下
     * 2. 启用了栈溢出检测功能并且栈的生长方向向上
     * 3. 未启用栈溢出检测功能(本教程着重分析这种情况)
     */
#if (portHAS_STACK_OVERFLOW_CHECKING == 1)
{
#if (portSTACK_GROWTH < 0)
{
    /* 1. 启用了栈溢出检测功能并且栈的生长方向向下 */
    pxNewTCB ->pxTopOfStack = pxPortInitialiseStack (pxTopOfStack,
                                                     pxNewTCB ->pxStack,
                                                     pxTaskCode,
                                                     pvParameters);
}
#else
{
    /* 2. 启用了栈溢出检测功能并且栈的生长方向向上 */
    pxNewTCB ->pxTopOfStack = pxPortInitialiseStack (pxTopOfStack,
                                                     pxNewTCB ->pxEndOfStack,
                                                     pxTaskCode,
                                                     pvParameters);
}
#endif
}
#else
```

```
    {
        /* 3. 未启用栈溢出检测功能 */
        pxNewTCB->pxTopOfStack = pxPortInitialiseStack (pxTopOfStack,
                                                        pxTaskCode,
                                                        pvParameters);
    }
    #endif
        /* 如果需要返回任务句柄 */
        if (pxCreatedTask != NULL)
        {
            /* 返回任务句柄(任务控制块)
             * 任务句柄可用于更改任务优先级或删除任务等操作
             */
            *pxCreatedTask = (TaskHandle_t) pxNewTCB;
        }
    }
```

以上就是函数 prvInitialiseNewTask()的具体代码，可以看到函数 prvInitialiseNewTask()就是初始化任务控制块中的成员变量，其中比较重要的操作就是调用函数 pxPortInitialiseStack()初始化任务栈。

3. 函数 pxPortInitialiseStack()

函数 pxPortInitialiseStack()用于初始化任务栈，就是往任务的栈中写入一些重要的信息。这些信息会在任务切换的时候被弹出到 CPU 寄存器中，以恢复任务的上下文信息。这些信息包括 xPSR 寄存器的初始值、任务的函数地址(PC 寄存器)、任务错误退出函数地址(LR 寄存器)、任务函数的传入参数(R0 寄存器)以及为 R1～R12 寄存器预留空间；若使用了浮点单元，那么还会有 EXC_RETURN 的值。同时，该函数会返回更新后的栈顶指针。

针对 ARM Cortex-M3、ARM Cortex-M4 和 ARM Cortex-M7 内核的函数，pxPortInitialiseStack()稍有不同，原因在于 ARM Cortex-M4 和 ARM Cortex-M7 内核具有浮点单元，因此在任务栈中还须保存浮点寄存器的值。

针对 ARM Cortex-M3 内核的函数 pxPortInitialiseStack()，具体的代码如下所示：

```
StackType_t * pxPortInitialiseStack(
        StackType_t *       pxTopOfStack,     /* 任务栈顶指针 */
        TaskFunction_t      pxCode,           /* 任务函数地址 */
        void *              pvParameters)     /* 任务函数传入参数 */
{
    /* 模拟栈的格式将信息保存到任务栈中，用于上下文切换 */
    pxTopOfStack--;
    /* xPSR 寄存器初始值为 0x01000000 */
    *pxTopOfStack = portINITIAL_XPSR;
    pxTopOfStack--;
    /* 任务函数的地址(PC 寄存器) */
```

```
    * pxTopOfStack = ((StackType_t) pxCode) & portSTART_ADDRESS_MASK;
    pxTopOfStack -- ;
    /* 任务错误退出函数地址(LR 寄存器) */
    * pxTopOfStack = (StackType_t) prvTaskExitError;
    /* 为 R12、R3、R2、R1 寄存器预留空间 */
    pxTopOfStack -= 5;
    /* 任务函数的传入参数(R0 寄存器) */
    * pxTopOfStack = (StackType_t) pvParameters;
    /* 为 R11、R10、R9、R8、R7、R6、R5、R4 寄存器预留空间 */
    pxTopOfStack -= 8;
    /* 返回更新后的任务栈指针
     * 后续任务运行时需要用到栈的地方将从这个地址开始保存信息
     */
    return pxTopOfStack;
}
```

针对 ARM Cortex - M4 和 ARM Cortex - M7 内核的函数 pxPortInitialiseStack(),具体的代码如下所示:

```
StackType_t * pxPortInitialiseStack(
        StackType_t *       pxTopOfStack,     /* 任务栈顶指针 */
        TaskFunction_t      pxCode,           /* 任务函数地址 */
        void *              pvParameters)     /* 任务函数传入参数 */
{
    /* 模拟栈的格式将信息保存到任务栈中,用于上下文切换 */
    pxTopOfStack -- ;
    /* xPSR 寄存器初始值为 0x01000000 */
    * pxTopOfStack = portINITIAL_XPSR;
    pxTopOfStack -- ;
    /* 任务函数的地址(PC 寄存器) */
    * pxTopOfStack = ((StackType_t) pxCode) & portSTART_ADDRESS_MASK;
    pxTopOfStack -- ;
    /* 任务错误退出函数地址(LR 寄存器) */
    * pxTopOfStack = (StackType_t) prvTaskExitError;
    /* 为 R12、R3、R2、R1 寄存器预留空间 */
    pxTopOfStack -= 5;
    /* 任务函数的传入参数(R0 寄存器) */
    * pxTopOfStack = (StackType_t) pvParameters;
    pxTopOfStack -- ;
    /* EXC_RETURN
     * 初始化为 0xFFFFFFFD
     * 即表示不使用浮点单元,且中断返回后进入线程模式,使用 PSP
     */
    * pxTopOfStack = portINITIAL_EXC_RETURN;
    /* 为 R11、R10、R9、R8、R7、R6、R5、R4 寄存器预留空间 */
    pxTopOfStack -= 8;
    /* 返回更新后的任务栈指针
     * 后续任务运行时需要用到栈的地方将从这个地址开始保存信息
     */
    return pxTopOfStack;
}
```

函数 pxPortInitialiseStack()初始化后的任务栈如图 8.1 所示。

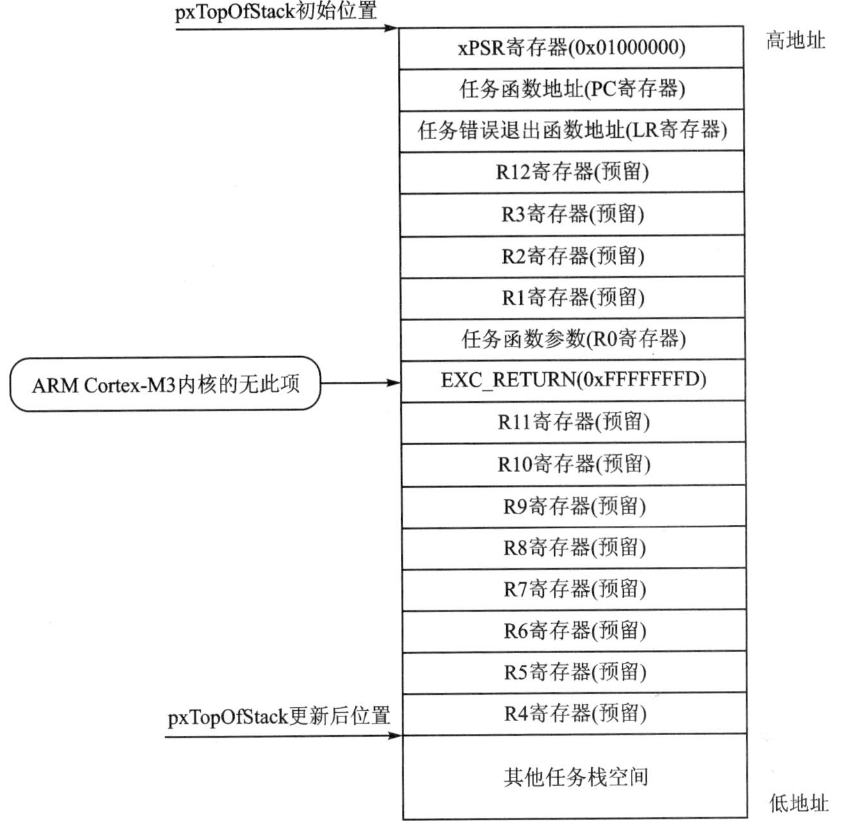

图 8.1　函数 pxPortInitialiseStack()初始化后的任务栈

4. 函数 prvAddNewTaskToReadyList()

函数 prvAddNewTaskToReadList()用于将新建的任务添加到就绪态任务列表中,在 task.c 文件中有定义,具体的代码如下所示:

```
static void prvAddNewTaskToReadyList(
        TCB_t *          pxNewTCB)     /* 任务控制块 */
{
    /* 进入临界区,确保在操作就绪态任务列表时中断不会访问列表 */
    taskENTER_CRITICAL();
    {
        /* 此全局变量用于记录系统中任务数量 */
        uxCurrentNumberOfTasks ++ ;
        /* 此全局变量用于指示当前系统中处于就绪态任务中优先级最高的任务
         * 如果该全局变量为空(NULL),表示当前创建的任务为系统中唯一的就绪任务
         */
```

```
        if (pxCurrentTCB == NULL)
        {
            /* 系统中无其他就绪任务,因此优先级最高的就绪态任务为当前创建的任务 */
            pxCurrentTCB = pxNewTCB;
            /* 如果当前系统中任务数量为 1,表示当前创建的任务为系统中第一个任务
             */
            if (uxCurrentNumberOfTasks == (UBaseType_t) 1)
            {
                /* 初始化任务列表(就绪态任务列表,任务阻塞列表) */
                prvInitialiseTaskLists();
            }
        }
        else
        {
            /* 判断任务调度器是否运行 */
            if (xSchedulerRunning == pdFALSE)
            {
                /* 当任务调度器为运行时
                 * 将 pxCurrentTCB 更新为优先级最高的就绪态任务
                 */
                if (pxCurrentTCB->uxPriority <= pxNewTCB->uxPriority)
                {
                    pxCurrentTCB = pxNewTCB;
                }
            }
        }
        /* 用于调试,不用理会 */
        uxTaskNumber++;
        /* 将任务添加到就绪态任务列表中 */
        prvAddTaskToReadyList (pxNewTCB);
    }
    /* 退出临界区 */
    taskEXIT_CRITICAL();
    /* 如果任务调度器正在运行,那么就需要判断,当前新建的任务优先级是否最高
     * 如果是,则需要切换任务
     */
    if (xSchedulerRunning != pdFALSE)
    {
        /* 如果当前新建的任务优先级高于 pxCurrentTCB 的优先级 */
        if (pxCurrentTCB->uxPriority < pxNewTCB->uxPriority)
        {
            /* 进行任务切换 */
            taskYIELD_IF_USING_PREEMPTION();
        }
    }
}
```

① 可以看到,函数 prvAddNewTaskToReadyList()调用函数 prvAddTaskTo-

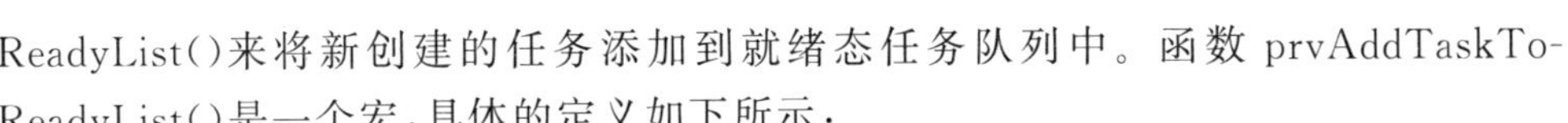

ReadyList()来将新创建的任务添加到就绪态任务队列中。函数 prvAddTaskToReadyList()是一个宏，具体的定义如下所示：

```
#define prvAddTaskToReadyList(pxTCB)                                          \
    traceMOVED_TASK_TO_READY_STATE(pxTCB);                                    \
    taskRECORD_READY_PRIORITY((pxTCB)->uxPriority);                           \
    listINSERT_END (&(pxReadyTasksLists[ (pxTCB)->uxPriority ]),             \
                    &((pxTCB)->xStateListItem));                              \
    tracePOST_MOVED_TASK_TO_READY_STATE(pxTCB)
```

从上面的代码可以看出，宏 prvAddTaskToReadyList()主要完成两件事，首先是记录任务有优先级，FreeRTOS会以位图的方式记录就绪态任务列表中就绪态任务的优先级，这样能够提高切换任务时的效率；其次就是将任务的任务状态列表项插入到就绪态任务列表的末尾。

② 此函数还会根据任务调度器的运行状态判断已经新创建的任务优先级是否比 pxCurrentTCB 的优先级高，从而决定是否进行任务切换。任务切换时调用了函数 taskYIELD_IF_USING_PREEMPTION()进行任务切换，相关内容会在后续的章节中分析。

8.5　FreeRTOS删除任务函数解析

1. 函数 vTaskDelete()

FreeRTOS中删除任务的函数描述可参考6.1节，本小节着重分析函数 vTaskDelete()。

函数 vTaskDelete()在 task.c 文件中有定义，具体的代码如下所示：

```
void vTaskDelete(
        TaskHandle_t    xTaskToDelete)    /* 待删除任务的任务句柄 */
{
    TCB_t * pxTCB;
    /* 进入临界区 */
    taskENTER_CRITICAL();
    {
        /* 如果传入的任务句柄为空(NULL)
         * 此函数会将待删除的任务设置为调用该函数的任务本身
         * 因此，如果要在任务中删除任务本身
         * 那么可以调用函数 vTaskDelete()，并传入任务句柄，或传入 NULL
         */
        pxTCB = prvGetTCBFromHandle (xTaskToDelete);
        /* 将任务从任务状态列表(就绪态任务列表或阻塞态任务列表)中移除
         * 如果移除后列表中的列表项数量为 0
         * 那么就需要更新任务优先级记录
         * 因为此时系统中可能已经没有和被删除任务相同优先级的任务了
         */
```

```
        if (uxListRemove(& (pxTCB ->xStateListItem)) == (UBaseType_t) 0)
        {
            /* 更新任务优先级记录 */
            taskRESET_READY_PRIORITY (pxTCB ->uxPriority);
        }
        /* 判断被删除的任务是否还有等待的事件 */
        if (listLIST_ITEM_CONTAINER(& (pxTCB ->xEventListItem)) != NULL)
        {
            /* 将被删除任务的事件列表项从所在事件列表中移除 */
            (void) uxListRemove(& (pxTCB ->xEventListItem));
        }
        /* 由于调试,不用理会 */
        uxTaskNumber++;
        /* 判断被删除的任务是否为正在运行的任务(即任务本身) */
        if (pxTCB == pxCurrentTCB)
        {
            /* 任务是无法删除任务本身的,于是需要将任务添加到任务待删除列表中
             * 空闲任务会处理任务待删除列表中的待删除任务
             */
            vListInsertEnd (&xTasksWaitingTermination,
                            & (pxTCB ->xStateListItem));
            /* 这个全局变量用来告诉空闲任务有多少个待删除任务需要被删除 */
            ++uxDeletedTasksWaitingCleanUp;
            /* 未定义,不用理会 */
            portPRE_TASK_DELETE_HOOK (pxTCB, &xYieldPending);
        }
        else
        {
            /* 任务数量计数器减 1 */
            --uxCurrentNumberOfTasks;
            /* 更新下一个任务的阻塞超时时间,以防被删除的任务就是下一个阻塞超时
               的任务 */
            prvResetNextTaskUnblockTime();
        }
    }
    /* 退出临界区 */
    taskEXIT_CRITICAL();
    /* 如果待删除任务不是任务本身 */
    if (pxTCB != pxCurrentTCB)
    {
        /* 此函数用于释放待删除任务占用的内存资源 */
        prvDeleteTCB (pxTCB);
    }
    /* 如果任务调度器正在运行,那么就需要判断,待删除任务是否为任务本身
     * 如果是,则需要切换任务
     */
    if (xSchedulerRunning != pdFALSE)
    {
        /* 如果待删除任务就是任务本身 */
```

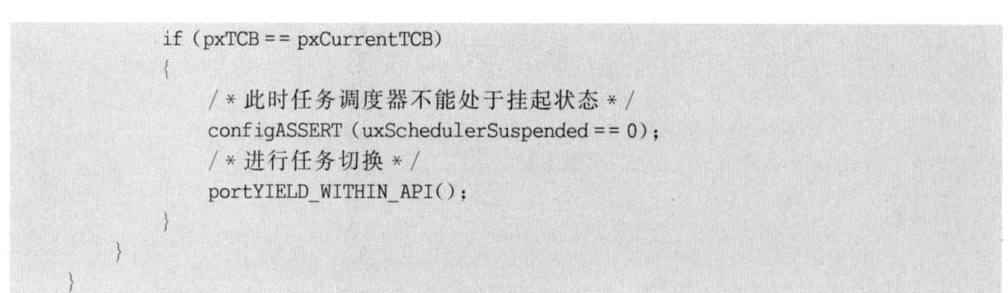

```
            if (pxTCB == pxCurrentTCB)
            {
                /* 此时任务调度器不能处于挂起状态 */
                configASSERT (uxSchedulerSuspended == 0);
                /* 进行任务切换 */
                portYIELD_WITHIN_API();
            }
        }
    }
```

① 从上面的代码中可以看出，使用 vTaskDelete()删除任务时需要考虑两种情况，分别为待删除任务不是当前正在运行的任务(调用该函数的任务)和待删除任务为当前正在运行的任务(调用该函数的任务)。第一种情况比较简单，当前正在运行的任务可以直接删除待删除任务；而第二种情况下，待删除任务是无法删除自己的，因此需要将当前任务添加到任务待删除列表中，空闲任务会处理这个任务待删除列表，将待删除的任务统一删除。有关空闲任务的相关内容后续章节会进行讲解。

② 在待删除任务不是当前正在运行任务的情况下，当前正在运行的任务可以删除待删除的任务，因此调用函数 prvDeleteTCB()将待删除的任务删除。

2. 函数 prvDeleteTCB()

该函数主要用于释放待删除任务所占的内存空间，在 task. c 文件中有定义，具体的代码如下所示：

```
static void prvDeleteTCB(
        TCB_t *     pxTCB)      /* 待删除任务的任务控制块 */
{
    /* 与 Newlib 相关 */
#if (configUSE_NEWLIB_REENTRANT == 1)
{
    _reclaim_reent (&(pxTCB->xNewLib_reent));
}
#endif /* configUSE_NEWLIB_REENTRANT */
    /* 当系统只支持动态内存管理时
     * 待删除任务所占用的内存空间是通过动态内存管理分配的
     * 因此只需要将内存空间通过动态内存管理释放掉即可
     * 当系统支持静态内存管理和动态内存管理时，则需要分情况讨论
     */
#if ((configSUPPORT_DYNAMIC_ALLOCATION == 1) &&      \
     (configSUPPORT_STATIC_ALLOCATION == 0) &&       \
     (portUSING_MPU_WRAPPERS == 0))
{
    /* 动态内存管理，释放待删除任务的任务控制块和任务的栈空间 */
    vPortFreeStack (pxTCB->pxStack);
    vPortFree (pxTCB);
}
#elif (tskSTATIC_AND_DYNAMIC_ALLOCATION_POSSIBLE != 0)
{
```

```
        /* 待删除任务的任务控制块和任务栈都是由动态内存管理分配的 */
        if (pxTCB->ucStaticallyAllocated == tskDYNAMICALLY_ALLOCATED_STACK_AND_TCB)
        {
            /* 动态内存管理,释放待删除任务的任务控制块和任务的栈空间 */
            vPortFreeStack (pxTCB->pxStack);
            vPortFree (pxTCB);
        }
        /* 待删除任务的任务控制块是由动态内存管理分配的 */
        else if (pxTCB->ucStaticallyAllocated ==
                tskSTATICALLY_ALLOCATED_STACK_ONLY)
        {
            /* 动态内存管理,释放待删除任务的任务控制块 */
            vPortFree (pxTCB);
        }
    }
    #endif
}
```

8.6 FreeRTOS 挂起任务函数解析

1. 函数 vTaskSuspend()

FreeRTOS 中挂起任务的函数描述可参考 6.4 节,本小节着重分析函数 vTaskSuspend()。

函数 vTaskSuspend()在 task.c 文件中有定义,具体的代码如下所示:

```
void vTaskSuspend(TaskHandle_t    xTaskToSuspend)
{
    TCB_t * pxTCB;
    /* 进入临界区 */
    taskENTER_CRITICAL();
    {
        /* 如果传入的任务句柄为空(NULL)
         * 此函数会将待挂起的任务设置为调用该函数的任务本身
         * 因此,如果要在任务中挂起任务本身
         * 那么可以调用函数 vTaskSuspend(),并传入任务句柄,或传入 NULL
         */
        pxTCB = prvGetTCBFromHandle (xTaskToSuspend);
        /* 调试使用,不用理会 */
        traceTASK_SUSPEND (pxTCB);
        /* 将任务从任务状态列表(就绪态任务列表或阻塞态任务列表)中移除
         * 如果移除后列表中的列表项数量为 0
         * 那么就需要更新任务优先级记录
         * 因为此时系统中可能已经没有和被挂起任务相同优先级的任务了
         */
        if (uxListRemove(& (pxTCB->xStateListItem)) == (UBaseType_t) 0)
        {
```

```
            /* 更新任务优先级记录 */
            taskRESET_READY_PRIORITY (pxTCB->uxPriority);
        }
        /* 判断被挂起的任务是否还有等待的事件 */
        if (listLIST_ITEM_CONTAINER (&(pxTCB->xEventListItem)) != NULL)
        {
            /* 将被挂起任务的事件列表项,从所在事件列表中移除 */
            (void) uxListRemove(&(pxTCB->xEventListItem));
        }
        /* 将待挂起任务的任务状态列表项插入到挂起态任务列表末尾 */
        vListInsertEnd(&xSuspendedTaskList, &(pxTCB->xStateListItem));
        /* 此宏用于启用任务通知功能 */
#if (configUSE_TASK_NOTIFICATIONS == 1)
{
        BaseType_t x;
            /* 遍历待挂起任务的所有任务通知状态 */
        for (x = 0; x < configTASK_NOTIFICATION_ARRAY_ENTRIES; x++)
        {
            /* 如果有正在等待的任务通知,则取消等待
             * 因为此时任务已经被挂起
             */
            if (pxTCB->ucNotifyState[ x ] == taskWAITING_NOTIFICATION)
            {
                pxTCB->ucNotifyState[ x ] = taskNOT_WAITING_NOTIFICATION;
            }
        }
}
#endif
    }
    /* 退出临界区 */
    taskEXIT_CRITICAL();
    /* 判断任务调度器是否正在运行
     * 如果任务调度器正在运行,则需要更新下一个任务的阻塞超时时间
     * 以防被挂起的任务就是下一个阻塞超时的任务
     */
    if (xSchedulerRunning != pdFALSE)
    {
        taskENTER_CRITICAL();
        {
            prvResetNextTaskUnblockTime();
        }
        taskEXIT_CRITICAL();
    }
    /* 如果待挂起任务就是任务本身 */
    if (pxTCB == pxCurrentTCB)
    {
        /* 如果任务调度器正在运行,则需要切换任务 */
        if (xSchedulerRunning != pdFALSE)
        {
```

```
                /* 此时任务调度器不能处于挂起状态 */
                configASSERT (uxSchedulerSuspended == 0);
                /* 进行任务切换 */
                portYIELD_WITHIN_API();
            }
            else
            {
                /* 如果任务调度器没有运行,并且 pxCurrentTCB 又指向了待挂起的任务
                 * 那么就需要将 pxCurrentTCB 指向其他任务
                 */
                if (listCURRENT_LIST_LENGTH(&xSuspendedTaskList) ==
                    uxCurrentNumberOfTasks)
                {
                    /* 没有就绪的任务,则将 pxCurrentTCB 指向空(NULL) */
                    pxCurrentTCB = NULL;
                }
                else
                {
                    /* 更新 pxCurrentTCB 为优先级最高的就绪态任务 */
                    vTaskSwitchContext();
                }
            }
        }
    }
```

使用函数 vTaskSuspend()挂起任务时,如果任务调度器没有运行,并且待挂起的任务又是调用函数 vTaskSuspend()的任务,那么 pxCurrentTCB 需要指向其他优先级最高的就绪态任务,更新 pxCurrentTCB 的操作,这是通过调用函数 vTaskSwitchContext()实现的。

2. 函数 vTaskSwitchContext()

该函数用于更新 pxCurrentTCB 指向就绪态任务列表中优先级最高的任务,在 task.c 文件中有定义,具体代码如下所示:

```
void vTaskSwitchContext(void)
{
    if (uxSchedulerSuspended != (UBaseType_t) pdFALSE)
    {
        /* 任务调度器没有运行,不允许切换上下文,直接退出函数 */
        xYieldPending = pdTRUE;
    }
    else
    {
        xYieldPending = pdFALSE;
        /* 此宏用于启用任务运行时间统计功能 */
#if (configGENERATE_RUN_TIME_STATS == 1)
{
#ifdef portALT_GET_RUN_TIME_COUNTER_VALUE
```

```
        portALT_GET_RUN_TIME_COUNTER_VALUE (ulTotalRunTime);
#else
        ulTotalRunTime = portGET_RUN_TIME_COUNTER_VALUE();
#endif
        if (ulTotalRunTime > ulTaskSwitchedInTime)
        {
            pxCurrentTCB->ulRunTimeCounter +=
            (ulTotalRunTime - ulTaskSwitchedInTime);
        }
        ulTaskSwitchedInTime = ulTotalRunTime;
}
#endif
        /* 与 POSIX 相关配置,不用理会 */
#if (configUSE_POSIX_ERRNO == 1)
{
        pxCurrentTCB->iTaskErrno = FreeRTOS_errno;
}
#endif
        /* 此函数用于将 pxCurrentTCB 更新为指向优先级最高的就绪态任务 */
        taskSELECT_HIGHEST_PRIORITY_TASK();
        /* 与 POSIX 相关配置,不用理会 */
#if (configUSE_POSIX_ERRNO == 1)
{
        FreeRTOS_errno = pxCurrentTCB->iTaskErrno;
}
#endif
        /* 与 Newlib 相关配置,不用理会 */
#if (configUSE_NEWLIB_REENTRANT == 1)
{
        _impure_ptr = &(pxCurrentTCB->xNewLib_reent);
}
#endif
    }
}
```

此函数的重点在于调用了函数 taskSELETE_HIGHEST_PRIORITY_TASK()更新 pxCurrentTCB 指向优先级最高的就绪态任务。函数 taskSELETE_HIGHEST_PRIORITY_TASK()实际上是一个宏定义,在 task.c 文件中有定义,具体的代码如下所示:

```
#define taskSELECT_HIGHEST_PRIORITY_TASK()                                  \
{                                                                           \
    UBaseType_t uxTopPriority;                                              \
    /* 查找就绪态任务列表中最高的任务优先级 */                                \
    portGET_HIGHEST_PRIORITY(uxTopPriority, uxTopReadyPriority);           \
    /* 此任务优先级不能是最低的任务优先级 */                                  \
    configASSERT(                                                           \
        listCURRENT_LIST_LENGTH(&(pxReadyTasksLists[ uxTopPriority ])) >   \
        0                                                                   \
```

```
    );                                                                          \
    /* 让 pxCurrentTCB 指向该任务优先级就绪态任务列表中的任务 */                  \
    listGET_OWNER_OF_NEXT_ENTRY (pxCurrentTCB,                                  \
                                 &(pxReadyTasksLists[ uxTopPriority ]));        \
}
```

8.7 FreeRTOS 恢复任务函数解析

FreeRTOS 中恢复任务的函数描述可参考 6.4 节，本小节着重分析函数 vTaskResume()。

函数 vTaskResume()在 task.c 文件中有定义，具体的代码如下所示：

```
void vTaskResume(
        TaskHandle_t     xTaskToResume)      /* 待恢复的任务句柄 */
{
    TCB_t * const pxTCB = xTaskToResume;
    /* 确保有指定的待恢复任务 */
    configASSERT (xTaskToResume);
    /* 待恢复的任务不能是当前正在运行的任务,并且也不能为空(NULL) */
    if((pxTCB != pxCurrentTCB) && (pxTCB != NULL))
    {
        /* 进入临界区 */
        taskENTER_CRITICAL();
        {
            /* 判断任务是否被挂起
             * 只有被挂起的任务才需要恢复
             */
            if (prvTaskIsTaskSuspended (pxTCB) != pdFALSE)
            {
                /* 将待恢复任务的任务状态列表项从所在任务状态列表(挂起态任务列
                   表)中移除
                 */
                (void) uxListRemove(& (pxTCB->xStateListItem));
                /* 将待恢复任务的任务状态列表项添加到就绪态任务列表中
                 */
                prvAddTaskToReadyList (pxTCB);
                /* 如果待恢复任务的优先级比当前正在运行任务的任务优先级高
                 * 则需要进行任务切换
                 */
                if (pxTCB->uxPriority >= pxCurrentTCB->uxPriority)
                {
                    taskYIELD_IF_USING_PREEMPTION();
                }
            }
        }
        /* 退出临界区 */
        taskEXIT_CRITICAL();
```

```
    }
}
```

8.8　FreeRTOS 空闲任务

空闲任务主要用于处理待删除任务列表和低功耗。函数 prvIdleTask()在 task.c 文件中有定义，具体的代码如下所示：

```
static portTASK_FUNCTION(
        prvIdleTask,            /* 空闲任务函数的函数名 */
        pvParameters)           /* 空闲任务函数的函数参数 */
{
    /* 未使用的传入参数，防止编译器警告 */
    (void) pvParameters;
    for(; ;)
    {
        /* 处理待删除任务列表中的待删除任务 */
        prvCheckTasksWaitingTermination();
        /* 此宏用于使能抢占式调度
         * 当此宏定义为 1 时，使能抢占式调度
         * 当此宏定义为 0 时，则不使能抢占式调度
         */
#if (configUSE_PREEMPTION == 0)
{
        /* 如果不使用抢占式调度，则强制切换任务，以确保其他任务(非空闲任务)可以获
           得 CPU 使用权
         * 如果使能了抢占式调度，则不需要这么做，因为优先级高的就绪态任务会自动抢
           占 CPU 使用权
         */
        taskYIELD();
}
#endif
        /* 宏 configIDLE_SHOULD_YIELD 用于使能空闲任务可以被同优先级的任务抢占 */
#if ((configUSE_PREEMPTION == 1) && (configIDLE_SHOULD_YIELD == 1))
{
        /* 如果存在与空闲任务相同优先级的任务，则进行任务切换 */
        if (listCURRENT_LIST_LENGTH(&(pxReadyTasksLists[tskIDLE_PRIORITY])) >
            (UBaseType_t) 1)
        {
            taskYIELD();
        }
}
#endif
        /* 此宏用于使能空闲任务的钩子函数
         * 空闲任务的钩子函数需要用户自行定义
         */
#if (configUSE_IDLE_HOOK == 1)
{
```

```
            extern void vApplicationIdleHook(void);
            /* 调用空闲任务的钩子函数 */
            vApplicationIdleHook();
        }
#endif /* configUSE_IDLE_HOOK */
            /* 此宏为低功耗的相关配置,不用理会 */
#if (configUSE_TICKLESS_IDLE != 0)
        {
            TickType_t xExpectedIdleTime;
            xExpectedIdleTime = prvGetExpectedIdleTime();
            if (xExpectedIdleTime >= configEXPECTED_IDLE_TIME_BEFORE_SLEEP)
            {
                vTaskSuspendAll();
                configASSERT (xNextTaskUnblockTime >= xTickCount);
                xExpectedIdleTime = prvGetExpectedIdleTime();
                configPRE_SUPPRESS_TICKS_AND_SLEEP_PROCESSING (xExpectedIdleTime);
                if (xExpectedIdleTime >= configEXPECTED_IDLE_TIME_BEFORE_SLEEP)
                {
                    traceLOW_POWER_IDLE_BEGIN();
                    portSUPPRESS_TICKS_AND_SLEEP (xExpectedIdleTime);
                    traceLOW_POWER_IDLE_END();
                }
                (void) xTaskResumeAll();
            }
        }
#endif
    }
}
```

第 9 章 FreeRTOS 任务切换

RTOS 的核心是任务管理，而任务管理的重中之重任务切换。系统中任务切换的过程决定了操作系统的运行效率和稳定性，尤其是对于实时操作系统。而要想深入了解和学习 FreeRTOS，FreeRTOS 的任务切换是必须要掌握的一个知识点。本章就来学习 FreeRTOS 的任务切换。

本章分为如下几部分：

9.1　PendSV 异常

9.2　PendSV 中断服务函数

9.3　FreeRTOS 确定下一个要运行的任务

9.4　PendSV 异常何时触发

9.5　FreeRTOS 时间片调度实验

9.1　PendSV 异常

PendSV(Pended Service Call，可挂起服务调用)是一个对 RTOS 非常重要的异常。PendSV 的中断优先级是可以编程的，用户可以根据实际的需求对其进行配置。PendSV 的中断由中断控制状态寄存器(ICSR)中的 PENDSVSET 位置一触发(中断控制状态寄存器的有关内容可查看 4.1.5 小节)。PendSV 与 SVC 不同，PendSV 的中断是非实时的，即 PendSV 的中断可以在更高优先级的中断中触发，但是在更高优先级中断结束后才执行。

利用 PendSV 的这个可挂起特性，在设计 RTOS 时，可以将 PendSV 的中断优先级设置为最低的中断优先级(FreeRTOS 就是这么做的，更详细的内容可查看 4.3.1 小节)，这么一来，PendSV 的中断服务函数就会在其他所有中断处理完成后才执行。任务切换时就需要用到 PendSV 的这个特性。

首先来看一下任务切换的一些基本概念，在典型的 RTOS 中，任务的处理时间被分为多个时间片。OS 内核的执行可以有两种触发方式，一种是通过在应用任务中由 SVC 指令触发，如应用任务在等待某个时间发生而需要停止的时候，那么就可以通过 SVC 指令来触发 OS 内核的执行，以切换到其他任务；第二种方式是，SysTick 周期性地中断来触发 OS 内核的执行。图 9.1 演示了只有两个任务的

RTOS 中,两个任务交替执行的过程。

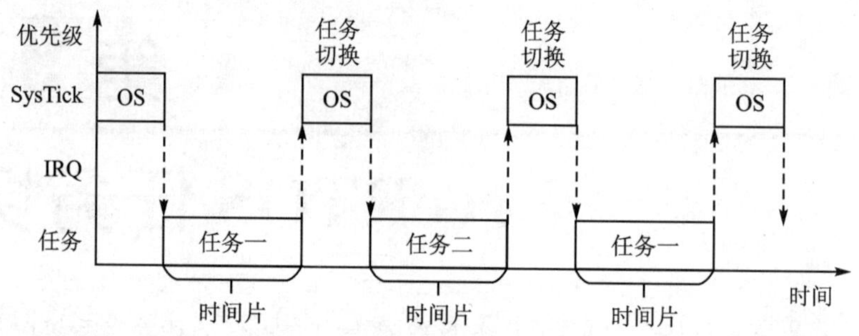

图 9.1　任务切换的简单示例

在操作系统中,任务调度器决定是否切换任务。图 9.1 中的任务及切换都是在 SysTick 中断中完成的,SysTick 的每一次中断都会切换到其他任务。

如果一个中断请求(IRQ)在 SysTick 中断产生之前产生,那么 SysTick 就可能抢占该中断请求,这就会导致该中断请求被延迟处理。这在实时操作系统中是不允许的,因为这将会影响到实时操作系统的实时性,如图 9.2 所示。

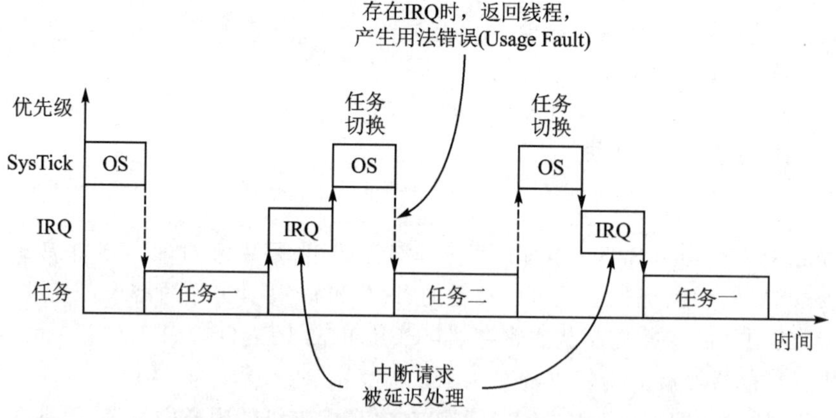

图 9.2　任务切换导致中断请求延迟处理示例

并且,当 SysTick 完成任务的上下文切换、准备返回任务中运行时,由于存在中断请求,ARM Cortex-M 不允许返回线程模式,因此,将会产生用法错误异常(Usage Fault)。

在一些 RTOS 的设计中会通过判断是否存在中断请求,从而决定是否进行任务切换。虽然可以通过检查 xPSR 或 NVIC 中的中断活跃寄存器来判断是否存在中断请求,但这样可能影响系统的性能,甚至可能出现中断源在 SysTick 中断前后不断产生中断请求,从而导致系统无法进行任务切换的情况。

PendSV 通过延迟执行任务切换,直到处理完所有的中断请求,以解决上述问题。为了达到这样的效果,必须将 PendSV 的中断优先级设置为最低的中断优先等级。如果操作系统决定切换任务，那么就将 PendSV 设置为挂起状态，并在 PendSV 的中断服务函数中执行任务切换，如图 9.3 所示。

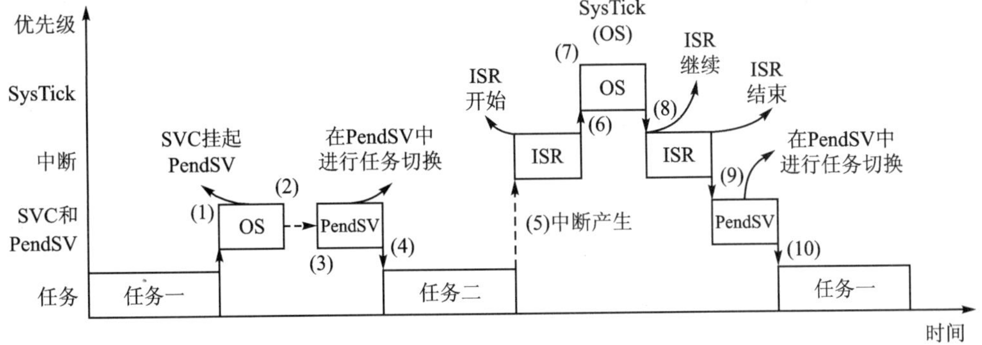

图 9.3 PendSV 中执行任务切换示例

① 任务一触发 SVC 中断以进行任务切换(例如，任务一正等待某个事件发生)。

② 系统内核接收到任务切换请求，开始准备任务切换，并挂起 PendSV 异常。

③ 当退出 SVC 中断的时候，立刻进入 PendSV 异常处理，完成任务切换。

④ 当 PendSV 异常处理完成时，返回线程模式，开始执行任务二。

⑤ 中断产生并进入中断处理函数。

⑥ 当运行中断处理函数的时候，SysTick 异常(用于内核时钟节拍)产生。

⑦ 操作系统执行必要的操作，然后挂起 PendSV 异常，准备进行任务切换。

⑧ 当 SysTick 中断处理完成时，返回继续处理中断。

⑨ 当中断处理完成时，立马进入 PendSV 异常处理，完成任务切换。

⑩ 当 PendSV 异常处理完成时，返回线程模式，继续执行任务一。

PendSV 在 RTOS 的任务切换中起着至关重要的作用，FreeRTOS 的任务切换就是在 PendSV 中完成的。

9.2 PendSV 中断服务函数

FreeRTOS 在 PendSV 的中断中完成任务切换，PendSV 的中断服务函数由 FreeRTOS 编写，将 PendSV 的中断服务函数定义成函数 xPortPendSVHandler()。

针对 ARM Cortex－M3 和针对 ARM Cortex－M4、ARM Cortex－M7 内核的函数 xPortPendSVHandler()稍有不同，其主要原因在于 ARM Cortex－M4 和 ARM Cortex－M7 内核具有浮点单元，因此在进行任务切换的时候还须考虑是否保护和恢复浮点寄存器的值。

针对 ARM Cortex－M3 内核的函数 xPortPendSVHandler()，具体的代码如下所示：

```
__asm void xPortPendSVHandler(void)
{
    /*导入全局变量及函数*/
    extern uxCriticalNesting;
    extern pxCurrentTCB;
    extern vTaskSwitchContext;
    /*8 字节对齐*/
    PRESERVE8
    /*R0 为 PSP,即当前运行任务的任务栈指针*/
    mrs r0,psp
    isb
    /*R3 为 pxCurrentTCB 的地址值,即指向当前运行任务控制块的指针*/
    /*R2 为 pxCurrentTCB 的值,即当前运行任务控制块的首地址*/
    ldr r3, = pxCurrentTCB
    ldr r2, [ r3 ]
    /*将 R4～R11 入栈到当前运行任务的任务栈中*/
    stmdb r0 !, { r4 - r11 }
    /*R2 指向的地址为此时的任务栈指针*/
    str r0, [ r2 ]
    /*将 R3、R14 入栈到 MSP 指向的栈中*/
    stmdb sp !, { r3,r14 }
    /*屏蔽受 FreeRTOS 管理的所有中断*/
    mov r0,#configMAX_SYSCALL_INTERRUPT_PRIORITY
    msr basepri,r0
    dsb
    isb
    /*跳转到函数 vTaskSeitchContext
     *主要用于更新 pxCurrentTCB,使其指向最高优先级的就绪态任务
     */
    bl vTaskSwitchContext
    /*使能所有中断*/
    mov r0,#0
    msr basepri,r0
    /*将 R3、R14 重新从 MSP 指向的栈中出栈*/
    ldmia sp !, { r3,r14 }
    /*注意:R3 为 pxCurrentTCB 的地址值
     * pxCurrentTCB 已经在函数 vTaskSwitchContext 中更新为最高优先级的就绪态任务
     *因此 R1 为 pxCurrentTCB 的值,即当前最高优先级就绪态任务控制块的首地址*/
    ldr r1, [ r3 ]
    /*R0 为最高优先级就绪态任务的任务栈指针*/
    ldr r0, [ r1 ]
    /*从最高优先级就绪态任务的任务栈中出栈 R4～R11*/
    ldmia r0 !, { r4 - r11 }
    /*更新 PSP 为任务切换后的任务栈指针*/
    msr psp,r0
    isb
    /*跳转到切换后的任务运行
     *执行此指令,CPU 自动从 PSP 指向的任务栈中出栈 R0、R1、R2、R3、R12、LR、PC、xPSR 寄存器
```

```
     * 接着 CPU 就跳转到 PC 指向的代码位置运行,也就是任务上次切换时运行到的位置
     */
    bx r14
    nop
}
```

针对 ARM Cortex - M4 内核的函数 xPortPendSVHandler(),具体的代码如下所示(针对 ARM Cortex - M7 内核的函数 xPortPendSVHandler()与之类似):

```
__asm void xPortPendSVHandler(void)
{
    /* 导入全局变量及函数 */
    extern uxCriticalNesting;
    extern pxCurrentTCB;
    extern vTaskSwitchContext;
    /* 8 字节对齐 */
    PRESERVE8
    /* R0 为 PSP,即当前运行任务的任务栈指针 */
    mrs r0,psp
    isb
    /* R3 为 pxCurrentTCB 的地址值,即指向当前运行任务控制块的指针 */
    /* R2 为 pxCurrentTCB 的值,即当前运行任务控制块的首地址 */
    ldr r3, = pxCurrentTCB
    ldr r2, [ r3 ]
    /* 获取 R14 寄存器的值,因为处于中断,此时 R14 为 EXC_RETURN
     * 通过判断 EXC_RETURN 的 bit4 是否为 0 从而判断进入 PendSV 中断前运行的任务是否
     * 使用了浮点单元
     * 若使用了浮点单元,则需要在切换任务时保存浮点寄存器的值
     */
    tst r14, #0x10
    it eq
    vstmdbeq r0!, {s16 - s31}
    /* 将 R4~R11 和 R14 寄存器入栈到当前运行任务的任务栈中
     * 注意:此时的 R14 为 EXC_RETURN 主要用于指示任务是否使用了浮点单元
     */
    stmdb r0!, {r4 - r11,r14}
    /* R2 指向的地址为此时的任务栈指针 */
    str r0, [ r2 ]
    /* 将 R0、R3 入栈到 MSP 指向的栈中 */
    stmdb sp!, {r0,r3}
    /* 屏蔽受 FreeRTOS 管理的所有中断 */
    mov r0, #configMAX_SYSCALL_INTERRUPT_PRIORITY
    msr basepri,r0
    dsb
    isb
    /* 跳转到函数 vTaskSeitchContext
     * 主要用于更新 pxCurrentTCB,使其指向最高优先级的就绪态任务
     */
    bl vTaskSwitchContext
    /* 使能所有中断 */
```

```
        mov r0,#0
        msr basepri,r0
        /*将 R0、R3 重新从 MSP 指向的栈中出栈*/
        ldmia sp!, {r0,r3}
        /*注意:R3 为 pxCurrentTCB 的地址值
         * pxCurrentTCB 已经在函数 vTaskSwitchContext 中更新为最高优先级的就绪态任务
         *因此 R1 为 pxCurrentTCB 的值,即当前最高优先级就绪态任务控制块的首地址*/
        ldr r1, [ r3 ]
        /*R0 为最高优先级就绪态任务的任务栈指针*/
        ldr r0, [ r1 ]
        /*从最高优先级就绪态任务的任务栈中出栈 R4~R11 和 R14
         *注意:这里出栈的 R14 为 EXC_RETURN,其保存了任务是否使用浮点单元的信息
         */
        ldmia r0!, {r4 - r11,r14}
        /*此时 R14 为 EXC_RETURN,通过判断 EXC_RETURN 的 bit4 是否为 0 来判断任务是否使用
         *了浮点单元
         *若使用了浮点单元,则需要从任务的任务栈中恢复出浮点寄存器的值
         */
        tst r14,#0x10
        it eq
        vldmiaeq r0!, {s16 - s31}
        /*更新 PSP 为任务切换后的任务栈指针*/
        msr psp,r0
        isb
        /*跳转到切换后的任务运行
         *执行此指令,CPU 自动从 PSP 指向的任务栈中出栈 R0、R1、R2、R3、R12、LR、PC、xPSR 寄存器
         *接着 CPU 就跳转到 PC 指向的代码位置运行,也就是任务上次切换时运行到的位置
         */
        bx r14
}
```

从上面的代码可以看出,FreeRTOS 在进行任务切换的时候会将 CPU 的运行状态在当前任务进行任务切换前保存到任务栈中,然后从切换后运行任务的任务栈中恢复切换后运行任务在上一次被切换时保存的 CPU 信息。

但是从 PendSV 的中断回调函数代码中只看到程序保存和恢复的 CPU 信息中的部分寄存器信息(R4 寄存器~R11 寄存器),这是因为硬件会自动出栈和入栈其他 CPU 寄存器的信息。

在任务运行的时候,CPU 使用 PSP 作为栈空间使用,也就是使用运行任务的任务栈。当 SysTick 中断(SysTick 的中断服务函数会判断是否需要进行任务切换,相关内容后续章节会讲解)发生时,在跳转到 SysTick 中断服务函数运行前,硬件会自动将除 R4~R11 寄存器的其他 CPU 寄存器入栈,因此就将任务切换前 CPU 的部分信息保存到对应任务的任务栈中。当退出 PendSV 时,会自动从栈空间中恢复这部分 CPU 信息,以供任务正常运行。

因此,在 PendSV 中断服务函数中要做的主要事情就是,保存硬件不会自动入栈

的 CPU 信息，以及确定下一个要运行的任务，并将 pxCurrentTCB 指向该任务的任务控制块，然后更新 PSP 指针为该任务的任务堆栈指针。

9.3　FreeRTOS 确定下一个要运行的任务

PendSV 的中断服务函数中调用了函数 vTaskSwitchContext()来确定下一个要运行的任务。

1. 函数 vTaskSwitchContext()

函数 vTaskSwitchContext()在 task.c 文件中有定义，具体的代码如下所示：

```
void vTaskSwitchContext(void)
{
    /* 判断任务调度器是否运行 */
    if (uxSchedulerSuspended != (UBaseType_t) pdFALSE)
    {
        /* 此全局变量用于在系统运行的任意时刻标记需要进行任务切换
         * 会在 SysTick 的中断服务函数中统一处理
         * 任务调度器没有运行，不允许任务切换
         * 因此将 xYieldPending 设置为 pdTRUE
         * 那么系统会在 SysTick 的中断服务函数中持续发起任务切换
         * 直到任务调度器运行
         */
        xYieldPending = pdTRUE;
    }
    else
    {
        /* 可以执行任务切换，因此将 xYieldPending 设置为 pdFALSE */
        xYieldPending = pdFALSE;
        /* 此宏用于使能任务运行时间统计功能，不用理会 */
 #if (configGENERATE_RUN_TIME_STATS == 1)
 {
 #ifdef portALT_GET_RUN_TIME_COUNTER_VALUE
        portALT_GET_RUN_TIME_COUNTER_VALUE (ulTotalRunTime);
 #else
        ulTotalRunTime = portGET_RUN_TIME_COUNTER_VALUE();
 #endif
        if (ulTotalRunTime > ulTaskSwitchedInTime)
        {
            pxCurrentTCB ->ulRunTimeCounter +=
            (ulTotalRunTime - ulTaskSwitchedInTime);
        }
        ulTaskSwitchedInTime = ulTotalRunTime;
 }
 #endif
        /* 检查任务栈是否溢出
         * 未定义，不用理会
```

```
        */
        taskCHECK_FOR_STACK_OVERFLOW();
        /* 将 pxCurrentTCB 指向优先级最高的就绪态任务
         * 有两种方法,由 FreeRTOSConfig.h 文件配置决定
         */
        taskSELECT_HIGHEST_PRIORITY_TASK();
    }
}
```

函数 vTaskSwitchContext()调用了函数 taskSELECT_HIGHEST_PRIORITY_TASK(),从而将 pxCurrentTCB 设置为指向优先级最高的就绪态任务。

2. 函数 taskSELECT_HIGHEST_PRIORITY_TASK()

函数 taskSELECT_HIGHEST_PRIORITY_TASK()用于将 pcCurrentTCB 设置为优先级最高的就绪态任务,因此该函数会使用位图的方式在任务优先级记录中查找优先级最高任务优先等级然后根据这个优先等级到对应的就绪态任务列表态中取任务。

FreeRTOS 提供了两种从任务优先级记录中查找优先级最高任务优先等级的方式,一种是由纯 C 代码实现的,适用于所有运行 FreeRTOS 的 MCU;另外一种方式则是使用了硬件计算前导零的指令,并不适用于所有运行 FreeRTOS 的 MCU,而仅适用于具有相应硬件指令的 MCU。正点原子所有板卡所使用的 STM32 MCU 都支持以上两种方式。具体使用哪种方式,用户可以在 FreeRTOSConfig.h 文件中进行配置,配置方法参见第 3 章。

软件方式实现的函数 taskSELECT_HIGHEST_PRIORITY_TASK()是一个宏定义,在 task.c 文件中定义,具体的代码如下所示:

```
#define taskSELECT_HIGHEST_PRIORITY_TASK()                                      \
{                                                                               \
    /* 全局变量 uxTopReadyPriority 以位图方式记录了系统中存在任务的优先级 */      \
    /* 将遍历的起始优先级设置为这个全局变量 */                                    \
    /* 而无须从系统支持优先级的最大值开始遍历 */                                  \
    /* 可以节约一定的遍历时间 */                                                  \
    UBaseType_t uxTopPriority = uxTopReadyPriority;                             \
    /* Find the highest priority queue that contains ready tasks. */            \
    /* 按照优先级从高到低,判断对应的就绪态任务列表中是否有任务 */                \
    /* 找到存在任务的最高优先级就绪态任务列表后退出遍历 */                        \
    while(listLIST_IS_EMPTY(&(pxReadyTasksLists[ uxTopPriority ])))             \
    {                                                                           \
        configASSERT(uxTopPriority);                                            \
        --uxTopPriority;                                                        \
    }                                                                           \
        /* 从找到了就绪态任务列表中取下一个任务 */                                \
        /* 让 pxCurrentTCB 指向这个任务的任务控制块 */                            \
    listGET_OWNER_OF_NEXT_ENTRY (pxCurrentTCB,                                  \
                                 &(pxReadyTasksLists[ uxTopPriority ]));        \
```

```
    /* 更新任务优先级记录 */                                                    \
    uxTopReadyPriority = uxTopPriority;                                         \
}
```

依靠特定硬件指令实现的函数 taskSELECT_HIGHEST_PRIORITY_TASK()是一个宏定义，在 task.c 文件中有定义，具体的代码如下所示：

```
#define taskSELECT_HIGHEST_PRIORITY_TASK()                                      \
{                                                                               \
    UBaseType_t uxTopPriority;                                                  \
    /* 使用硬件方式从任务优先级记录中获取最高的任务优先等级 */                  \
    portGET_HIGHEST_PRIORITY(uxTopPriority, uxTopReadyPriority);                \
    configASSERT (listCURRENT_LIST_LENGTH(                                      \
                    &(pxReadyTasksLists[ uxTopPriority ])) >                    \
              0);                                                               \
    /* 从获取的任务优先级对应的就绪态任务列表中取下一个任务 */                  \
    /* 让 pxCurrentTCB 指向这个任务的任务控制块 */                              \
    listGET_OWNER_OF_NEXT_ENTRY (pxCurrentTCB,                                  \
                              &(pxReadyTasksLists[ uxTopPriority ]));           \
}
```

在使用硬件方式实现的函数 taskSELECT_HIGHEST_PRIORITY_TASK()中调用了函数 portGET_HIGHEST_PRIORITY()来计算任务优先级记录中的最高任务优先级。函数 portGET_HIGHEST_PRIORITY()实际上是一个宏定义，在 portmacro.h 文件中有定义，具体的代码如下所示：

```
#define portGET_HIGHEST_PRIORITY(uxTopPriority, uxReadyPriorities)              \
        uxTopPriority =                                                         \
        (31UL - (uint32_t) __clz((uxReadyPriorities)))
```

可以看到，宏 portGET_HIGHEST_PRIORITY()使用了__clz 硬件指定来计算 uxReadyPriorities 的前导零，然后使用 31(变量 uxReadyPriorities 的最大比特位)减去得到的前导零，就得到了变量 uxReadyPriorities 中最高位 1 的比特位。使用此方法就限制了系统最大的优先级数量不能超过 32，即最高优先等级为 31；不过对于绝大多数的应用场合，32 个任务优先级等级已经足够使用了。

9.4　PendSV 异常何时触发

PendSV 异常用于任务切换。当需要进行任务切换的时候，FreeRTOS 就会触发 PendSV 异常，以进行任务切换。

FreeRTOS 提供了多个用于触发任务切换的宏，如下所示：

```
#if (configUSE_PREEMPTION == 0)
    #define taskYIELD_IF_USING_PREEMPTION()
#else
    #define taskYIELD_IF_USING_PREEMPTION()     portYIELD_WITHIN_API()
#endif
```

```
#if (configUSE_PREEMPTION == 0)
    #define queueYIELD_IF_USING_PREEMPTION()
#else
    #define queueYIELD_IF_USING_PREEMPTION()    portYIELD_WITHIN_API()
#endif
    #define portEND_SWITCHING_ISR(xSwitchRequired)    \
    do                                                \
    {                                                 \
        if(xSwitchRequired != pdFALSE)                \
        portYIELD();                                  \
    }                                                 \
    while(0)
    #define portYIELD_FROM_ISR(x)              portEND_SWITCHING_ISR(x)
    #define taskYIELD()                        portYIELD()
    #define portYIELD_WITHIN_API               portYIELD
```

从上面的代码中可以看到，这些宏实际上最终都是调用了函数 portYIELD()；该函数实际上是一个宏定义，在 portmacro.h 文件中有定义，具体的代码如下所示：

```
#define portYIELD()                                      \
{                                                        \
    /* 设置中断控制状态寄存器，以触发 PendSV 异常 */         \
    portNVIC_INT_CTRL_REG = portNVIC_PENDSVSET_BIT;      \
    __dsb(portSY_FULL_READ_WRITE);                       \
    __isb(portSY_FULL_READ_WRITE);                       \
}
```

上面代码中宏 portNVIC_INT_CTRL_REG 和宏 portNVIC_PENDSVSET_BIT 在 portmacro.h 文件中有定义，具体的代码如下所示：

```
#define portNVIC_INT_CTRL_REG      ( * ((volatile uint32_t * ) 0xe000ed04))
#define portNVIC_PENDSVSET_BIT     (1UL << 28UL)
```

中断控制状态寄存器的有关内容可参考 4.1.5 小节。

9.5 FreeRTOS 时间片调度实验

9.5.1 功能设计

本实验主要用于学习 FreeRTOS 的时间片调度(详见 5.4.2 小节)、了解 FreeRTOS 任务切换的结果，设计了 3 个任务，功能如表 9.1 所列。

表 9.1 各任务功能描述

任务名	任务功能描述
start_task	用于创建其他任务
task1	用于测试 FreeRTOS 的时间片调度
task2	用于测试 FreeRTOS 的时间片调度

该实验的实验工程可参考配套资料中的“FreeRTOS 实验例程 9 FreeRTOS 时间片调度实验”。

9.5.2　软件设计

1. 程序流程图

本实验的程序流程如图 9.4 所示。

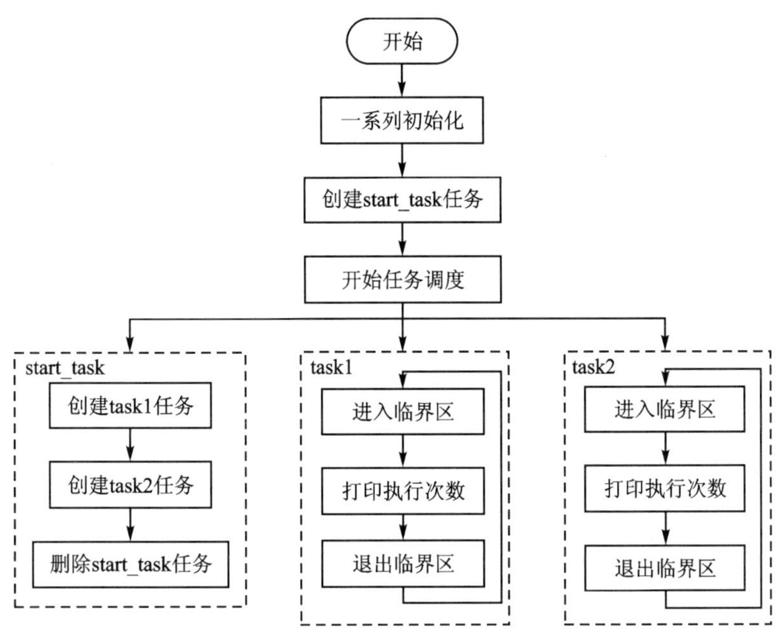

图 9.4　程序流程图

2. FreeRTOS 函数解析

1) 函数 taskENTER_CRITICAL()

此函数是一个宏定义，此宏的具体解析可参考 4.3.3 小节。

2) 函数 taskEXIT_CRITICAL()

此函数是一个宏定义，此宏的具体解析可参考 4.3.3 小节。

3. 程序解析

整体的代码结构可参考 2.1.6 小节，本小节着重讲解本实验相关的部分。

(1) start_task 任务

start_task 任务的入口函数代码如下所示：

```
/**
 * @brief      start_task
 * @param      pvParameters : 传入参数(未用到)
```

```
 * @retval    无
 */
void start_task(void * pvParameters)
{
    taskENTER_CRITICAL();                /* 进入临界区 */
    /* 创建任务 1 */
    xTaskCreate ((TaskFunction_t  ) task1,
                 (const char *    ) "task1",
                 (uint16_t        ) TASK1_STK_SIZE,
                 (void *          ) NULL,
                 (UBaseType_t     ) TASK1_PRIO,
                 (TaskHandle_t *  ) &Task1Task_Handler);
    /* 创建任务 2 */
    xTaskCreate ((TaskFunction_t  ) task2,
                 (const char *    )" task2",
                 (uint16_t        ) TASK2_STK_SIZE,
                 (void *          ) NULL,
                 (UBaseType_t     ) TASK2_PRIO,
                 (TaskHandle_t *  ) &Task2Task_Handler);
    vTaskDelete(StartTask_Handler);      /* 删除开始任务 */
    taskEXIT_CRITICAL();                 /* 退出临界区 */
}
```

start_task 任务主要用于创建 task1 和 task2 任务。注意，由于本实验要展示的是 FreeRTOS 的时间片调度，时间片调度是对于任务优先级相同的多个任务而言的，因此创建用于测试 FreeRTOS 时间片调度的 task1 和 task2 任务的任务优先级必须相同。

(2) task1 和 task2 任务

```
/**
 * @brief     task1
 * @param     pvParameters : 传入参数(未用到)
 * @retval    无
 */
void task1(void * pvParameters)
{
    uint32_t task1_num = 0;
    while (1)
    {
        taskENTER_CRITICAL();
        printf("任务 1 运行次数: %d\r\n", ++task1_num);
        taskEXIT_CRITICAL();
    }
}
/**
 * @brief     task2
 * @param     pvParameters : 传入参数(未用到)
 * @retval    无
 */
```

```
void task2(void * pvParameters)
{
    uint32_t task2_num = 0;
    while (1)
    {
        taskENTER_CRITICAL();
        printf("任务 2 运行次数: %d\r\n", ++task2_num);
        taskEXIT_CRITICAL();
    }
}
```

可以看到，task1 和 task2 任务都是循环打印任务运行的次数，并没有进行任务延时，因此 task1 和 task2 任务会由于时间片调度而在任务调度器的调度下轮询运行。值得一提的是，打印任务运行次数的时候需要使用到串口硬件，为了避免多个任务"同时"使用同一个硬件，因此在使用串口硬件打印任务运行次数之前，进入临界区，在使用串口硬件打印任务运行次数之后再退出临界区。

由于 task1 和 task2 的任务优先级相同，因此可以猜测，在时间片的调度下，task1 和 task2 任务应该轮询打印各自的任务运行次数。

9.5.3 下载验证

编译并下载代码，复位后可以看到 LCD 屏幕上显示了本次实验的相关信息，如图 9.5 所示。

图 9.5　LCD 显示内容

同时，通过串口调试助手就能看到本次实验的结果，如图 9.6 所示。可以看到，task1 和 task2 任务的运行情况与猜测的相同，task1 和 task2 任务交替轮询运行，符合时间片调度下的运行情况。

图 9.6　串口调试助手显示内容

第 10 章

FreeRTOS 内核控制函数

FreeRTOS 提供了一些用于控制内核的 API 函数，这些 API 函数主要包含了进出临界区、开关中断、启停任务调度器等一系列用于控制内核的 API 函数。本章就来学习 FreeRTOS 的内核控制函数。

本章分为如下几部分：

10.1　FreeRTOS 内核控制函数预览

10.2　FreeRTOS 内核控制函数详解

10.1　FreeRTOS 内核控制函数预览

在 FreeRTOS 官方在线文档的网页页面中，可以看到官方列出的 FreeRTOS 内核控制函数，如图 10.1 所示。

以上 FreeRTOS 内核的控制函数描述，如表 10.1 所列。

表 10.1　FreeRTOS 内核控制函数描述

函　数	描　述
taskYIELD()	请求切换任务
taskENTER_CRITICAL()	在任务中进入临界区
taskEXIT_CRITICAL()	在任务中退出临界区
taskENTER_CRITICAL_FROM_ISR()	在中断服务函数中进入临界区
taskEXIT_CRITICAL_FROM_ISR()	在中断服务函数中退出临界区
taskDISABLE_INTERRUPTS()	关闭受 FreeRTOS 管理的中断
taskENABLE_INTERRUPTS()	打开中断
vTaskStartScheduler()	开启任务调度器
vTaskEndScheduler()	关闭任务调度器
vTaskSuspendAll()	挂起任务调度器
xTaskResumeAll()	恢复任务调度器
vTaskStepTick()	设置系统时钟节拍计数器
xTaskCatchUpTicks()	中断后修正系统时钟节拍

RTOS Kernel Control

taskYIELD()
taskENTER_CRITICAL()
taskEXIT_CRITICAL()
taskENTER_CRITICAL_FROM_ISR()
taskEXIT_CRITICAL_FROM_ISR()
taskDISABLE_INTERRUPTS()
taskENABLE_INTERRUPTS()
vTaskStartScheduler()
vTaskEndScheduler()
vTaskSuspendAll()
xTaskResumeAll()
vTaskStepTick()
xTaskCatchUpTicks()

图 10.1　FreeRTOS 内核控制函数

10.2　FreeRTOS 内核控制函数详解

1）函数 taskYIELD()

此函数用于请求切换任务，调用后会触发 PendSV 中断，详细可参考第 9.4 小节。

2）函数 taskENTER_CRITICAL()

此函数用于在任务中进入临界区，详细可参考 4.3.3 小节。

3）函数 taskEXIT_CRITICAL()

此函数用于在任务中退出临界区，详细可参考 4.3.3 小节。

4）函数 taskENTER_CRITICAL_FROM_ISR()

此函数用于在中断服务函数中进入临界区，详细可参考 4.3.3 小节。

5）函数 taskEXIT_CRITICAL_FROM_ISR()

此函数用于在中断服务中退出临界区，详细可参考 4.3.3 小节。

6）函数 taskDISABLE_INTERRUPTS()

此函数用于关闭受 FreeRTOS 管理的中断，详细可参考 4.3.2 小节。

7）函数 taskENABLE_INTERRUPTS()

此函数用于开启所有中断，详细可参考 4.3.2 小节。

8）函数 vTaskStartScheduler()

此函数用于开启任务调度器，详细可参考 8.1.1 小节。

9）函数 vTaskEndScheduler()

此函数用于关闭任务调度器。注意，此函数只适用于 X86 架构的 PC 端。对于 STM32 平台，调用此函数会关闭受 FreeRTOS 管理的中断，并强制触发断言。代码如下所示：

```
void vTaskEndScheduler(void)
{
    /* 关闭受 FreeRTOS 管理的中断 */
    portDISABLE_INTERRUPTS();
    /* 标记任务调度器未运行 */
    xSchedulerRunning = pdFALSE;
    vPortEndScheduler();
}
void vPortEndScheduler(void)
{
    /* 强制断言 */
    configASSERT (uxCriticalNesting == 1000UL);
}
```

10）函数 vTaskSuspendAll()

此函数用于挂起任务调度器。当任务调度器被挂起后，就不能进行任务切换，直到任务调度器恢复运行。此函数的代码如下所示：

```
void vTaskSuspendAll(void)
{
    /* 未定义,不用理会 */
    portSOFTWARE_BARRIER();
    /* 任务调度器挂起计数器加 1 */
    ++ uxSchedulerSuspended;
    /* 未定义,不用理会 */
    portMEMORY_BARRIER();
}
```

从上面的代码可以看出，函数 vTaskSuspendAll()挂起任务调度器的操作是可以递归的，也就是说，可以重复多次挂起任务调度器，只要后续调用相同次数的函数 xTaskResumeAll()来恢复任务调度器运行即可。函数 vTaskSuspendAll()挂起任务调度器的操作就是将任务调度器挂起计数器(uxSchedulerSuspended)的值加 1。FreeRTOS 的源码中会通过判断任务调度器挂起计数器的值是否为 0，来判断任务调度器是否被挂起，如果任务调度器被挂起，FreeRTOS 就不会进行任务切换等操作，如函数 vTaskSwitchContext()，详细可参考 9.3.1 小节。

11）函数 xTaskResumeAll()

此函数用于恢复任务调度器运行。注意，任务调度器的挂起是可递归的，因此该函数需要被调用与任务调度器被挂起的次数相同的次数，才能恢复任务调度器运行。此函数的代码如下所示：

```
BaseType_t xTaskResumeAll(void)
{
    TCB_t * pxTCB = NULL;
    BaseType_t xAlreadyYielded = pdFALSE;
    /* 不会恢复没有被挂起的任务调度器
     * 当 uxSchedulerSuspended 为 0 时,表示任务调度器没有被挂起
     */
    configASSERT (uxSchedulerSuspended);
    /* 进入临界区 */
    taskENTER_CRITICAL();
    {
        /* 任务调度器挂起计数器减 1 */
        --uxSchedulerSuspended;
        /* 如果任务调度器挂起计数器减到 0
         * 说明任务调度器可以恢复运行了
         */
        if (uxSchedulerSuspended == (UBaseType_t) pdFALSE)
        {
            /* 任务数量计数器大于 0
             * 说明系统中有任务,因此需要作相应处理
             */
            if (uxCurrentNumberOfTasks > (UBaseType_t) 0U)
            {
                /* 将所有挂起态任务添加到就绪态任务列表中
                 * 同时,如果被恢复的挂起态任务的优先级比当前运行任务的优先级高
                 * 则标记需要进行任务切换
                 */
                while (listLIST_IS_EMPTY(&xPendingReadyList) == pdFALSE)
                {
                    pxTCB =
                        listGET_OWNER_OF_HEAD_ENTRY((&xPendingReadyList));
                    listREMOVE_ITEM(& (pxTCB->xEventListItem));
                    portMEMORY_BARRIER();
                    listREMOVE_ITEM(& (pxTCB->xStateListItem));
                    prvAddTaskToReadyList (pxTCB);
                    if (pxTCB->uxPriority >= pxCurrentTCB->uxPriority)
                    {
                        xYieldPending = pdTRUE;
                    }
                }
                /* 如果 pxTCB 非空,则表示在任务调度器挂起期间有阻塞任务超时
                 * 因此需要重新计算下一个任务阻塞超时的时间
                 */
                if (pxTCB != NULL)
                {
                    /* 重新计算下一个任务的阻塞超时时间 */
                    prvResetNextTaskUnblockTime();
                }
                /* 处理在任务调度器挂起期间未处理的系统时钟节拍
```

```
                * 这样可以保证正确地计算阻塞任务的阻塞超时时间
                * 处理方式就是调用相同次数的函数 xTaskIncrementTick()
                * /
               {
                   TickType_t xPendedCounts = xPendedTicks;
                   if (xPendedCounts > (TickType_t) 0U)
                   {
                       do
                       {
                           / * 调用函数 xTaskIncrementTick() * /
                           if (xTaskIncrementTick() ! = pdFALSE)
                           {
                               xYieldPending = pdTRUE;
                           }
                           -- xPendedCounts;
                       } while (xPendedCounts > (TickType_t) 0U);
                       xPendedTicks = 0;
                   }
               }
               / * 根据需要进行任务切换 * /
               if (xYieldPending ! = pdFALSE)
               {
#if (configUSE_PREEMPTION ! = 0)
                   {
                       xAlreadyYielded = pdTRUE;
                   }
#endif
                   taskYIELD_IF_USING_PREEMPTION();
               }
           }
       }
   }
   / * 退出临界区 * /
   taskEXIT_CRITICAL();
   return xAlreadyYielded;
}
```

12) 函数 vTaskStepTick()

此函数用于设置系统时钟节拍计数器的值,可以设置系统时钟节拍计数器的值为当前值加上指定值。注意,更新后系统时钟节拍计数器的值不能超过下一个任务阻塞超时时间。具体的代码如下所示:

```
void vTaskStepTick (const TickType_t xTicksToJump)
{
    / * 系统使用时钟计数器更新后的值
     * 不能超过下一个任务阻塞超时时间
     * /
    configASSERT((xTickCount + xTicksToJump) <= xNextTaskUnblockTime);
    / * 更新系统时钟节拍计数器 * /
```

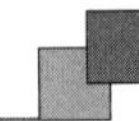

```
    xTickCount += xTicksToJump;
}
```

13）函数 xTaskCatchUpTicks()

此函数用于修正中断后的系统时钟节拍，主要是用更新全局变量 xPendedTicks 实现的。全局变量 xPendedTicks 用于统计系统时钟节拍在任务调度器挂起时被忽略处理的次数。具体的代码如下所示：

```
BaseType_t xTaskCatchUpTicks (TickType_t xTicksToCatchUp)
{
    BaseType_t xYieldOccurred;
    /* 该函数不能在任务调度器被挂起期间被调用 */
    configASSERT (uxSchedulerSuspended == 0);
    /* 挂起任务调度器 */
    vTaskSuspendAll();
    /* 更新 xPendedTicks */
    xPendedTicks += xTicksToCatchUp;
    /* 恢复任务调度器运行 */
    xYieldOccurred = xTaskResumeAll();
    return xYieldOccurred;
}
```

第 11 章

FreeRTOS 其他任务 API 函数

通过前面几章的学习了解了 FreeRTOS 任务管理的相关内容，但仅涉及了任务创建、删除、挂起和恢复等几个任务相关的 API 函数。除此之外，FreeRTOS 还提供了很多与任务相关的 API 函数，通过这些函数可以更加灵活地使用 FreeRTOS。本章就来学习 FreeRTOS 中一些其他任务的 API 函数。

本章分为如下几部分：

11.1　FreeRTOS 任务相关 API 函数

11.2　FreeRTOS 任务状态与信息查询实验

11.3　FreeRTOS 任务运行时间统计实验

11.1　FreeRTOS 任务相关 API 函数

11.1.1　FreeRTOS 任务相关 API 函数预览

在 FreeRTOS 官方在线文档的页面中，通过查看 API 参考可以看到官方列出的 FreeRTOS 任务相关的 API 函数，如图 11.1 所示。

Task Control	Task Utilities	
vTaskDelay()	uxTaskGetSystemState()	uxTaskGetNumberOfTasks()
vTaskDelayUntil()	vTaskGetInfo()	vTaskList()
xTaskDelayUntil()	xTaskGetApplicationTaskTag()	vTaskStartTrace()
uxTaskPriorityGet()	xTaskGetCurrentTaskHandle()	ulTaskEndTrace()
vTaskPrioritySet()	xTaskGetHandle()	vTaskGetRunTimeStats()
vTaskSuspend()	xTaskGetIdleTaskHandle()	vTaskSetApplicationTaskTag()
vTaskResume()	uxTaskGetStackHighWaterMark()	xTaskCallApplicationTaskHook()
xTaskResumeFromISR()	eTaskGetState()	'SetThreadLocalStoragePointer()
xTaskAbortDelay()	pcTaskGetName()	'GetThreadLocalStoragePointer()
	xTaskGetTickCount()	vTaskSetTimeOutState()
	xTaskGetTickCountFromISR()	xTaskGetCheckForTimeOut()
	xTaskGetSchedulerState()	

图 11.1　FreeRTOS 任务相关 API 函数

部分 FreeRTOS 任务相关的 API 函数描述如表 11.1 所列。

表 11.1　FreeRTOS 部分任务相关的 API 函数描述

函　数	描　述
uxTaskPriorityGet()	获取任务优先级
vTaskPrioritySet()	设置任务优先级
uxTaskGetSystemState()	获取所有任务的状态信息
vTaskGetInfo()	获取单个任务的状态信息
xTaskGetApplicationTaskTag()	获取任务 Tag
xTaskGetCurrentTaskHandle()	获取当前任务的任务句柄
xTaskGetHandle()	获取指定任务的任务句柄
xTaskGetIdleTaskHandle()	获取空闲任务的任务句柄
uxTaskGetStackHighWaterMark()	获取任务的任务栈历史剩余最小值
eTaskGetState()	获取任务状态
pcTaskGetName	获取任务名
xTaskGetTickCount()	获取系统时钟节拍计数器的值
xTaskGetTickCountFromISR()	中断中获取系统时钟节拍计数器的值
xTaskGetSchedulerState()	获取任务调度器状态
uxTaskGetNumberOfTasks()	获取系统中任务的数量
vTaskList()	以“表格”形式获取所有任务的信息
vTaskGetRunTimeStats()	获取任务的运行时间等信息
vTaskSetApplicationTaskTag()	设置任务 Tag
SetThreadLocalStoragePointer()	设置任务的独有数据记录数组指针
GetThreadLocalStoragePointer()	获取任务的独有数据记录数组指针

11.1.2　FreeRTOS 任务相关 API 函数详解

1. 函数 uxTaskPriorityGet()

此函数用于获取指定任务的任务优先级，若使用此函数，须在 FreeRTOSConfig.h 文件中设置配置项 INCLUDE_uxTaskPriorityGet 为 1。此函数的函数原型如下所示：

```
UBaseType_t uxTaskPriorityGet(const TaskHandle_t xTask);
```

函数 uxTaskPriorityGet()的形参描述如表 11.2 所列。

表 11.2　函数 uxTaskPriorityGet()形参相关描述

形　参	描　述
xTask	待获取优先级的任务

函数 uxTaskPriorityGet()的返回值如表 11.3 所列。

表 11.3　函数 uxTaskPriorityGet()返回值相关描述

返回值	描　述
整数	指定任务的优先级

2. 函数 vTaskPrioritySet()

此函数用于设置指定任务的优先级,若使用此函数,须在 FreeRTOSConfig.h 文件中设置配置项 INCLUDE_vTaskPrioritySet 为 1。此函数的函数原型如下所示:

```
void vTaskPrioritySet(
    TaskHandle_t        xTask,
    UBaseType_t         uxNewPriority);
```

函数 vTaskPrioritySet()的形参描述如表 11.4 所列。

表 11.4　函数 vTaskPrioritySet()形参相关描述

形　参	描　述
xTask	待设置优先级的任务
uxNewPriority	任务优先级

函数 vTaskPrioritySet()无返回值。

3. 函数 uxTaskGetSystemState()

此函数用于获取所有任务的状态信息,若使用此函数,须在 FreeRTOSConfig.h 文件中设置配置项 configUSE_TRACE_FACILITY 为 1。此函数的函数原型如下所示:

```
UBaseType_t uxTaskGetSystemState(
    TaskStatus_t * const                pxTaskStatusArray,
    const UBaseType_t                   uxArraySize,
    configRUN_TIME_COUNTER_TYPE * const pulTotalRunTime);
```

函数 uxTaskGetSystemState()的形参描述如表 11.5 所列。

表 11.5　函数 uxTaskGetSystemState()形参相关描述

形　参	描　述
pxTaskStstusArray	接收信息变量数组的首地址
uxArraySize	接收信息变量数组的大小
pilTotalRunTime	系统总运行时间

函数 uxTaskGetSystemState()的返回值如表 11.6 所列。

表 11.6　函数 uxTaskGetSystemState()返回值相关描述

返回值	描　述
整型	获取信息的任务数量

函数 uxTaskGetSystemState( )的形参 pxTaskStatusArray 指向变量类型为 TaskStatus_t 的变量的首地址，可以是一个数组，用来存放多个 TaskStatus_t 类型的变量。函数 uxTaskGetSystemState()使用将任务的状态信息写入到该数组中，形参 uxArraySize 指示该数组的大小。其中，变量类型 TaskStatus_t 的定义如下所示：

```
typedef struct xTASK_STATUS
{
    TaskHandle_t                 xHandle;              /* 任务句柄 */
    const char *                 pcTaskName;           /* 任务名 */
    UBaseType_t                  xTaskNumber;          /* 任务编号 */
    eTaskState                   eCurrentState;        /* 任务状态 */
    UBaseType_t                  uxCurrentPriority;    /* 任务优先级 */
    UBaseType_t                  uxBasePriority;       /* 任务原始优先级 */
    configRUN_TIME_COUNTER_TYPE  ulRunTimeCounter;     /* 任务被分配的运行时间 */
    StackType_t *                pxStackBase;          /* 任务栈的基地址 */
    configSTACK_DEPTH_TYPE       usStackHighWaterMark; /* 任务栈历史剩余最小值 */
} TaskStatus_t;
```

该结构体变量只包含了任务的一些状态信息，获取到的每个任务都有与之对应的 TaskStatus_t 结构体来保存该任务的状态信息。

4. 函数 vTaskGetInfo( )

此函数用于获取指定任务的任务信息，若使用此函数，须在 FreeRTOSConfig.h 文件中设置配置项 configUSE_TRACE_FACILITY 为 1。此函数的函数原型如下所示：

```
void vTaskGetInfo(
    TaskHandle_t         xTask,
    TaskStatus_t *       pxTaskStatus,
    BaseType_t           xGetFreeStackSpace,
    eTaskState           eState);
```

函数 vTaskGetInfo()的形参描述如表 11.7 所列。

表 11.7　函数 vTaskGetInfo( )形参相关描述

形　参	描　述
xTask	指定获取信息的任务
pxTaskStatus	接收任务信息的变量
xGetFreeStackSpace	任务栈历史剩余最小值
eState	任务状态

函数 vTaskGetInfo()无返回值。函数 vTaskGetInfo()的形参 eState 用来表示任务的状态，其变量类型为 eTaskState。变量类型 eTaskState 的定义如下所示：

```
typedef enum
{
    eRunning = 0,    /* 运行态 */
```

```
    eReady,              /* 就绪态 */
    eBlocked,            /* 阻塞态 */
    eSuspended,          /* 挂起态 */
    eDeleted,            /* 任务被删除 */
    eInvalid             /* 非法值 */
} eTaskState;
```

形参 eState 用于决定形参 pxTaskStatus 结构体中成员变量 eCurrentState 的值，表示任务的状态；如果传入的 eState 为 eInvalid，那么 eCurrentState 为任务当前的状态，否则 eCurrentState 为 eState。

5. 函数 xTaskGetApplicationTaskTag()

此函数用于获取指定任务的 Tag，若使用此函数，须在 FreeRTOSConfig.h 文件中设置配置项 configUSE_APPLICATION_TASK_TAG 为 1。此函数的函数原型如下所示：

```
TaskHookFunction_t xTaskGetApplicationTaskTag(TaskHandle_t xTask);
```

函数 xTaskGetApplicationTaskTag()的形参描述如表 11.8 所列。

表 11.8　函数 xTaskGetApplicationTaskTag()形参相关描述

形　参	描　述
xTask	待获取 Tag 的任务

函数 xTaskGetApplicationTaskTag()的返回值如表 11.9 所列。

表 11.9　函数 xTaskGetApplicationTaskTag()返回值相关描述

返回值	描　述
函数指针	Tag

6. 函数 xTaskGetCurrentHandle()

此函数用于获取当前系统正在运行的任务的任务句柄，若使用此函数，须在 FreeRTOSConfig.h 文件中设置配置项 INCLUDE_xTaskGetCurrentTaskHandle 为 1。此函数的函数原型如下所示：

```
TaskHandle_t xTaskGetCurrentTaskHandle(void);
```

函数 xTaskGetCurrentTaskHandle()无形参。

函数 xTaskGetCurrentTaskHandle()的返回值如表 11.10 所列。

表 11.10　函数 xTaskGetCurrentTaskHandle()返回值相关描述

返回值	描　述
TaskHandle_t	任务句柄

7. 函数 xTaskGetHandle()

此函数用于通过任务名获取任务句柄，若使用此函数，须在 FreeRTOSConfig.h

文件中设置配置项 INCLUDE_xTaskGetHandle 为 1。此函数的函数原型如下所示：

```
TaskHandle_t xTaskGetHandle(const char * pcNameToQuery);
```

函数 xTaskGetHandle()的形参描述如表 11.11 所列。

表 11.11　函数 xTaskGetHandle()形参相关描述

形　参	描　述
pcNameToQuery	任务名

函数 xTaskGetHandle()的返回值如表 11.12 所列。

表 11.12　函数 xTaskGetHandle()返回值相关描述

返回值	描　述
TaskHandle_t	任务句柄

8. 函数 xTaskGetIdleTaskHandle()

此函数用于获取空闲任务的任务句柄，若使用此函数，须在 FreeRTOSConfig.h 文件中设置配置项 INCLUDE_xTaskGetIdleTaskHandle 为 1。此函数的函数原型如下所示：

```
TaskHandle_t xTaskGetIdleTaskHandle(void);
```

函数 xTaskGetIdleTaskHandle()无形参。

函数 xTaskGetIdleTaskHandle()的返回值如表 11.13 所列。

表 11.13　函数 xTaskGetIdleTaskHandle()返回值相关描述

返回值	描　述
TaskHandle_t	空闲任务的任务句柄

9. 函数 uxTaskGetStackHighWaterMark()

此函数用于获取指定任务的任务栈的历史剩余最小值，若使用此函数，须在 FreeRTOSConfig.h 文件中设置配置项 INCLUDE_uxTaskGetStackHighWaterMark 为 1。此函数的函数原型如下所示：

```
UBaseType_t uxTaskGetStackHighWaterMark(TaskHandle_t xTask);
```

函数 uxTaskGetStackHighWaterMark()的形参描述如表 11.14 所列。

表 11.14　函数 uxTaskGetStackHighWaterMark()形参相关描述

形　参	描　述
xTask	待获取任务栈历史剩余最小值的任务

函数 uxTaskGetStackHighWaterMark()的返回值如表 11.15 所列。

表 11.15　函数 uxTaskGetStackHighWaterMark()返回值相关描述

返回值	描　述
整数	任务栈的历史剩余最小值

10. 函数 eTaskGetState()

此函数用于获取指定任务的状态，若使用此函数，须在 FreeRTOSConfig.h 文件中设置配置项 INCLUDE_eTaskGetState 为 1。此函数的函数原型如下所示：

```
eTaskState eTaskGetState(TaskHandle_t xTask);
```

函数 eTaskGetState()的形参描述如表 11.16 所列。

表 11.16　函数 eTaskGetState()形参相关描述

形　参	描　述
xTask	待获取状态的任务

函数 eTaskGetState()的返回值如表 11.17 所列。

表 11.17　函数 eTaskGetState()返回值相关描述

返回值	描　述
eTaskState	任务状态

11. 函数 pcTaskGetName()

此函数用于获取指定任务的任务名，此函数的函数原型如下所示：

```
char * pcTaskGetName(TaskHandle_t xTaskToQuery);
```

函数 pcTaskGetName()的形参描述如表 11.18 所列。

表 11.18 函数 pcTaskGetName()形参相关描述

形　参	描　述
xTaskToQuery	任务句柄

函数 pcTaskGetName()的返回值如表 11.19 所列。

表 11.19 函数 pcTaskGetName()返回值相关描述

返回值	描　述
字符串	任务名

12. 函数 xTaskGetTickCount()

此函数用于获取系统时钟节拍计数器的值，此函数的函数原型如下所示：

```
volatile TickType_t xTaskGetTickCount(void);
```

函数 xTaskGetTickCount()无形参。

函数 xTaskGetTickCount()的返回值如表 11.20 所列。

表 11.20 函数 xTaskGetTickCount()返回值相关描述

返回值	描 述
整型	系统时钟节拍计数器的值

13. 函数 xTaskGetTickCountFromISR()

此函数用于在中断中获取系统时钟节拍计数器的值，原型如下所示：

```
volatile TickType_t xTaskGetTickCountFromISR(void);
```

函数 xTaskGetTickCountFromISR()无形参。

函数 xTaskGetTickCountFromISR()的返回值如表 11.21 所列。

表 11.21 函数 xTaskGetTickCountFromISR()返回值相关描述

返回值	描 述
整型	系统时钟节拍计数器的值

14. 函数 xTaskGetSchedulerState()

此函数用于获取任务调度器的运行状态，原型如下所示：

```
BaseType_t xTaskGetSchedulerState(void);
```

函数 xTaskGetSchedulerState()无形参。

函数 xTaskGetSchedulerState()的返回值如表 11.22 所列。

表 11.22 函数 xTaskGetSchedulerState()返回值相关描述

返回值	描 述
整型	任务调度器的运行状态

15. 函数 uxTaskGetNumberOfTasks()

此函数用于获取系统中任务的数量，原型如下所示：

```
UBaseType_t uxTaskGetNumberOfTasks(void);
```

函数 uxTaskGetNumberOfTasks()无形参。函数 uxTaskGetNumberOfTasks()的返回值如表 11.23 所列。

表 11.23 函数 uxTaskGetNumberOfTasks()返回值相关描述

返回值	描 述
整型	系统中任务的数量

16. 函数 vTaskList()

此函数用于以“表格”的形式获取系统中任务的信息，若使用此函数，须在 FreeRTOSConfig.h 文件中同时设置配置项 configUSE_TRACE_FACILITY 和配置项 configUSE_STATS_FORMATTING_FUNCTIONS 为 1。此函数的函数原型如下所示：

```
void vTaskList(char * pcWriteBuffer);
```

函数 vTaskList()的形参描述如表 11.24 所列。

表 11.24 函数 vTaskList()形参相关描述

形　参	描　述
pcWriteBuffer	接收任务信息的缓存指针

函数 vTaskList()无返回值。

函数 vTaskList()获取到的任务信息示例如图 11.2 所示。

```
Name            State   Priority   Stack   Num
***********************************************
Print           R       4          331     29
Math7           R       0          417     7
Math8           R       0          407     8
QConsB2         R       0          53      14
QProdB5         R       0          52      17
QConsB4         R       0          53      16
SEM1            R       0          50      27
SEM1            R       0          50      28
IDLE            R       0          64      0
Math1           R       0          436     1
Math2           R       0          436     2
Math3           R       0          417     3
Math4           R       0          407     4
Math5           R       0          436     5
Math6           R       0          436     6
QProdNB         B       2          52      12
LEDx            B       1          63      19
LEDx            B       1          74      22
LEDx            B       1          73      20
LEDx            B       1          63      25
LEDx            B       1          73      21
LEDx            B       1          63      24
COMTx           B       2          44      9
LEDx            B       1          63      26
LEDx            B       1          67      23
SUICIDE1        B       3          215     55
SUICIDE2        B       3          215     56
SUICIDE1        B       3          215     57
SUICIDE2        B       3          215     58
CREATOR         B       3          170     30
QProdB1         B       3          53      13
QConsB6         B       0          52      18
QProdB3         B       3          54      15
COMRx           B       3          51      10
QConsNB         B       2          57      11
```

图 11.2　函数 vTaskList()示例

17. 函数 vTaskGetRunTimeStats()

此函数用于获取指定任务的运行时间、运行状态等信息，若使用此函数，须在 FreeRTOSConfig.h 文件中同时设置配置项 configGENERATE_RUN_TIME_STATS、configUSE_STATS_FORMATTING_FUNCTIONS、configSUPPORT_

DYNAMIC_ALLOCATION 为 1。此函数的函数原型如下所示：

```
void vTaskGetRunTimeStats(char * pcWriteBuffer);
```

函数 vTaskGetRunTimeState()的形参描述如表 11.25 所列。

表 11.25　函数 vTaskGetRunTimeState()形参相关描述

形　参	描　述
pcWriteBuffer	接收任务运行时间和状态等信息的缓存指针

函数 vTaskGetRunTimeState()无返回值。

18. 函数 vTaskSetApplicationTaskTag()

此函数用于设置指定任务的 Tag，若使用此函数，须在 FreeRTOSConfig.h 文件中设置配置项 configUSE_APPLICATION_TASK_TAG 为 1。此函数的函数原型如下所示：

```
void vTaskSetApplicationTaskTag(
    TaskHandle_t             xTask,
    TaskHookFunction_t       pxTagValue);
```

函数 vTaskSetApplicationTaskTag()的形参描述如表 11.26 所列。

表 11.26　函数 vTaskSetApplicationTaskTag()形参相关描述

形　参	描　述
xTask	待插入 Tag 的任务
pxTagValue	Tag 指针

函数 vTaskSetApplicationTaskTag()无返回值。

19. 函数 SetThreadLocalStoragePointer()

此函数用于设置指定任务的独有数据数组指针，原型如下所示：

```
void vTaskSetThreadLocalStoragePointer(
    TaskHandle_t         xTaskToSet,
    BaseType_t           xIndex,
    void *               pvValue)
```

函数 SetThreadLocalStoragePointer()的形参描述如表 11.27 所列。

表 11.27　函数 SetThreadLocalStoragePointer()形参相关描述

形　参	描　述
xTaskToSet	待设置的任务
xIndex	设置的指针
pvValue	值

函数 SetThreadLocalStoragePointer()无返回值。

20. 函数 GetThreadLocalStoragePointer()

此函数用于获取指定任务的独有数据数组指针,原型如下所示:

```
void * pvTaskGetThreadLocalStoragePointer(
    TaskHandle_t          xTaskToQuery,
    BaseType_t            xIndex);
```

函数 GetThreadLocalStoragePointer()的形参描述如表 11.28 所列。

表 11.28 函数 GetThreadLocalStoragePointer()形参相关描述

形 参	描 述
xTaskToQuery	待获取的任务
xIndex	接收的指针

函数 GetThreadLocalStoragePointer()的返回值如表 11.29 所列。

表 11.29 函数 GetThreadLocalStoragePointer()返回值相关描述

返回值	描 述
void *	指针指向的值

11.2 FreeRTOS 任务状态与信息查询实验

11.2.1 功能设计

本实验主要用于学习 FreeRTOS 任务状态与信息的查询 API 函数,设计了两个任务,功能如表 11.30 所列。

表 11.30 各任务功能描述

任务名	任务功能描述
start_task	用于创建其他任务
task1	用于展示相关 API 函数的使用

该实验的实验工程可参考配套资料中的"FreeRTOS 实验例程 11-1 FreeRTOS 任务状态与信息查询实验"。

11.2.2 软件设计

1. 程序流程图

本实验的程序流程如图 11.3 所示。

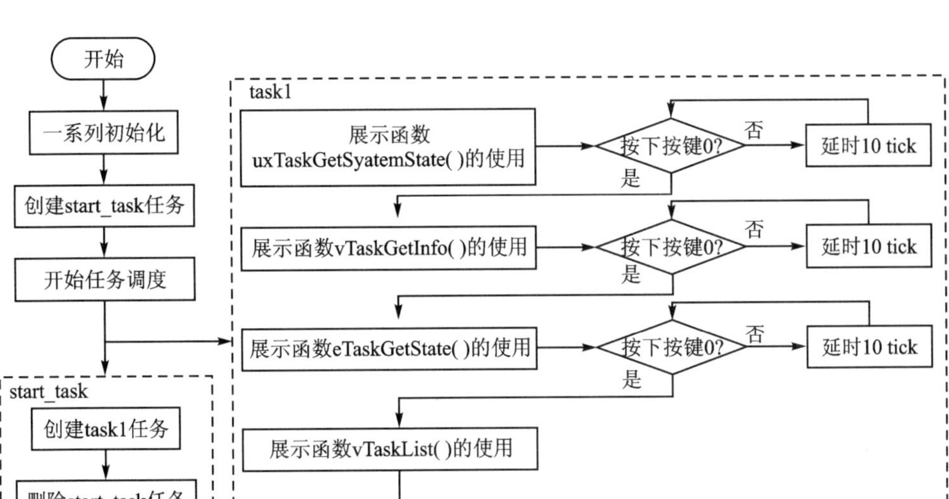

图 11.3 程序流程图

2. FreeRTOS 函数解析

1）函数 uxTaskGetNumberOfTasks()

此函数用于获取系统中任务的数量，详细可参考 11.1.2 小节。

2）函数 uxTaskGetSystemState()

此函数用于获取任务状态信息，详细可参考 11.1.2 小节。

3）函数 xTaskGetHandle()

此函数用于通过任务名获取任务句柄，详细可参考 11.1.2 小节。

4）函数 vTaskGetInfo()

此函数用于获取指定任务的信息，详细可参考 11.1.2 小节。

5）函数 eTaskGetState()

此函数用于获取指定任务的状态，详细可参考 11.1.2 小节。

6）函数 vTaskList()

此函数用于以“表格”形式获取系统中任务的信息，详细可参考 11.1.2 小节。

3. 程序解析

整体的代码结构可参考 2.1.6 小节，本小节着重讲解本实验相关的部分。

(1) start_task 任务

start_task 任务的入口函数代码如下所示：

```
/**
 * @brief    start_task
```

```
 * @param     pvParameters : 传入参数(未用到)
 * @retval    无
 */
void start_task(void * pvParameters)
{
    taskENTER_CRITICAL();               /* 进入临界区 */
    /* 创建任务 1 */
    xTaskCreate ((TaskFunction_t  ) task1,
                 (const char *    ) "task1",
                 (uint16_t        ) TASK1_STK_SIZE,
                 (void *          ) NULL,
                 (UBaseType_t     ) TASK1_PRIO,
                 (TaskHandle_t *  ) &Task1Task_Handler);
    vTaskDelete(StartTask_Handler);     /* 删除开始任务 */
    taskEXIT_CRITICAL();                /* 退出临界区 */
}
```

start_task 任务主要用于创建 task1 任务。

(2) task1 任务

```
/**
 * @brief     task1
 * @param     pvParameters : 传入参数(未用到)
 * @retval    无
 */
void task1(void * pvParameters)
{
    uint32_t        I                  = 0;
    UBaseType_t     task_num           = 0;
    TaskStatus_t    * status_array     = NULL;
    TaskHandle_t    task_handle        = NULL;
    TaskStatus_t    * task_info        = NULL;
    eTaskState      task_state         = eInvalid;
    char            * task_state_str   = NULL;
    char            * task_info_buf    = NULL;
    /* 第一步:函数 uxTaskGetSystemState()的使用 */
    printf("/******** 第一步:函数 uxTaskGetSystemState()的使用 **********/\r\n");
    task_num     = uxTaskGetNumberOfTasks();          /* 获取系统任务数量 */
    status_array = mymalloc(SRAMIN,task_num * sizeof(TaskStatus_t));
    task_num     = uxTaskGetSystemState(
                    (TaskStatus_t *)status_array,   /* 任务状态信息 buffer */
                    (UBaseType_t)task_num,          /* buffer 大小 */
                    (uint32_t *)NULL);              /* 不获取任务运行时间信息 */
    printf("任务名\t\t 优先级\t\t 任务编号\r\n");
    for (i = 0; i < task_num; i++)
    {
        printf("%s\t%s%ld\t\t%ld\r\n",
            status_array[i].pcTaskName,
            strlen(status_array[i].pcTaskName) > 7 ? "": "\t",
            status_array[i].uxCurrentPriority,
```

```
        status_array[i].xTaskNumber);
}
myfree(SRAMIN,status_array);
printf("/************************** 结束 ***************************/\r\n");
printf("按下 KEY0 键继续!\r\n\r\n\r\n");
while (key_scan(0) != KEY0_PRES)
{
    vTaskDelay(10);
}
/* 第二步:函数 vTaskGetInfo()的使用 */
printf("/************ 第二步:函数 vTaskGetInfo()的使用 **************/\r\n");
task_info = mymalloc(SRAMIN, sizeof(TaskStatus_t));
task_handle = xTaskGetHandle("task1");       /* 获取任务句柄 */
vTaskGetInfo ((TaskHandle_t)task_handle,     /* 任务句柄 */
              (TaskStatus_t *)task_info,     /* 任务信息 buffer */
              (BaseType_t)pdTRUE,            /* 允许统计任务堆栈历史最小值 */
              (eTaskState)eInvalid);         /* 获取任务运行状态 */
printf("任务名:\t\t\t%s\r\n",task_info->pcTaskName);
printf("任务编号:\t\t%ld\r\n",task_info->xTaskNumber);
printf("任务状态:\t\t%d\r\n",task_info->eCurrentState);
printf("任务当前优先级:\t\t%ld\r\n",task_info->uxCurrentPriority);
printf("任务基优先级:\t\t%ld\r\n",task_info->uxBasePriority);
printf("任务堆栈基地址:\t\t0x%p\r\n",task_info->pxStackBase);
printf("任务堆栈历史剩余最小值:\t%d\r\n",task_info->usStackHighWaterMark);
myfree(SRAMIN,task_info);
printf("/************************** 结束 ***************************/\r\n");
printf("按下 KEY0 键继续! \r\n\r\n\r\n");
while (key_scan(0) != KEY0_PRES)
{
    vTaskDelay(10);
}
/* 第三步:函数 eTaskGetState()的使用 */
printf("/*********** 第三步:函数 eTaskGetState()的使用 *************/\r\n");
task_state_str = mymalloc(SRAMIN, 10);
task_handle = xTaskGetHandle("task1");
task_state = eTaskGetState(task_handle);      /* 获取任务运行状态 */
sprintf(task_state_str,task_state == eRunning ? "Runing" :
    task_state == eReady ? "Ready" :
    task_state == eBlocked ? "Blocked" :
    task_state == eSuspended ? "Suspended" :
    task_state == eDeleted ? "Deleted" :
    task_state == eInvalid ? "Invalid" :
    "");
printf("任务状态值: %d,对应状态为: %s\r\n",task_state,task_state_str);
myfree(SRAMIN,task_state_str);
printf("/************************ 结束 *************************/\r\n");
printf("按下 KEY0 键继续! \r\n\r\n\r\n");
while (key_scan(0) != KEY0_PRES)
{
```

```
        vTaskDelay(10);
    }
    /*第四步:函数 vTaskList()的使用*/
    printf("/************* 第四步:函数 vTaskList()的使用 *************/\r\n");
    task_info_buf = mymalloc(SRAMIN, 500);
    vTaskList(task_info_buf);                    /*获取所有任务的信息*/
    printf("任务名\t\t状态\t优先级\t剩余栈\t任务序号\r\n");
    printf("%s\r\n",task_info_buf);
    myfree(SRAMIN,task_info_buf);
    printf("/******************** 实验结束 *********************/\r\n");
    while (1)
    {
        vTaskDelay(10);
    }
}
```

从以上代码中可以看到,task1 分别展示了函数 uxTaskGetSystemState()、函数 vTaskGetInfo()、函数 eTaskGetState()、函数 vTaskList()的使用,并将每次得到的结果通过串口输出。

11.2.3　下载验证

编译并下载代码,复位后可以看到 LCD 屏幕上显示了本次实验的相关信息,如图 11.4 所示。

同时,通过串口打印了函数 uxTaskGetSystemState()获取到的系统任务信息,如图 11.5 所示。从图 11.5 可以得到系统中任务的一些信息,其中包含了任务的任务名、任务优先级以及任务编号。

图 11.4　LCD 显示内容

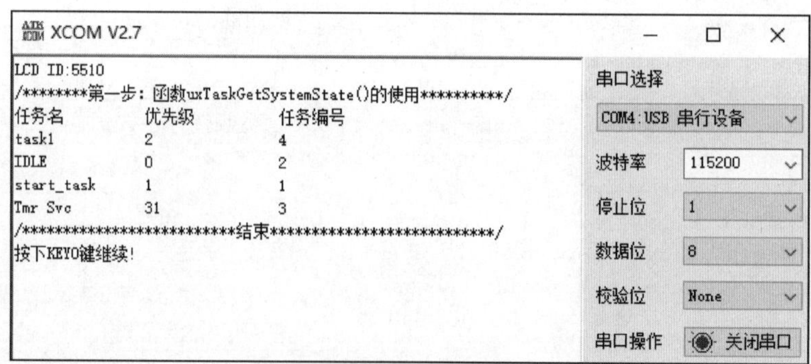

图 11.5　串口调试助手一

接着按下 KEY0,展示函数 vTaskGetInfo()的使用,如图 11.6 所示。可以看到,函数 vTaskGetInfo()获取到了指定 task1 任务的部分任务信息,其中就包含了 task1 任务的任务名、任务编号、任务状态、任务优先级等任务信息。

XCOM V2.7
/************第二步：函数vTaskGetInfo()的使用*************/
任务名:　task1
任务编号:　4
任务壮态:　0
任务当前优先级:　2
任务基优先级:　2
任务堆栈基地址:　0x20008f58
任务堆栈历史剩余最小值:　76
/**************************结束**************************/
按下KEY0键继续!
串口选择
COM4:USB 串行设备
波特率　115200
停止位　1
数据位　8
校验位　None
串口操作　关闭串口

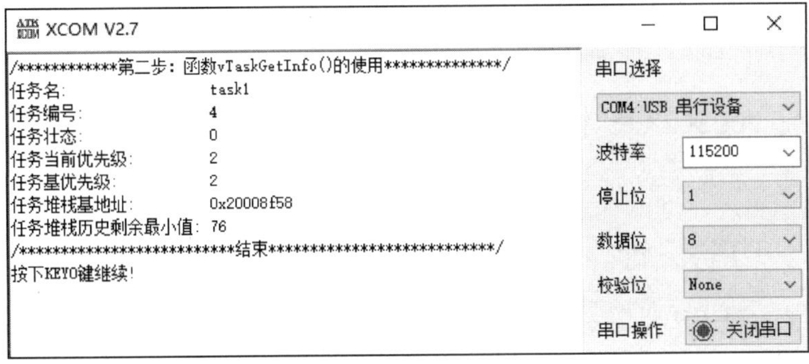

图 11.6　串口调试助手二

接着按下 KEY0，展示函数 eTaskGetState()的使用，如图 11.7 所示。图中，函数 eTaskGetState()获取了 task1 任务的任务状态信息。

XCOM V2.7
/***********第三步：函数eTaskGetState()的使用*************/
任务状态值：0，对应状态为：Runing
/**************************结束**************************/
按下KEY0键继续!
串口选择
COM4:USB 串行设备
波特率　115200
停止位　1
数据位　8
校验位　None
串口操作　关闭串口

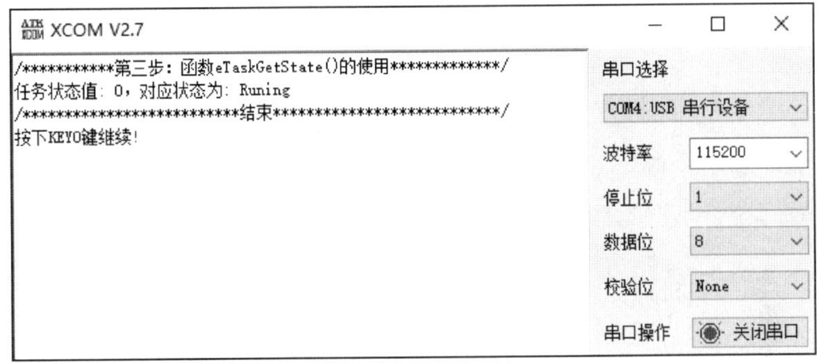

图 11.7　串口调试助手三

接着按下 KEY0，展示函数 vTaskList()的使用，如图 11.8 所示。可以看到，函数 vTaskList()以"表格"的形式获取系统中任务的信息，其中包含了任务的任务名、任务状态、任务优先级等信息。

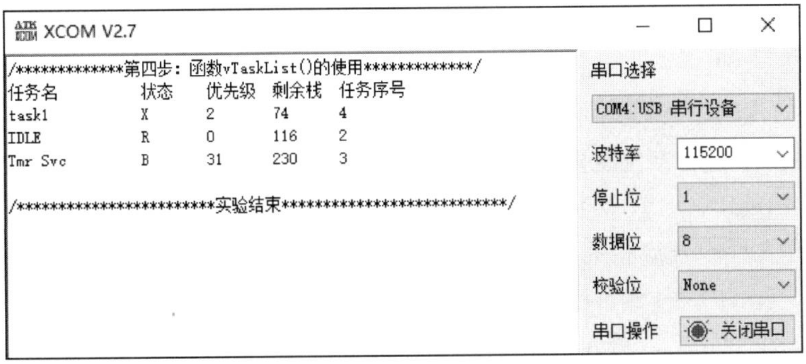
XCOM V2.7
/*************第四步：函数vTaskList()的使用*************/
任务名　状态　优先级　剩余栈　任务序号
task1　X　2　74　4
IDLE　R　0　116　2
Tmr Svc　B　31　230　3
/***********************实验结束*************************/
串口选择
COM4:USB 串行设备
波特率　115200
停止位　1
数据位　8
校验位　None
串口操作　关闭串口

图 11.8　串口调试助手四

通过合理地使用 FreeRTOS 提供的这部分函数,可以大大地提高用户的开发效率,但这部分函数中大都推荐在调试中使用。

11.3 FreeRTOS 任务运行时间统计实验

11.3.1 功能设计

本实验主要用于学习 FreeRTOS 任务运行时间统计相关 API 函数的使用,设计了 4 个任务,功能如表 11.31 所列。

表 11.31 各任务功能描述

任务名	任务功能描述
start_task	用于创建其他任务
task1	用于辅助演示
task2	用于辅助演示
task3	用于响应按键事件

该实验的实验工程可参考配套资料的“FreeRTOS 实验例程 11－2 FreeRTOS 任务运行时间统计实验”。

11.3.2 软件设计

1. 程序流程图

本实验的程序流程如图 11.9 所示。

2. FreeRTOS 函数解析

函数 vTaskGetRunTimeStats()用于获取指定任务的运行时间、状态等信息,详细可参考第 11.1.2 小节。

3. 程序解析

整体的代码结构可参考 2.1.6 小节,本小节着重讲解本实验相关的部分。

(1) FreeRTOS 系统配置

使用 FreeRTOS 获取系统任务运行时间信息的 API 函数,需要在 FreeRTOSConfig.h 文件中开启相关配置,如下所示:

```
/* 1: 使能任务运行时间统计功能,默认: 0 */
#define configGENERATE_RUN_TIME_STATS            1
#if configGENERATE_RUN_TIME_STATS
#include "./BSP/TIMER/btim.h"
#define portCONFIGURE_TIMER_FOR_RUN_TIME_STATS() ConfigureTimeForRunTimeStats()
```

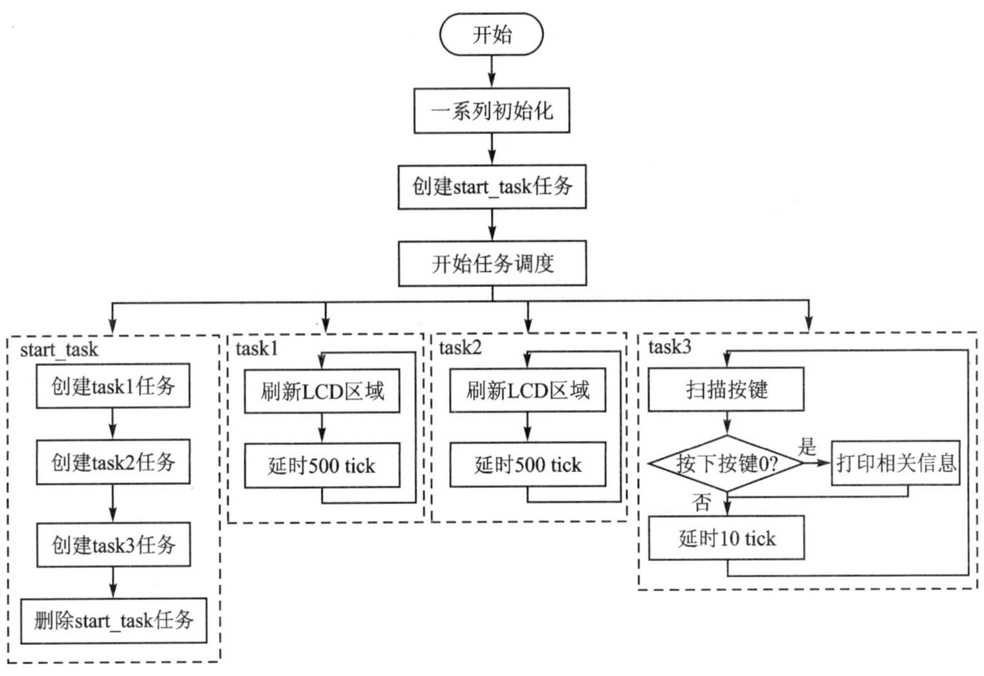

图 11.9　程序流程图

```
extern uint32_t FreeRTOSRunTimeTicks;
#define portGET_RUN_TIME_COUNTER_VALUE() FreeRTOSRunTimeTicks
#endif
```

要使用 FreeRTOS 获取系统任务运行时间信息的 API 函数，须在 FreeRTOSConfig.h 文件中将配置项 configGENERATE_RUN_TIME_STATS 定义为 1；并且如果配置项 configGENERATE_RUN_TIME_STATS 被定义为 1，则还须定义两个宏，分别为 portCONFIGURE_TIMER_FOR_RUN_TIME_STATS()、portGET_RUN_TIME_COUNTER_VALUE()。其中，宏 portCONFIGURE_TIMER_FOR_RUNTIME_STATE()用于初始化配置用于任务运行时间统计的时基定时器，因为任务运行时间统计功能需要一个硬件定时器作为时基，这个时基定时器的计时精度须高于系统时钟节拍的精度 10～100 倍，这样统计的时间才会比较准确；宏 portGET_RUN_TIME_COUNTER_VALUE()用于获取该功能时基硬件定时器计数的计数值。本实验使用函数 ConfigureTimeForRunTimeStats()来进行该功能时基硬件定时器的初始化配置，使用全局变量 FreeRTOSRunTimeTicks 来传递该功能时基硬件定时器计数的计数值。该函数在 btim.c 文件中有定义，具体的代码如下所示（这里以正点原子的 STM32F1 系列开发板为例，其他类型的开发板类似）：

```
uint32_t FreeRTOSRunTimeTicks;          /* FreeRTOS 时间统计所用的节拍计数器 */
void ConfigureTimeForRunTimeStats(void)
```

```
{
    FreeRTOSRunTimeTicks = 0;                  /* 节拍计数器初始化为 0 */
    btim_tim3_int_init(10 - 1, 720 - 1);       /* 初始化 TIM3 */
}
/**
 * @brief      定时器更新中断回调函数
 * @param      htim:定时器句柄指针
 * @retval     无
 */
void HAL_TIM_PeriodElapsedCallback(TIM_HandleTypeDef * htim)
{
    if (htim == (&g_tim3_handle))
    {
        FreeRTOSRunTimeTicks ++ ;
    }
}
```

从上面的代码中可以看到，函数 ConfigureTimeForRunTimeStats()将全局变量 FreeRTOSRunTimeTicks 初始化为 0，接着初始化了硬件定时器 3。在硬件定时器 3 的中断服务函数中更新全局变量 FreeRTOSRunTimeTicks 的值。

(2) start_task 任务

start_task 任务的入口函数代码如下所示：

```
/**
 * @brief      start_task
 * @param      pvParameters : 传入参数(未用到)
 * @retval     无
 */
void start_task(void * pvParameters)
{
    taskENTER_CRITICAL();                   /* 进入临界区 */
    /* 创建任务 1 */
    xTaskCreate ((TaskFunction_t   ) task1,
                 (const char *     ) "task1",
                 (uint16_t         ) TASK1_STK_SIZE,
                 (void *           ) NULL,
                 (UBaseType_t      ) TASK1_PRIO,
                 (TaskHandle_t *   ) &Task1Task_Handler);
    /* 创建任务 2 */
    xTaskCreate ((TaskFunction_t   ) task2,
                 (const char *     ) "task2",
                 (uint16_t         ) TASK2_STK_SIZE,
                 (void *           ) NULL,
                 (UBaseType_t      ) TASK2_PRIO,
                 (TaskHandle_t *   ) &Task2Task_Handler);
    /* 创建任务 3 */
    xTaskCreate ((TaskFunction_t   ) task3,
                 (const char *     ) "task3",
                 (uint16_t         ) TASK3_STK_SIZE,
```

```
                (void *              ) NULL,
                (UBaseType_t         ) TASK3_PRIO,
                (TaskHandle_t *      ) &Task3Task_Handler);
    vTaskDelete(StartTask_Handler);    /* 删除开始任务 */
    taskEXIT_CRITICAL();               /* 退出临界区 */
}
```

start_task 任务主要用于创建 task1 任务、task2 任务和 task3 任务。

(3) task1 和 task2 任务

```
/**
 * @brief     task1
 * @param     pvParameters : 传入参数(未用到)
 * @retval    无
 */
void task1(void * pvParameters)
{
    uint32_t task1_num = 0;
    while (1)
    {
        /* LCD 区域刷新 */
        lcd_fill(6, 131, 114, 313,lcd_discolor[ ++ task1_num % 11]);
        /* 显示任务 1 运行次数 */
        lcd_show_xnum(71, 111,task1_num, 3, 16, 0x80,BLUE);
        vTaskDelay(1000);
    }
}
/**
 * @brief     task2
 * @param     pvParameters : 传入参数(未用到)
 * @retval    无
 */
void task2(void * pvParameters)
{
    uint32_t task2_num = 0;
    while (1)
    {
        /* LCD 区域刷新 */
        lcd_fill(126, 131, 233, 313,lcd_discolor[11 - ( ++ task2_num % 11)]);
        /* 显示任务 2 运行次数 */
        lcd_show_xnum(191, 111,task2_num, 3, 16, 0x80,BLUE);
        vTaskDelay(1000);
    }
}
```

从以上代码中可以看到，task1 和 task2 任务分别每间隔 500 tick 就区域刷新一次屏幕，task1 和 task2 任务主要用于辅助演示 FreeRTOS 任务运行时间统计 API 函数的使用。

(4) task3 任务

```
/**
 * @brief     task3
 * @param     pvParameters : 传入参数(未用到)
 * @retval    无
 */
void task3(void * pvParameters)
{
    uint8_t  key = 0;
    char      * runtime_info = NULL;
    while (1)
    {
        key = key_scan(0);
        if (key == KEY0_PRES)
        {
            runtime_info = mymalloc(SRAMIN, 100);
            vTaskGetRunTimeStats(runtime_info);     /* 获取任务运行时间信息 */
            printf("任务名\t\t运行时间\t运行所占百分比\r\n");
            printf("%s\r\n",runtime_info);
            myfree(SRAMIN,runtime_info);
        }
        vTaskDelay(10);
    }
}
```

从上面的代码中可以看到,task3 任务负责扫描按键,当检测到 KEY0 按键被按下时候,调用函数 vTaskGetRunTimeStats()获取并通过串口打印系统任务运行时间信息。

11.3.3 下载验证

编译并下载代码,复位后可以看到 LCD 屏幕上显示了本次实验的相关信息,如图 11.10 所示。

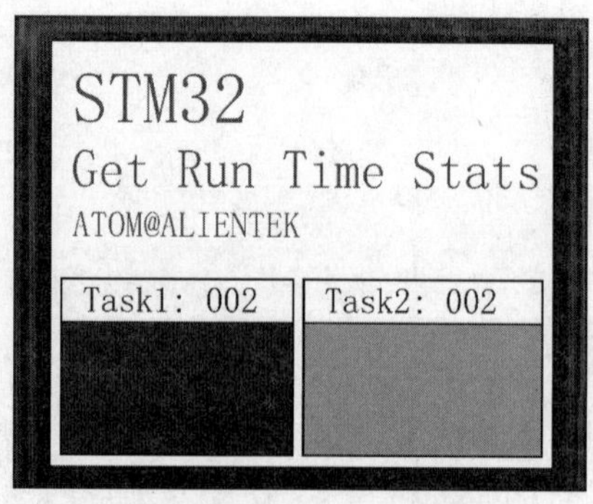

图 11.10 LCD 显示内容

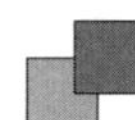

接着按下按键 0,通过串口调试助手就能看到输出了系统任务的运行时间统计信息,如图 11.11 所示。

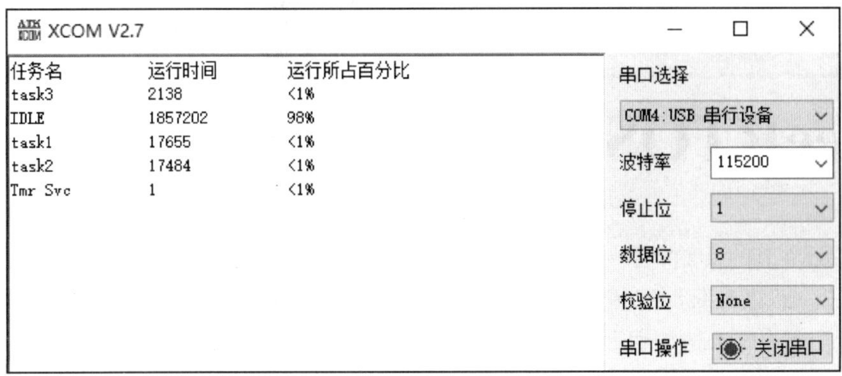

图 11.11　串口调试助手

通过此功能,用户就能够很好地判断所设计的任务占用 CPU 资源的多少,以此作为优化系统的依据。此功能同样建议仅在调试阶段使用。

第 12 章

FreeRTOS 时间管理

前面章节的实验例程中频繁使用了 FreeRTOS 提供的延时函数，这会使得任务进入阻塞态，直至延时完成，任务才会重新进入就绪态。FreeRTOS 是如何对延时任务进行阻塞的，又是如何判断任务延时超时的，这些都属于 FreeRTOS 时间管理的相关内容。本章就来学习 FreeRTOS 时间管理的相关内容。

本章分为如下几部分：

12.1　FreeRTOS 系统时钟节拍

12.2　FreeRTOS 延时函数

12.1　FreeRTOS 系统时钟节拍

12.1.1　FreeRTOS 系统时钟节拍简介

所有操作系统都需要时钟节拍，FreeRTOS 也不例外。FreeRTOS 有一个系统时钟节拍计数器——xTickCount，它是一个全局变量，在 tasks.c 文件中有定义，具体的代码如下所示：

```
PRIVILEGED_DATA static volatile TickType_t xTickCount =
                                    (TickType_t) configINITIAL_TICK_COUNT;
```

从上面的代码可以看到，xTickCount 在定义时被赋了初值，初值由宏定义 configINITIAL_TICK_COUNT 定义。通常情况下系统时钟节拍计数器的初值都是设置为 0，除非在个别场合，读者仅须了解系统时钟节拍计数器的初值是可以由用户手动配置的即可。

12.1.2　FreeRTOS 系统时钟节拍来源

FreeRTOS 的系统时钟节拍计数器为全局变量 xTickCount，那么 FreeRTOS 又是何时操作这个系统时钟节拍计数器的呢？本书配套例程都使用 SysTick 提供 RTOS 的时钟节拍，当然，用户也可以用其他的硬件定时器为 RTOS 提供时钟节拍。

既然使用 SysTick 为 FreeRTOS 提供时钟节拍，那么首先就来看一下 SysTick 是如何配置的。对于本书的配套例程，在 main() 函数中都会调用函数 delay_init()

对 SysTick 进行初始化，这里的初始化主要用于阻塞延时；并且在 FreeRTOS 启动任务调度器的过程中也会对 SysTick 进行初始化，这里对 SysTick 的配置会覆盖函数 delay_init() 对 SysTick 的配置，因此最终 SysTick 的配置为 FreeRTOS 对 SysTick 的配置。

正点原子不同型号的板卡在函数 delay_init() 中对 SysTick 时钟源的配置不同（详细可参考 2.1.3 小节对 delay.c 文件修改部分的介绍），其中，正点原子 STM32F1 系列板卡配置 SysTick 的时钟源频率为 CPU 时钟频率的 1/8，而其他板卡配置 SysTick 的时钟源频率与 CPU 的时钟源频率相同。同时为了使 delay.c 文件中的阻塞延时能够正常使用，正点原子 STM32F1 系列板卡须在 FreeRTOSConfig.h 文件中配置 configSYSTICK_CLOCK_HZ，具体的配置如下所示：

```
#define configSYSTICK_CLOCK_HZ (configCPU_CLOCK_HZ / 8)
```

注意，宏 configSYSTICK_CLOCK_HZ 只有在 SysTick 的时钟源频率与 CPU 时钟源频率不同时才可以定义。

8.1.2 小节提到，函数 xPortStartScheduler() 会对 SysTick 进行配置，下面列出函数 xPortStartScheduler() 中对 SysTick 配置的关键代码：

```
portNVIC_SHPR3_REG |= portNVIC_SYSTICK_PRI;
vPortSetupTimerInterrupt();
```

其中，第一行代码用于设置 SysTick 的中断优先级为最低优先等级。然后调用函数 vPortSetupTimerInterrupt() 对 SysTick 进行配置。函数 vPortSetupTimerInterrupt() 在 port.c 文件中有定义，具体的代码如下所示：

```
__weak void vPortSetupTimerInterrupt(void)
{
    /* 省略低功耗 Tickless 模式无关代码 */
    /* 清空 SysTick 控制状态寄存器 */
    portNVIC_SYSTICK_CTRL_REG = 0UL;
    /* 清空 SysTick 当前数值寄存器 */
    portNVIC_SYSTICK_CURRENT_VALUE_REG = 0UL;
    /* 根据配置的系统时钟节拍频率，设置 SysTick 重装载寄存器 */
    portNVIC_SYSTICK_LOAD_REG =
        (configSYSTICK_CLOCK_HZ / configTICK_RATE_HZ) - 1UL;
    /* 设置 SysTick 控制状态寄存器，
     * 设置 SysTick 时钟源不分频(与 CPU 时钟源同频率)
     * 开启 SysTick 计数清零中断(SysTick 为向下计数)
     * 开启 SysTick 计数
     */
    portNVIC_SYSTICK_CTRL_REG = (portNVIC_SYSTICK_CLK_BIT |
                                 portNVIC_SYSTICK_INT_BIT |
                                 portNVIC_SYSTICK_ENABLE_BIT);
}
```

12.1.3 FreeRTOS 系统时钟节拍处理

既然 FreeRTOS 的系统时钟节拍来自 SysTick,那么 FreeRTOS 系统时钟节拍的处理自然就是在 SysTick 的中断服务函数中完成的。2.1.3 小节中修改了 SysTick 的中断服务函数,该函数定义在 delay.c 文件中,具体的代码如下所示:

```
/**
 * @brief     systick 中断服务函数,使用 OS 时用到
 * @param     ticks: 延时的节拍数
 * @retval     无
 */
void SysTick_Handler(void)
{
    HAL_IncTick();
    /* OS 开始跑了才执行正常的调度处理 */
    if (xTaskGetSchedulerState() != taskSCHEDULER_NOT_STARTED)
    {
        xPortSysTickHandler();
    }
}
```

从上面的代码可以看出,在 SysTick 的中断服务函数中,除了调用函数 HAL_IncTick()外,还通过函数 xTaskGetSchedulerState()判断任务调度器是否运行。如果任务调度器运行,那么就调用函数 xPortSysTickHandler()处理 FreeRTOS 的时钟节拍及相关事务。

函数 xPortSysTickHandler()在 port.c 文件中有定义,具体的代码如下所示:

```
/* SyaTick 中断服务函数 */
void xPortSysTickHandler(void)
{
    /* 屏蔽所有受 FreeRTOS 管理的中断
     * SysTick 的中断优先级设置为最低的中断优先等级,所以须屏蔽所有受 FreeRTOS 管
       理的中断
     */
    vPortRaiseBASEPRI();
    {
        /* 处理系统时钟节拍,并决定是否进行任务切换
         */
        if (xTaskIncrementTick() != pdFALSE)
        {
            /* 需要进行任务切换,这是中断控制状态寄存器,以挂起 PendSV 异常
             */
            portNVIC_INT_CTRL_REG = portNVIC_PENDSVSET_BIT;
        }
    }
    /* 取消中断屏蔽 */
    vPortClearBASEPRIFromISR();
}
```

从上面的代码可以看出，函数 xPortSysTickHandler()调用了函数 xTaskIncrementTick()来处理系统时钟节拍。在调用函数 xTaskIncrementTick()前后分别屏蔽了受 FreeRTOS 管理的中断和取消中断屏蔽，这是因为 SysTick 的中断优先级设置为最低的中断优先等级，在 SysTick 的中断中处理 FreeRTOS 的系统时钟节拍时并不希望受到其他中断的影响。通过函数 xTaskIncrementTick()处理完系统时钟节拍和相关事务后，再根据函数 xTaskIncrementTick 的返回值决定是否进行任务切换；如果进行任务切换，就触发 PendSV 异常。在本次 SysTick 中断及其他中断处理完成后就会进入 PendSV 的中断服务函数进行任务切换，详细可查看第 9 章介绍。

接下来分析函数 xTaskIncrementTick()是如何处理系统时钟节拍及相关事务的。函数 xTaskIncrementTick()在 task.c 文件中有定义，具体的代码如下所示：

```
BaseType_t xTaskIncrementTick(void)
{
    TCB_t * pxTCB;
    TickType_t xItemValue;
    BaseType_t xSwitchRequired = pdFALSE;
    /* 判断任务调度器是否运行
     * 只有任务调度器正在运行的情况下，才做相应处理
     */
    if (uxSchedulerSuspended == (UBaseType_t) pdFALSE)
    {
        /* 使用 const 定义，表示在此次 SysTick 中断的整个过程中系统时钟节拍的值不
           会再改变
         */
        const TickType_t xConstTickCount = xTickCount + (TickType_t) 1;
        /* 此全局变量为系统时钟节拍计数器 */
        xTickCount = xConstTickCount;
        /* 如果系统时钟节拍计数器的值为 0，说明系统时钟节拍计数器已经溢出了
         * 因此需要做相应的处理
         */
        if (xConstTickCount == (TickType_t) 0U)
        {
            /* 切换阻塞态任务列表
             * 这里定义两个阻塞态任务列表就是为了解决系统节拍计数器溢出的问题
             */
            taskSWITCH_DELAYED_LISTS();
        }
        /* 检查是否有阻塞任务阻塞超时
         * 阻塞态任务列表中的阻塞任务是按照阻塞超时时间排序的
         * 因此，只要按顺序检查出一个未超时的阻塞任务就没必要再往下检查了
         */
        if (xConstTickCount >= xNextTaskUnblockTime)
        {
            for(; ;)
            {
```

```
                /* 判断阻塞态任务列表中是否有阻塞任务 */
                if (listLIST_IS_EMPTY (pxDelayedTaskList) != pdFALSE)
                {
                    /* 此全局变量用于记录下一个阻塞任务的阻塞超时系统节拍
                     * 阻塞态任务列表中没有阻塞任务,故将此全局变量设置为最大值
                     */
                    xNextTaskUnblockTime = portMAX_DELAY;
                    break;
                }
                else
                {
                    /* 获取阻塞态任务列表中第一个阻塞任务的任务状态列表项值
                     * 这个值记录了该阻塞任务的阻塞超时系统时钟节拍
                     */
                    pxTCB = listGET_OWNER_OF_HEAD_ENTRY (pxDelayedTaskList);
                    xItemValue =
                        listGET_LIST_ITEM_VALUE(& (pxTCB ->xStateListItem));
                    /* 判断阻塞任务的阻塞时间是否还未超时 */
                    if (xConstTickCount < xItemValue)
                    {
                        /* 如果阻塞任务的阻塞时间还未超时
                         * 则更新记录下一个阻塞任务阻塞超时时间的全局变量
                         * 并退出循环,因为阻塞态任务列表中没有超时的阻塞任务
                         */
                        xNextTaskUnblockTime = xItemValue;
                        break;
                    }
                    /* 将阻塞时间超时的阻塞任务从阻塞态任务列表中移除
                     */
                    listREMOVE_ITEM(& (pxTCB ->xStateListItem));
                    /* 判断阻塞任务是否正在等待事件发生
                     * 如果是,那么设置的等待时间(阻塞时间)已经超时
                     * 任务阻塞可能是等待事件引起的,也可能是调用 FreeRTOS 的延时
                     * 函数引起的
                     */
                    if(listLIST_ITEM_CONTAINER(&(pxTCB ->xEventListItem)) !=
                        NULL)
                    {
                        /* 等待事件的时间已经超时
                         * 将任务的事件列表项从等待的事件列表中移除
                         */
                        listREMOVE_ITEM(& (pxTCB ->xEventListItem));
                    }
                    /* 将阻塞超时的任务添加到就绪态任务列表中 */
                    prvAddTaskToReadyList (pxTCB);
                    /* 此宏用于启用抢占式调度 */
#if (configUSE_PREEMPTION == 1)
{
```

```
                    /* 在抢占式调度中
                     * 如果阻塞超时的任务优先级高于当前系统正在运行的任务
                     * 那么阻塞超时的任务将抢占 CPU 的使用权,因此需要进行任务
                       切换
                     */
                    if (pxTCB->uxPriority >= pxCurrentTCB->uxPriority)
                    {
                        /* 标记需要进行任务切换 */
                        xSwitchRequired = pdTRUE;
                    }
}
#endif
                }
            }
        }
        /* 宏 configUSE_TIME_SLICING 用于启用时间片调度 */
#if ((configUSE_PREEMPTION == 1) && (configUSE_TIME_SLICING == 1))
{
        /* 判断当前系统正在运行的任务所在优先级就绪态任务列表中是否还有其他优
         * 先级相同的任务
         * 如果有,由于使能了时间片调度,因此需要进行任务切换
         * 切换到下一个相同优先级的任务
         */
        if (listCURRENT_LIST_LENGTH(
                &(pxReadyTasksLists[pxCurrentTCB->uxPriority])) >
            (UBaseType_t) 1)
        {
            /* 标记需要进行任务切换 */
            xSwitchRequired = pdTRUE;
        }
}
#endif
        /* 此宏用于使能系统时钟节拍钩子函数
         * 使用此宏时需要用户定义相关的钩子函数
         */
#if (configUSE_TICK_HOOK == 1)
{
        /* 防止在任务调度器恢复后补偿处理完成之前调用钩子函数
         */
        if (xPendedTicks == (TickType_t) 0)
        {
            vApplicationTickHook();
        }
}
#endif
        /* 此宏用于启用抢占式调度 */
#if (configUSE_PREEMPTION == 1)
{
        /* 此全局变量用于在系统运行的任意时刻标记需要进行任务切换
```

```
                *  此全局变量在此时统一处理
                */
            if (xYieldPending ! = pdFALSE)
            {
                /*标记需要进行任务调度*/
                xSwitchRequired = pdTRUE;
            }
    }
    #endif
        }
        else
        {
            /*此全局变量用于记录在任务调度器挂起的情况下 SysTick 中断了多少次
             *以便在任务调度器恢复后作相应的补偿处理
             */
            ++xPendedTicks;
            /*此宏用于使能系统时钟节拍钩子函数
             *使用此宏时需要用户定义相关的钩子函数
             */
    #if (configUSE_TICK_HOOK == 1)
    {
            vApplicationTickHook();
    }
    #endif
            }
        /*返回是否需要进行任务切换标志*/
        return xSwitchRequired;
    }
```

从上面的代码可以看到，函数 xTaskIncrementTick()处理了系统时钟节拍、阻塞任务列表、时间片调度等。

处理系统时钟节拍，就是在每次 SysTick 中断发生的时候，将全局变量 xTickCount 的值加 1，也就是将系统时钟节拍计数器的值加 1。

处理阻塞任务列表，就是判断阻塞态任务列表中是否有阻塞任务超时，如果有，就将阻塞时间超时的阻塞态任务移到就绪态任务列表中准备执行。同时在系统时钟节拍计数器 xTickCount 的加 1 溢出后，将两个阻塞态任务列表调换，这是 FreeRTOS 处理系统时钟节拍计数器溢出的一种机制。

处理时间片调度，就是在每次系统时钟节拍加 1 后，切换到另外一个同等优先级的任务中运行。注意，此函数只是做了需要进行任务切换的标记，在函数退出后会统一进行任务切换，因此时间片调度导致的任务切换也可能因为有更高优先级的阻塞任务就绪导致任务切换，于是出现任务切换后运行的任务比任务切换前运行任务的优先级高而非相等优先级的情况。

12.2 FreeRTOS 任务延时函数

FreeRTOS 提供了与任务延时相关的 API 函数，如表 12.1 所列。

表 12.1　FreeRTOS 任务延时相关 API 函数

函　数	描　述
vTaskDelay()	任务延时函数，延时单位：系统时钟节拍
vTaskDelayUntil()	任务绝对延时函数，延时单位：系统时钟节拍
xTaskAbortDelay()	终止任务延时函数

1. 函数 vTaskDelay()

函数 vTaskDelay()用于对任务进行延时，延时的时间单位为系统时钟节拍；如果需要使用子函数，则需要将 FreeRTOSConfig.h 文件中 INCLUDE_vTaskDelay 项配置为 1。此函数在 task.c 文件中有定义，具体的代码如下所示：

```
void vTaskDelay (const TickType_t xTicksToDelay)
{
    BaseType_t xAlreadyYielded = pdFALSE;
    /* 只有在延时时间大于 0 的时候，才需要进行任务阻塞
     * 否则相当于强制进行任务切换，而不阻塞任务
     */
    if (xTicksToDelay > (TickType_t) 0U)
    {
        configASSERT (uxSchedulerSuspended == 0);
        /* 挂起任务调度器 */
        vTaskSuspendAll();
        {
            /* 将任务添加到阻塞态任务列表中 */
            prvAddCurrentTaskToDelayedList (xTicksToDelay,pdFALSE);
        }
        /* 恢复任务调度器运行，调用此函数会返回是否需要进行任务切换
         */
        xAlreadyYielded = xTaskResumeAll();
    }
    /* 根据标志进行任务切换 */
    if (xAlreadyYielded == pdFALSE)
    {
        portYIELD_WITHIN_API();
    }
}
```

① 使用函数 vTaskDelay()进行任务延时时，被延时的任务为调用该函数的任务，即调用该函数时系统中正在运行的任务，此函数无法指定将其他任务进行任务延时。

② 函数 vTaskDelay()传入的参数 xTicksToDelay 是任务被延时的具体延时时间,时间的单位为系统时钟节拍。注意,不要以为此函数延时的时间单位为微秒、毫秒、秒等物理时间单位,FreeRTOS 是以系统时钟节拍作为计量的时间单位的,而系统时钟节拍对应的物理时间长短与 FreeRTOSConfig. h 文件中的配置项 configTICK_RATE_HZ 有关。配置项 configTICK_RATE_HZ 用于配置系统时钟节拍的频率,本书中所有配套例程将此配置项配置成了 1 000,即系统时钟节拍的频率为 1 000,换算过来,一个系统时钟节拍就是 1 ms。

③ 在使用此函数进行任务延时时,如果传入的参数为 0,那表明不进行任务延时,而是强制进行一次任务切换。

④ 在使用此函数进行任务延时时,会调用函数 prvAddCurrentTaskToDelayedList()将被延时的任务添加到阻塞态任务列表中进行延时,系统会在每一次 SysTick 中断发生时处理阻塞态任务列表,详细可参考 12.1.3 小节介绍。其中,函数 prvAddCurrentTaskToDelayedList()在 task. c 文件中有定义,具体的代码如下所示:

```
static void prvAddCurrentTaskToDelayedList(
        TickType_t xTicksToWait,                /* 阻塞时间 */
        const BaseType_t xCanBlockIndefinitely)/* 是否无期限阻塞(阻塞时间为最大值) */
{
    TickType_t xTimeToWake;
    const TickType_t xConstTickCount = xTickCount;
    /* 此宏用于开启任务延时中断功能 */
#if (INCLUDE_xTaskAbortDelay == 1)
{
    /* 如果开启了任务延时中断功能
     * 那么将任务的延时中断标志复位设置为假
     * 当任务延时被中断时,再将其设置为真
     */
    pxCurrentTCB->ucDelayAborted = pdFALSE;
}
#endif
    /* 将当前任务从所在任务列表中移除
     * 当前任务为调用了会触发阻塞的 API 函数的任务
     * 当前任务的状态一定时为就绪态
     */
    if (uxListRemove(& (pxCurrentTCB->xStateListItem)) ==
        (UBaseType_t) 0)
    {
        /* 如果将当前任务从所在就绪态任务列表中移除后,而原本所在就绪态任务列表
         * 中没有其他任务
         * 那么将任务优先级记录中该任务的优先级清除
         */
        portRESET_READY_PRIORITY (pxCurrentTCB->uxPriority,
            uxTopReadyPriority);
    }
```

```
    /* 此宏用于启用任务挂起功能 */
#if (INCLUDE_vTaskSuspend == 1)
{
    /* 如果阻塞的时间为最大值并且允许任务被无期限阻塞
     * 入参 xCanBlockIndefinitely 用于定义,在入参 xTicksToWait 为最大值的情况下
     * 是否将任务无期限阻塞,即将任务挂起
     */
    if ((xTicksToWait == portMAX_DELAY) &&
        (xCanBlockIndefinitely != pdFALSE))
    {
        /* 将任务添加到挂起态任务列表中进行挂起,即将任务无期限阻塞
         */
        listINSERT_END(&xSuspendedTaskList,
            &(pxCurrentTCB->xStateListItem));
    }
    else
    {
        /* 计算任务在未被取消阻塞时系统时钟节拍计数器的值
         * 计算出来的值可能会出现溢出的情况,但系统会有相应的处理机制,即两个阻塞
         * 态任务列表
         */
        xTimeToWake = xConstTickCount + xTicksToWait;
        /* 设置任务的状态列表项的值为计算出来的值
         * 那么在 SysTick 中断服务函数中处理阻塞态任务列表时,就可以通过这个值判
         * 断任务是否阻塞超时
         */
        listSET_LIST_ITEM_VALUE(&(pxCurrentTCB->xStateListItem),
            xTimeToWake);
        /* 如果计算出来的值溢出 */
        if (xTimeToWake < xConstTickCount)
        {
            /* 将任务添加到阻塞超时时间溢出列表 */
            vListInsert (pxOverflowDelayedTaskList,
                &(pxCurrentTCB->xStateListItem));
        }
        else
        {
            /* 将任务添加到阻塞态任务列表 */
            vListInsert (pxDelayedTaskList, &(pxCurrentTCB->xStateListItem));
            /* 全局变量 xNextTaskUnblockTime 用于保存系统中最近要发生超时的系统节
             * 拍计数器的值
             */
            if (xTimeToWake < xNextTaskUnblockTime)
            {
                /* 有新的任务阻塞,因此要更新 xNextTaskUnblockTime */
                xNextTaskUnblockTime = xTimeToWake;
            }
        }
    }
```

```
    }
    #else
    {
        /* 计算任务在未来被取消阻塞时系统时钟节拍计数器的值
         * 计算出来的值可能会出现溢出的情况
         * 但系统会有相应的处理机制,即两个阻塞态任务列表
         */
        xTimeToWake = xConstTickCount + xTicksToWait;
        /* 设置任务的状态列表项的值为计算出来的值
         * 那么在 SysTick 中断服务函数中处理阻塞态任务列表时,就可以通过这个值判断任
         * 务时是否阻塞超时
         */
        listSET_LIST_ITEM_VALUE(& (pxCurrentTCB ->xStateListItem),xTimeToWake);
        /* 如果计算出来的值溢出 */
        if (xTimeToWake < xConstTickCount)
        {
            /* 将任务添加到阻塞超时时间溢出列表 */
            vListInsert (pxOverflowDelayedTaskList,
                & (pxCurrentTCB ->xStateListItem));
        }
        else
        {
            /* 将任务添加到阻塞态任务列表 */
            vListInsert (pxDelayedTaskList, & (pxCurrentTCB ->xStateListItem));
            /* 全局变量 xNextTaskUnblockTime 用于保存
             * 系统中最近要发生超时的系统节拍计数器的值
             */
            if (xTimeToWake < xNextTaskUnblockTime)
            {
                /* 有新的任务阻塞,因此要更新 xNextTaskUnblockTime */
                xNextTaskUnblockTime = xTimeToWake;
            }
        }
        /* 不使用任务挂起功能,就不使用这个入参 */
        (void) xCanBlockIndefinitely;
    }
    #endif
}
```

① 函数 prvAddCurrentTaskToDelayedList()是将当前任务添加到阻塞态任务列表中。其中,入参 xTicksToWait 就是要任务被阻塞的时间;入参 xCanBlockIndefinitely 为当 xTicksToWait 为最大值时,是否运行将任务无期限阻塞,即将任务挂起,当然,能够这样做的前提是,在 FreeRTOSConfig. h 文件中开启了挂起任务功能。

② 此函数在将任务添加到阻塞态任务列表中后,还会更新全局变量 xNextTaskUnblockTime,全局变量 xNextTaskUnblockTime 用于记录系统中所有阻塞态任务中未来最近一个阻塞超时任务的阻塞超时时系统时钟节拍计数器的值,因此,在往阻塞态任务列表添加任务后就需要更新这个全局变量,因为新添加的阻塞态任务

可能是未来系统中最早阻塞超时的阻塞任务。

2. 函数 vTaskDelayUntil()

函数 vTaskDelayUntil()用于以一个绝对的时间阻塞任务，适用于需要按照一定频率运行的任务。函数 vTaskDelayUntil()实际上是一个宏，在 task.h 文件中有定义，具体的代码如下所示：

```
#define vTaskDelayUntil(pxPreviousWakeTime, xTimeIncrement)             \
{                                                                       \
    (void) xTaskDelayUntil(pxPreviousWakeTime, xTimeIncrement);         \
}
```

从上面的代码可以看出，宏 vTaskDelayUntil()实际上就是函数 xTaskDelayUntil()。函数 xTaskDelayUntil()在 task.c 文件中有定义，具体的代码如下所示：

```
BaseType_t xTaskDelayUntil(
        TickType_t * const pxPreviousWakeTime,      /* 上一次阻塞超时时间 */
        const TickType_t xTimeIncrement)            /* 延时的时间 */
{
    TickType_t xTimeToWake;
    BaseType_t xAlreadyYielded,xShouldDelay = pdFALSE;
    configASSERT (pxPreviousWakeTime);
    configASSERT((xTimeIncrement > 0U));
    configASSERT (uxSchedulerSuspended == 0);
    /* 挂起任务调度器 */
    vTaskSuspendAll();
    {
        const TickType_t xConstTickCount = xTickCount;
        /* 计算任务下一次阻塞超时的时间
         * 这个阻塞超时时间是相对于上一次阻塞超时的时间的
         */
        xTimeToWake = * pxPreviousWakeTime + xTimeIncrement;
        /* 如果在上一次阻塞超时后系统时钟节拍计数器溢出过
         */
        if (xConstTickCount < * pxPreviousWakeTime)
        {
            /* 只有在下一次阻塞超时时间也溢出
             * 并且下一次阻塞超时时间大于系统时钟节拍计数器的值时才需要做相应
             * 的溢出处理，否则就好像没有溢出
             */
            if((xTimeToWake < * pxPreviousWakeTime) &&
                (xTimeToWake > xConstTickCount))
            {
                /* 标记因为溢出，需要做相应的处理 */
                xShouldDelay = pdTRUE;
            }
        }
        else
        {
```

```
            /* 系统时钟节拍计数器没有溢出,但是下一次阻塞超时时间溢出了
             * 并且下一次阻塞超时时间大于系统时钟节拍计数器的值时,需要做相应的
               溢出处理
             */
            if ((xTimeToWake < * pxPreviousWakeTime) ||
                (xTimeToWake > xConstTickCount))
            {
                /* 标记因为溢出,需要做相应的溢出处理 */
                xShouldDelay = pdTRUE;
            }
        }
        /* 更新上一次阻塞超时时间为下一次阻塞超时时间 */
        * pxPreviousWakeTime = xTimeToWake;
        /* 根据标记做相应的溢出处理 */
        if (xShouldDelay != pdFALSE)
        {
            /* 将任务添加到阻塞态任务列表中 */
            prvAddCurrentTaskToDelayedList (xTimeToWake - xConstTickCount,
                pdFALSE);
        }
    }
    /* 恢复任务调度器运行,调用此函数会返回是否需要进行任务切换
     */
    xAlreadyYielded = xTaskResumeAll();
    /* 根据标志进行任务切换 */
    if (xAlreadyYielded == pdFALSE)
    {
        portYIELD_WITHIN_API();
    }
    return xShouldDelay;
}
```

从上面的代码可以看出,函数 xTaskDelayUntil()对任务进行延时操作,是相对于任务上一次阻塞超时的时间,而不是相对于系统当前的时钟节拍计数器的值,因此,函数能够更准确地以一定的频率进行任务延时,更加适用于需要按照一定频率运行的任务。

3. 函数 xTaskAbortDelay()

函数 xTaskAbortDelay()用于终止处于阻塞态任务的阻塞,在 task.c 文件中有定义,具体的代码如下所示:

```
BaseType_t xTaskAbortDelay (TaskHandle_t xTask)
{
    TCB_t * pxTCB = xTask;
    BaseType_t xReturn;
    configASSERT (pxTCB);
    /* 挂起任务调度器 */
    vTaskSuspendAll();
    {
```

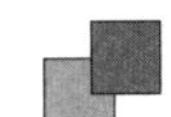

```
        /* 被中断阻塞时的任务一定处于阻塞状态 */
        if (eTaskGetState (xTask) == eBlocked)
        {
            xReturn = pdPASS;
            /* 将任务从所在任务列表(阻塞态任务列表)中移除 */
            (void) uxListRemove(& (pxTCB->xStateListItem));
            /* 进入临界区 */
            taskENTER_CRITICAL();
            {
                /* 阻塞任务因为等待时间而被阻塞
                 * 要中断任务阻塞,因此将任务从所在事件列表中移除
                 */
                if (listLIST_ITEM_CONTAINER(& (pxTCB->xEventListItem)) !=
                    NULL)
                {
                    /* 将任务从所在事件列表中移除 */
                    (void) uxListRemove(& (pxTCB->xEventListItem));
                    /* 标记任务阻塞被中断 */
                    pxTCB->ucDelayAborted = pdTRUE;
                }
            }
            /* 退出临界区 */
            taskEXIT_CRITICAL();
            /* 将任务添加到就绪态任务列表中 */
            prvAddTaskToReadyList (pxTCB);
            /* 此宏用于启用抢占式调度 */
#if (configUSE_PREEMPTION == 1)
{
            /* 如果启用了抢占式调度
             * 则需要判断刚添加到就绪态任务列表中的任务
             * 是否为系统中优先级最高的就绪态任务
             * 如果是,就需要进行任务切换
             */
            if (pxTCB->uxPriority > pxCurrentTCB->uxPriority)
            {
                /* 标记需要进行任务切换 */
                xYieldPending = pdTRUE;
            }
}
#endif
        }
        else
        {
            /* 待取消阻塞的任务不处于阻塞态
             * 返回错误
             */
            xReturn = pdFAIL;
        }
    }
```

```
    /* 恢复任务调度器 */
    (void) xTaskResumeAll();
    return xReturn;
}
```

① 函数 xTaskAbortDelay()会将阻塞任务从阻塞态任务列表中移除,并将任务添加到就绪态任务列表中。

② 因为有任务添加到就绪态任务列表中,因此需要的启用抢占式调度的情况下,判断刚添加就绪态任务列表中的任务是否为系统中优先级最高的任务;如果是,则需要进行任务切换。这就是抢占式调度的抢占机制。

③ 任务被阻塞可能不仅仅因为是被延时,还有可能是在等待某个事件的发生;如果任务是因为等待事件而被阻塞,那么中断阻塞的时候需要将任务从所在事件列表中移除。

第13章 FreeRTOS队列

在实际的项目开发中,经常会遇到在任务与任务之间或任务与中断之间需要进行"沟通交流"的情况,这里的"沟通交流"就是消息传递的过程。在不使用操作系统的情况下,函数与函数,或函数与中断之间的"沟通交流"一般使用一个或多个全局变量来完成,但是在操作系统中,因为会涉及"资源管理"的问题,比方说读/写冲突,因此使用全局变量在任务与任务或任务与中断之间进行消息传递并不是很好的解决方案。FreeRTOS为此提供了"队列"的机制。本章就来学习FreeRTOS中的队列。

本章分为如下几部分:

13.1 FreeRTOS队列简介

队列是一种任务到任务、任务到中断、中断到任务数据交流的一种机制。在队列中可以存储数量有限、大小固定的多个数据,队列中的每一个数据叫队列项目,队列能够存储队列项目的最大数量称为队列的长度。在创建队列的时候,就需要指定所创建队列的长度及队列项目的大小。因为队列是用来在任务与任务或任务与中断之间传递消息的一种机制,因此队列也叫消息队列。

基于队列,FreeRTOS实现了多种功能,包括队列集、互斥信号量、计数型信号量、二值信号量、递归互斥信号量等,因此很有必要深入了解FreeRTOS的队列。

1. 数据存储

队列通常采用FIFO(先进先出)的存储缓冲机制,当有新的数据被写入队列中时,永远都是写入到队列的尾部;而从队列中读取数据时,永远都是读取队列的头部数据。但同时FreeRTOS的队列也支持将数据写入到队列的头部,并且还可以指定是否覆盖先前已经在队列头部的数据。

2. 多任务访问

队列不属于某个特定的任务，可以在任何的任务或中断中往队列中写入消息，或者从队列中读取消息。

3. 队列读取阻塞

在任务从队列读取消息时，可以指定一个阻塞超时时间。如果任务在读取队列时队列为空，则任务将被根据指定的阻塞超时时间添加到阻塞态任务列表中进行阻塞，以等待队列中有可用的消息。当有其他任务或中断将消息写入队列中且因等待队列而阻塞任务时，将会被添加到就绪态任务列表中，并读取队列中的可用消息。如果任务因等待队列而阻塞的时间超过指定的阻塞超时时间，那么任务也将自动被转移到就绪态任务列表中，但不再读取队列中的数据。

因为同一个队列可以被多个任务读取，因此可能会有多个任务因等待同一个队列而被阻塞。在这种情况下，如果队列中有可用的消息，那么也只有一个任务会被解除阻塞并读取到消息，并且会按照阻塞的先后和任务的优先级决定应该解除哪一个队列读取阻塞任务。

4. 队列写入阻塞

与队列读取一样，在任务往队列写入消息时，也可以指定一个阻塞超时时间。如果任务在写入队列时队列已经满了，则任务将被根据指定的阻塞超时时间添加到阻塞态任务列表中进行阻塞，以等待队列有空闲的位置可以写入消息。指定的阻塞超时时间为任务阻塞的最大时间，如果在阻塞超时时间到达之前队列有空闲的位置，那么队列写入阻塞任务将会解除阻塞，并往队列中写入消息；如果达到指定的阻塞超时时间而队列依旧没有空闲的位置写入消息，那么队列写入阻塞任务将会自动转移到就绪态任务列表中，但不会往队列中写入消息。

同一个队列可以被多个任务写入，因此可能有多个任务因等待同一个任务而被阻塞的情况。这时如果队列中有空闲的位置，那么之后一个任务会被解除阻塞并往队列中写入消息，并且会按照阻塞的先后和任务的优先级决定应该解除哪一个队列写入阻塞任务。

5. 队列操作

下面简单介绍一下队列操作的过程，包括创建队列、往队列写入消息、从队列读取消息等操作。

(1) 创建队列

图 13.1 创建了一个用于任务 A 与任务 B 之间“沟通交流”的队列，这个队列最大可容纳 5 个队列项目，即队列的长度为 5。刚创建的队列是不包含内容的，因此这个队列为空。

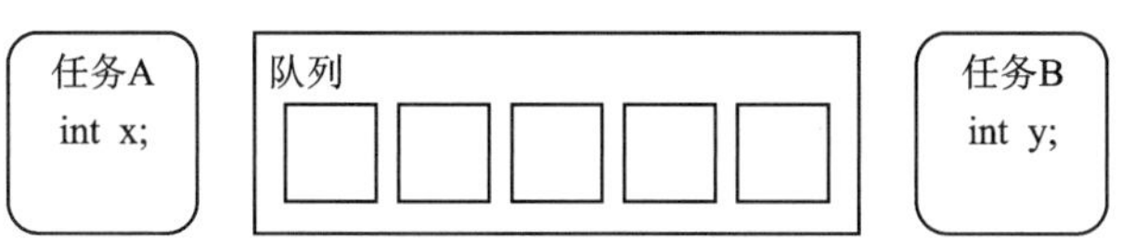

图 13.1　创建队列

(2) 往队列写入第一个消息

如图 13.2 所示，任务 A 将一个私有变量写入队列的尾部。由于在写入队列之前队列是空的，因此新写入的消息，既是队列的头部，也是队列的尾部。

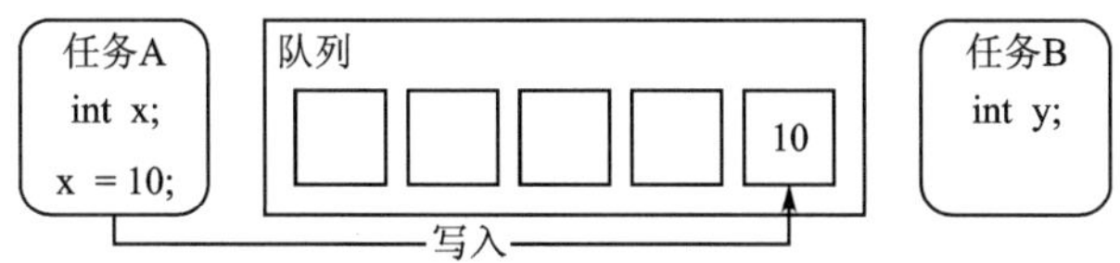

图 13.2　往队列写入第一个消息

(3) 往队列写入第二个消息

如图 13.3 所示，任务 A 改变了私有变量的值，并将新值写入队列。现在队列中包含了队列 A 写入的两个值，其中第一个写入的值在队列的头部，而新写入的值在队列的尾部。这时队列还有 3 个空闲的位置。

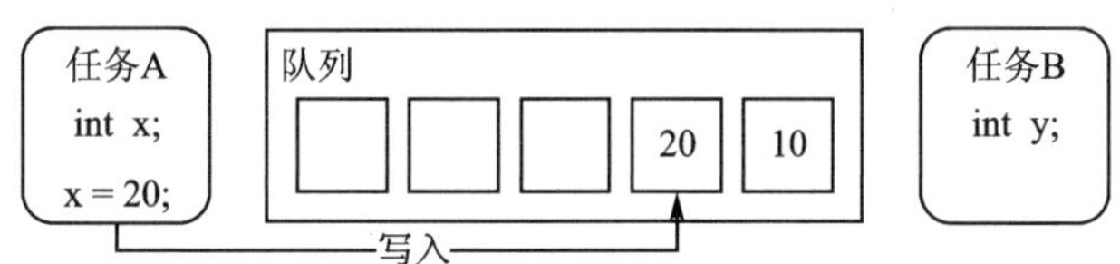

图 13.3　往队列写入第二个消息

(4) 从队列读取第一个消息

如图 13.4 所示，任务 B 从队列中读取消息，读取的消息是处于队列头部的消息，这是任务 A 第一次往队列中写入的消息。在任务 B 从队列中读取消息后，队列

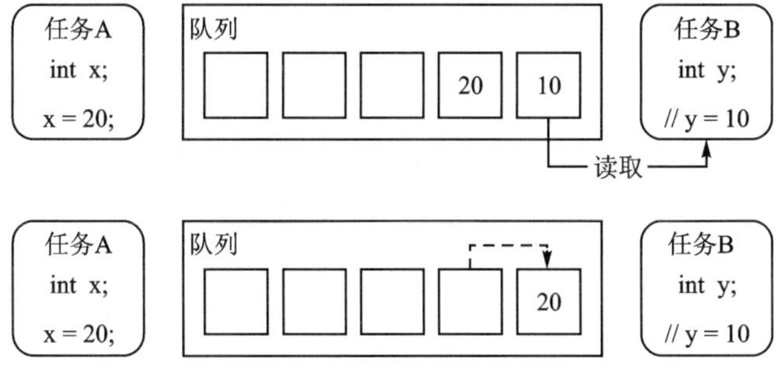

图 13.4　从队列读取第一个消息

中任务 A 第二次写入的消息变成了队列的头部,因此下次任务 B 再次读取消息时将读取到这个消息。此时队列中剩余 4 个空闲的位置。

13.2 FreeRTOS 队列相关 API 函数

13.2.1 队列结构体

队列的结构体为 Queue_t,在 queue.c 文件中有定义,具体的代码如下所示:

```
typedef struct QueueDefinition
{
    int8_t * pcHead;                                  /* 存储区域的起始地址 */
    int8_t * pcWriteTo;                               /* 下一个写入的位置 */
    /* 信号量是由队列实现的,此结构体能用于队列和信号量
     * 当用于队列时,使用联合体中的 xQueue
     * 当用于信号量时,使用联合体中的 xSemaphore
     */
    union
    {
        QueuePointers_t xQueue;
        SemaphoreData_t xSemaphore;
    } u;
    List_t xTasksWaitingToSend;                       /* 写入阻塞任务列表 */
    List_t xTasksWaitingToReceive;                    /* 读取阻塞任务列表 */
    volatile UBaseType_t uxMessagesWaiting;           /* 非空闲项目的数量 */
    UBaseType_t uxLength;                             /* 队列的长度 */
    UBaseType_t uxItemSize;                           /* 队列项目的大小 */
    /* 锁用于在任务因队列操作被阻塞前,防止中断或其他任务操作队列
     * 上锁期间,队列可以写入和读取消息,但不会操作队列阻塞任务列表
     * 当有消息写入时,cTxLock 加 1,当有消息被读取时,cRxLock 加 1
     * 在解锁时会统一处理队列的阻塞任务列表
     */
    volatile int8_t cRxLock;                          /* 读取上锁计数器 */
    volatile int8_t cTxLock;                          /* 写入上锁计数器 */
    /* 同时启用了静态和动态内存管理 */
#if ((configSUPPORT_STATIC_ALLOCATION == 1) && \
        (configSUPPORT_DYNAMIC_ALLOCATION == 1))
    uint8_t ucStaticallyAllocated;                    /* 静态创建标志 */
#endif
    /* 此宏用于使能启用队列集 */
#if (configUSE_QUEUE_SETS == 1)
    struct QueueDefinition * pxQueueSetContainer;     /* 指向队列所在队列集 */
#endif
    /* 此宏用于使能可视化跟踪调试 */
#if (configUSE_TRACE_FACILITY == 1)
    /* 仅用于调试,不用理会 */
    UBaseType_t uxQueueNumber;
```

```
    /* 队列的类型
     * 0：队列或队列集
     * 1：互斥信号量
     * 2：计数型信号量
     * 3：二值信号量
     * 4：可递归信号量
     */
    uint8_t ucQueueType;
#endif
} xQUEUE;
/* 重定义成 Queue_t */
typedef xQUEUE Queue_t;
```

前面说过 FreeRTOS 基于队列实现了互斥信号量和递归互斥信号量功能，队列的结构体中就包含了一个联合体 u。当队列结构体用作队列时，使用联合体 u 中的 xQueue，其数据类型为 QueuePointers_t，在 queue.c 文件中有定义，具体的代码如下所示：

```
typedef struct QueuePointers
{
    int8_t * pcTail;                        /* 存储区域的结束地址 */
    int8_t * pcReadFrom;                    /* 最后一次读取队列的位置 */
} QueuePointers_t;
```

而当队列结构体用于互斥信号量和递归互斥信号量时，则使用联合体 u 中的 xSemaphore，其数据类型为 SemaphoreData_t，在 queue.c 文件中有定义，具体的代码如下所示：

```
typedef struct SemaphoreData
{
    TaskHandle_t xMutexHolder;              /* 互斥信号量的持有者 */
    UBaseType_t uxRecursiveCallCount;       /* 递归互斥信号量被递归获取计数器 */
} SemaphoreData_t;
```

13.2.2　创建队列

FreeRTOS 中用于创建队列的 API 函数如表 13.1 所列。

表 13.1　队列创建 API 函数

函　数	描　述
xQueueCreate()	动态方式创建队列
xQueueCreateStatic()	静态方式创建队列

1. 函数 xQueueCreate()

此函数用于使用动态方式创建队列，队列所需的内存空间由 FreeRTOS 从 FreeRTOS 管理的堆中分配。函数 xQueueCreate()实际上是一个宏定义，在 queue.h 文件中有定义，具体的代码如下所示：

```
#define xQueueCreate (uxQueueLength,                                        \
                      uxItemSize)                                           \
        xQueueGenericCreate ((uxQueueLength),                               \
                             (uxItemSize),                                  \
                             (queueQUEUE_TYPE_BASE))
```

函数 xQueueCreate()的形参描述如表 13.2 所列。

表 13.2 函数 xQueueCreate()形参相关描述

形 参	描 述
uxQueueLength	队列长度
uxItemSize	队列项目的大小

函数 xQueueCreate()的返回值如表 13.3 所列。

表 13.3 函数 xQueueCreate()返回值相关描述

返回值	描 述
NULL	队列创建失败
其他值	队列创建成功,返回队列的起始地址

可以看到,函数 xQueueCreate()实际上是调用了函数 xQueueGenericCreate(),函数 xQueueGenericCreate()用于使用动态方式创建指定类型的队列。前面说 FreeRTOS 基于队列实现了多种功能,每一种功能对应一种队列类型。队列类型的 queue.h 文件中有定义,具体的代码如下所示:

```
#define queueQUEUE_TYPE_BASE                ((uint8_t) 0U)   /* 队列 */
#define queueQUEUE_TYPE_SET                 ((uint8_t) 0U)   /* 队列集 */
#define queueQUEUE_TYPE_MUTEX               ((uint8_t) 1U)   /* 互斥信号量 */
#define queueQUEUE_TYPE_COUNTING_SEMAPHORE  ((uint8_t) 2U)   /* 计数型信号量 */
#define queueQUEUE_TYPE_BINARY_SEMAPHORE    ((uint8_t) 3U)   /* 二值信号量 */
#define queueQUEUE_TYPE_RECURSIVE_MUTEX     ((uint8_t) 4U)   /* 递归互斥信号量 */
```

函数 xQueueGenericCreate()在 queue.c 文件中有定义,具体的代码如下所示:

```
QueueHandle_t xQueueGenericCreate(
    const UBaseType_t uxQueueLength,     /* 队列长度 */
    const UBaseType_t uxItemSize,        /* 队列项目的大小 */
    const uint8_t ucQueueType)           /* 队列类型 */
{
    Queue_t * pxNewQueue = NULL;
    size_t xQueueSizeInBytes;
    uint8_t * pucQueueStorage;
    /* 队列长度大于 0 才有意义
     * 检查参数设置
     */
    if ((uxQueueLength > (UBaseType_t) 0) &&
        ((SIZE_MAX / uxQueueLength) >= uxItemSize) &&
        ((SIZE_MAX - sizeof(Queue_t)) >= (uxQueueLength * uxItemSize)))
```

```
        {
            /* 计算队列存储空间需要的字节大小 */
            xQueueSizeInBytes = (size_t) (uxQueueLength * uxItemSize);
            /* 为队列申请内存空间
             * 队列控制块 + 队列存储区域
             */
            pxNewQueue = (Queue_t *) pvPortMalloc (sizeof (Queue_t) +
                                                   xQueueSizeInBytes);
            /* 内存申请成功 */
            if (pxNewQueue != NULL)
            {
                /* 获取队列存储区域的起始地址 */
                pucQueueStorage = (uint8_t *) pxNewQueue;
                pucQueueStorage += sizeof (Queue_t);
                /* 此宏用于启用支持静态内存管理 */
    #if (configSUPPORT_STATIC_ALLOCATION == 1)
    {
                /* 标记此队列为非静态申请内存 */
                pxNewQueue ->ucStaticallyAllocated = pdFALSE;
    }
    #endif
                /* 初始化队列 */
                prvInitialiseNewQueue(uxQueueLength,
                    uxItemSize,
                    pucQueueStorage,
                    ucQueueType,
                    pxNewQueue);
            }
        }
        return pxNewQueue;
    }
```

从上面的代码可以看出，函数 xQueueGenericCreate()主要负责为队列申请内存，然后调用函数 prvInitialiseNewQueue()对队列进行初始化。函数 prvInitialiseNewQueue()在 queue.c 文件中有定义，具体的代码如下所示：

```
    static void prvInitialiseNewQueue(
            const UBaseType_t uxQueueLength,      /* 队列长度 */
            const UBaseType_t uxItemSize,         /* 队列项目的大小 */
            uint8_t * pucQueueStorage,            /* 队列存储空间的起始地址 */
            const uint8_t ucQueueType,            /* 队列类型 */
            Queue_t * pxNewQueue)                 /* 队列结构体 */
    {
        /* 防止编译器警告(可能用不到这个入参) */
        (void) ucQueueType;
        /* 队列存储空间的起始地址 */
        if (uxItemSize == (UBaseType_t) 0)
        {
            /* 如果队列项目大小为 0(类型为信号量),那么就不需要存储空间
```

```
        */
        pxNewQueue->pcHead = (int8_t *) pxNewQueue;
    }
    else
    {
        pxNewQueue->pcHead = (int8_t *) pucQueueStorage;
    }
    /*队列长度*/
    pxNewQueue->uxLength = uxQueueLength;
    /*队列项目的大小*/
    pxNewQueue->uxItemSize = uxItemSize;
    /*重置队列*/
    (void) xQueueGenericReset (pxNewQueue,pdTRUE);
    /*此宏用于启用可视化跟踪调试*/
#if (configUSE_TRACE_FACILITY == 1)
{
    /*队列的类型*/
    pxNewQueue->ucQueueType = ucQueueType;
}
#endif
    /*此宏用于使能使用队列集*/
#if (configUSE_QUEUE_SETS == 1)
{
    /*队列所在队列集设置为空*/
    pxNewQueue->pxQueueSetContainer = NULL;
}
#endif
}
```

从上面的代码可以看出,函数 prvInitialiseNewQueue()主要用于初始化队列结构体中的成员变量,其中还会调用函数 xQueueGenericReset()对队列进行重置。函数 xQueueGenericReset()在 queue.c 文件中有定义,具体的代码如下所示:

```
BaseType_t xQueueGenericReset(
        QueueHandle_t xQueue,           /*待复位队列*/
        BaseType_t xNewQueue)           /*是否为新创建的队列*/
{
    BaseType_t xReturn = pdPASS;
    Queue_t * const pxQueue = xQueue;
    configASSERT (pxQueue);
    if ( (pxQueue != NULL) &&
        (pxQueue->uxLength >= 1U) &&
        ((SIZE_MAX / pxQueue->uxLength) >= pxQueue->uxItemSize))
    {
        /*进入临界区*/
        taskENTER_CRITICAL();
        {
            /*队列存储区域的结束地址*/
            pxQueue->u.xQueue.pcTail = pxQueue->pcHead +
```

```
            (pxQueue->uxLength * pxQueue->uxItemSize);
        /* 队列中非空闲项目数量 */
        pxQueue->uxMessagesWaiting = (UBaseType_t) 0U;
        /* 下一个写入的位置 */
        pxQueue->pcWriteTo = pxQueue->pcHead;
        /* 最后一次读取的位置 */
        pxQueue->u.xQueue.pcReadFrom = pxQueue->pcHead +
            ((pxQueue->uxLength - 1U) * pxQueue->uxItemSize);
        /* 读取上锁计数器 */
        pxQueue->cRxLock = queueUNLOCKED;
        /* 写入上锁计数器 */
        pxQueue->cTxLock = queueUNLOCKED;
        /* 判断是否为新创建的队列 */
        if (xNewQueue == pdFALSE)
        {
            /* 待复位的队列非新创建的队列 */
            /* 清空写入阻塞任务列表 */
            if (listLIST_IS_EMPTY(&(pxQueue->xTasksWaitingToSend)) ==
                pdFALSE)
            {
                if (xTaskRemoveFromEventList(
                        &(pxQueue->xTasksWaitingToSend)) !=
                    pdFALSE)
                {
                    /* 如果取消阻塞的任务优先级为就绪态任务中的最高优先级
                     * 则需要进行任务切换
                     */
                    queueYIELD_IF_USING_PREEMPTION();
                }
            }
        }
        else
        {
            /* 待复位的队列为新创建的队列 */
            /* 初始化写入和读取阻塞任务列表 */
            vListInitialise(&(pxQueue->xTasksWaitingToSend));
            vListInitialise(&(pxQueue->xTasksWaitingToReceive));
        }
    }
    /* 退出临界区 */
    taskEXIT_CRITICAL();
}
else
{
    xReturn = pdFAIL;
}
configASSERT(xReturn != pdFAIL);
return xReturn;
}
```

从上面的函数可以看出，函数 xQueueGenericReset()复位队列的操作也是复位队列的结构体中的成员变量。

以上就是使用函数 xQueueCreate()创建队列的整个流程，大致就是先为队列申请内存空间，然后初始化队列结构体中的成员变量。下面看一下使用静态方式创建队列的函数。

2. 函数 xQueueCreateStatic()

此函数用于使用静态方式创建队列，队列所需的内存空间需要用户手动分配并提供。函数 xQueueCreateStatic()实际上是一个宏定义，在 queue.h 文件中有定义，具体的代码如下所示：

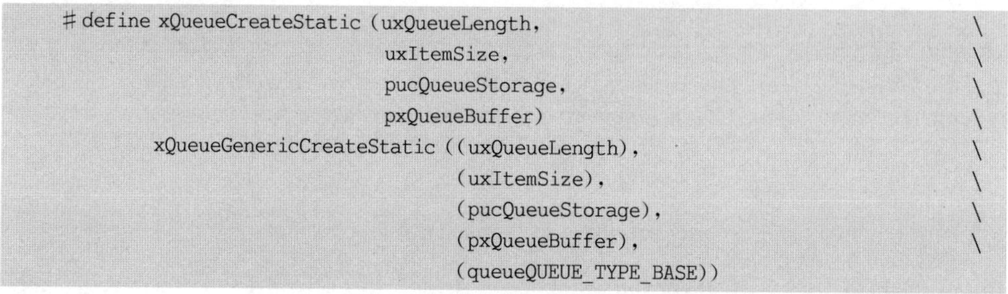

```
#define xQueueCreateStatic (uxQueueLength,                                   \
                            uxItemSize,                                      \
                            pucQueueStorage,                                 \
                            pxQueueBuffer)                                   \
        xQueueGenericCreateStatic ((uxQueueLength),                          \
                                   (uxItemSize),                             \
                                   (pucQueueStorage),                        \
                                   (pxQueueBuffer),                          \
                                   (queueQUEUE_TYPE_BASE))
```

函数 xQueueCreateStatic()的形参描述如表 13.4 所列。

表 13.4　函数 xQueueCreateStatic()形参相关描述

形　参	描　述
uxQueueLength	队列长度
uxItemSize	队列项目的大小
pucQueueStorage	队列存储区域的起始地址
pxQueueBuffer	静态队列结构体

函数 xQueueCreateStatic()的返回值如表 13.5 所列。

表 13.5　函数 xQueueCreateStatic()返回值相关描述

返回值	描　述
非 NULL	队列创建成功，返回队列的起始地址

可以看到，函数 xQueueCreateStatic()实际上是调用了函数 xQueueGenericCreateStatic()，函数 xQueueGenericCreateStatic()用于使用静态方式创建指定类型的队列。注意，函数 xQueueCreateStatic()的入参 pxQueueBuffer 的数据类型为 StaticQueue_t *，结构体 StaticQueue_t 本质上与前面讲的队列结构体 Queue_t 是一样的，区别在于 Queue_t 是在 queue.c 文件中定义的，属于 FreeRTOS 的内部结构体，对于数据隐藏策略而言，用户在应用程序开发时是无法访问 FreeRTOS 内部使用的结构体的，但是使用静态方式创建队列时，需要根据队列结构体的大小来分配内存，

因此用户需要在不访问队列结构体的前提下确定队列结构体的大小。因此 FreeRTOS 在 Free RTOS.h 文件中提供了 StaticQueue_t 结构体，具体的代码如下所示：

```
typedef struct xSTATIC_QUEUE
{
    /*
     * int8_t * pcHead
     * int8_t * pcWriteTo
     * int8_t * pcTail(用于队列时)或
     * TaskHandle_t xMutexHolder(用于互斥信号量时)
     */
    void * pvDummy1[ 3 ];
    /*
     * int8_t * pcReadFrom(用于队列时)或
     * UBaseType_t uxRecursiveCallCount(用户互斥信号量时)
     */
    union
    {
        void * pvDummy2;
        UBaseType_t uxDummy2;
    } u;
    /*
     * List_t xTasksWaitingToSend
     * List_t xTasksWaitingToReceive
     */
    StaticList_t xDummy3[ 2 ];
    /*
     * volatile UBaseType_t uxMessagesWaiting
     * UBaseType_t uxLength
     * UBaseType_t uxItemSize
     */
    UBaseType_t uxDummy4[ 3 ];
    /*
     * volatile int8_t cRxLock
     * volatile int8_t cTxLock
     */
    uint8_t ucDummy5[ 2 ];
 #if ((configSUPPORT_STATIC_ALLOCATION == 1) && \
    (configSUPPORT_DYNAMIC_ALLOCATION == 1))
    /*
     * uint8_t ucStaticallyAllocated
     */
    uint8_t ucDummy6;
 #endif
 #if (configUSE_QUEUE_SETS == 1)
    /*
     * struct QueueDefinition * pxQueueSetContainer
     */
    void * pvDummy7;
```

```
#endif
#if (configUSE_TRACE_FACILITY == 1)
    /*
     * UBaseType_t uxQueueNumber
     */
    UBaseType_t uxDummy8;
    /*
     * uint8_t ucQueueType
     */
    uint8_t ucDummy9;
#endif
} StaticQueue_t;
/* 重定义成 StaticSemaphore_t */
typedef StaticQueue_t StaticSemaphore_t;
```

从上面的代码中可以看出，结构体 StaticQueue_t 与结构体 Queue_t 是一一对应的，但是结构体 StaticQueue_t 的成员变量的命名方式都以 ucDummy 开头，这也表明用户应该使用这个结构体来确定队列结构体的大小，而不应该直接访问 StaticQueue_t 中的成员变量。

下面来看一下函数 xQueueGenericCreateStatic()是如何创建队列的。该函数在 queue.c 文件中有定义，具体的代码如下所示：

```
QueueHandle_t xQueueGenericCreateStatic(
        const UBaseType_t uxQueueLength,        /* 队列长度 */
        const UBaseType_t uxItemSize,           /* 队列项目的大小 */
        uint8_t * pucQueueStorage,              /* 队列存储区域的起始地址 */
        StaticQueue_t * pxStaticQueue,          /* 队列结构体的起始地址 */
        const uint8_t ucQueueType)              /* 队列类型 */
{
    Queue_t * pxNewQueue = NULL;
    configASSERT (pxStaticQueue);
    /* 队列长度大于 0 才有意义
     * 不允许提供队列控制块所需内存
     * 如果提供了存储区域所需内存，那项目大小就不能为 0
     * 如果项目大小不为 0，那就必须提供存储区域所需内存
     */
    if ( (uxQueueLength > (UBaseType_t) 0) &&
        (pxStaticQueue != NULL) &&
        (!((pucQueueStorage != NULL) && (uxItemSize == 0))) &&
        (!((pucQueueStorage == NULL) && (uxItemSize != 0))))
    {
        /* 以结构体 Queue_t 的方式获取 pxStaticQueue
         * 结构体 Queue_t 中的成员变量与结构体 StaticQueue_t 中的成员变量
         * 在内存上是一一对应的
         */
        pxNewQueue = (Queue_t *) pxStaticQueue;
        /* 此宏用于启用动态方式管理内存 */
#if (configSUPPORT_DYNAMIC_ALLOCATION == 1)
```

```
    {
            /* 标记队列是静态方式创建的 */
            pxNewQueue->ucStaticallyAllocated = pdTRUE;
    }
    #endif
            /* 初始化队列结构体中的成员变量 */
            prvInitialiseNewQueue (uxQueueLength,
                                   uxItemSize,
                                   pucQueueStorage,
                                   ucQueueType,
                                   pxNewQueue);
        }
        return pxNewQueue;
    }
```

从上面的代码中可以看出，因为用户已经提供了队列与其内存区域所需的内存，所以函数 xQueueGenericCreateStatic()只须调用函数 prvInitialiseNewQueue()初始化队列结构体中的成员变量即可。

13.2.3 队列写入消息

FreeRTOS 中用于往队列写入消息的 API 函数如表 13.6 所列。

表 13.6 往队列写入消息 API 函数

函　数	描　述
xQueueSend()	往队列的尾部写入消息
xQueueSendToBack()	同 xQueueSend()
xQueueSendToFront()	往队列的头部写入消息
xQueueOverwrite()	覆写队列消息(只用于队列长度为 1 的情况)
xQueueSendFromISR()	在中断中往队列的尾部写入消息
xQueueSendToBackFromISR()	同 xQueueSendFromISR()
xQueueSendToFrontFromISR()	在中断中往队列的头部写入消息
xQueueOverwriteFromISR()	在中断中覆写队列消息(只用于队列长度为 1 的情况)

1. 在任务中往队列写入消息的函数

在任务中往队列写入消息的函数有函数 xQueueSend()、xQueueSendToBack()、xQueueSendToFront()、xQueueOverwrite()，这 4 个函数实际上都是宏定义，在 queue.h 文件中有定义，具体的代码如下所示：

```
#define xQueueSend (            xQueue,                                        \
                                pvItemToQueue,                                 \
                                xTicksToWait)                                  \
```

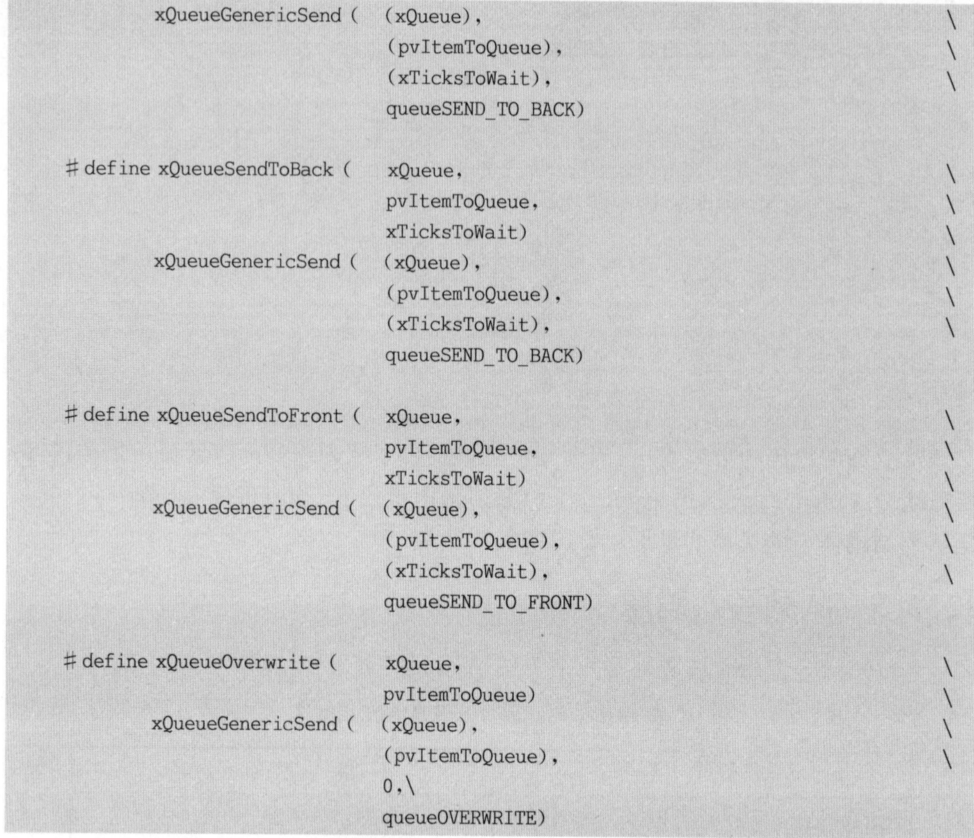

```
        xQueueGenericSend (  (xQueue),                                   \
                             (pvItemToQueue),                            \
                             (xTicksToWait),                             \
                             queueSEND_TO_BACK)

#define xQueueSendToBack (   xQueue,                                     \
                             pvItemToQueue,                              \
                             xTicksToWait)                               \
        xQueueGenericSend (  (xQueue),                                   \
                             (pvItemToQueue),                            \
                             (xTicksToWait),                             \
                             queueSEND_TO_BACK)

#define xQueueSendToFront (  xQueue,                                     \
                             pvItemToQueue,                              \
                             xTicksToWait)                               \
        xQueueGenericSend (  (xQueue),                                   \
                             (pvItemToQueue),                            \
                             (xTicksToWait),                             \
                             queueSEND_TO_FRONT)

#define xQueueOverwrite (    xQueue,                                     \
                             pvItemToQueue)                              \
        xQueueGenericSend (  (xQueue),                                   \
                             (pvItemToQueue),                            \
                             0,\
                             queueOVERWRITE)
```

从上面的代码中可以看到，函数 xQueueSend()、函数 xQueueSendToBack()、函数 xQueueSendToFront() 和函数 xQueueOverwrite() 实际上都是调用了函数 xQueueGenericSend()，只是指定了不同的写入位置。队列一共有 3 种写入位置，在 queue.h 文件中有定义，具体的代码如下所示：

```
#define queueSEND_TO_BACK      ((BaseType_t) 0)     /* 写入队列尾部 */
#define queueSEND_TO_FRONT     ((BaseType_t) 1)     /* 写入队列头部 */
#define queueOVERWRITE         ((BaseType_t) 2)     /* 覆写队列 */
```

注意，覆写方式写入队列，只有在队列的长度为 1 时才能够使用，这在后面讲解函数 xQueueGenericSend()时会提到。

函数 xQueueGenericSend()用于在任务中往队列的指定位置写入消息，原型如下所示：

```
BaseType_t xQueueGenericSend (QueueHandle_t           xQueue,
                              const void * const      pvItemToQueue,
                              TickType_t              xTicksToWait,
                              const BaseType_t        xCopyPosition);
```

函数 xQueueGenericSend()的形参描述如表 13.7 所列。

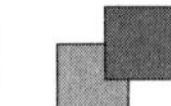

表 13.7 函数 xQueueGenericSend()形参相关描述

形 参	描 述
xQueue	待写入的队列
pvItemToQueue	待写入消息
xTicksToWait	阻塞超时时间
xCopyPosition	写入的位置

函数 xQueueGenericSend()的返回值如表 13.8 所列。

表 13.8 函数 xQueueGenericSend()返回值相关描述

返回值	描 述
pdTRUE	队列写入成功
errQUEUE_FULL	队列写入失败

函数 xQueueGenericSend()在 queue.c 文件中有定义，具体的代码如下所示：

```
BaseType_t xQueueGenericSend ( QueueHandle_t          xQueue,
                               const void * const     pvItemToQueue,
                               TickType_t             xTicksToWait,
                               const BaseType_t       xCopyPosition)
{
    BaseType_t xEntryTimeSet = pdFALSE,xYieldRequired;
    TimeOut_t xTimeOut;
    Queue_t * const pxQueue = xQueue;
    configASSERT (pxQueue);
    configASSERT(!((pvItemToQueue == NULL) &&
        (pxQueue ->uxItemSize ! = (UBaseType_t) 0U)));
    /* 这里限制了只有在队列长度为 1 时才能使用覆写 */
    configASSERT(!((xCopyPosition == queueOVERWRITE) &&
        (pxQueue ->uxLength ! = 1)));
    for(; ;)
    {
        /* 进入临界区 */
        taskENTER_CRITICAL();
        {
            /* 只有在队列有空闲位置或为覆写的情况才能写入消息
             */
            if ((pxQueue ->uxMessagesWaiting < pxQueue ->uxLength) ||
                (xCopyPosition == queueOVERWRITE))
            {
                /* 此宏用于使能启用队列集 */
#if (configUSE_QUEUE_SETS == 1)
{
                /* 获取队列中非空闲项目的数量 */
                const UBaseType_t uxPreviousMessagesWaiting =
                    pxQueue ->uxMessagesWaiting;
```

```
                /*将待写入消息按指定写入方式复制到队列中*/
                xYieldRequired =
                    prvCopyDataToQueue (pxQueue,pvItemToQueue,xCopyPosition);
                /*判断队列是否在队列集中*/
                if (pxQueue ->pxQueueSetContainer != NULL)
                {
                    /*写入位置为覆写,且队列非空闲项目数量不为0*/
                    if(     (xCopyPosition == queueOVERWRITE) &&
                        (uxPreviousMessagesWaiting != (UBaseType_t) 0))
                    {}
                    /*通知队列集*/
                    else if (prvNotifyQueueSetContainer (pxQueue) != pdFALSE)
                    {
                        /*根据需要进行任务切换*/
                        queueYIELD_IF_USING_PREEMPTION();
                    }
                }
                /*队列不在队列集中*/
                else
                {
                    /*队列的读取阻塞任务列表非空*/
                    if (listLIST_IS_EMPTY(
                            & (pxQueue ->xTasksWaitingToReceive)) ==
                        pdFALSE)
                    {
                        /*将队列读取阻塞任务从所在列表移除
                         *因为此时队列中已有可用消息
                         */
                        if (xTaskRemoveFromEventList(
                                & (pxQueue ->xTasksWaitingToReceive)) !=
                            pdFALSE)
                        {
                            /*根据需要进行任务切换*/
                            queueYIELD_IF_USING_PREEMPTION();
                        }
                    }
                    else if (xYieldRequired != pdFALSE)
                    {
                        /*在互斥信号量释放完且任务优先级恢复后需要进行任务切换
                         */
                        queueYIELD_IF_USING_PREEMPTION();
                    }
                }
    }
    #else
    {
                /*将消息写入到队列存储区域的指定位置*/
                xYieldRequired =
                    prvCopyDataToQueue (pxQueue,pvItemToQueue,xCopyPosition);
```

```
                /* 队列有阻塞的读取任务 */
                if (listLIST_IS_EMPTY(&(pxQueue->xTasksWaitingToReceive)) ==
                    pdFALSE)
                {
                    /* 将读取阻塞任务从队列读取任务阻塞列表中移除,因为此时队列
                     * 中已经有非空闲的项目了
                     */
                    if (xTaskRemoveFromEventList(
                            &(pxQueue->xTasksWaitingToReceive)) != 
                        pdFALSE)
                    {
                        /* 有任务解除阻塞后,需要根据任务的优先级进行任务切换
                         */
                        queueYIELD_IF_USING_PREEMPTION();
                    }
                }
                else if (xYieldRequired != pdFALSE)
                {
                    /* 在互斥信号量释放完且任务优先级恢复后,需要进行任务切换
                     */
                    queueYIELD_IF_USING_PREEMPTION();
                }
}
#endif
                /* 退出临界区 */
                taskEXIT_CRITICAL();
                return pdPASS;
            }
            else
            {
                /* 此时不能写入消息,因此要将任务阻塞 */
                if (xTicksToWait == (TickType_t) 0)
                {
                    /* 如果不选择阻塞等待 */
                    /* 退出临界区 */
                    taskEXIT_CRITICAL();
                    /* 返回队列满错误 */
                    return errQUEUE_FULL;
                }
                else if (xEntryTimeSet == pdFALSE)
                {
                    /* 队列满,任务需要阻塞
                     * 记录下此时系统节拍计数器的值和溢出次数
                     * 用于下面对阻塞时间进行补偿
                     */
                    vTaskInternalSetTimeOutState(&xTimeOut);
                    xEntryTimeSet = pdTRUE;
                }
            }
```

```
        }
        /* 退出临界区
         * 退出临界区后系统时钟节拍会发生更新
         * 因此任务如果需要阻塞,则需要对阻塞时间进行补偿
         */
        taskEXIT_CRITICAL();
        /* 挂起任务调度器 */
        vTaskSuspendAll();
        /* 队列上锁 */
        prvLockQueue (pxQueue);
        /* 判断阻塞时间补偿后是否还需要阻塞 */
        if (xTaskCheckForTimeOut(&xTimeOut, &xTicksToWait) == pdFALSE)
        {
            /* 阻塞时间补偿后还需要进行阻塞 */
            if (prvIsQueueFull (pxQueue) != pdFALSE)
            {
                /* 将任务添加到队列写入阻塞任务列表中进行阻塞 */
                vTaskPlaceOnEventList(& (pxQueue->xTasksWaitingToSend),
                    xTicksToWait);
                /* 解锁队列 */
                prvUnlockQueue (pxQueue);
                /* 恢复任务调度器 */
                if (xTaskResumeAll() == pdFALSE)
                {
                    /* 根据需要进行任务切换 */
                    portYIELD_WITHIN_API();
                }
            }
            else
            {
                /* 队列解锁 */
                prvUnlockQueue (pxQueue);
                /* 恢复任务调度器 */
                (void) xTaskResumeAll();
            }
        }
        /* 阻塞时间补偿后已不需要阻塞 */
        else
        {
            /* 解锁队列 */
            prvUnlockQueue (pxQueue);
            /* 恢复任务调度器 */
            (void) xTaskResumeAll();
            /* 返回队列满错误 */
            return errQUEUE_FULL;
        }
    }
}
```

2. 在中断中往队列写入消息的函数

在任务中往队列写入消息的函数有函数 xQueueSendFromISR()、xQueueSendToBackFromISR()、xQueueSendToFrontFromISR()、xQueueOverwriteFromISR()。这 4 个函数实际上都是宏定义，在 queue.h 文件中有定义。具体的代码如下所示：

```
#define xQueueSendFromISR (           xQueue,                              \
                                      pvItemToQueue,                       \
                                      pxHigherPriorityTaskWoken)           \
        xQueueGenericSendFromISR (    (xQueue),                            \
                                      (pvItemToQueue),                     \
                                      (pxHigherPriorityTaskWoken),         \
                                      queueSEND_TO_BACK)
#define xQueueSendToBackFromISR (     xQueue,                              \
                                      pvItemToQueue,                       \
                                      pxHigherPriorityTaskWoken)           \
        xQueueGenericSendFromISR (    (xQueue),                            \
                                      (pvItemToQueue),                     \
                                      (pxHigherPriorityTaskWoken),         \
                                      queueSEND_TO_BACK)
#define xQueueSendToFrontFromISR (    xQueue,                              \
                                      pvItemToQueue,                       \
                                      pxHigherPriorityTaskWoken)           \
        xQueueGenericSendFromISR (    (xQueue),                            \
                                      (pvItemToQueue),                     \
                                      (pxHigherPriorityTaskWoken),         \
                                      queueSEND_TO_FRONT)
#define xQueueOverwriteFromISR (      xQueue,                              \
                                      pvItemToQueue,                       \
                                      pxHigherPriorityTaskWoken)           \
        xQueueGenericSendFromISR (    (xQueue),                            \
                                      (pvItemToQueue),                     \
                                      (pxHigherPriorityTaskWoken),         \
                                      queueOVERWRITE)
```

从上面的代码中可以看到，函数 xQueueSendFromISR()、函数 xQueueSendToBackFromISR()、函数 xQueueSendToFrontFromISR() 和函数 xQueueOverwriteFromISR()实际上都是调用了函数 xQueueGenericSendFromISR()，只是指定了不同的写入位置。

函数 xQueueGenericSendFromISR()用于在中断中往队列的指定位置写入消息，原型如下所示：

```
BaseType_t xQueueGenericSendFromISR(
        QueueHandle_t           xQueue,
        const void * const      pvItemToQueue,
        BaseType_t * const      pxHigherPriorityTaskWoken,
        const BaseType_t        xCopyPosition);
```

函数 xQueueGenericSendFromISR()的形参描述如表 13.9 所列。

表 13.9　函数 xQueueGenericSendFromISR()形参相关描述

形　参	描　述
xQueue	待写入的队列
pvItemToQueue	待写入的消息
pxHigherPriorityTaskWoken	需要任务切换标记
xCopyPosition	写入的位置

函数 xQueueGenericSendFromISR()的返回值,如表 13.10 所列。

表 13.10　函数 xQueueGenericSendFromISR()返回值相关描述

返回值	描　述
pdTRUE	队列写入成功
errQUEUE_FULL	队列写入失败

函数 xQueueGenericSendFromISR()在 queue.c 文件中有定义,具体的代码如下所示:

```
BaseType_t xQueueGenericSendFromISR(
        QueueHandle_t           xQueue,
        const void * const      pvItemToQueue,
        BaseType_t * const      pxHigherPriorityTaskWoken,
        const BaseType_t        xCopyPosition)
{
    BaseType_t xReturn;
    UBaseType_t uxSavedInterruptStatus;
    Queue_t * const pxQueue = xQueue;
    configASSERT (pxQueue);
    configASSERT(!((pvItemToQueue == NULL) &&
        (pxQueue ->uxItemSize ! = (UBaseType_t) 0U)));
    /* 这里限制了只有在队列长度为 1 时才能使用覆写 */
    configASSERT(!((xCopyPosition == queueOVERWRITE) &&
        (pxQueue ->uxLength ! = 1)));
    /* 只有受 FreeRTOS 管理的中断才能调用该函数 */
    portASSERT_IF_INTERRUPT_PRIORITY_INVALID();
    /* 屏蔽受 FreeRTOS 管理的中断,保存并屏蔽前的状态,用于恢复
     */
    uxSavedInterruptStatus = portSET_INTERRUPT_MASK_FROM_ISR();
    {
        /* 有空闲的写入位置,或为覆写 */
        if((pxQueue ->uxMessagesWaiting < pxQueue ->uxLength) ||
            (xCopyPosition == queueOVERWRITE))
        {
            /* 获取任务的写入上锁计数器 */
            const int8_t cTxLock = pxQueue ->cTxLock;
            /* 获取队列中非空闲位置的数量 */
            const UBaseType_t uxPreviousMessagesWaiting =
```

```
                pxQueue->uxMessagesWaiting;
            /* 将待写入消息按指定写入方式复制到队列中 */
            (void) prvCopyDataToQueue (pxQueue,
                                       pvItemToQueue,
                                       xCopyPosition);
            /* 判断队列的写入是否上锁 */
            if (cTxLock == queueUNLOCKED)
            {
                /* 此宏用于使能队列集 */
#if (configUSE_QUEUE_SETS == 1)
{
                /* 判断队列是否在队列集中 */
                if (pxQueue->pxQueueSetContainer != NULL)
                {
                    /* 写入位置为覆写,且队列非空闲项目数量不为 0 */
                    if((xCopyPosition == queueOVERWRITE) &&
                        (uxPreviousMessagesWaiting != (UBaseType_t) 0))
                    {}
                    /* 通知队列集 */
                    else if (prvNotifyQueueSetContainer (pxQueue) != pdFALSE)
                    {
                        /* 判断是否接收需要任务切换标记 */
                        if (pxHigherPriorityTaskWoken != NULL)
                        {
                            /* 标记要进行任务切换 */
                            *pxHigherPriorityTaskWoken = pdTRUE;
                        }
                    }
                }
                /* 队列不在队列集中 */
                else
                {
                    /* 队列的读取阻塞任务列表非空 */
                    if (listLIST_IS_EMPTY(
                            &(pxQueue->xTasksWaitingToReceive)) ==
                        pdFALSE)
                    {
                        /* 将队列读取阻塞任务从所在列表移除
                         * 因为此时队列中已有可用消息
                         */
                        if (xTaskRemoveFromEventList(
                                &(pxQueue->xTasksWaitingToReceive)) !=
                            pdFALSE)
                        {
                            /* 判断是否接收需要任务切换标记 */
                            if (pxHigherPriorityTaskWoken != NULL)
                            {
                                /* 标记不要进行任务切换 */
                                *pxHigherPriorityTaskWoken = pdTRUE;
```

```
                                    }
                                }
                            }
                        }
}
#else
{
                        /* 队列有阻塞的读取任务 */
                        if (listLIST_IS_EMPTY(
                                &(pxQueue->xTasksWaitingToReceive)) ==
                            pdFALSE)
                        {
                            /* 将读取阻塞任务从队列读取任务阻塞列表中移除
                             * 因为此时队列中已经有非空闲的项目了
                             */
                            if (xTaskRemoveFromEventList(
                                    &(pxQueue->xTasksWaitingToReceive)) !=
                                pdFALSE)
                            {
                                /* 判断是否接收需要任务切换标记 */
                                if (pxHigherPriorityTaskWoken != NULL)
                                {
                                    /* 标记不要进行任务切换 */
                                    *pxHigherPriorityTaskWoken = pdTRUE;
                                }
                            }
                        }
                        /* 未其中队列集时未使用,防止编译器警告
                         */
                        (void) uxPreviousMessagesWaiting;
}
#endif
                    }
                    /* 队列写入已被上锁 */
                    else
                    {
                        configASSERT(cTxLock != queueINT8_MAX);
                        /* 上锁次数加 1 */
                        pxQueue->cTxLock = (int8_t) (cTxLock + 1);
                    }
                    xReturn = pdPASS;
                }
                /* 无空闲的写入位置,且不覆写 */
                else
                {
                    xReturn = errQUEUE_FULL;
                }
            }
            /* 恢复屏蔽中断前的中断状态 */
```

```
    portCLEAR_INTERRUPT_MASK_FROM_ISR(uxSavedInterruptStatus);
    return xReturn;
}
```

13.2.4 队列读取消息

FreeRTOS中用于从队列中读取消息的API函数如表13.11所列。

表13.11 从队列读取消息API函数

函　数	描　述
xQueueReceive()	从队列头部读取消息，并删除消息
xQueuePeek()	从队列头部读取消息
xQueueReceiveFromISR()	在中断中从队列头部读取消息，并删除消息
xQueuePeekFromISR()	在中断中从队列头部读取消息

1. 函数xQueueReceive()

此函数用于在任务中从队列中读取消息，并且消息读取成功后会将消息从队列中移除。消息的读取是通过拷贝的形式传递的，具体拷贝数据的大小为队列项目的大小。该函数的函数原型如下所示：

```
BaseType_t xQueueReceive(QueueHandle_t      xQueue,
                         void * const       pvBuffer,
                         TickType_t         xTicksToWait);
```

函数xQueueReceive()的形参描述如表13.12所列。

函数xQueueReceive()的返回值如表13.13所列。

表13.12 函数xQueueReceive()形参相关描述

形　参	描　述
xQueue	待读取的队列
pvBuffer	信息读取缓冲区
xTicksToWait	阻塞超时时间

表13.13 函数xQueueReceive()返回值相关描述

返回值	描　述
pdTRUE	读取成功
pdFALSE	读取失败

2. 函数xQueuePeek()

此函数用于在任务中从队列中读取消息，但与函数xQueueReceive()不同，此函数在成功读取消息后并不会移除已读取的消息，这意味着，下次读取队列时，还能够读取到相同的内容。消息的读取是通过拷贝的形式传递的，具体拷贝数据的大小为队列项目的大小。该函数的函数原型如下所示：

```
BaseType_t xQueuePeek(QueueHandle_t      xQueue,
                      void * const       pvBuffer,
                      TickType_t         xTicksToWait);
```

函数xQueuePeek()的形参描述如表13.14所列。

函数 xQueuePeek()的返回值如表 13.15 所列。

表 13.14 函数 xQueuePeek()形参相关描述

形　参	描　述
xQueue	待读取的队列
pvBuffer	信息读取缓冲区
xTicksToWait	阻塞超时时间

表 13.15 函数 xQueuePeek()返回值相关描述

返回值	描　述
pdTRUE	读取成功
pdFALSE	读取失败

3. 函数 xQueueReceiveFromISR()

此函数用于在中断中从队列读取消息,并且消息读取成功后会将消息从队列中移除。消息的读取是通过拷贝的形式传递的,具体拷贝数据的大小为队列项目的大小。该函数的函数原型如下所示:

```
BaseType_t xQueueReceiveFromISR(
        QueueHandle_t           xQueue,
        void * const            pvBuffer,
        BaseType_t * const      pxHigherPriorityTaskWoken);
```

函数 xQueueReceiveFromISR()的形参描述如表 13.16 所列。

函数 xQueueReceiveFromISR()的返回值如表 13.17 所列。

表 13.16 函数 xQueueReceiveFromISR()形参相关描述

形　参	描　述
xQueue	待读取的队列
pvBuffer	信息读取缓冲区
pxHigherPriorityTaskWoken	需要任务切换标记

表 13.17 函数 xQueueReceiveFromISR()返回值相关描述

返回值	描　述
pdTRUE	读取成功
pdFALSE	读取失败

4. 函数 xQueuePeekFromISR()

此函数用于在中断中从队列读取消息,但与函数 xQueueReceiveFromISR()不同,此函数在成功读取消息后并不会移除已读取的消息,这意味着,下次读取队列时,还能够读取到相同的内容。消息的读取是通过拷贝的形式传递的,具体拷贝数据的大小为队列项目的大小。该函数的函数原型如下所示:

```
BaseType_t xQueuePeekFromISR (QueueHandle_t     xQueue,
                              void * const      pvBuffer);
```

函数 xQueuePeekFromISR()的形参描述如表 13.18 所列。

函数 xQueuePeekFromISR()的返回值如表 13.19 所列。

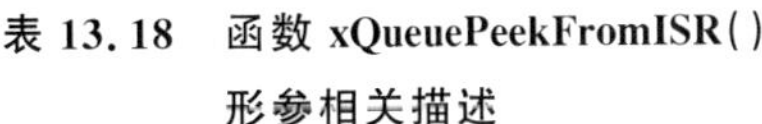

表 13.18　函数 xQueuePeekFromISR()形参相关描述

形　参	描　述
xQueue	待读取的队列
pvBuffer	信息读取缓冲区

表 13.19　函数 xQueuePeekFromISR()返回值相关描述

返回值	描　述
pdTRUE	读取成功
pdFALSE	读取失败

13.2.5　队列锁

前面讲解队列操作的函数时提到了队列的上锁与解锁，队列的结构体包含队列读取上锁计数器和队列写入上锁计数器。队列被上锁后可以往队列中写入消息和读取消息，但是这不会影响到队列读取和写入阻塞任务列表中的任务阻塞，队列的写入和读取阻塞任务列表会在队列解锁后统一处理。

队列上锁的函数为 prvLockQueue()，它实际上是一个宏定义，在 queue.c 文件中有定义，具体的代码如下所示：

```
#define prvLockQueue(pxQueue)                                              \
        taskENTER_CRITICAL();                                              \
        {                                                                  \
            if((pxQueue)->cRxLock == queueUNLOCKED)                        \
            {                                                              \
                (pxQueue)->cRxLock = queueLOCKED_UNMODIFIED;               \
            }                                                              \
            if((pxQueue)->cTxLock == queueUNLOCKED)                        \
            {                                                              \
                (pxQueue)->cTxLock = queueLOCKED_UNMODIFIED;               \
            }                                                              \
        }                                                                  \
        taskEXIT_CRITICAL()
```

队列结构体中的 cRxLock 和 cTxLock 成员变量就是队列的读取和写入上锁计数器，这两个成员变量用来表示队列的上锁状态。

队列解锁的函数为 prvUnlockQueue()，它实际上是一个宏定义，在 queue.c 文件中有定义，具体的代码如下所示：

```
static void prvUnlockQueue(Queue_t * const pxQueue)
{
    /* 进入临界区 */
    taskENTER_CRITICAL();
    {
        /* 获取队列的写入上锁计数器 */
        int8_t cTxLock = pxQueue->cTxLock;
        /* 判断队列在上锁期间是否被写入消息 */
        while (cTxLock > queueLOCKED_UNMODIFIED)
        {
            /* 此宏用于使能队列集 */
```

```
#if (configUSE_QUEUE_SETS == 1)
{
            /* 判断队列是否存在队列集 */
            if (pxQueue->pxQueueSetContainer != NULL)
            {
                /* 通知队列集 */
                if (prvNotifyQueueSetContainer (pxQueue) != pdFALSE)
                {
                    /* 根据需要进行任务切换 */
                    vTaskMissedYield();
                }
            }
            /* 队列不存在队列集 */
            else
            {
                /* 判断队列的读取阻塞任务列表是否不为空 */
                if (listLIST_IS_EMPTY(&(pxQueue->xTasksWaitingToReceive)) ==
                    pdFALSE)
                {
                    /* 将读取阻塞任务列表中的任务解除阻塞 */
                    if (xTaskRemoveFromEventList(
                            &(pxQueue->xTasksWaitingToReceive)) !=
                        pdFALSE)
                    {
                        /* 根据需要进行任务切换 */
                        vTaskMissedYield();
                    }
                }
                else
                {
                    break;
                }
            }
}
#else
            /* 未使能队列集 */
{
            /* 判断队列的读取阻塞任务列表是否不为空 */
            if (listLIST_IS_EMPTY(&(pxQueue->xTasksWaitingToReceive)) ==
                pdFALSE)
            {
                /* 将读取阻塞任务列表中的任务解除阻塞 */
                if (xTaskRemoveFromEventList(
                        &(pxQueue->xTasksWaitingToReceive)) !=
                    pdFALSE)
                {
                    /* 根据需要进行任务切换 */
                    vTaskMissedYield();
                }
```

```
            }
            else
            {
                break;
            }
}
#endif
            /* 处理完一个读取阻塞任务后,更新队列写入上锁计数器,直到写入解锁为止
             */
            --cTxLock;
        }
        /* 设置队列写入解锁 */
        pxQueue->cTxLock = queueUNLOCKED;
    }
    /* 退出临界区 */
    taskEXIT_CRITICAL();
    /* 进入临界区 */
    taskENTER_CRITICAL();
    {
        /* 获取队列的读取上锁计数器 */
        int8_t cRxLock = pxQueue->cRxLock;
        /* 判断队列在上锁期间是否被读取消息 */
        while (cRxLock > queueLOCKED_UNMODIFIED)
        {
            /* 判断队列的写入阻塞任务列表是否不为空 */
            if (listLIST_IS_EMPTY(&(pxQueue->xTasksWaitingToSend)) ==
                pdFALSE)
            {
                /* 将写入阻塞任务列表中的任务解除阻塞 */
                if (xTaskRemoveFromEventList(
                        &(pxQueue->xTasksWaitingToSend)) !=
                    pdFALSE)
                {
                    /* 根据需要进行任务切换 */
                    vTaskMissedYield();
                }
                /* 处理完一个写入阻塞任务后更新队列读取上锁计数器,直到读取解锁
                   位置
                 */
                --cRxLock;
            }
            else
            {
                break;
            }
        }
        /* 设置队列读取解锁 */
        pxQueue->cRxLock = queueUNLOCKED;
    }
```

```
    /* 退出临界区 */
    taskEXIT_CRITICAL();
}
```

13.3 FreeRTOS 队列操作实验

13.3.1 功能设计

本实验主要用于学习 FreeRTOS 队列操作相关 API 函数的使用，设计了 3 个任务，功能如表 13.20 所列。

表 13.20 各任务功能描述

任务名	任务功能描述
start_task	用于创建其他任务和队列
task1	用于扫描按键，将键值写入队列
task2	读取队列，读取成功后做相应解释

该实验的实验工程可参考配套资料中的“FreeRTOS 实验例程 13-1 FreeRTOS 队列操作实验”。

13.3.2 软件设计

1. 程序流程图

本实验的程序流程如图 13.5 所示。

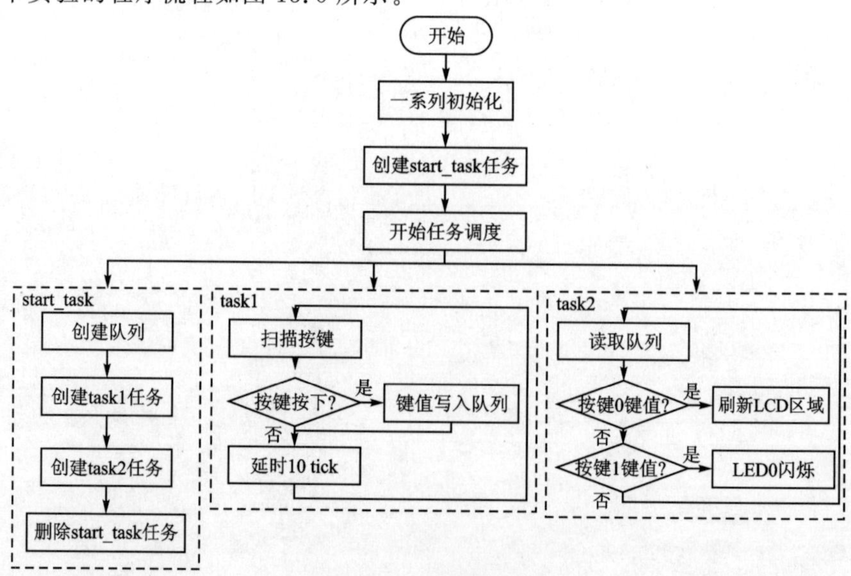

图 13.5 程序流程图

2. FreeRTOS 函数解析

1）函数 xQueueCreate()

此函数用于使用动态方式创建队列，详细可参考 13.2.2 小节。

2）函数 xQueueSend()

此函数用于往队列中写入消息，详细可参考 13.2.3 小节。

3）函数 xQueueReceive()

此函数用于从队列中读取消息，详细可参考 13.2.4 小节。

3. 程序解析

整体的代码结构可参考 2.1.6 小节，本小节着重讲解本实验相关的部分。

(1) start_task 任务

start_task 任务的入口函数代码如下所示：

```
/**
 * @brief      start_task
 * @param      pvParameters : 传入参数(未用到)
 * @retval     无
 */
void start_task(void * pvParameters)
{
    taskENTER_CRITICAL();                    /* 进入临界区 */
    /* 创建队列 */
    xQueue = xQueueCreate(QUEUE_LENGTH,QUEUE_ITEM_SIZE);
    /* 创建任务 1 */
    xTaskCreate ((TaskFunction_t  ) task1,
                 (const char *    ) "task1",
                 (uint16_t        ) TASK1_STK_SIZE,
                 (void *          ) NULL,
                 (UBaseType_t     ) TASK1_PRIO,
                 (TaskHandle_t *  ) &Task1Task_Handler);
    /* 创建任务 2 */
    xTaskCreate ((TaskFunction_t  ) task2,
                 (const char *    ) "task2",
                 (uint16_t        ) TASK2_STK_SIZE,
                 (void *          ) NULL,
                 (UBaseType_t     ) TASK2_PRIO,
                 (TaskHandle_t *  ) &Task2Task_Handler);
    vTaskDelete(StartTask_Handler);           /* 删除开始任务 */
    taskEXIT_CRITICAL();                      /* 退出临界区 */
}
```

start_task 任务主要用于创建 task1 任务和 task2 任务，并且创建实验所需的队列。

(2) task1 任务

```
/**
 * @brief      task1
```

```
  * @param     pvParameters : 传入参数(未用到)
  * @retval    无
  */
void task1(void * pvParameters)
{
    uint8_t key = 0;

    while (1)
    {
    key = key_scan(0);
    if (key != 0)
    {
        /* 将键值作为消息发送到队列中 */
        xQueueSend(xQueue, &key,portMAX_DELAY);
    }
    vTaskDelay(10);
    }
}
```

从以上代码中可以看到，task1 任务主要负责扫描按键，当扫描到有效按键后，将键值作为消息写入到队列中。

(3) task2 任务

```
/**
  * @brief     task2
  * @param     pvParameters : 传入参数(未用到)
  * @retval    无
  */
void task2(void * pvParameters)
{
    uint8_t     queue_recv   = 0;
    uint32_t    task2_num    = 0;
    while (1)
    {
        xQueueReceive(xQueue, &queue_recv,portMAX_DELAY);
        switch (queue_recv)
        {
            case KEY0_PRES:                          /* LCD 区域刷新 */
            {
                lcd_fill(6, 131, 233, 313,lcd_discolor[++task2_num % 11]);
                break;
            }
            case KEY1_PRES:                          /* LED0 闪烁 */
            {
                LED0_TOGGLE();
                break;
            }
            default:
            {
```

```
                    break;
                }
            }
        }
    }
```

从上面的代码中可以看到，task2 任务主要负责从队列中读取消息；如果队列中没有消息，那么 task2 任务将会被阻塞，直到队列有消息。在成功读取到消息后，将读取到的消息解析为键值，当消息为按键 0 被按下时，LCD 区域刷新；当消息为按键 1 被按下时，LED0 闪烁。

13.3.3 下载验证

编译并下载代码，复位后可以看到 LCD 屏幕上显示了本次实验的相关信息，如图 13.6 所示。

接着按下按键 0，可以看到 LCD 屏幕区域颜色刷新了，如图 13.7 所示。

图 13.6 LCD 显示内容

图 13.7 LCD 显示内容二

多次按下按键 0，可以看到，每次按下按键 0，LCD 屏幕区域颜色就刷新一次。接着按下按键 1，可以看到，每次按下按键 1，LED0 的状态就改变一次。以上实验结果与预期相符。

13.4 FreeRTOS 队列集

在使用队列进行任务之间的“沟通交流”时，一个队列只允许任务间传递的消息为同一种数据类型；如果需要传递不同数据类型的消息，那么就可以使用队列集。FreeRTOS 提供的队列集功能可以对多个队列进行“监听”，只要被监听的队列中有一个队列有有效的消息，那么队列集的读取任务都可以读取到消息；如果读取任务因读取队列集而被阻塞，那么队列集将解除读取任务的阻塞。使用队列集的好处在于，队列集使得任务可以读取多个队列中的消息，而无须遍历所有待读取的队列，以确定具体读取哪一个队列。

使用队列集功能,需要在 FreeRTOSConfig.h 文件中将 configUSE_QUEUE_SETS 项配置为 1,从而启用队列集功能。

13.5 FreeRTOS 队列集相关 API 函数

FreeRTOS 中队列集相关的 API 函数如表 13.21 所列。

表 13.21 队列集相关 API 函数

函数	描述
xQueueCreateSet()	创建队列集
xQueueAddToSet()	队列添加到队列集中
xQueueRemoveFromSet()	从队列集中移除队列
xQueueSelectFromSet()	获取队列集中有有效消息的队列
xQueueSelectFromSetFromISR()	在中断中获取队列集中有有效消息的队列

1. 函数 xQueueCreateSet()

此函数用于创建队列集,在 queue.c 文件中有定义,原型如下所示:

```
QueueSetHandle_t xQueueCreateSet(const UBaseType_t uxEventQueueLength);
```

函数 xQueueCreateSet()的形参描述如表 13.22 所列。

表 13.22 函数 xQueueCreateSet()形参相关描述

形参	描述
uxEventQueueLength	队列集可容纳的队列数量

函数 xQueueCreateSet()的返回值如表 13.23 所列。

表 13.23 函数 xQueueCreateSet()返回值相关描述

返回值	描述
NULL	队列集创建失败
其他值	队列集创建成功,返回队列集

函数 xQueueCreateSet()的具体代码如下所示:

```
QueueSetHandle_t xQueueCreateSet(const UBaseType_t uxEventQueueLength)
{
    QueueSetHandle_t pxQueue;
    /* 创建一个队列作为队列集
     * 队列长度为队列集可容纳的队列数量
     * 队列项目的大小为队列控制块的大小
     * 队列的类型为队列集
```

```
    */
    pxQueue = xQueueGenericCreate (uxEventQueueLength,
                                   (UBaseType_t) sizeof (Queue_t * ),
                                   queueQUEUE_TYPE_SET);
    return pxQueue;
}
```

2. 函数 xQueueAddToSet()

此函数用于往队列集中添加队列。注意，队列在被添加到队列集之前队列中不能有有效的消息。该函数在 queue.c 文件中有定义，原型如下所示：

```
BaseType_t xQueueAddToSet (QueueSetMemberHandle_t    xQueueOrSemaphore,
                           QueueSetHandle_t          xQueueSet);
```

函数 xQueueAddToSet()的形参描述如表 13.24 所列。

表 13.24　函数 xQueueAddToSet()形参相关描述

形　参	描　述
xQueueOrSemaphore	待添加的队列
xQueueSet	队列集

函数 xQueueAddToSet()的返回值如表 13.25 所列。

表 13.25　函数 xQueueAddToSet()返回值相关描述

返回值	描　述
pdPASS	队列集添加队列成功
pdFAIL	队列集添加队列失败

函数 xQueueAddToSet()的具体代码如下所示：

```
BaseType_t xQueueAddToSet (QueueSetMemberHandle_t    xQueueOrSemaphore,
                           QueueSetHandle_t          xQueueSet)
{
    BaseType_t xReturn;
    /* 进入临界区 */
    taskENTER_CRITICAL();
    {
        if(((Queue_t * ) xQueueOrSemaphore) ->pxQueueSetContainer ! = NULL)
        {
            xReturn = pdFAIL;
        }
        /* 队列中要求没有有效消息 */
        else if(((Queue_t * ) xQueueOrSemaphore) ->uxMessagesWaiting ! =
            (UBaseType_t) 0)
        {
            xReturn = pdFAIL;
        }
        else
```

```
        {
            /* 将队列所在队列集设为队列集 */
            ((Queue_t * ) xQueueOrSemaphore) ->pxQueueSetContainer =
                xQueueSet;
            xReturn = pdPASS;
        }
    }
    /* 退出临界区 */
    taskEXIT_CRITICAL();
    return xReturn;
}
```

3. 函数 xQueueRemoveFromSet()

此函数用于从队列集中移除队列。注意,队列在从队列集移除之前必须没有有效的消息。该函数在 queue.c 文件中有定义,原型如下所示:

```
BaseType_t xQueueRemoveFromSet (QueueSetMemberHandle_t     xQueueOrSemaphore,
                                QueueSetHandle_t           xQueueSet);
```

函数 xQueueRemoveFromSet()的形参描述如表 13.26 所列。

表 13.26　函数 xQueueRemoveFromSet()形参相关描述

形　参	描　述
xQueueOrSemaphore	待移除的队列
xQueueSet	队列集

函数 xQueueRemoveFromSet()的返回值如表 13.27 所列。

表 13.27　函数 xQueueRemoveFromSet()返回值相关描述

返回值	描　述
pdPASS	队列集移除队列成功
pdFAIL	队列集移除队列失败

函数 xQueueRemoveFromSet()的具体代码如下所示:

```
BaseType_t xQueueRemoveFromSet (QueueSetMemberHandle_t     xQueueOrSemaphore,
                                QueueSetHandle_t           xQueueSet)
{
    BaseType_t xReturn;
    Queue_t * const pxQueueOrSemaphore = (Queue_t * ) xQueueOrSemaphore;
    /* 队列需在队列集中才能移除 */
    if (pxQueueOrSemaphore ->pxQueueSetContainer ! = xQueueSet)
    {
        xReturn = pdFAIL;
    }
    /* 队列中没有有效消息时才能移除 */
    else if (pxQueueOrSemaphore ->uxMessagesWaiting ! = (UBaseType_t) 0)
```

```
    {
        xReturn = pdFAIL;
    }
    else
    {
        /* 进入临界区 */
        taskENTER_CRITICAL();
        {
            /* 将队列所在队列集设为空 */
            pxQueueOrSemaphore->pxQueueSetContainer = NULL;
        }
        /* 对出临界区 */
        taskEXIT_CRITICAL();
        xReturn = pdPASS;
    }
    return xReturn;
}
```

4. 函数 xQueueSelectFromSet()

此函数用于在任务中获取队列集中有有效消息的队列，在 queue.c 文件中有定义，原型如下所示：

```
QueueSetMemberHandle_t xQueueSelectFromSet(
        QueueSetHandle_t     xQueueSet,
        TickType_t const     xTicksToWait);
```

函数 xQueueSelectFromSet()的形参描述如表 13.28 所列。

表 13.28　函数 xQueueSelectFromSet()形参相关描述

形　参	描　述
xQueueSet	队列集
xTicksToWait	阻塞超时时间

函数 xQueueSelectFromSet()的返回值如表 13.29 所列。

表 13.29　函数 xQueueSelectFromSet()返回值相关描述

返回值	描　述
NULL	获取消息失败
其他值	获取到消息的队列

函数 xQueueSelectFromSet()的具体代码如下所示：

```
QueueSetMemberHandle_t xQueueSelectFromSet(
        QueueSetHandle_t     xQueueSet,
        TickType_t const     xTicksToWait)
{
    QueueSetMemberHandle_t xReturn = NULL;
    /* 读取队列集的消息
```

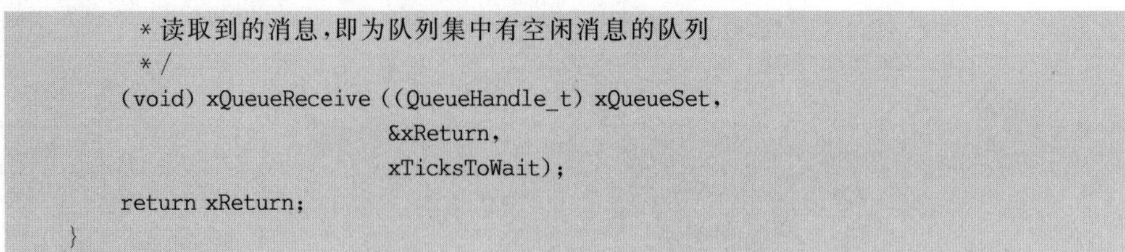

```
     * 读取到的消息,即为队列集中有空闲消息的队列
     */
    (void) xQueueReceive ((QueueHandle_t) xQueueSet,
                          &xReturn,
                          xTicksToWait);
    return xReturn;
}
```

5. 函数 xQueueSelectFromSetFromISR()

此函数用于在中断中获取队列集中有有效消息的队列,在 queue.c 文件中有定义,原型如下所示:

```
QueueSetMemberHandle_t xQueueSelectFromSetFromISR(
        QueueSetHandle_t     xQueueSet);
```

函数 xQueueSelectFromSetFromISR()的形参描述如表 13.30 所列。

函数 xQueueSelectFromSetFromISR()的返回值如表 13.31 所列。

表 13.30 函数 xQueueSelectFromSetFromISR()形参相关描述

形　参	描　述
xQueueSet	队列集

表 13.31 函数 xQueueSelectFromSetFromISR()返回值相关描述

返回值	描　述
NULL	获取消息失败
其他值	获取到消息的队列

函数 xQueueSelectFromSetFromISR()的具体代码如下所示:

```
QueueSetMemberHandle_t xQueueSelectFromSetFromISR(
        QueueSetHandle_t     xQueueSet)
{
    QueueSetMemberHandle_t xReturn = NULL;
    /* 在中断中读取队列集的消息
     * 读取到的消息即为队列集中有空闲消息的队列
     */
    (void) xQueueReceiveFromISR ((QueueHandle_t) xQueueSet,
                                 &xReturn,
                                 NULL);
    return xReturn;
}
```

13.6 FreeRTOS 队列集操作实验

13.6.1 功能设计

本实验主要用于学习 FreeRTOS 队列集操作相关 API 函数的使用,设计了 3 个任务,功能如表 13.32 所列。

表 13.32　各任务功能描述

任务名	任务功能描述
start_task	用于创建队列、队列集和其他任务，并添加队列到队列集中
task1	用于扫描按键，将键值写入到对应的队列中
task2	读取队列集中队列的消息并打印

该实验的实验工程可参考配套资料中的“FreeRTOS 实验例程 13－2 FreeRTOS 队列集操作实验”。

13.6.2　软件设计

1. 程序流程图

本实验的程序流程如图 13.8 所示。

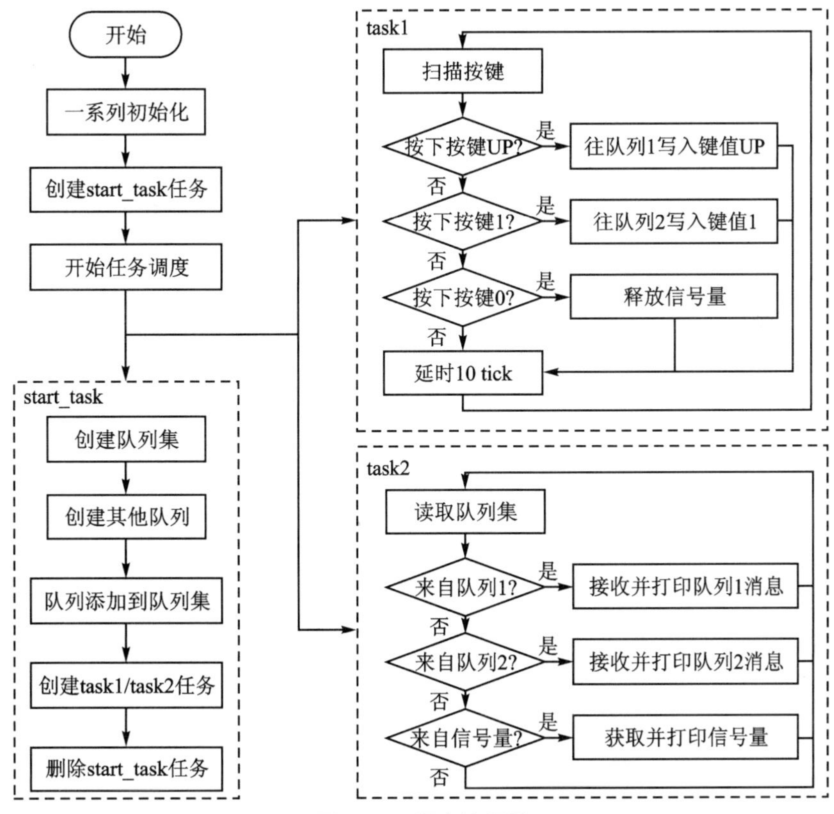

图 13.8　程序流程图

2. FreeRTOS 函数解析

1) 函数 xQueueCreateSet()

此函数用于创建队列集，详细可参考 13.5 节。

2）函数 xSemaphoreCreateBinary()

此函数用于创建二值信号量，在后面信号量相关章节中讲解。

3）函数 xQueueAddToSet()

此函数用于将队列添加到队列集中，详细可参考 13.5 节。

4）函数 xSemaphoreGive()

此函数用于释放二值信号量，在后面信号量相关章节中讲解。

5）函数 xQueueSelectFromSet()

此函数用于读取队列集，详细可参考 13.5 节。

6）函数 xSemaphoreTake()

此函数用于获取二值信号量，在后面信号量相关章节中讲解。

3. 程序解析

整体的代码结构可参考 2.1.6 小节，本小节着重讲解本实验相关的部分。

(1) start_task 任务

start_task 任务的入口函数代码如下所示：

```
/**
 * @brief     start_task
 * @param     pvParameters : 传入参数(未用到)
 * @retval    无
 */
void start_task(void * pvParameters)
{
    taskENTER_CRITICAL();              /* 进入临界区 */
    /* 创建队列集 */
    xQueueSet = xQueueCreateSet(QUEUESET_LENGTH);
    /* 创建队列 */
    xQueue1 = xQueueCreate(QUEUE_LENGTH,QUEUE_ITEM_SIZE);
    xQueue2 = xQueueCreate(QUEUE_LENGTH,QUEUE_ITEM_SIZE);
    /* 创建二值信号量 */
    xSemaphore = xSemaphoreCreateBinary();
    /* 将队列和二值信号量添加到队列集 */
    xQueueAddToSet(xQueue1,xQueueSet);
    xQueueAddToSet(xQueue2,xQueueSet);
    xQueueAddToSet(xSemaphore,xQueueSet);
    /* 创建任务 1 */
    xTaskCreate ((TaskFunction_t ) task1,
                 (const char *    ) "task1",
                 (uint16_t        ) TASK1_STK_SIZE,
                 (void *          ) NULL,
                 (UBaseType_t     ) TASK1_PRIO,
                 (TaskHandle_t *  ) &Task1Task_Handler);
    /* 创建任务 2 */
    xTaskCreate ((TaskFunction_t ) task2,
                 (const char *    ) "task2",
```

```
                (uint16_t          ) TASK2_STK_SIZE,
                (void *            ) NULL,
                (UBaseType_t       ) TASK2_PRIO,
                (TaskHandle_t *    ) &Task2Task_Handler);
    vTaskDelete(StartTask_Handler);     /* 删除开始任务 */
    taskEXIT_CRITICAL();                /* 退出临界区 */
}
```

start_task 任务主要用于创建队列集、各个实验所需队列、task1 任务和 task2 任务。

(2) task1 任务

```
/**
 * @brief    task1
 * @param    pvParameters : 传入参数(未用到)
 * @retval   无
 */
void task1(void * pvParameters)
{
    uint8_t key = 0;
    while (1)
    {
        key = key_scan(0);
        switch (key)
        {
            case WKUP_PRES:                     /* 队列 1 发送消息 */
            {
                xQueueSend(xQueue1, &key,portMAX_DELAY);
                break;
            }
            case KEY1_PRES:                     /* 队列 2 发送消息 */
            {
                xQueueSend(xQueue2, &key,portMAX_DELAY);
                break;
            }
            case KEY0_PRES:                     /* 释放二值信号量 */
            {
                xSemaphoreGive(xSemaphore);
                break;
            }
            default:
            {
                break;
            }
        }
        vTaskDelay(10);
    }
}
```

从以上代码中可以看到，task1 任务主要负责扫描按键，当扫描到有效按键后，将键值写入对应的队列或释放信号量。

(3) task2 任务

```
/**
  * @brief    task2
  * @param    pvParameters : 传入参数(未用到)
  * @retval   无
  */
void task2(void * pvParameters)
{
    QueueSetMemberHandle_t    activate_member     = NULL;
    uint32_t                  queue_recv          = 0;
    while (1)
    {
        /* 等待队列集中的队列接收到消息 */
        activate_member = xQueueSelectFromSet(xQueueSet,portMAX_DELAY);
        if (activate_member == xQueue1)
        {
            xQueueReceive(activate_member, &queue_recv,portMAX_DELAY);
            printf("接收到来自 xQueue1 的消息: %d\r\n",queue_recv);
        }
        else if (activate_member == xQueue2)
        {
            xQueueReceive(activate_member, &queue_recv,portMAX_DELAY);
            printf("接收到来自 xQueue2 的消息: %d\r\n",queue_recv);
        }
        else if (activate_member == xSemaphore)
        {
            xSemaphoreTake(activate_member,portMAX_DELAY);
            printf("获取到二值信号量: xSemaphore\r\n");
        }
    }
}
```

从上面的代码中可以看到，task2 任务负责读取队列集中队列的消息，并将读取到的消息通过串口打印。

13.6.3 下载验证

编译并下载代码，复位后可以看到 LCD 屏幕上显示了本次实验的相关信息，如图 13.9 所示。

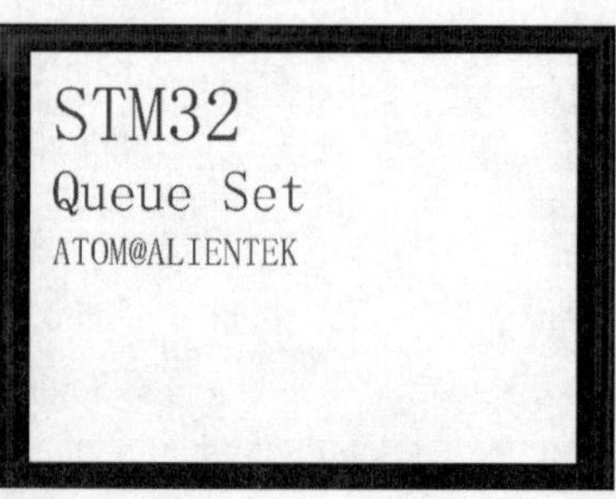

图 13.9 LCD 显示内容

接着按下按键 0 就可以在串口调试助手上看到获取到了二值信号量，如图 13.10 所示。

接着按下按键 1 就可以在串口调试助手上看到读取到了来自队列 2 的消息，如图 13.11 所示。

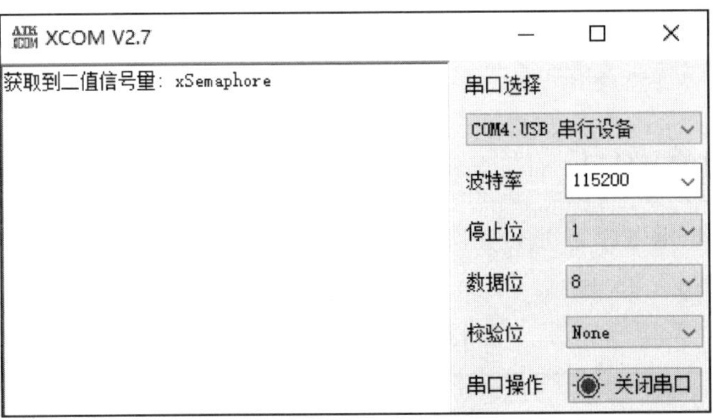

图 13.10　串口调试助手一

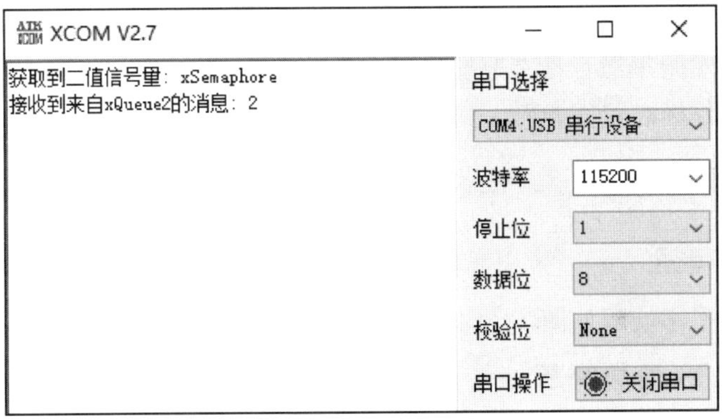

图 13.11　串口调试助手二

其中读取到的消息“2”就是按键 1 的键值。接着按下按键 UP 就可以在串口调试助手上看到读取到了来自队列 1 的消息，如图 13.12 所示。其中读取到的消息“4”就是按键 UP 的键值。可以看出，以上实验结果与预期相符。

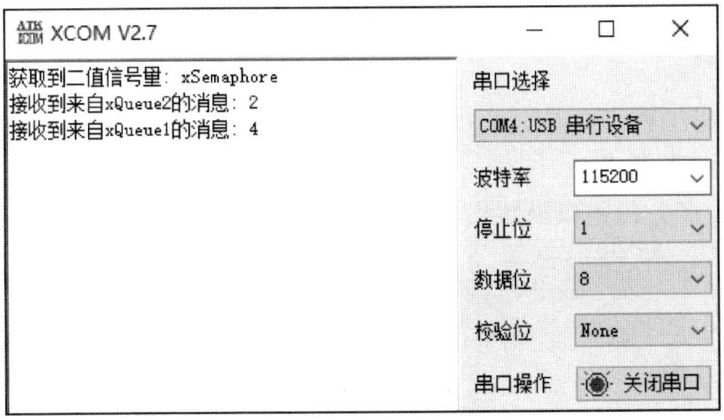

图 13.12　串口调试助手三

13.7 FreeRTOS 队列集模拟事件标志位实验

13.7.1 功能设计

本实验主要用于学习 FreeRTOS 队列集操作相关 API 函数的使用，设计了 3 个任务，功能如表 13.33 所列。

表 13.33 各任务功能描述

任务名	任务功能描述
start_task	用于创建队列、队列集和其他任务，并添加队列到队列集中
task1	用于扫描按键，将键值对应的事件标志写入到对应的队列中
task2	读取队列集中队列的消息，并以模拟事件标志位的方式解析

该实验的实验工程可参考配套资料中的"FreeRTOS 实验例程 13-3 FreeRTOS 队列集模拟事件标志位实验"。

13.7.2 软件设计

1. 程序流程图

本实验的程序流程如图 13.13 所示。

2. FreeRTOS 函数解析

1) 函数 xQueueCreateSet()

此函数用于创建队列集，详细可参考 13.5 节。

2) 函数 xQueueAddToSet()

此函数用于将队列添加到队列集中，详细可参考 13.5 节。

3) 函数 xQueueSelectFromSet()

此函数用于读取队列集，详细可参考 13.5 节。

3. 程序解析

整体的代码结构可参考 2.1.6 小节，本小节着重讲解本实验相关的部分。

(1) start_task 任务

start_task 任务的入口函数代码如下所示：

```
/**
  * @brief     start_task
  * @param     pvParameters : 传入参数(未用到)
  * @retval    无
  */
void start_task(void * pvParameters)
{
```

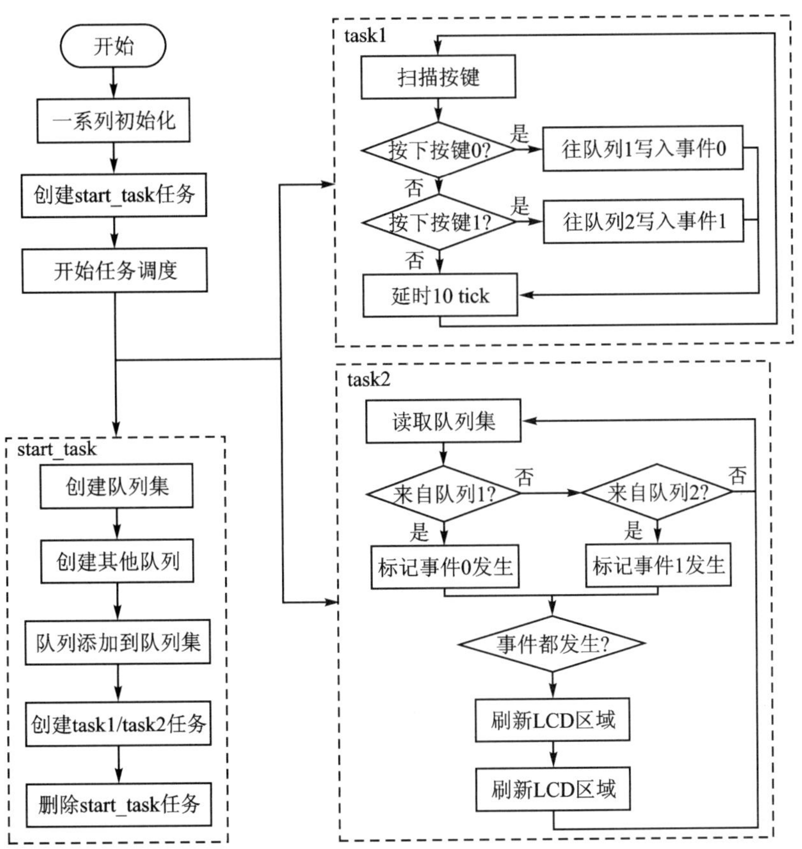

图 13.13　程序流程图

```
taskENTER_CRITICAL();                          /* 进入临界区 */
/* 创建队列集 */
xQueueSet = xQueueCreateSet(QUEUESET_LENGTH);
/* 创建队列 */
xQueue1 = xQueueCreate(QUEUESET_LENGTH,QUEUE_ITEM_SIZE);
xQueue2 = xQueueCreate(QUEUESET_LENGTH,QUEUE_ITEM_SIZE);
/* 将队列添加到队列集中 */
xQueueAddToSet(xQueue1,xQueueSet);
xQueueAddToSet(xQueue2,xQueueSet);
/* 创建任务 1 */
xTaskCreate ((TaskFunction_t  ) task1,
             (const char *    ) "task1",
             (uint16_t        ) TASK1_STK_SIZE,
             (void *          ) NULL,
             (UBaseType_t     ) TASK1_PRIO,
             (TaskHandle_t *  ) &Task1Task_Handler);
/* 创建任务 2 */
xTaskCreate ((TaskFunction_t  ) task2,
             (const char *    ) "task2",
```

```
                    (uint16_t          ) TASK2_STK_SIZE,
                    (void *            ) NULL,
                    (UBaseType_t       ) TASK2_PRIO,
                    (TaskHandle_t *    ) &Task2Task_Handler);
    vTaskDelete(StartTask_Handler);         /* 删除开始任务 */
    taskEXIT_CRITICAL();                    /* 退出临界区 */
}
```

start_task 任务主要用于创建队列集、实验所需队列、task1 任务和 task2 任务。

(2) task1 任务

```
/**
 * @brief    task1
 * @param    pvParameters : 传入参数(未用到)
 * @retval    无
 */
void task1(void * pvParameters)
{
    uint8_t key = 0;
    uint8_t eventbit_0 = EVENTBIT_0;
    uint8_t eventbit_1 = EVENTBIT_1;
    while (1)
    {
        key = key_scan(0);
        switch (key)
        {
            case KEY0_PRES:/* 队列 1 发送消息 */
            {
                xQueueSend(xQueue1, &eventbit_0,portMAX_DELAY);
                break;
            }
            case KEY1_PRES:/* 队列 2 发送消息 */
            {
                xQueueSend(xQueue2, &eventbit_1,portMAX_DELAY);
                break;
            }
        }
        vTaskDelay(10);
    }
}
```

从以上代码中可以看到，task1 任务主要负责扫描按键，当扫描到有效按键后，将有效按键对应的事件写入对应的队列中。

(3) task2 任务

```
/**
 * @brief    task2
 * @param    pvParameters : 传入参数(未用到)
 * @retval    无
 */
```

```
void task2(void * pvParameters)
{
    uint32_t event_val = 0;
    uint32_t event_recv = 0;
    QueueSetMemberHandle_t activate_member = NULL;
    uint32_t task2_num = 0;
    while (1)
    {
        /* 等待队列集中的队列接收到消息 */
        activate_member = xQueueSelectFromSet(xQueueSet,portMAX_DELAY);
        /* 接收队列中的消息 */
        xQueueReceive(activate_member, &event_recv,portMAX_DELAY);
        /* 接收到的消息存入事件中 */
        event_val |= event_recv;
        /* 将事件值显示在 LCD 上 */
        lcd_show_xnum(182, 110,event_val, 1, 16, 0,BLUE);
        /* 所有事件都发生 */
        if (event_val == EVENTBIT_ALL)
        {
            event_val = 0;
            /* LCD 区域刷新 */
            lcd_fill(6, 131, 233, 313,lcd_discolor[++task2_num % 11]);
        }
    }
}
```

从上面的代码中可以看到，task2 任务负责读取队列集中队列的消息，在读取到消息后，以模拟事件标志位的方式解析消息；当所有事件都发生后，则清空事件并刷新 LCD。

13.7.3　下载验证

编译并下载代码，复位后可以看到 LCD 屏幕上显示了本次实验的相关信息，如图 13.14 所示。

可以看到，模拟事件组的事件标志值为 0。此时按下按键 0，发送事件 0 至队列 1，可以看到 LCD 上显示的模拟事件组事件标志值为 1，此值正是事件 0 被设置后的值，如图 13.15 所示。

接着多次按下按键 0，LCD 显示的内容都不会发生变化，因为事件 0 已经被设置了。

再按下按键 1 来设置模拟事件组的事件标志 1，可以看到 LCD 上显示的模拟事件组事件标志值直接清零，并且 LCD 屏幕区域也刷新了，如图 13.16 所示。

这是因为，当事件标志 1 被设置后，task2 任务立马就等待到了事件标志 0 和 1 同时被设置，因此 task2 任务就将模拟事件组的事件标志 0 和 1 清零了，并刷新了 LCD 屏幕区域。

在本次实验中，不论事件 0 还是事件 1 先发生，只要事件 0 和事件 1 都发生过，那么 task2 任务就刷新 LCD,这样就实现了模拟事件标志位的功能。

图 13.14　LCD 显示内容一

图 13.15　LCD 显示内容二

图 13.16　LCD 显示内容三

第 14 章 FreeRTOS 信号量

信号量是操作系统中重要的一部分，是任务间同步的一种机制，可以用于多任务访问同一资源时的资源管理。FreeRTOS 提供了多种信号量，按信号量的功能可分为二值信号量、计数型信号量、互斥信号量和递归互斥信号量。不同类型的信号量有不同的应用场景，合理地使用信号量可以帮助开发者快速开发稳健的系统。本章就来学习 FreeRTOS 中的信号量。

本章分为如下几部分：

14.1 FreeRTOS 信号量简介

14.2 FreeRTOS 二值信号量

14.3 FreeRTOS 二值信号量操作实验

14.4 FreeRTOS 计数型信号量

14.5 FreeRTOS 计数型信号量操作实验

14.6 优先级翻转

14.7 优先级翻转实验

14.8 FreeRTOS 互斥信号量

14.9 FreeRTOS 互斥信号量操作实验

14.10 FreeRTOS 递归互斥信号量

14.1 FreeRTOS 信号量简介

信号量是一种解决同步问题的机制，可以实现对共享资源的有序访问。其中，“同步”指的是任务间的同步，即信号量可以使得一个任务等待另一个任务完成某件事情后才继续执行；而“有序访问”指的是对被多任务或中断访问的共享资源（如全局变量）的管理，当一个任务在访问（读取或写入）一个共享资源时，信号量可以防止其他任务或中断在这期间访问（读取或写入）这个共享资源。

举一个例子，假设某个停车场有 100 个停车位（共享资源），这 100 个停车位对所有人（访问共享资源的任务或中断）开放。如果有一个人要在这个停车场停车，那么就需要先判断这个停车场是否还有空车位（判断信号量是否有资源）。如果此时停车场正好有空车位（信号量有资源），那么就可以直接将车开入空车位进行停车（获取信号量成功);如果此时停车场已经没有空车位了(信号量没有资源),那么这个人可以选择不停车(获取信号量失败),也可以选择等待(任务阻塞)其他人将车开出停车场(释放信号量资源),然后再将车停入空车位。

在上面的这个例子中,空车位的数量相当于信号量的资源数,获取信号量相当于占用了空车位,而释放信号量就相当于让出了占用的空车位。信号量用于管理共享资源的场景,相当于对共享资源上了个锁,只有任务成功获取到了锁的钥匙,才能够访问这个共享资源;访问完共享资源后还得归还钥匙,当然钥匙可以不止一把,即信号量可以有多个资源。

14.2 FreeRTOS 二值信号量

14.2.1 FreeRTOS 二值信号量简介

前面说过,信号量是基于队列实现的,二值信号量也不例外,二值信号量实际上就是一个队列长度为 1 的队列,在这种情况下,队列就只有空和满两种情况,这不就是二值情况吗?二值信号量通常用于互斥访问或任务同步,与互斥信号量比较类似,但是二值信号量有可能会导致优先级翻转的问题。优先级翻转问题指的是,当一个高优先级任务因获取一个被低优先级任务获取而处于没有资源状态的二值信号量时,这个高优先级的任务将被阻塞,直到低优先级的任务释放二值信号量,而在这之前,如果有一个优先级介于这个高优先级任务和低优先级任务之间的任务就绪,那么这个中等优先级的任务就会抢占低优先级任务的运行,这么一来,这 3 个任务中优先级最高的任务反而要最后才运行,这就是二值信号量带来的优先级翻转问题,用户在实际开发中要注意这种问题。

和队列一样,在获取二值信号量的时候,允许设置一个阻塞超时时间;阻塞超时时间是当任务获取二值信号量时,由于二值信号量处于没有资源的状态,而导致任务进入阻塞状态的最大系统时钟节拍数。如果多个任务同时因获取同一个处于没有资源状态的二值信号量而被阻塞,那么在二值信号量有资源的时候,这些阻塞任务中优先级高的任务将优先获得二值信号量的资源并解除阻塞。

14.2.2 FreeRTOS 二值信号量相关 API 函数

FreeRTOS 提供了二值信号量的一些相关操作函数,其中常用的二值信号量相关 API 函数如表 14.1 所列。

表 14.1 FreeRTOS 常用二值信号量相关的 API 函数描述

函 数	描 述
xSemaphoreCreateBinary()	使用动态方式创建二值信号量

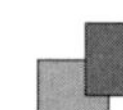

续表 14.1

函　数	描　述
xSemaphoreCreateBinaryStatic()	使用静态方式创建二值信号量
xSemaphoreTake()	获取信号量
xSemaphoreTakeFromISR()	在中断中获取信号量
xSemaphoreGive()	释放信号量
xSemaphoreGiveFromISR()	在中断中释放信号量
vSemaphoreDelete()	删除信号量

1. 函数 xSemaphoreCreateBinary()

此函数用于使用动态方式创建二值信号量、创建二值信号量所需的内存、由 FreeRTOS 从 FreeRTOS 管理的堆中进行分配。该函数实际上是一个宏定义，在 semphr.h 文件中有定义，具体的代码如下所示：

```
#define xSemaphoreCreateBinary()                                    \
        xQueueGenericCreate ((UBaseType_t) 1,                       \
                             semSEMAPHORE_QUEUE_ITEM_LENGTH,        \
                             queueQUEUE_TYPE_BINARY_SEMAPHORE)
```

从上面的代码中可以看出，函数 xSemaphoreCreateBinary()实际上是调用函数 xQueueGenericCreate()创建了一个队列长度为 1 且队列项目大小为信号量队列项目大小的二值信号量类型队列。

2. 函数 xSemaphoreCreateBinaryStatic()

此函数用于使用静态方式创建二值信号量、创建二值信号量所需的内存，需要用户手动分配并提供。该函数实际上是一个宏定义，在 semphr.h 文件中有定义，具体的代码如下所示：

```
#define xSemaphoreCreateBinaryStatic(pxStaticSemaphore)             \
        xQueueGenericCreateStatic ((UBaseType_t) 1,                 \
                                   semSEMAPHORE_QUEUE_ITEM_LENGTH,  \
                                   NULL,                            \
                                   pxStaticSemaphore,               \
                                   queueQUEUE_TYPE_BINARY_SEMAPHORE)
```

从上面的代码中可以看出，函数 xSemaphoreCreateStatic()实际上是调用函数 xQueueGenericCreateStatic()创建了一个队列长度为 1 且队列项目大小为信号量队列项目大小的二值信号量类型队列。

3. 函数 xSemaphoreTake()

此函数用于获取信号量，如果信号量处于没有资源的状态，那么此函数可以选择将任务进行阻塞；如果成功获取了信号量，那信号量的资源数将会减 1。该函数实际上是一个宏定义，在 semphr.h 文件中有定义，具体的代码如下所示：

```
#define xSemaphoreTake(xSemaphore,xBlockTime)                                    \
        xQueueSemaphoreTake((xSemaphore),(xBlockTime))
```

从上面的代码中可以看出，函数 xSemaphoreTake()实际上是调用函数 xQueueSemaphoreTake()来获取信号量。函数 xQueueSemaphoreTake()在 queue.c 文件中有定义，具体的代码如下所示：

```
BaseType_t xQueueSemaphoreTake(QueueHandle_t xQueue, TickType_t xTicksToWait)
{
    BaseType_t xEntryTimeSet = pdFALSE;
    TimeOut_t xTimeOut;
    Queue_t * const pxQueue = xQueue;
#if (configUSE_MUTEXES == 1)
    BaseType_t xInheritanceOccurred = pdFALSE;
#endif
    configASSERT((pxQueue));
    /* 信号量类型队列的项目大小为 0 */
    configASSERT (pxQueue->uxItemSize == 0);
#if ((INCLUDE_xTaskGetSchedulerState == 1) || (configUSE_TIMERS == 1))
{
    configASSERT(!((xTaskGetSchedulerState() == taskSCHEDULER_SUSPENDED) &&
        (xTicksToWait != 0)));
}
#endif
    for(; ;)
    {
        /* 进入临界区 */
        taskENTER_CRITICAL();
        {
            /* 获取信号量的资源数 */
            const UBaseType_t uxSemaphoreCount = pxQueue->uxMessagesWaiting;
            /* 判断信号量是否有资源 */
            if (uxSemaphoreCount > (UBaseType_t) 0)
            {
                /* 更新信号量的资源数 */
                pxQueue->uxMessagesWaiting =
                    uxSemaphoreCount - (UBaseType_t) 1;
                /* 此宏用于启用互斥信号量 */
#if (configUSE_MUTEXES == 1)
{
                /* 判断队列的类型是否为互斥信号量 */
                if (pxQueue->uxQueueType == queueQUEUE_IS_MUTEX)
                {
                    /* 设置互斥信号量的持有者
                     * 并更新互斥信号量的持有次数
                     */
                    pxQueue->u.xSemaphore.xMutexHolder =
                        pvTaskIncrementMutexHeldCount();
                }
```

```
}
#endif
                /*判断信号量的获取阻塞任务列表中是否有任务*/
                if (listLIST_IS_EMPTY(&(pxQueue->xTasksWaitingToSend)) ==
                    pdFALSE)
                {
                    /*将阻塞任务从信号量获取阻塞任务列表中移除*/
                    if (xTaskRemoveFromEventList(
                            &(pxQueue->xTasksWaitingToSend)) != 
                        pdFALSE)
                    {
                        /*根据需要进行任务切换*/
                        queueYIELD_IF_USING_PREEMPTION();
                    }
                }
                /*退出临界区*/
                taskEXIT_CRITICAL();
                return pdPASS;
            }
            /*信号量没有资源*/
            else
            {
                /*判断是否不选择阻塞等待信号量*/
                if (xTicksToWait == (TickType_t) 0)
                {
                    /*此宏用于启用互斥信号量*/
#if (configUSE_MUTEXES == 1)
{
                    configASSERT (xInheritanceOccurred == pdFALSE);
}
#endif
                    /*退出临界区*/
                    taskEXIT_CRITICAL();
                    return errQUEUE_EMPTY;
                }
                /*选择阻塞等待信号量*/
                else if (xEntryTimeSet == pdFALSE)
                {
                    /*队列满,任务需要阻塞
                     *记录下此时系统节拍计数器的值和溢出次数
                     *用于下面对阻塞时间进行补偿
                     */
                    vTaskInternalSetTimeOutState(&xTimeOut);
                    xEntryTimeSet = pdTRUE;
                }
            }
        }
        /*退出临界区
         *退出临界区后系统时钟节拍会发生更新
```

```
        * 因此任务如果需要阻塞的话需要对阻塞时间进行补偿
        */
      taskEXIT_CRITICAL();
      /* 挂起任务调度器 */
      vTaskSuspendAll();
      /* 信号量队列上锁 */
      prvLockQueue (pxQueue);
      /* 判断阻塞时间补偿后,是否还需要阻塞 */
      if (xTaskCheckForTimeOut(&xTimeOut, &xTicksToWait) == pdFALSE)
      {
          /* 判断队列是否为空 */
          if (prvIsQueueEmpty (pxQueue) != pdFALSE)
          {
              /* 此宏用于启用互斥信号量 */
#if (configUSE_MUTEXES == 1)
{
              /* 判断队列类型是否为互斥信号量 */
              if (pxQueue ->uxQueueType == queueQUEUE_IS_MUTEX)
              {
                  /* 进入临界区 */
                  taskENTER_CRITICAL();
                  {
                      /* 进行优先级继承
                       * 这是互斥信号量用于解决优先级翻转问题的
                       */
                      xInheritanceOccurred =
                          xTaskPriorityInherit(
                              pxQueue ->u.xSemaphore.xMutexHolder);
                  }
                  /* 退出临界区 */
                  taskEXIT_CRITICAL();
              }
}
#endif
              /* 将任务添加到队列写入阻塞任务列表中进行阻塞 */
              vTaskPlaceOnEventList(& (pxQueue ->xTasksWaitingToReceive),
                  xTicksToWait);
              /* 解锁队列 */
              prvUnlockQueue (pxQueue);
              /* 恢复任务调度器 */
              if (xTaskResumeAll() == pdFALSE)
              {
                  /* 根据需要进行任务切换 */
                  portYIELD_WITHIN_API();
              }
          }
          /* 队列不为空 */
          else
          {
```

```
                /*解锁队列*/
                prvUnlockQueue(pxQueue);
                /*恢复任务调度器*/
                (void) xTaskResumeAll();
            }
        }
        /*阻塞时间补偿后,不需要进行阻塞*/
        else
        {
            /*解锁队列*/
            prvUnlockQueue(pxQueue);
            /*恢复任务调度器*/
            (void) xTaskResumeAll();
            /*判断队列是否为空*/
            if (prvIsQueueEmpty(pxQueue) != pdFALSE)
            {
                /*此宏用于启用互斥信号量*/
#if (configUSE_MUTEXES == 1)
{
                /*判断任务是否发生优先级继承*/
                if (xInheritanceOccurred != pdFALSE)
                {
                    /*进入临界区*/
                    taskENTER_CRITICAL();
                    {
                        UBaseType_t uxHighestWaitingPriority;
                        /*恢复任务优先级*/
                        uxHighestWaitingPriority =
                            prvGetDisinheritPriorityAfterTimeout(pxQueue);
                        vTaskPriorityDisinheritAfterTimeout(
                            pxQueue->u.xSemaphore.xMutexHolder,
                            uxHighestWaitingPriority);
                    }
                    /*退出临界区*/
                    taskEXIT_CRITICAL();
                }
}
#endif
                return errQUEUE_EMPTY;
            }
        }
    }
}
```

从上面的代码中可以看出,函数 xQueueSemaphoreTake()不仅仅用于获取二值信号量,还可用于计数型信号量、互斥信号量的获取,这些都是通过宏定义间接地调用了此函数。

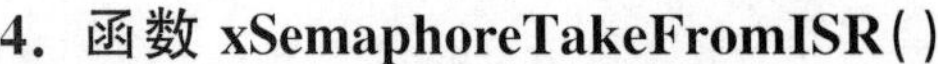

4. 函数 xSemaphoreTakeFromISR()

此函数用于在中断中获取信号量。该函数实际上是一个宏定义,在 semphr. h 文件中有定义,具体的代码如下所示:

```
#define xSemaphoreTakeFromISR (xSemaphore,pxHigherPriorityTaskWoken)              \
        xQueueReceiveFromISR ((QueueHandle_t) (xSemaphore),                       \
                              NULL,                                               \
                              (pxHigherPriorityTaskWoken))
```

从上面的代码中可以看出,函数 xSemaphoreTakeFromISR()实际上是调用函数 xQueueReceiveFromISR()来获取信号量。要特别注意的是,函数 xSemaphoreTakeFromISR()与函数 xSemaphoreTake()不同,函数 xSemaphoreTakeFromISR()只能用于获取二值信号量和计数型信号量,而不能用于获取互斥信号量。

5. 函数 xSemaphoreGive()

此函数用于释放信号量,如果信号量处于资源满的状态,那么此函数可选择将任务进行阻塞;如果成功释放了信号量,那信号量的资源数将会加 1。该函数实际上是一个宏定义,在 semphr. h 文件中有定义,具体的代码如下所示:

```
#define xSemaphoreGive (xSemaphore)                                               \
        xQueueGenericSend ((QueueHandle_t) (xSemaphore),                          \
                           NULL,                                                  \
                           semGIVE_BLOCK_TIME,                                    \
                           queueSEND_TO_BACK)
```

从上面的代码中可以看出,函数 xSemaphoreGive()实际上是调用了函数 xQueueGenericSend()。

6. 函数 xSemaphoreGiveFromISR()

此函数用于在中断中释放信号量。该函数实际上是一个宏定义,在 semphr. h 文件中有定义,具体的代码如下所示:

```
#define xSemaphoreGiveFromISR (xSemaphore,pxHigherPriorityTaskWoken)              \
        xQueueGiveFromISR ((QueueHandle_t) (xSemaphore),                          \
                           (pxHigherPriorityTaskWoken))
```

从上面的代码中可以看出,函数 xSemaphoreGiveFromISR()实际上是调用了函数 xQueueGiveFromISR()。函数 xQueueGiveFromISR()在 queue. c 文件中有定义,具体的代码如下所示:

```
BaseType_t xQueueGiveFromISR(
        QueueHandle_t         xQueue,
        BaseType_t * const    pxHigherPriorityTaskWoken)
{
    BaseType_t xReturn;
    UBaseType_t uxSavedInterruptStatus;
```

```
    Queue_t * const pxQueue = xQueue;
    configASSERT (pxQueue);
    configASSERT (pxQueue ->uxItemSize == 0);
    configASSERT(!((pxQueue ->uxQueueType == queueQUEUE_IS_MUTEX) &&
        (pxQueue ->u.xSemaphore.xMutexHolder != NULL)));
    /* 只有受 FreeRTOS 管理的中断才能调用该函数 */
    portASSERT_IF_INTERRUPT_PRIORITY_INVALID();
    /* 屏蔽受 FreeRTOS 管理的中断并保存,屏蔽前的状态用于恢复
     */
    uxSavedInterruptStatus = portSET_INTERRUPT_MASK_FROM_ISR();
    {
        /* 获取信号量的资源数 */
        const UBaseType_t uxMessagesWaiting = pxQueue ->uxMessagesWaiting;
        /* 判断信号量是否有资源 */
        if (uxMessagesWaiting < pxQueue ->uxLength)
        {
            /* 获取任务的写入上锁计数器 */
            const int8_t cTxLock = pxQueue ->cTxLock;
            /* 更新信号量资源数 */
            pxQueue ->uxMessagesWaiting = uxMessagesWaiting + (UBaseType_t) 1;
            /* 判断信号量队列的写入是否未上锁 */
            if (cTxLock == queueUNLOCKED)
            {
                /* 此宏定义用于启用队列集 */
#if (configUSE_QUEUE_SETS == 1)
{
                /* 判断队列是否在队列集中 */
                if (pxQueue ->pxQueueSetContainer != NULL)
                {
                    /* 通知队列集 */
                    if (prvNotifyQueueSetContainer (pxQueue) != pdFALSE)
                    {
                        /* 判断是否接收需要任务切换标记 */
                        if (pxHigherPriorityTaskWoken != NULL)
                        {
                            /* 标记要进行任务切换 */
                            * pxHigherPriorityTaskWoken = pdTRUE;
                        }
                    }
                }
                /* 队列不在队列集中 */
                else
                {
                    /* 判断队列的读取阻塞任务列表是否不为空 */
                    if (listLIST_IS_EMPTY(
                            & (pxQueue ->xTasksWaitingToReceive)) ==
                        pdFALSE)
                    {
                        /* 将任务从队列的读取阻塞任务列表中移除 */
```

```
                    if (xTaskRemoveFromEventList(
                            & (pxQueue ->xTasksWaitingToReceive)) ! =
                        pdFALSE)
                    {
                        /* 判断是否接收需要任务切换标记 */
                        if (pxHigherPriorityTaskWoken ! = NULL)
                        {
                            /* 标记需要进行任务切换 */
                            * pxHigherPriorityTaskWoken = pdTRUE;
                        }
                    }
                }
            }
}
#else
{
            /* 判断队列的读取阻塞任务列表是否不为空 */
            if (listLIST_IS_EMPTY(& (pxQueue ->xTasksWaitingToReceive)) ==
                pdFALSE)
            {
                /* 将任务从队列的读取阻塞任务列表中移除 */
                if (xTaskRemoveFromEventList(
                        & (pxQueue ->xTasksWaitingToReceive)) ! =
                    pdFALSE)
                {
                    /* 判断是否接收需要任务切换标记 */
                    if (pxHigherPriorityTaskWoken ! = NULL)
                    {
                        /* 标记需要进行任务切换 */
                        * pxHigherPriorityTaskWoken = pdTRUE;
                    }
                }
            }
}
#endif
        }
        /* 队列写入上锁,无须处理阻塞列表
         */
        else
        {
            configASSERT (cTxLock ! = queueINT8_MAX);
            /* 更新队列写入上锁计数器 */
            pxQueue ->cTxLock = (int8_t) (cTxLock + 1);
        }
        xReturn = pdPASS;
    }
    /* 信号量没有资源 */
    else
    {
```

```
            xReturn = errQUEUE_FULL;
        }
    }
    /* 恢复屏蔽中断前的中断状态 */
    portCLEAR_INTERRUPT_MASK_FROM_ISR (uxSavedInterruptStatus);
    return xReturn;
}
```

要特别注意的是，函数 xQueueGiveFromISR()只能用于释放二值信号量和计数型信号量，而不能用于获取互斥信号量，因为互斥信号量会有优先级继承的处理，而中断不属于任务，没法进行优先级继承。

7. 函数 vSemaphoreDelete()

此函数用于删除已创建二值信号量。该函数实际上是一个宏定义，在 semphr. h 文件中有定义，具体的代码如下所示：

```
#define vSemaphoreDelete(xSemaphore)                                          \
        vQueueDelete((QueueHandle_t)(xSemaphore))
```

从上面的代码中可以看出，函数 vSemaphoreDelete()实际上是调用了函数 vQueueDelete()删除已创建的二值信号量队列。

14.3 FreeRTOS 二值信号量操作实验

14.3.1 功能设计

本实验主要用于学习 FreeRTOS 二值信号量操作相关 API 函数的使用，设计了 3 个任务，功能如表 14.2 所列。

表 14.2 各任务功能描述

任务名	任务功能描述
start_task	用于创建二值信号量和其他任务
task1	用于扫描按键，当检测到按键 0 被按下时，释放二值信号量
task2	获取二值信号量，成功获取后刷新 LCD 屏幕区域显示

该实验的实验工程可参考配套资料中的“FreeRTOS 实验例程 14－1 FreeRTOS 二值信号量操作实验”。

14.3.2 软件设计

1. 程序流程图

本实验的程序流程如图 14.1 所示。

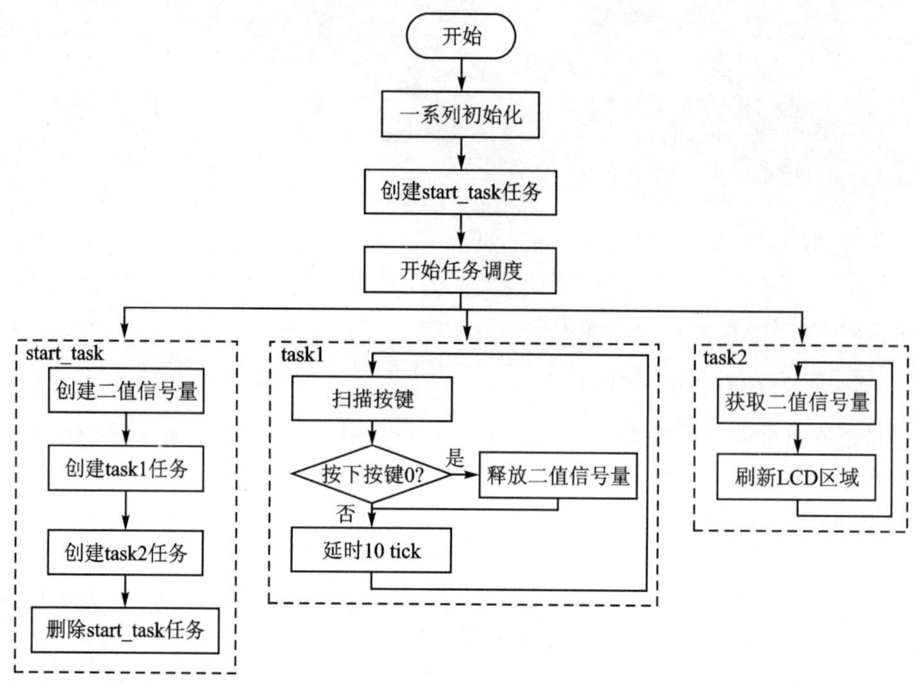

图 14.1　程序流程图

2. FreeRTOS 函数解析

1）函数 xSemaphoreCreateBinary()

此函数用于创建二值信号量，可参考 14.2.2 小节。

2）函数 xSemaphoreGive()

此函数用于获取信号量，可参考 14.2.2 小节。

3）函数 xSemaphoreTake()

此函数用于释放信号量，可参考 14.2.2 小节。

3. 程序解析

整体的代码结构可参考 2.1.6 小节，本小节着重讲解本实验相关的部分。

(1) start_task 任务

start_task 任务的入口函数代码如下所示：

```
/**
 * @brief     start_task
 * @param     pvParameters : 传入参数(未用到)
 * @retval     无
 */
void start_task(void * pvParameters)
{
```

```
    taskENTER_CRITICAL();                /* 进入临界区 */
    /* 创建二值信号量 */
    BinarySemaphore = xSemaphoreCreateBinary();
    /* 创建任务 1 */
    xTaskCreate ((TaskFunction_t  ) task1,
                 (const char *    ) "task1",
                 (uint16_t        ) TASK1_STK_SIZE,
                 (void *          ) NULL,
                 (UBaseType_t     ) TASK1_PRIO,
                 (TaskHandle_t *  ) &Task1Task_Handler);
    /* 创建任务 2 */
    xTaskCreate ((TaskFunction_t  ) task2,
                 (const char *    ) "task2",
                 (uint16_t        ) TASK2_STK_SIZE,
                 (void *          ) NULL,
                 (UBaseType_t     ) TASK2_PRIO,
                 (TaskHandle_t *  ) &Task2Task_Handler);
    vTaskDelete(StartTask_Handler);      /* 删除开始任务 */
    taskEXIT_CRITICAL();                 /* 退出临界区 */
}
```

start_task 任务主要用于创建二值信号量、task1 任务和 task2 任务。

(2) task1 任务

```
/**
 * @brief     task1
 * @param     pvParameters : 传入参数(未用到)
 * @retval    无
 */
void task1(void * pvParameters)
{
    uint8_t key = 0;
    while (1)
    {
        key = key_scan(0);
        switch (key)
        {
            case KEY0_PRES:
            {
                xSemaphoreGive(BinarySemaphore);             /* 释放二值信号量 */
                break;
            }
            default:
            {
                break;
            }
        }
        vTaskDelay(10);
    }
}
```

从以上代码中可以看到,task1 任务主要负责扫描按键,当扫描到按键 0 被按下后,释放二值信号量。

(3) task2 任务

```
/**
 * @brief      task2
 * @param      pvParameters : 传入参数(未用到)
 * @retval     无
 */
void task2(void * pvParameters)
{
    uint32_t task2_num = 0;
    while (1)
    {
        /* 获取二值信号量 */
        xSemaphoreTake(BinarySemaphore,portMAX_DELAY);
        /* LCD 区域刷新 */
        lcd_fill(6, 131, 233, 313,lcd_discolor[ ++ task2_num % 11]);
    }
}
```

从上面的代码中可以看到,task2 任务负责获取二值信号量,当成功获取到二值信号量之后,刷新 LCD 屏幕区域显示。

14.3.3 下载验证

编译并下载代码,复位后可以看到 LCD 屏幕上显示了本次实验的相关信息,如图 14.2 所示。

接着按下按键 0 就可以看到 LCD 屏幕的区域颜色刷新了,如图 14.3 所示。

图 14.2 LCD 显示内容

图 14.3 串口调试助手一

重复按下按键 0 可以看到 LCD 屏幕区域不断刷新颜色。可以看出,以上实验结果与预期相符。

14.4　FreeRTOS 计数型信号量

14.4.1　FreeRTOS 计数型信号量简介

计数型信号量与二值信号量类似。二值信号量相当于队列长度为 1 的队列，因此二值信号量只能容纳一个资源，这也是命名二值信号量的原因。而计数型信号量相当于队列长度大于 0 的队列，因此计数型信号量能够容纳多个资源，这是在计数型信号量被创建的时候确定的。计数型信号量通常用于以下两种场合：

(1) 事件计数

在这种场合下，每次事件发生后，在事件处理函数中释放计数型信号量（计数型信号量的资源数加 1），其他等待事件发生的任务获取计数型信号量（计数型信号量的资源数减 1），这么一来等待事件发生的任务就可以在成功获取到计数型信号量之后执行相应的操作。在这种场合下，计数型信号量的资源数一般在创建时设置为 0。

(2) 资源管理

在这种场合下，计数型信号量的资源数代表着共享资源的可用数量，如前面举例中停车场中的空车位。一个任务想要访问共享资源，就必须先获取这个共享资源的计数型信号量，成功获取之后才可以对这个共享资源进行访问操作，当然，使用完共享资源后也要释放这个共享资源的计数型信号量。在这种场合下，计数型信号量的资源数一般在创建时设置为受其管理的共享资源的最大可用数量。

14.4.2　FreeRTOS 计数型信号量相关 API 函数

FreeRTOS 提供了计数型信号量的一些相关操作函数，其中常用的计数型信号量相关 API 函数如表 14.3 所列。

表 14.3　FreeRTOS 常用二值信号量相关的 API 函数描述

函　数	描　述
xSemaphoreCreateCounting()	使用动态方式创建计数型信号量
xSemaphoreCreateCountingStatic()	使用静态方式创建计数型信号量
xSemaphoreTake()	获取信号量
xSemaphoreTakeFromISR()	在中断中获取信号量
xSemaphoreGive()	释放信号量
xSemaphoreGiveFromISR()	在中断中释放信号量
vSemaphoreDelete()	删除信号量

可以看出，计数型信号量除了创建函数之外，其余的获取、释放等信号量操作函数都与二值信号量相同，因此这里重点讲解计数型信号量的创建函数。

1. 函数 xSemaphoreCreateCounting()

此函数用于使用动态方式创建计数型信号量、创建计数型信号量所需的内存，由 FreeRTOS 从 FreeRTOS 管理的堆中进行分配。该函数实际上是一个宏定义，在 semphr.h 中有定义，具体的代码如下所示：

```
#define xSemaphoreCreateCounting (       uxMaxCount,                          \
                                         uxInitialCount)                      \
        xQueueCreateCountingSemaphore (  (uxMaxCount),                        \
                                         (uxInitialCount))
```

从上面的代码中可以看出，函数 xSemaphoreCreateCounting()实际上是调用了函数 xQueueCreateCountingSemaphore()、函数 xQueueCreateCountingSemaphore()在 queue.c 文件中有定义，具体的代码如下所示：

```
QueueHandle_t xQueueCreateCountingSemaphore(
        const UBaseType_t     uxMaxCount,
        const UBaseType_t     uxInitialCount)
{
    QueueHandle_t xHandle = NULL;
    /* 计数型信号量的最大资源数必须大于 0
     * 计数型信号量的初始资源数不能超过最大资源数
     */
    if((uxMaxCount != 0) && (uxInitialCount <= uxMaxCount))
    {
        /* 创建一个队列
         * 队列长度为计数型信号量的最大资源数
         * 队列类型为计数型信号量
         */
        xHandle = xQueueGenericCreate(uxMaxCount,
        queueSEMAPHORE_QUEUE_ITEM_LENGTH,
        queueQUEUE_TYPE_COUNTING_SEMAPHORE);
        /* 判断队列是否创建成功 */
        if (xHandle != NULL)
        {
            /* 队列的非空闲项目数量即为计数型信号量的资源数 */
            ((Queue_t *) xHandle)->uxMessagesWaiting = uxInitialCount;
        }
    }
    return xHandle;
}
```

从上面的代码中可以看出，计数型信号量就是一个队列长度为计数型信号量最大资源数的队列，而队列的非空闲项目数量就是用来记录计数型信号量的可用资源的。

2. 函数 xSemaphoreCreateCountingStatic()

此函数用于使用静态方式创建计数型信号量、创建计数型信号量所需的内存，需

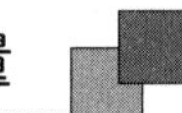

要用户手动分配并提供。该函数实际上是一个宏定义，在 semphr.h 中有定义，具体的代码如下所示：

```
#define xSemaphoreCreateCountingStatic (       uxMaxCount,              \
                                               uxInitialCount,          \
                                               pxSemaphoreBuffer)       \
        xQueueCreateCountingSemaphoreStatic (  (uxMaxCount),            \
                                               (uxInitialCount),        \
                                               (pxSemaphoreBuffer))
```

从上面的代码中可以看出，函数 xSemaphoreCreateCountingStatic()实际上是调用了函数 xQueueCreateCountingSemaphoreStatic()。函数 xQueueCreateCountingSemaphoreStatic()在 queue.c 文件中有定义，其函数内容与函数 xQueueCreateCountingSemaphore()类似，只是动态创建队列的函数替换成了静态创建队列的函数。

14.5　FreeRTOS 计数型信号量操作实验

14.5.1　功能设计

本实验主要用于学习 FreeRTOS 计数型信号量操作相关 API 函数的使用，设计了 3 个任务，功能如表 14.4 所列。

表 14.4　各任务功能描述

任务名	任务功能描述
start_task	用于创建计数型信号量和其他任务
task1	用于扫描按键，当检测到按键 0 被按下时，释放计数型信号量
task2	每隔 1 000 个 tick 获取一次计数型信号量，成功获取后刷新 LCD 屏幕区域显示

该实验的实验工程可参考配套资料中的“FreeRTOS 实验例程 14－2 FreeRTOS 计数型信号量操作实验”。

14.5.2　软件设计

1. 程序流程图

本实验的程序流程如图 14.4 所示。

2. FreeRTOS 函数解析

函数 xSemaphoreCreateCounting()用于创建计数型信号量，可参考 14.4.2 小节的介绍。

3. 程序解析

整体的代码结构可参考 2.1.6 小节，本小节着重讲解本实验相关的部分。

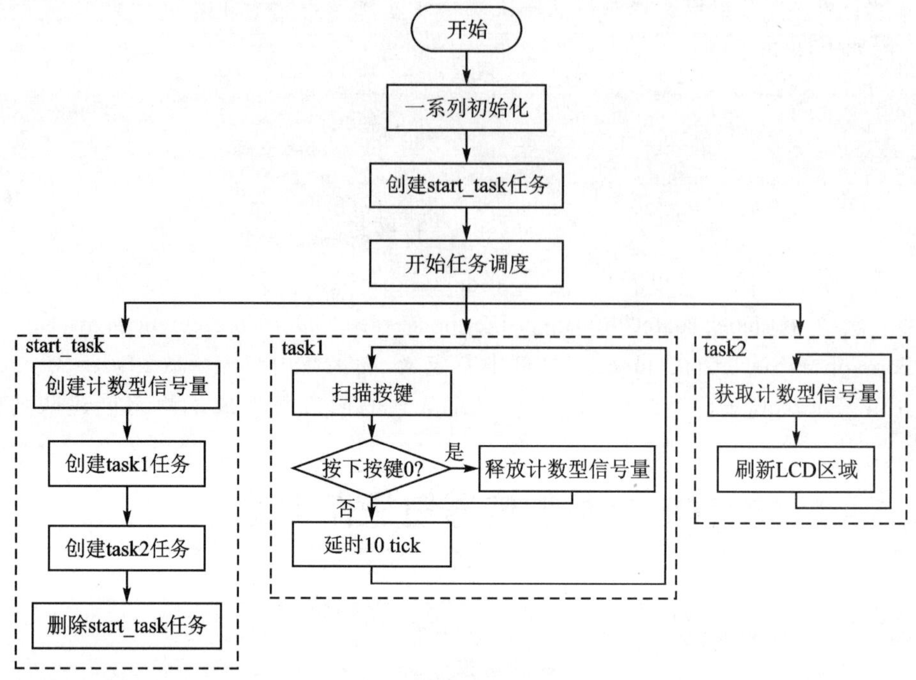

图 14.4 程序流程图

(1) start_task 任务

start_task 任务的入口函数代码如下所示:

```
/**
 * @brief    start_task
 * @param    pvParameters : 传入参数(未用到)
 * @retval    无
 */
void start_task(void * pvParameters)
{
    taskENTER_CRITICAL();                /* 进入临界区 */
    /* 创建计数型信号量 */
    CountSemaphore =
        xSemaphoreCreateCounting ((UBaseType_t)255,    /* 计数型信号量最大值 */
                                  (UBaseType_t)0);     /* 计数型信号量初始值 */
    /* 创建任务 1 */
    xTaskCreate ((TaskFunction_t  ) task1,
                 (const char *     ) "task1",
                 (uint16_t         ) TASK1_STK_SIZE,
                 (void *           ) NULL,
                 (UBaseType_t      ) TASK1_PRIO,
                 (TaskHandle_t *   ) &Task1Task_Handler);
    /* 创建任务 2 */
    xTaskCreate ((TaskFunction_t  ) task2,
```

```
                (const char *      ) "task2",
                (uint16_t          ) TASK2_STK_SIZE,
                (void *            ) NULL,
                (UBaseType_t       ) TASK2_PRIO,
                (TaskHandle_t *    ) &Task2Task_Handler);
    vTaskDelete(StartTask_Handler);      /* 删除开始任务 */
    taskEXIT_CRITICAL();                 /* 退出临界区 */
}
```

start_task 任务主要用于创建计数型信号量、task1 任务和 task2 任务。

(2) task1 任务

```
/**
 * @brief     task1
 * @param     pvParameters : 传入参数(未用到)
 * @retval    无
 */
void task1(void * pvParameters)
{
    uint8_t        key             = 0;
    UBaseType_t    semaphore_val   = 0;
    while (1)
    {
        key = key_scan(0);
        switch (key)
        {
            case KEY0_PRES:
            {
                /* 释放计数型信号量 */
                xSemaphoreGive(CountSemaphore);
                /* 获取计数型信号量资源数 */
                semaphore_val = uxSemaphoreGetCount(CountSemaphore);
                /* 在 LCD 上显示计数型信号量资源数 */
                lcd_show_xnum(166, 111,semaphore_val, 2, 16, 0,BLUE);
            }
            default:
            {
                break;
            }
        }
        vTaskDelay(10);
    }
}
```

从以上代码中可以看到，task1 任务主要负责扫描按键，当扫描到按键 0 被按下后释放计数型信号量，并且在 LCD 屏幕上显示当前计数型信号量现有资源数。

(3) task2 任务

```
/**
 * @brief     task2
```

```
 * @param     pvParameters : 传入参数(未用到)
 * @retval    无
 */
void task2(void * pvParameters)
{
    UBaseType_t     semaphore_val    = 0;
    uint32_t        task2_num        = 0;
    while (1)
    {
        /* 获取计数型信号量 */
        xSemaphoreTake(CountSemaphore,portMAX_DELAY);
        /* 获取计数型信号量资源数 */
        semaphore_val = uxSemaphoreGetCount(CountSemaphore);
        /* 在 LCD 上显示计数型信号量资源数 */
        lcd_show_xnum(166, 111,semaphore_val, 2, 16, 0,BLUE);
        /* LCD 区域刷新 */
        lcd_fill(6, 131, 233, 313,lcd_discolor[ ++ task2_num % 11]);
        vTaskDelay(1000);
    }
}
```

从上面的代码中可以看到,task2 任务负责获取计数型信号量,当成功获取到计数型信号量之后更新 LCD 屏幕上的计数型信号量现有资源数,并刷新 LCD 屏幕区域显示。

14.5.3 下载验证

编译并下载代码,复位后可以看到 LCD 屏幕上显示了本次实验的相关信息,如图 14.5 所示。

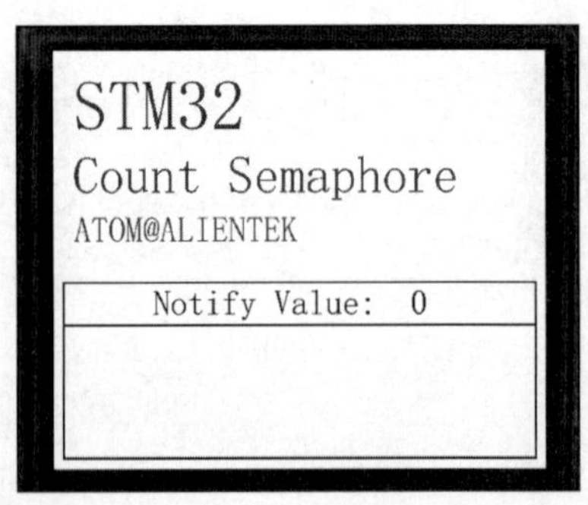

图 14.5 LCD 显示内容

接着快速地重复按下按键 0 来释放计数型信号量,可以看到,LCD 屏幕上实时显示的计数型信号量的资源数不断增加,但是每间隔 1000 tick 的时间后,LCD 屏幕上显示的计数型信号量资源数就减 1,并且 LCD 屏幕区域同时刷新,直到计数型信号量的资源数为 0。这是因为 task2 任务每间隔 1000 tick 就获取一次计数型信号量,只要计数型信号量有资源,task2 任务就可以获取计数型信号量并执行相应操作。可以看出,以上实验结果与预期相符。

14.6 优先级翻转

在使用二值信号量和计数型信号量的时候经常会遇到优先级翻转的问题,优先

级在抢占式内核中是非常常见的,但是在实时操作系统中是不允许出现优先级翻转的,因为优先级翻转会破坏任务的预期顺序,可能会导致未知的严重后果。图 14.6 展示了一个优先级翻转的例子。

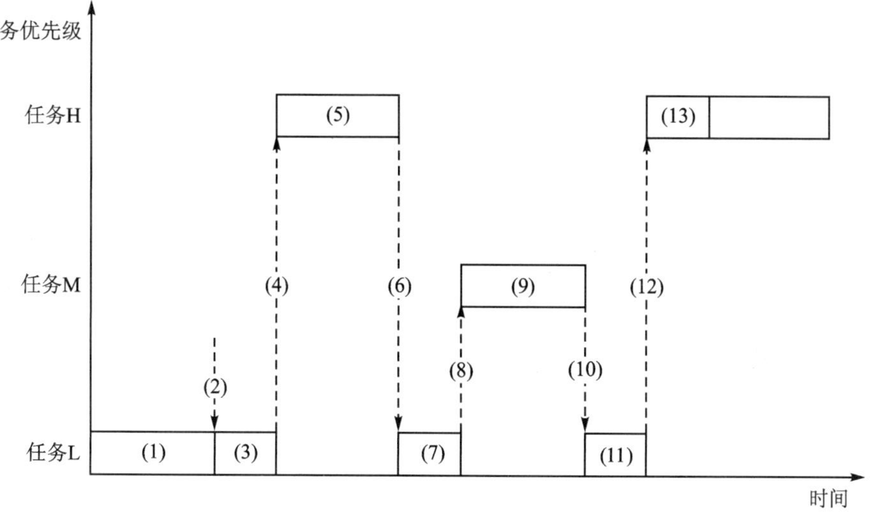

图 14.6 优先级翻转示意图

这里定义:任务 H 为优先级最高的任务,任务 L 为优先级中最低的任务,任务 M 为优先级在任务 H 与任务 L 之间的任务。

① 任务 H 和任务 M 为阻塞状态,等待某一事件发生,此时任务 L 正在运行。

② 此时任务 L 要访问共享资源,因此需要获取信号量。

③ 任务 L 成功获取信号量,并且此时信号量已无资源,任务 L 开始访问共享资源。

④ 此时任务 H 就绪,抢占任务 L 运行。

⑤ 任务 H 开始运行。

⑥ 此时任务 H 要访问共享资源,因此需要获取信号量,但信号量已无资源,因此任务 H 阻塞等待信号量资源。

⑦ 任务 L 继续运行。

⑧ 此时任务 M 就绪,抢占任务 L 运行。

⑨ 任务 M 正在运行。

⑩ 任务 M 运行完毕,继续阻塞。

⑪ 任务 L 继续运行。

⑫ 此时任务 L 对共享资源的访问操作完成,释放信号量,任务 H 便成功获取信号量,解除阻塞并抢占任务 L 运行。

⑬ 任务 H 得以运行。

从上面优先级翻转的示例中可以看出,任务 H 为最高优先级的任务,因此任务

H 执行的操作需要有较高的实时性,但是优先级翻转的问题导致了任务 H 需要等到任务 L 释放信号量才能够运行;并且,任务 L 还会被其他介于任务 H 与任务 L 任务优先级之间的任务 M 抢占,因此任务 H 还需等待任务 M 运行完毕,这显然不符合任务 H 需要的高实时性要求。

14.7 优先级翻转实验

14.7.1 功能设计

本实验主要用于学习 FreeRTOS 信号量带来的优先级翻转问题,设计了 4 个任务,功能如表 14.5 所列。

表 14.5 各任务功能描述

任务名	任务功能描述
start_task	用于创建计数型信号量和其他任务
task1	用于演示优先级翻转问题
task2	用于演示优先级翻转问题
task3	用于演示优先级翻转问题

该实验的实验工程可参考配套资料中的"FreeRTOS 实验例程 14-3 FreeRTOS 优先级翻转实验"。

14.7.2 软件设计

1. 程序流程图

本实验的程序流程如图 14.7 所示。

2. 程序解析

整体的代码结构可参考 2.1.6 小节,本小节着重讲解本实验相关的部分。

(1) start_task 任务

start_task 任务的入口函数代码如下所示:

```
/**
 * @brief     start_task
 * @param     pvParameters : 传入参数(未用到)
 * @retval    无
 */
void start_task(void * pvParameters)
{
    taskENTER_CRITICAL();                /* 进入临界区 */
    /* 创建计数型信号量 */
    Semaphore = xSemaphoreCreateCounting(1, 1);
```

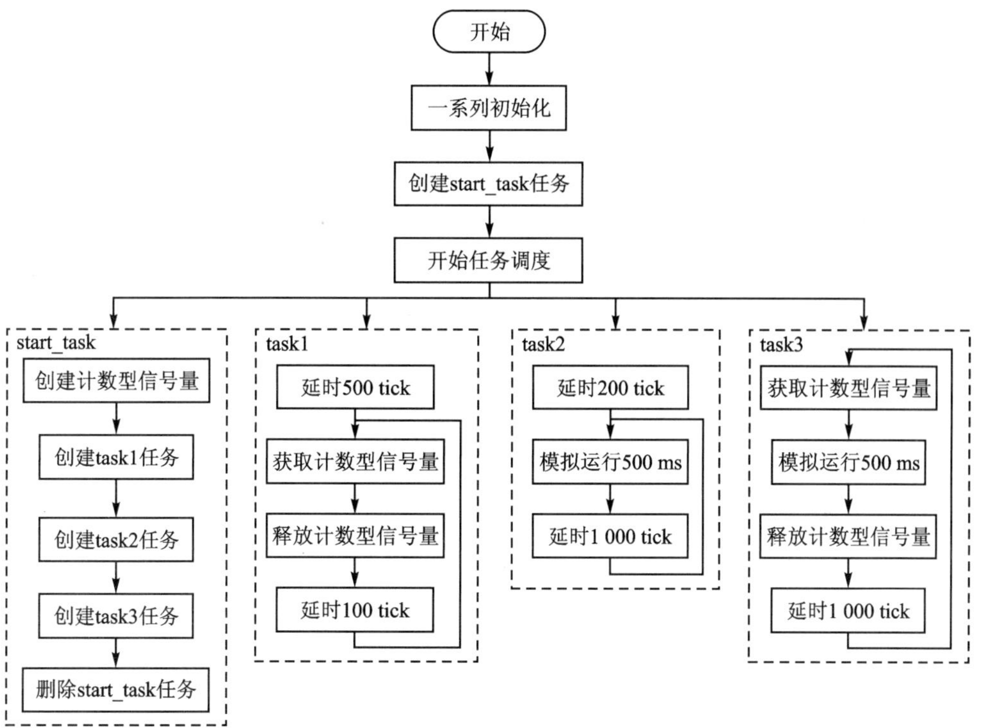

图 14.7　程序流程图

```
    /* 创建任务 1 */
    xTaskCreate ((TaskFunction_t   ) task1,
                 (const char *     ) "task1",
                 (uint16_t         ) TASK1_STK_SIZE,
                 (void *           ) NULL,
                 (UBaseType_t      ) TASK1_PRIO,
                 (TaskHandle_t *   ) &Task1Task_Handler);
    /* 创建任务 2 */
    xTaskCreate ((TaskFunction_t   ) task2,
                 (const char *     ) "task2",
                 (uint16_t         ) TASK2_STK_SIZE,
                 (void *           ) NULL,
                 (UBaseType_t      ) TASK2_PRIO,
                 (TaskHandle_t *   ) &Task2Task_Handler);
    /* 创建任务 3 */
    xTaskCreate ((TaskFunction_t   ) task3,
                 (const char *     ) "task3",
                 (uint16_t         ) TASK3_STK_SIZE,
                 (void *           ) NULL,
                 (UBaseType_t      ) TASK3_PRIO,
                 (TaskHandle_t *   ) &Task3Task_Handler);
    vTaskDelete(StartTask_Handler);    /* 删除开始任务 */
    taskEXIT_CRITICAL();               /* 退出临界区 */
}
```

start_task 任务主要用于创建计数型信号量、task1 任务、task2 任务和 task3 任务。

(2) task1 任务、task2 任务和 task3 任务

```
/**
  * @brief     task1
  * @param     pvParameters : 传入参数(未用到)
  * @retval    无
  */
void task1(void * pvParameters)
{
    vTaskDelay(500);
    while (1)
    {
        printf("task1 ready to take semaphore\r\n");
        xSemaphoreTake(Semaphore,portMAX_DELAY);     /* 获取计数型信号量 */
        printf("task1 has taked semaphore\r\n");
        printf("task1 running\r\n");
        printf("task1 give semaphore\r\n");
        xSemaphoreGive(Semaphore);                    /* 释放计数型信号量 */
        vTaskDelay(100);
    }
}
/**
  * @brief     task2
  * @param     pvParameters : 传入参数(未用到)
  * @retval    无
  */
void task2(void * pvParameters)
{
    uint32_t task2_num = 0;
    vTaskDelay(200);
    while (1)
    {
        for (task2_num = 0; task2_num < 5; task2_num ++ )
        {
            printf("task2 running\r\n");
            delay_ms(100);                            /* 模拟运行,不触发任务调度 */
        }
        vTaskDelay(1000);
    }
}
/**
  * @brief     task3
  * @param     pvParameters : 传入参数(未用到)
  * @retval    无
  */
void task3(void * pvParameters)
{
```

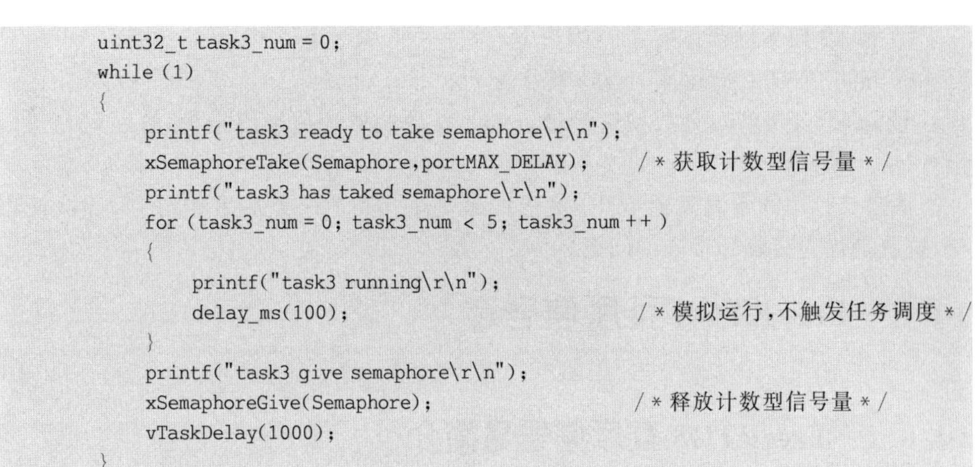

```
    uint32_t task3_num = 0;
    while (1)
    {
        printf("task3 ready to take semaphore\r\n");
        xSemaphoreTake(Semaphore,portMAX_DELAY);      /* 获取计数型信号量 */
        printf("task3 has taked semaphore\r\n");
        for (task3_num = 0; task3_num < 5; task3_num ++ )
        {
            printf("task3 running\r\n");
            delay_ms(100);                            /* 模拟运行,不触发任务调度 */
        }
        printf("task3 give semaphore\r\n");
        xSemaphoreGive(Semaphore);                    /* 释放计数型信号量 */
        vTaskDelay(1000);
    }
}
```

以上 task1 任务、task2 任务和 task3 任务就是展示了优先级翻转的问题。

14.7.3　下载验证

编译并下载代码,复位后可以看到 LCD 屏幕上显示了本次实验的相关信息,如图 14.8 所示。

图 14.8　LCD 显示内容

同时,通过串口打印了本次实验的相关信息,如图 14.9 所示。

① task3 成功获取计数型信号量并运行。

② task2 任务抢占 task3 任务运行。

③ task1 任务抢占 task2 任务运行,task1 任务获取计数型信号量失败,被阻塞。

图 14.9　串口调试助手

④ task2 任务继续运行。

⑤ task2 任务运行完毕,task3 任务运行。

⑥ task3 任务释放计数型信号量,task1 任务获取计数型信号量,解除阻塞得以运行。

从串口打印的信息就能看出,优先级最高的 task1 任务最后才得到 CPU 使用权,这就是优先级翻转带来的问题。

14.8 FreeRTOS 互斥信号量

14.8.1 FreeRTOS 互斥信号量简介

互斥信号量其实就是一个拥有优先级继承的二值信号量,在同步的应用中(任务与任务或中断与任务之间的同步)二值信号量最适合。互斥信号量适用于那些需要互斥访问的应用。在互斥访问中互斥信号量相当于一把钥匙,当任务想要访问共享资源的时候就必须先获得这把钥匙,访问完共享资源以后就必须归还这把钥匙,这样其他的任务就可以拿着这把钥匙去访问资源。

互斥信号量使用和二值信号量相同的 API 操作函数,所以互斥信号量也可以设置阻塞时间,不同于二值信号量的是互斥信号量具有优先级继承的机制。当一个互斥信号量正在被一个低优先级的任务持有时,如果此时有个高优先级的任务也尝试获取这个互斥信号量,那么这个高优先级的任务就会被阻塞。不过这个高优先级的任务会将低优先级任务的优先级提升到与自己相同的优先级,这个过程就是优先级继承。优先级继承尽可能地减少了高优先级任务处于阻塞态的时间,并且将"优先级翻转"的影响降到最低。

优先级继承并不能完全地消除优先级翻转的问题,它只是尽可能地降低优先级翻转带来的影响。实时应用应该在设计之初就要避免优先级翻转的发生。互斥信号量不能用于中断服务函数中,原因如下:

① 互斥信号量有任务优先级继承的机制,但是中断不是任务,没有任务优先级,所以互斥信号量只能用于任务中,不能用于中断服务函数。

② 中断服务函数中不能因为要等待互斥信号量而设置阻塞时间进入阻塞态。

14.8.2 FreeRTOS 互斥信号量相关 API 函数

FreeRTOS 提供了互斥信号量的一些相关操作函数,其中常用的互斥信号量相关 API 函数如表 14.6 所列。

可以看出,互斥信号量除了创建函数之外,其余的获取、释放等信号量操作函数都与二值信号量相同,因此这里重点讲解互斥信号量的创建函数。

表 14.6 FreeRTOS 常用互斥信号量相关的 API 函数描述

函 数	描 述
xSemaphoreCreateMutex()	使用动态方式创建互斥信号量
xSemaphoreCreateMutexStatic()	使用静态方式创建互斥信号量
xSemaphoreTake()	获取信号量
xSemaphoreGive()	释放信号量
vSemaphoreDelete()	删除信号量

1. 函数 xSemaphoreCreateMutex()

此函数用于使用动态方式创建互斥信号量，创建互斥信号量所需的内存由 FreeRTOS 从 FreeRTOS 管理的堆中进行分配。该函数实际上是一个宏定义，在 semphr. h 中有定义，具体的代码如下所示：

```
#define xSemaphoreCreateMutex()        xQueueCreateMutex(queueQUEUE_TYPE_MUTEX)
```

从上面的代码中可以看出，函数 xSemaphoreCreateMutex()实际上是调用了函数 xQueueCreateMutex()。函数 xQueueCreateMutex()在 queue. c 文件中有定义，具体的代码如下所示：

```
QueueHandle_t xQueueCreateMutex(const uint8_t ucQueueType)
{
    QueueHandle_t xNewQueue;
    const UBaseType_t uxMutexLength = (UBaseType_t) 1;
    const UBaseType_t uxMutexSize = (UBaseType_t) 0;
    /* 创建一个队列
     * 队列长度为 1
     * 队列项目大小为 0
     */
    xNewQueue = xQueueGenericCreate (uxMutexLength,uxMutexSize,ucQueueType);
    /* 初始化互斥信号量 */
    prvInitialiseMutex((Queue_t * ) xNewQueue);
    return xNewQueue;
}
```

从上面的代码中可以看出，互斥信号量就是一个队列长度为 1 的队列，且队列项目的大小为 0，而队列的非空闲项目数量就是互斥信号量的资源数。函数 xQueueCreateMutex()还会调用函数 prvInitialiseMutex()对互斥信号量进行初始化。函数 prvInitialiseMutex()在 queue. c 文件中有定义，具体的代码如下所示：

```
static void prvInitialiseMutex (Queue_t * pxNewQueue)
{
    if (pxNewQueue != NULL)
    {
        /* 互斥信号量的持有者初始化为空 */
        pxNewQueue->u. xSemaphore. xMutexHolder = NULL;
        /* 队列类型初始化为互斥信号量 */
```

```
            pxNewQueue ->uxQueueType = queueQUEUE_IS_MUTEX;
            /* 互斥信号量的资源数初始化为 0 */
            pxNewQueue ->u.xSemaphore.uxRecursiveCallCount = 0;
            /* 新建的互斥信号量是有资源的 */
            (void) xQueueGenericSend (pxNewQueue,
                                      NULL,
                                      (TickType_t) 0U,
                                      queueSEND_TO_BACK);
        }
    }
```

2. 函数 xSemaphoreCreateMutexStatic( )

此函数用于使用静态方式创建互斥信号量、创建互斥信号量所需的内存,需要用户手动分配并提供。该函数实际上是一个宏定义,在 semphr.h 中有定义,具体的代码如下所示:

```
#define xSemaphoreCreateMutexStatic (pxMutexBuffer)                          \
        xQueueCreateMutexStatic (     queueQUEUE_TYPE_MUTEX,                 \
                                      (pxMutexBuffer))
```

从上面的代码中可以看出,函数 xSemaphoreCreateMutexStatic()实际上是调用了函数 xQueueCreateMutexStatic(),而函数 xQueueCreateMutexStatic()在 queue.c 文件中有定义,其函数内容与函数 xQueueCreateMutex()是类似的,只是将动态创建队列的函数替换成了静态创建队列的函数。

14.9 FreeRTOS 互斥信号量操作实验

14.9.1 功能设计

本实验主要用于学习 FreeRTOS 互斥信号量操作相关 API 函数的使用以及演示使用互斥信号量减少优先级翻转带来的影响,设计了 4 个任务,功能如表 14.7 所列。

表 14.7 各任务功能描述

任务名	任务功能描述
start_task	用于创建互斥信号量和其他任务
task1	用于演示互斥信号量
task2	用于演示互斥信号量
task3	用于演示互斥信号量

该实验的实验工程可参考配套资料中的"FreeRTOS 实验例程 14－4 FreeRTOS 互斥信号量操作实验"。

14.9.2 软件设计

1. 程序流程图

本实验的程序流程如图14.10所示。

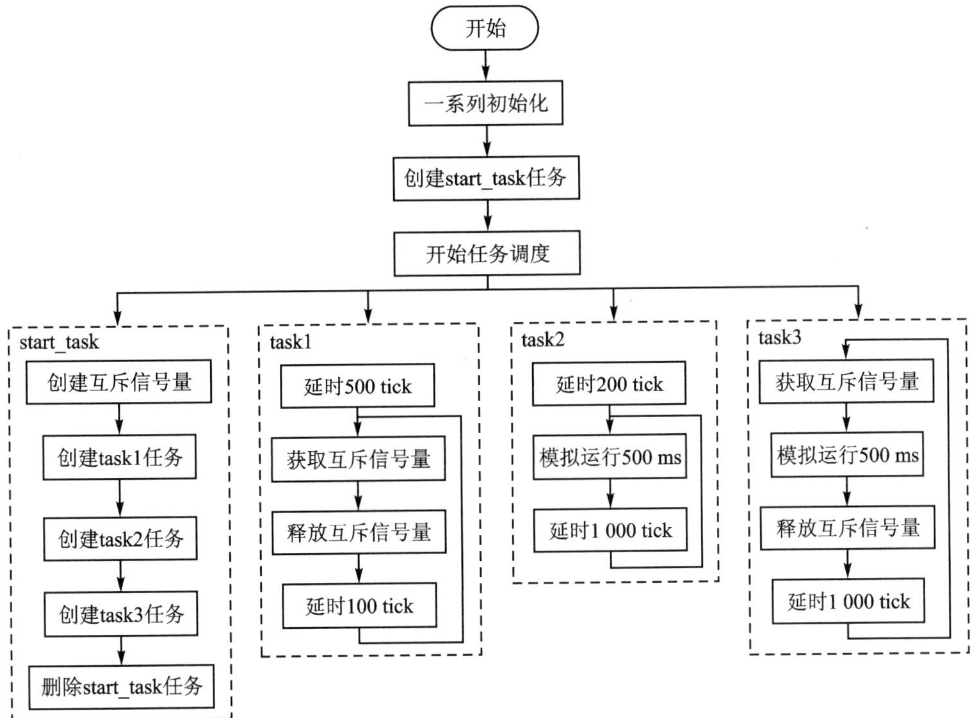

图14.10 程序流程图

2. 程序解析

整体的代码结构可参考2.1.6小节，本小节着重讲解本实验相关的部分。

(1) start_task任务

start_task任务的入口函数代码如下所示：

```
/**
  * @brief      start_task
  * @param      pvParameters : 传入参数(未用到)
  * @retval     无
  */
void start_task(void * pvParameters)
{
    taskENTER_CRITICAL();                   /* 进入临界区 */
    /* 创建互斥信号量 */
    MutexSemaphore = xSemaphoreCreateMutex();
```

```
    /* 创建任务 1 */
    xTaskCreate ((TaskFunction_t    ) task1,
                 (const char *      ) "task1",
                 (uint16_t          ) TASK1_STK_SIZE,
                 (void *            ) NULL,
                 (UBaseType_t       ) TASK1_PRIO,
                 (TaskHandle_t *    ) &Task1Task_Handler);
    /* 创建任务 2 */
    xTaskCreate ((TaskFunction_t    ) task2,
                 (const char *      ) "task2",
                 (uint16_t          ) TASK2_STK_SIZE,
                 (void *            ) NULL,
                 (UBaseType_t       ) TASK2_PRIO,
                 (TaskHandle_t *    ) &Task2Task_Handler);
    /* 创建任务 3 */
    xTaskCreate ((TaskFunction_t    ) task3,
                 (const char *      ) "task3",
                 (uint16_t          ) TASK3_STK_SIZE,
                 (void *            ) NULL,
                 (UBaseType_t       ) TASK3_PRIO,
                 (TaskHandle_t *    ) &Task3Task_Handler);
    vTaskDelete(StartTask_Handler);     /* 删除开始任务 */
    taskEXIT_CRITICAL();                /* 退出临界区 */
}
```

start_task 任务主要用于创建互斥信号量、task1 任务、task2 任务和 task3 任务。

(2) task1 任务、task2 任务和 task3 任务

```
/**
 * @brief    task1
 * @param    pvParameters : 传入参数(未用到)
 * @retval   无
 */
void task1(void * pvParameters)
{
    vTaskDelay(500);
    while (1)
    {
        printf("task1 ready to take mutex\r\n");
        xSemaphoreTake(MutexSemaphore,portMAX_DELAY);     /* 获取互斥信号量 */
        printf("task1 has taked mutex\r\n");
        printf("task1 running\r\n");
        printf("task1 give mutex\r\n");
        xSemaphoreGive(MutexSemaphore);                   /* 释放互斥信号量 */
        vTaskDelay(100);
    }
}
/**
 * @brief    task2
 * @param    pvParameters : 传入参数(未用到)
```

```
  * @retval    无
  */
void task2(void * pvParameters)
{
    uint32_t task2_num = 0;
    vTaskDelay(200);
    while (1)
    {
        for (task2_num = 0; task2_num < 5; task2_num ++ )
        {
            printf("task2 running\r\n");
            delay_ms(100);                          /* 模拟运行,不触发任务调度 */
        }
        vTaskDelay(1000);
    }
}
/**
  * @brief     task3
  * @param     pvParameters : 传入参数(未用到)
  * @retval    无
  */
void task3(void * pvParameters)
{
    uint32_t task3_num = 0;
    while (1)
    {
        printf("task3 ready to take mutex\r\n");
        xSemaphoreTake(MutexSemaphore,portMAX_DELAY);    /* 获取互斥信号量 */
        printf("task3 has taked mutex\r\n");
        for (task3_num = 0; task3_num < 5; task3_num ++ )
        {
            printf("task3 running\r\n");
            delay_ms(100);                          /* 模拟运行,不触发任务调度 */
        }
        printf("task3 give mutex\r\n");
        xSemaphoreGive(MutexSemaphore);             /* 释放互斥信号量 */
        vTaskDelay(100);
    }
}
```

以上 task1 任务、task2 任务和 task3 任务展示使用互斥信号量减少优先级翻转带来的影响。

14.9.3　下载验证

编译并下载代码,复位后可以看到 LCD 屏幕上显示了本次实验的相关信息,如图 14.11 所示。

同时,通过串口打印了本次实验的相关信息,如图 14.12 所示。

① task3 任务获取互斥信号量并运行。

② task2 抢占 task3 任务运行。

③ task1 抢占 task2 任务运行,task1 任务获取互斥信号量,由于此时互斥信号量被 task3 持有,因此 task1 任务获取互斥信号量失败被阻塞;同时由于互斥信号量的优先级继承机制,task3 任务继承了 task1 任务的优先级。

图 14.11 LCD 显示内容

④ task3 任务继承了 task1 任务的优先级,因此,此时并非轮到 task2 任务运行,而是轮到 task3 任务运行。

⑤ task3 任务释放互斥信号量,同时恢复原有任务优先级,此时 task1 任务获取互斥信号量得以运行。

⑥ task1 任务运行完毕,释放互斥信号量,此时 task3 任务已恢复原有任务优先级,因此 task2 任务运行。

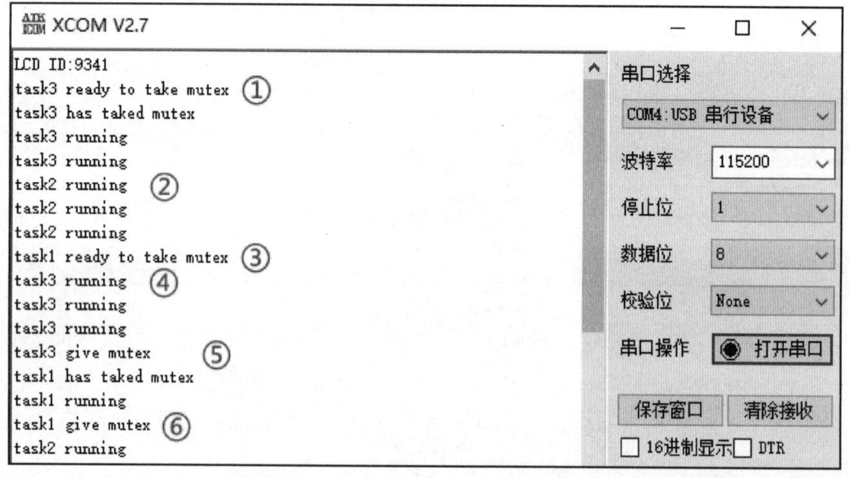

图 14.12 串口调试助手

本次实验的实验代码基本与 14.7 节"优先级翻转实验"的实验代码一致,只是改变计数型信号量为互斥信号量,可以看出,互斥信号量的优先级继承机制减少了优先级翻转问题带来的影响。

14.10 FreeRTOS 递归互斥信号量

14.10.1 FreeRTOS 递归互斥信号量简介

递归互斥信号量可以看作特殊的互斥信号量,与互斥信号量不同的是,递归互斥信号量在被获取后可以被其持有者重复获取,因此,递归互斥信号量被其持有者释放

的次数需要与其被持有者获取的次数相同，递归互斥信号量才算被释放。

递归互斥信号量与互斥信号量一样，也具备优先级继承机制，因此也不能在中断服务函数中使用递归互斥信号量。

14.10.2 FreeRTOS 递归互斥信号量相关 API 函数

FreeRTOS 提供了互斥信号量的一些相关操作函数，其中常用的互斥信号量相关 API 函数如表 14.8 所列。

表 14.8 FreeRTOS 常用递归互斥信号量相关的 API 函数描述

函　数	描　述
xSemaphoreCreateRecursiveMutex()	使用动态方式创建递归互斥信号量
xSemaphoreCreateRecursiveMutexStatic()	使用静态方式创建递归互斥信号量
xSemaphoreTakeRecursive()	获取递归互斥信号量
xSemaphoreGiveRecursive()	释放递归互斥信号量
vSemaphoreDelete()	删除信号量

1. 函数 xSemaphoreCreateRecursiveMutex()

此函数用于使用动态方式创建递归互斥信号量、创建递归互斥信号量所需的内存，由 FreeRTOS 从 FreeRTOS 管理的堆中进行分配。该函数实际上是一个宏定义，在 semphr.h 文件中有定义，具体的代码如下所示：

```
#define xSemaphoreCreateRecursiveMutex()                              \
        xQueueCreateMutex(queueQUEUE_TYPE_RECURSIVE_MUTEX)
```

从上面的代码中可以看出，函数 xSemaphoreCreateRecursiveMutex()实际上是调用函数 xQueueCreateMutex()创建了一个递归互斥信号量，这与互斥信号量是大致相同的。

2. 函数 xSemaphoreCreateRecursiveMutexStatic()

此函数用于使用静态方式创建递归互斥信号量、创建递归互斥信号量所需的内存，需要用户手动分配并提供。该函数实际上是一个宏定义，在 semphr.h 文件中有定义，具体的代码如下所示：

```
#define xSemaphoreCreateRecursiveMutexStatic(pxStaticSemaphore)       \
        xQueueCreateMutexStatic (queueQUEUE_TYPE_RECURSIVE_MUTEX,     \
                                 pxStaticSemaphore)
```

从上面的代码中可以看出，函数 xSemaphoreCreateRecursiveMutexStatuc()实际上是调用函数 xQueueCreateMutexStatic()创建了一个递归互斥信号量，这与互斥信号量是大致相同的。

3. 函数 xSemaphoreTakeRecursive()

此函数用于获取递归互斥信号量，函数 xSemaphoreTakeRecursive()实际上是

一个宏定义,在 semphr. h 文件中有定义,具体的代码如下所示:

```
#define xSemaphoreTakeRecursive (xMutex, xBlockTime)                              \
        xQueueTakeMutexRecursive ((xMutex), (xBlockTime))
```

从上面的代码中可以看出,函数 xSemaphoreTakeRecursive()实际上是调用了函数 xQueueTakeMutexRecursice()。函数 xQueueTakeMutexRecursive()在 queue. c 文件中有定义,具体的代码如下所示:

```
BaseType_t xQueueTakeMutexRecursive(
        QueueHandle_t    xMutex,
        TickType_t        xTicksToWait)
{
    BaseType_t xReturn;
    Queue_t * const pxMutex = (Queue_t * ) xMutex;
    configASSERT (pxMutex);
    /* 判断当前递归互斥信号量的获取者是否为持有者 */
    if (pxMutex ->u. xSemaphore. xMutexHolder == xTaskGetCurrentTaskHandle())
    {
        /* 更新递归互斥信号量的被递归获取计数器 */
        (pxMutex ->u. xSemaphore. uxRecursiveCallCount) ++ ;
        xReturn = pdPASS;
    }
    /* 当前递归互斥信号量的获取者不是持有者 */
    else
    {
        /* 获取信号量,可能发生阻塞 */
        xReturn = xQueueSemaphoreTake (pxMutex,xTicksToWait);
        /* 判断是否获取成功 */
        if (xReturn ! = pdFAIL)
        {
            /* 更新递归互斥信号量的被递归获取计数器 */
            (pxMutex ->u. xSemaphore. uxRecursiveCallCount) ++ ;
        }
    }
    return xReturn;
}
```

4. 函数 xSemaphoreGiveRecursive()

此函数用于释放递归互斥信号量,函数 xSemaphoreGiveRecursive()实际上是一个宏定义,在 semphr. h 文件中有定义,具体的代码如下所示:

```
#define xSemaphoreGiveRecursive(xMutex)                                           \
        xQueueGiveMutexRecursive((xMutex))
```

从上面的代码中可以看出,函数 xSemaphoreGiveRecursive()实际上是调用了函数 xQueueGiveMutexRecursice();在 queue. c 文件中有定义,具体的代码如下所示:

```
BaseType_t xQueueGiveMutexRecursive(QueueHandle_t xMutex)
{
    BaseType_t xReturn;
    Queue_t * const pxMutex = (Queue_t * ) xMutex;
    configASSERT (pxMutex);
    /* 判断当前递归互斥信号量的释放者是否为持有者 */
    if (pxMutex ->u. xSemaphore. xMutexHolder == xTaskGetCurrentTaskHandle())
    {
        /* 更新递归互斥信号量的被递归获取计数器 */
        (pxMutex ->u. xSemaphore. uxRecursiveCallCount) -- ;
        /* 判断递归互斥信号量的被获取次数是否为 0,若被获取次数为 0,就要释放 */
        if (pxMutex ->u. xSemaphore. uxRecursiveCallCount == (UBaseType_t) 0)
        {
            /* 释放信号量 */
            (void) xQueueGenericSend (pxMutex,
                                      NULL,
                                      queueMUTEX_GIVE_BLOCK_TIME,
                                      queueSEND_TO_BACK);
        }
        xReturn = pdPASS;
    }
    /* 当前递归互斥信号量的释放者不是持有者 */
    else
    {
        xReturn = pdFAIL;
    }
    return xReturn;
}
```

14.10.3　FreeRTOS 递归互斥信号量的使用示例

互斥信号量与信号量大致相同,就不专门做一个实验了,FreeRTOS 官方提供了一个简单的示例,示例代码如下所示：

```
/* 定义一个信号量 */
SemaphoreHandle_t xMutex = NULL;
/* 用于创建互斥信号量的任务 */
void vATask(void * pvParameters)
{
    /* 创建一个用于保护共享资源的互斥信号量 */
    xMutex = xSemaphoreCreateRecursiveMutex();
}
/* 用于操作互斥信号量的任务 */
void vAnotherTask(void * pvParameters)
{
    /* 做一些其他事…… */
    if (xMutex != NULL)
    {
        /* 尝试获取互斥信号量,
```

```
          * 如果获取不到,则等待 10 tick
          */
        if (xSemaphoreTakeRecursive (xMutex, (TickType_t) 10) == pdTRUE)
        {
            /* 成功获取到了互斥信号量,可以访问共享资源了 */
            /* 在真实的应用场景中,不会这么无意义地重复获取互斥信号量
             * 而是为了应用在更复杂的代码结构中
             * 这里只是为了演示
             */
            xSemaphoreTakeRecursive (xMutex, (TickType_t) 10);
            xSemaphoreTakeRecursive (xMutex, (TickType_t) 10);
            /* 互斥信号量被获取了 3 次,因此也需要被释放 3 次才能够被其他任务获取
             */
            xSemaphoreGiveRecursive (xMutex);
            xSemaphoreGiveRecursive (xMutex);
            xSemaphoreGiveRecursive (xMutex);
            /* 现在互斥信号量可以被其他任务获取了 */
        }
        else
        {
            /* 获取互斥信号量失败,因此无法安全访问共享资源
             */
        }
    }
}
```

第 15 章

FreeRTOS 软件定时器

可以说，定时器是每个 MCU 都有的外设，有的 MCU 自带的定时器有着十分强大的功能，能提供 PWM、输入捕获等高级功能，但是最常用的还是定时器的基础功能——定时，通过定时功能能够完成一些需要周期性处理的事务。MCU 自带的定时器为硬件定时器，本章讲解的定时器为 FreeRTOS 提供的软件定时器，软件定时器在定时器精度上肯定不如硬件定时器，但是其误差范围在对于对定时器精度要求不高的周期性任务而言都是可以接受的。并且软件定时器也有使用简单、成本低等优点。本章就来学习 FreeRTOS 中软件定时器的相关内容。

本章分为如下几部分：

15.1 FreeRTOS 软件定时器简介

15.2 FreeRTOS 软件定时器相关配置

15.3 FreeRTOS 软件定时器相关 API 函数

15.4 FreeRTOS 软件定时器实验

15.1 FreeRTOS 软件定时器简介

软件定时器是指具有定时功能的软件。FreeRTOS 提供的软件定时器允许在创建前设置一个软件定时器定时超时时间，在软件定时器成功创建并启动后，软件定时器开始定时，当软件定时器的定时时间达到或超过先前设置好的超时时间时，软件定时器就处于超时状态，此时软件定时器就会调用相应的回调函数，一般这个回调函数处理的事务就是需要周期处理的事务。

FreeRTOS 提供的软件定时器还能够根据需要设置成单次定时器和周期定时器。当单次定时器定时超时后，不会自动启动下一个周期的定时，而周期定时器在定时超时后自动启动下一个周期的定时。

FreeRTOS 提供的软件定时器功能属于 FreeRTOS 的中可裁减、可配置的功能，要使能软件定时器功能，那需要在 FreeRTOSConfig.h 文件中将 configUSE_TIMERS 项配置成 1。

注意，软件定时器的超时回调函数是由软件定时器服务任务调用的，软件定时器的超时回调函数本身不是任务，因此不能在该回调函数中使用可能会导致任务阻塞的 API 函数;如 vTaskDelay()、vTaskDelayUntil()和一些会到时任务阻塞的等待事件函数,这些函数将会导致软件定时器服务任务阻塞,这是不可以出现的。

15.1.1 FreeRTOS 软件定时器服务任务简介

使能了软件定时器功能后,在调用函数 vTaskStartScheduler()开启任务调度器的时候会创建一个用于管理软件定时器的任务,这个任务就叫软件定时器服务任务。软件定时器服务任务主要负责软件定时器超时的逻辑判断、调用超时软件定时器的超时回调函数以及处理软件定时器命令队列。

15.1.2 软件定时器命令队列

FreeRTOS 提供了许多软件定时器相关的 API 函数,这些 API 函数大部分都是往定时器的队列中写入消息(发送命令),这个队列叫软件定时器命令队列,是提供给 FreeRTOS 中的软件定时器使用的,用户不能直接访问。软件定时器命令队列的操作过程如图 15.1 所示。

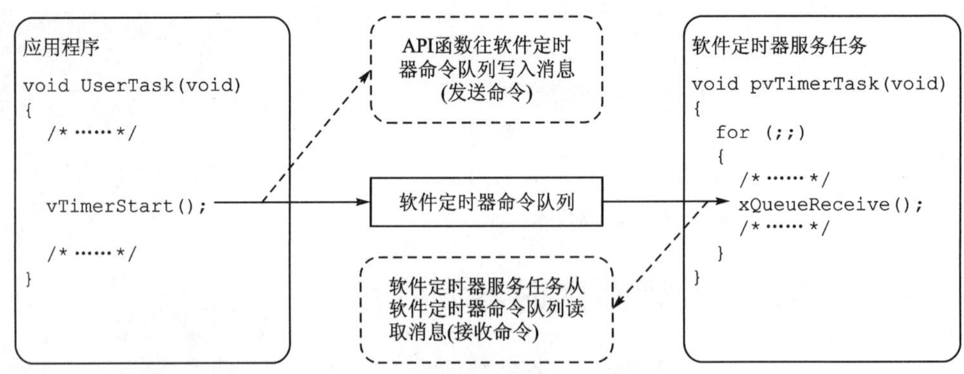

图 15.1 软件定时器命令队列操作示意图

图 15.1 左侧的代码为应用程序中用户任务的代码,右侧的代码为软件定时器服务任务的代码。当用户任务需要操作软件定时器时,则需要调用软件定时器相关的 API 函数,例如,图 15.1 中调用了函数 vTaskStart()启动软件定时器的定时,而函数 vTaskStart()实际上会往软件定时器命令队列写入一条消息(发送命令),这条消息就包含了待操作的定时器对象以及操作的命令(启动软件定时器),软件定时器服务任务就会去读取软件定时器命令队列中的消息(接收命令),并处理这些消息(处理命令)。可以看出,用户任务并不会直接操作软件定时器对象,而是发送命令给软件定时器服务任务,软件定时器服务任务接收到命令后根据命令内容去操作软件定时器。

15.1.3 软件定时器的状态

软件定时器可以处于以下两种状态中一种。

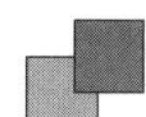

1）休眠态

休眠态软件定时器可以通过其句柄被引用，但是因为没有运行，所以其定时超时回调函数不会被执行。

2）运行态

处于运行态或在上次定时超时后再次定时超时的软件定时器，会执行其定时超时回调函数。

15.1.4　单次定时器和周期定时器

FreeRTOS 提供了两种软件定时器，如下：

1）单次定时器

单次定时器一旦定时超时，则只会执行一次软件定时器超时回调函数；超时后可以手动重启，但单次定时器不会自动重新开启定时。

2）周期定时器

周期定时器的一旦被开启，则在每次超时时自动重新启动定时器，从而周期地执行其软件定时器回调函数。

单次定时器和周期定时器之间的差异如图 15.2 所示。

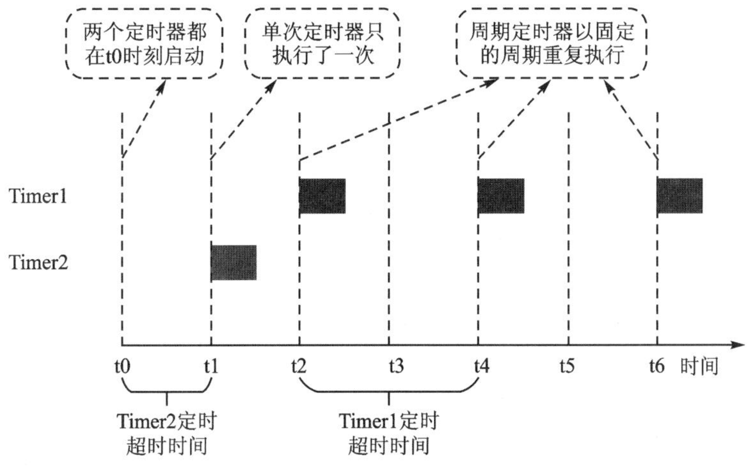

图 15.2　单次定时器和周期定时器差异示意图

图 15.2 展示了单次定时器和周期定时器之间的差异，图中垂直虚线的间隔时间为一个单位时间，可以理解为一个系统时钟节拍。其中，Timer1 为周期定时器，定时超时时间为两个单位时间；Timer2 为单次定时器，定时超时时间为一个单位时间。可以看到，Timer1 在开启后，一直以两个时间单位的时间间隔重复执行，Timer2 则在第一个超时后就不再执行了。

15.1.5 软件定时器的状态转换图

单次定时器的状态转化图如图 15.3 所示。

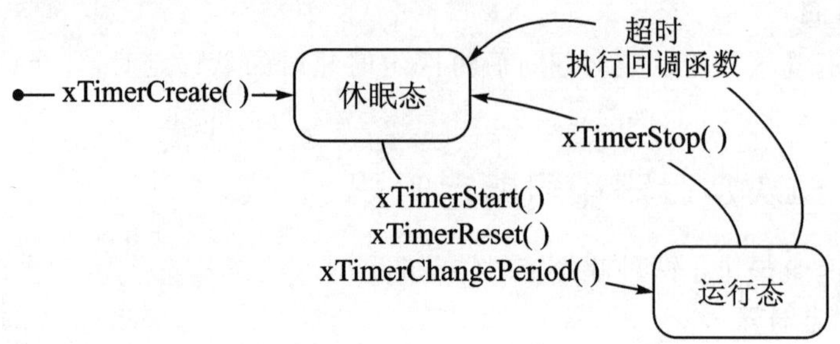

15.3 单次定时器状态转换图

周期定时器的状态转换图如图 15.4 所示。

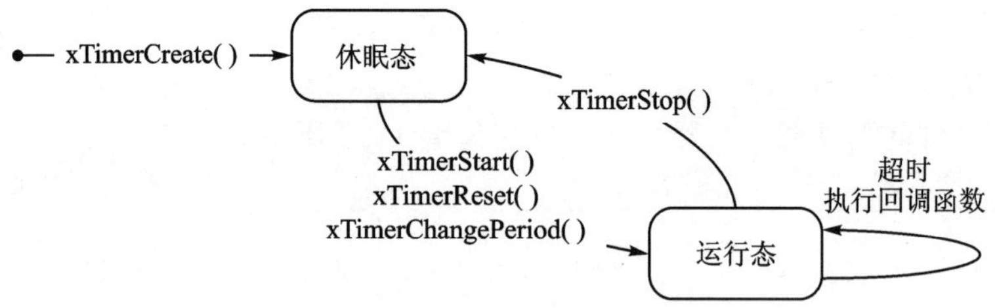

15.4 周期定时器状态转换图

15.1.6 复位软件定时器

除了开启和停止软件定时器的定时，还可以对软件定时器进行复位。复位软件定时器会使软件定时器重新开启定时，并以复位时的时刻作为开启时刻重新定时。软件定时器的复位示意图如图 15.5 所示。

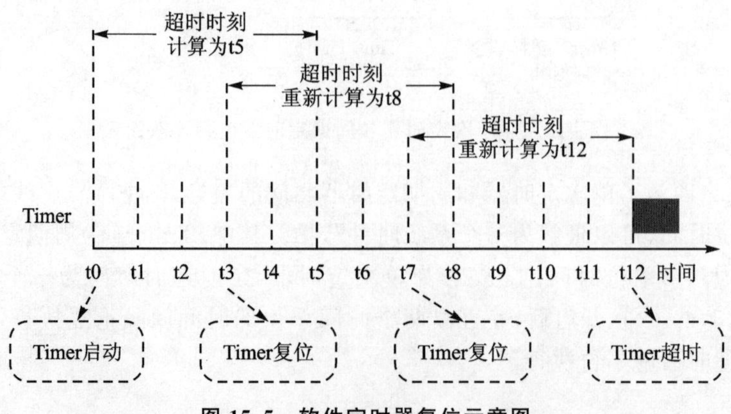

图 15.5 软件定时器复位示意图

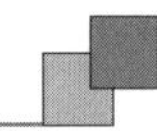

图中在 t0 时刻创建并启动了一个超时时间为 5 个单位时间的软件定时器；接着在 t3 时刻对软件定时器进行了复位，复位后软件定时器的超时时刻以复位时刻为开启时刻重新计算；在 t7 时刻又再次对软件定时器进行了复位，最终计算出软件定时器的超时时刻为最后一次复位的时刻（t7）加上软件定时器的超时时间（5 个单位时间）。于是该软件定时器在 t12 时刻超时，并执行其超时回调函数。

15.2　FreeRTOS 软件定时器相关配置

前面说过软件定时器功能是可选的，用户可以根据需要配置 FreeRTOSConfig.h 文件中的 configUSE_TIMERS。同时，FreeRTOSConfig.h 文件中还有一些其他与软件定时器相关的配置项，这部分在第 3 章中都有讲解，现在结合前面对软件定时器的了解再对这些配置项进行说明。FreeRTOSConfig.h 文件中软件定时器相关的配置项说明如下：

1）configUSE_TIMERS

此宏用于使能软件定时器功能，如果要使用软件定时器功能，则需要将该宏定义定义为 1。开启软件定时器功能后，系统会创建软件定时器服务任务。

2）configTIMER_TASK_PRIORITY

此宏用于配置软件定时器服务任务的任务优先级，当使能了软件定时器功能后，需要配置该宏定义；此宏定义可以配置为 0～（configMAX_PRIORITY－1）的任意值。

3）configTIMER_QUEUE_LENGTH

此宏用于配置软件定时器命令队列的队列长度。当使能了软件定时器功能后，需要配置该宏定义；若要正常使用软件定时器功能，此宏定义须定义成一个大于 0 的值。

4）configTIMER_TASK_STACK_DEPTH

此宏用于配置软件定时器服务任务的栈大小。当使能了软件定时器功能后，需要配置该宏定义；由于所有软件定时器的定时器超时回调函数都是由软件定时器服务任务调用的，因此这些软件定时器超时回调函数运行时使用的都是软件定时器服务任务的栈。

15.3　FreeRTOS 软件定时器相关 API 函数

FreeRTOS 提供了软件定时器的一些相关操作函数，其中常用的软件定时器相关 API 函数如表 15.1 所列。

表 15.1　FreeRTOS 常用软件定时器相关的 API 函数描述

函　数	描　述
xTimerCreate()	动态方式创建软件定时器
xTimerCreateStatic()	静态方式创建软件定时器
xTimerStart()	开启软件定时器定时
xTimerStartFromISR()	在中断中开启软件定时器定时
xTimerStop()	停止软件定时器定时
xTimerStopFromISR()	在中断中停止软件定时器定时
xTimerReset()	复位软件定时器定时
xTimerResetFromISR()	在中断中复位软件定时器定时
xTimerChangePeriod()	更改软件定时器的定时超时时间
xTimerChangePeriodFromISR()	在中断中更改软件定时器的定时超时时间
xTimerDelete()	删除软件定时器

1. 创建软件定时器

FreeRTOS 提供了两种创建软件定时器的方式，分别为动态方式创建软件定时器和静态方式创建软件定时器。两者的区别在于静态方式创建软件定时器时，需要用户提供创建软件定时器所需的内存空间；而使用动态方式创建软件定时器时，FreeRTOS 会自动从 FreeRTOS 管理的堆中分配创建软件定时器所需的内存空间。

动态方式创建软件定时器 API 函数的函数原型如下所示：

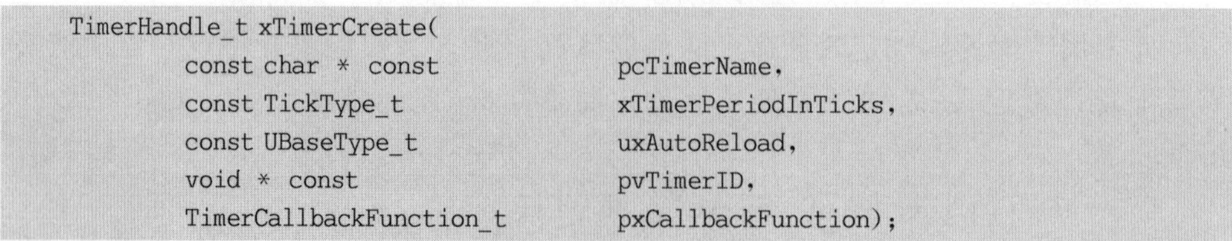

```
TimerHandle_t xTimerCreate(
    const char * const              pcTimerName,
    const TickType_t                xTimerPeriodInTicks,
    const UBaseType_t               uxAutoReload,
    void * const                    pvTimerID,
    TimerCallbackFunction_t         pxCallbackFunction);
```

函数 xTimerCreate()的形参描述如表 15.2 所列。

表 15.2　函数 xTimerCreate()形参相关描述

形　参	描　述
pcTimerName	软件定时器名
xTimerPeriodInTicks	定时超时时间，单位：系统时钟节拍
uxAutoReload	定时器模式，pdTRUE 为周期定时器，pdFALSE 为单次定时器
pvTimerID	软件定时器 ID，用于多个软件定时器公用一个超时回调函数
pxCallbackFunction	软件定时器超时回调函数

函数 xTimerCreate()的返回值如表 15.3 所列。

表 15.3　函数 xTimerCreate()返回值相关描述

返回值	描　述
NULL	软件定时器创建失败
其他值	软件定时器创建成功,返回其句柄

静态方式创建软件定时器 API 函数的函数原型如下所示:

```
TimerHandle_t xTimerCreateStatic(
        const char * const             pcTimerName,
        const TickType_t               xTimerPeriodInTicks,
        const UBaseType_t              uxAutoReload,
        void * const                   pvTimerID,
        TimerCallbackFunction_t        pxCallbackFunction,
        StaticTimer_t *                pxTimerBuffer);
```

函数 xTimerCreateStatic()的形参描述如表 15.4 所列。

表 15.4　函数 xTimerCreateStatic()形参相关描述

形　参	描　述
pcTimerName	软件定时器名
xTimerPeriodInTicks	定时超时时间,单位:系统时钟节拍
uxAutoReload	定时器模式,pdTRUE 为周期定时器,pdFALSE 为单次定时器
pvTimerID	软件定时器 ID,用于多个软件定时器公用一个超时回调函数
pxCallbackFunction	软件定时器超时回调函数
pxTimerBuffer	创建软件定时器所需的内存空间

函数 xTimerCreateStatic()的返回值如表 15.5 所列。

表 15.5　函数 xTimerCreateStatic()返回值相关描述

返回值	描　述
NULL	软件定时器创建失败
其他值	软件定时器创建成功,返回其句柄

2. 开启软件定时器定时

FreeRTOS 提供了两个用于开启软件定时器定时的 API 函数,分别用于在任务和在中断中开启软件定时器定时。

在任务中开启软件定时器定时 API 函数的函数原型如下所示:

```
BaseType_t xTimerStart (TimerHandle_t          xTimer,
                        const TickType_t        xTicksToWait);
```

函数 xTimerStart()的形参描述如表 15.6 所列。

表 15.6　函数 xTimerStart()形参相关描述

形　参	描　述
xTimer	待开启的软件定时器的句柄
xTickToWait	发送命令到软件定时器命令队列的最大等待时间

函数 xTimerStart()的返回值如表 15.7 所列。

表 15.7　函数 xTimerStart()返回值相关描述

返回值	描　述
pdPASS	软件定时器开启成功
pdFAIL	软件定时器开启失败

在中断中开启软件定时器定时 API 函数的函数原型如下所示：

```
BaseType_t xTimerStartFromISR (TimerHandle_t          xTimer,
                               BaseType_t * const     pxHigherPriorityTaskWoken);
```

函数 xTimerStartFromISR()的形参描述如表 15.8 所列。

表 15.8　函数 xTimerStartFromISR()形参相关描述

形　参	描　述
xTimer	待开启的软件定时器的句柄
pxHigherPriorityTaskWoken	用于标记函数退出后是否需要进行任务切换

函数 xTimerStartFromISR()的返回值如表 15.9 所列。

表 15.9　函数 xTimerStartFromISR()返回值相关描述

返回值	描　述
pdPASS	软件定时器开启成功
pdFAIL	软件定时器开启失败

3. 停止软件定时器定时

FreeRTOS 提供了两个用于停止软件定时器定时的 API 函数，分别用于在任务和在中断中停止软件定时器定时。

在任务中停止软件定时器定时 API 函数的函数原型如下所示：

```
BaseType_t xTimerStop (TimerHandle_t          xTimer,
                       const TickType_t       xTicksToWait);
```

函数 xTimerStop()的形参描述如表 15.10 所列。

函数 xTimerStop()的返回值如表 15.11 所列。

表 15.10 函数 xTimerStop()形参相关描述

形 参	描 述
xTimer	待停止的软件定时器的句柄
xTickToWait	发送命令到软件定时器命令队列的最大等待时间

表 15.11 函数 xTimerStop()返回值相关描述

返回值	描 述
pdPASS	软件定时器停止成功
pdFAIL	软件定时器停止失败

在中断中停止软件定时器定时 API 函数的函数原型如下所示：

```
BaseType_t xTimerStopFromISR (TimerHandle_t           xTimer,
                              BaseType_t * const      pxHigherPriorityTaskWoken);
```

函数 xTimerStopFromISR()的形参描述如表 15.12 所列。

表 15.12 函数 xTimerStopFromISR()形参相关描述

形 参	描 述
xTimer	待停止的软件定时器的句柄
pxHigherPriorityTaskWoken	用于标记函数退出后是否需要进行任务切换

函数 xTimerStopFromISR()的返回值如表 15.13 所列。

表 15.13 函数 xTimerStopFromISR()返回值相关描述

返回值	描 述
pdPASS	软件定时器停止成功
pdFAIL	软件定时器停止失败

4. 复位软件定时器定时

FreeRTOS 提供了两个用于复位软件定时器定时的 API 函数，分别用于在任务和在中断中复位软件定时器定时。

在任务中复位软件定时器定时 API 函数的函数原型如下所示：

```
BaseType_t xTimerReset (TimerHandle_t           xTimer,
                        const TickType_t        xTicksToWait);
```

函数 xTimerReset()的形参描述如表 15.14 所列。

表 15.14 函数 xTimerReset()形参相关描述

形 参	描 述
xTimer	待复位的软件定时器的句柄
xTickToWait	发送命令到软件定时器命令队列的最大等待时间

函数 xTimerReset()的返回值如表 15.15 所列。

表 15.15　函数 xTimerReset()返回值相关描述

返回值	描　述
pdPASS	软件定时器复位成功
pdFAIL	软件定时器复位失败

在中断中复位软件定时器定时 API 函数的函数原型如下所示：

```
BaseType_t xTimerResetFromISR (TimerHandle_t          xTimer,
                               BaseType_t * const     pxHigherPriorityTaskWoken);
```

函数 xTimerResetFromISR()的形参描述如表 15.16 所列。

表 15.16　函数 xTimerResetFromISR()形参相关描述

形　参	描　述
xTimer	待复位的软件定时器的句柄
pxHigherPriorityTaskWoken	用于标记函数退出后是否需要进行任务切换

函数 xTimerResetFromISR()的返回值如表 15.17 所列。

表 15.17　函数 xTimerResetFromISR()返回值相关描述

返回值	描　述
pdPASS	软件定时器复位成功
pdFAIL	软件定时器复位失败

5. 更改软件定时器的定时超时时间

FreeRTOS 提供了两个分别用于任务和中断的更改软件定时器的定时超时时间的 API 函数。

在任务中更改软件定时器的定时超时时间 API 函数的函数原型如下所示：

```
BaseType_t xTimerChangePeriod (TimerHandle_t          xTimer,
                               const TickType_t       xNewPeriod,
                               const TickType_t       xTicksToWait);
```

函数 xTimerChangePeriod()的形参描述如表 15.18 所列。

表 15.18　函数 xTimerChangePeriod()形参相关描述

形　参	描　述
xTimer	待更改定时超时时间的软件定时器的句柄
xNewPeriod	新的定时超时时间，单位：系统时钟节拍
xTickToWait	发送命令到软件定时器命令队列的最大等待时间

函数 xTimerChangePeriod()的返回值如表 15.19 所列。

表 15.19 函数 xTimerChangePeriod()返回值相关描述

返回值	描 述
pdPASS	软件定时器定时超时时间更改成功
pdFAIL	软件定时器定时超时时间更改失败

在中断中更改软件定时器的定时超时时间 API 函数的函数原型如下所示：

```
BaseType_t xTimerChangePeriodFromISR(
        TimerHandle_t           xTimer,
        const TickType_t        xNewPeriod,
        BaseType_t * const      pxHigherPriorityTaskWoken);
```

函数 xTimerChangePeriodFromISR()的形参描述如表 15.20 所列。

表 15.20 函数 xTimerChangePeriodFromISR()形参相关描述

形 参	描 述
xTimer	待更改定时超时时间的软件定时器的句柄
xNewPeriod	新的定时超时时间，单位：系统时钟节拍
pxHigherPriorityTaskWoken	用于标记函数退出后是否需要进行任务切换

函数 xTimerChangePeriodFromISR()的返回值如表 15.21 所列。

表 15.21 函数 xTimerChangePeriodFromISR()返回值相关描述

返回值	描 述
pdPASS	软件定时器定时超时时间更改成功
pdFAIL	软件定时器定时超时时间更改失败

6. 删除软件定时器

FreeRTOS 提供了用于删除软件定时器的 API 函数，函数原型如下所示：

```
BaseType_t xTimerDelete (TimerHandle_t          xTimer,
                         const TickType_t       xTicksToWait);
```

函数 xTimerDelete()的形参描述如表 15.22 所列。

表 15.22 函数 xTimerDelete()形参相关描述

形 参	描 述
xTimer	待删除的软件定时器的句柄
xTickToWait	发送命令到软件定时器命令队列的最大等待时间

函数 xTimerDelete()的返回值如表 15.23 所列。

表 15.23 函数 xTimerDelete()返回值相关描述

返回值	描 述
pdPASS	软件定时器删除成功
pdFAIL	软件定时器删除失败

15.4 FreeRTOS 软件定时器实验

15.4.1 功能设计

本实验主要用于学习 FreeRTOS 软件定时器相关 API 函数的使用,设计了两个任务,功能如表 15.24 所列。

表 15.24 各任务功能描述

任务名	任务功能描述
start_task	用于创建软件定时器和其他任务
task1	用于扫描按键并对软件定时器进行开启、停止操作

该实验的实验工程可参考配套资料中的"FreeRTOS 实验例程 15 FreeRTOS 软件定时器实验"。

15.4.2 软件设计

1. 程序流程图

本实验的程序流程如图 15.6 所示。

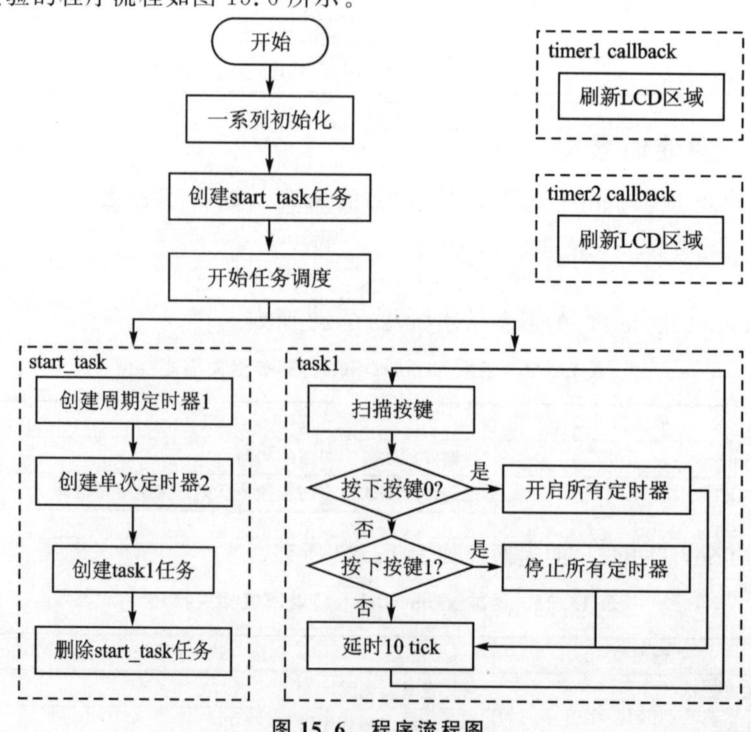

图 15.6 程序流程图

2. 程序解析

整体的代码结构可参考 2.1.6 小节，本小节着重讲解本实验相关的部分。

(1) start_task 任务

start_task 任务的入口函数代码如下所示：

```
/**
 * @brief      start_task
 * @param      pvParameters : 传入参数(未用到)
 * @retval     无
 */
void start_task(void * pvParameters)
{
    taskENTER_CRITICAL();                   /* 进入临界区 */
    /* 定时器 1 创建为周期定时器 */
    Timer1Timer_Handler = xTimerCreate (
        (const char *                  ) "Timer1",        /* 定时器名 */
        (TickType_t                    ) 1000,            /* 定时器超时时间 */
        (UBaseType_t                   ) pdTRUE,          /* 周期定时器 */
        (void *                        ) 1,               /* 定时器 ID */
        (TimerCallbackFunction_t       ) Timer1Callback); /* 定时器回调函数 */
    /* 定时器 2 创建为单次定时器 */
    Timer2Timer_Handler = xTimerCreate(
        (const char *                  ) "Timer2",        /* 定时器名 */
        (TickType_t                    ) 1000,            /* 定时器超时时间 */
        (UBaseType_t                   ) pdFALSE,         /* 单次定时器 */
        (void *                        ) 2,               /* 定时器 ID */
        (TimerCallbackFunction_t       ) Timer2Callback); /* 定时器回调函数 */
    /* 创建任务 1 */
    xTaskCreate ((TaskFunction_t       ) task1,
                 (const char *         ) "task1",
                 (uint16_t             ) TASK1_STK_SIZE,
                 (void *               ) NULL,
                 (UBaseType_t          ) TASK1_PRIO,
                 (TaskHandle_t *       ) &Task1Task_Handler);
    vTaskDelete(StartTask_Handler);         /* 删除开始任务 */
    taskEXIT_CRITICAL();                    /* 退出临界区 */
}
```

start_task 任务主要用于创建软件定时器和 task1 任务。

(2) task1 任务

```
/**
 * @brief      task1
 * @param      pvParameters : 传入参数(未用到)
 * @retval     无
 */
void task1(void * pvParameters)
{
    uint8_t key = 0;
```

```
    while (1)
    {
        if ((Timer1Timer_Handler != NULL) && (Timer2Timer_Handler != NULL))
        {
            key = key_scan(0);
            switch (key)
            {
                case KEY0_PRES:
                {
                    xTimerStart(
                      (TimerHandle_t)Timer1Timer_Handler,/* 待启动的定时器句柄 */
                      (TickType_t)portMAX_DELAY);/* 等待系统启动定时器的最大时间 */
                    xTimerStart(
                      (TimerHandle_t)Timer2Timer_Handler,/* 待启动的定时器句柄 */
                      (TickType_t)portMAX_DELAY);/* 等待系统启动定时器的最大时间 */
                    break;
                }
                case KEY1_PRES:
                {
                    xTimerStop(
                      (TimerHandle_t)Timer1Timer_Handler,/* 待停止的定时器句柄 */
                      (TickType_t)portMAX_DELAY);/* 等待系统停止定时器的最大时间 */
                    xTimerStop(
                      (TimerHandle_t)Timer2Timer_Handler,/* 待停止的定时器句柄 */
                      (TickType_t)portMAX_DELAY);/* 等待系统停止定时器的最大时间 */
                    break;
                }
                default:
                {
                    break;
                }
            }
        }
        vTaskDelay(10);
    }
}
```

task1 任务主要用于扫描按键，当按下按键 0 时，开启所有软件定时器；当按下按键 1 时，停止所有软件定时器。

(3) 软件定时器定时超时回调函数

```
/**
 * @brief    Timer1 超时回调函数
 * @param    xTimer : 传入参数(未用到)
 * @retval   无
 */
void Timer1Callback(TimerHandle_t xTimer)
{
    static uint32_t timer1_num = 0;
```

```
    /* LCD 区域刷新 */
    lcd_fill(6, 131, 114, 313,lcd_discolor[++timer1_num % 11]);
    /* 显示定时器 1 超时次数 */
    lcd_show_xnum(79, 111,timer1_num, 3, 16, 0x80,BLUE);
}
/**
  * @brief     Timer2 超时回调函数
  * @param     xTimer : 传入参数(未用到)
  * @retval    无
  */
void Timer2Callback(TimerHandle_t xTimer)
{
    static uint32_t timer2_num = 0;
    /* LCD 区域刷新 */
    lcd_fill(126, 131, 233, 313,lcd_discolor[++timer2_num % 11]);
    /* 显示定时器 2 超时次数 */
    lcd_show_xnum(199, 111,timer2_num, 3, 16, 0x80,BLUE);
}
```

可以看到,两个软件定时器的超时回调函数都是对 LCD 屏幕进行区域刷新,并且会在 LCD 屏幕上显示对应软件定时器的超时次数。

15.4.3 下载验证

编译并下载代码,复位后可以看到 LCD 屏幕上显示了本次实验的相关信息,如图 15.7 所示。

接着按一下按键 0 来启动软件定时器 1 和软件定时器 2。由于软件定时器 1 是周期定时器,软件定时器 2 是单次定时器,因此,在开启软件定时器后,软件定时器 1 会在定时超时后自动重启,而软件定时器 2 只会超时一次,这么一来就能看到 LCD 屏幕上软件定时器 1 对应的显示区域不断刷新,并且软件定时器的超时次数也在一直增加,而软件定时器 2 对应的显示区域只会刷新一次,并且软件定时器 2 的超时次数一直为 1,如图 15.8 所示。

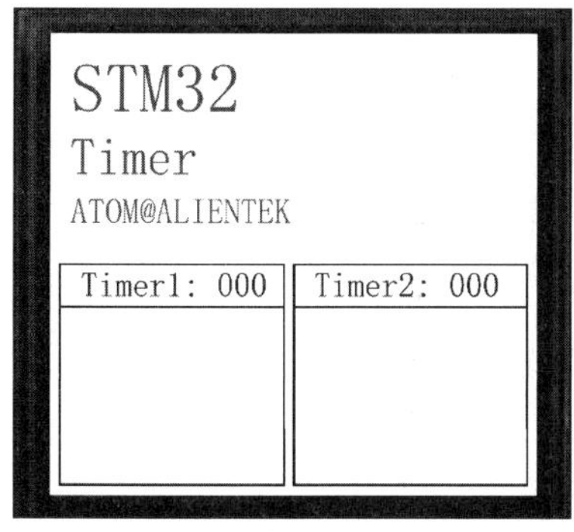

图 15.7 LCD 显示内容一

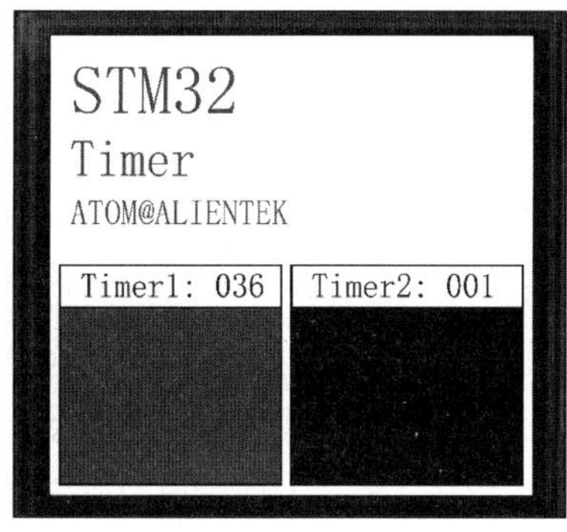

图 15.8 LCD 显示内容二

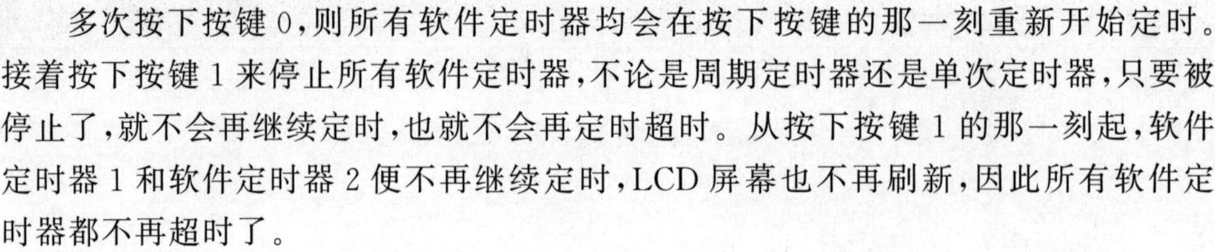

多次按下按键 0,则所有软件定时器均会在按下按键的那一刻重新开始定时。接着按下按键 1 来停止所有软件定时器,不论是周期定时器还是单次定时器,只要被停止了,就不会再继续定时,也就不会再定时超时。从按下按键 1 的那一刻起,软件定时器 1 和软件定时器 2 便不再继续定时,LCD 屏幕也不再刷新,因此所有软件定时器都不再超时了。

第16章

FreeRTOS 事件标志组

事件标志组与信号量一样属于任务间同步的机制，但是信号量一般用于任务间的单事件同步，对于任务间的多事件同步，仅使用信号量就显得力不从心了。FreeRTOS 提供的事件标志组可以很好地处理多事件情况下的任务同步。本章就来学习 FreeRTOS 中事件标志组的相关内容。

本章分为如下几部分：

16.1　FreeRTOS 事件标志组简介

16.2　FreeRTOS 事件标志组相关 API 函数

16.3　FreeRTOS 事件标志组实验

16.1　FreeRTOS 事件标志组简介

1. 事件标志

事件标志是一个用于指示事件是否发生的布尔值，一个事件标志只有 0 或 1 两种状态。

2. 事件组

事件组是一组事件标志的集合，一个事件组就包含了一个 EventBites_t 数据类型的变量。变量类型 EventBits_t 的定义如下所示：

```
typedef TickType_t        EventBits_t;
#if (configUSE_16_BIT_TICKS == 1)
    typedef uint16_t      TickType_t;
#else
    typedef uint32_t      TickType_t;
#endif
#define configUSE_16_BIT_TICKS    0
```

从上面可以看出，EventBits_t 实际上是一个 16 位或 32 位无符号的数据类型。当 configUSE_16_BIT_TICKS 配置为 0 时，EventBits_t 是一个 32 位无符号的数据类型；当 configUSE_16_BIT_TICKS 配置为 1 时，EventBits_t 是一个 16 位无符号的数据类型。本书所有配套例程中都将配置项 configUSE_16_BIT_TICKS 配置为 0，因此这里就以 EventBits_t 为 32 位无符号数据类型为例进行讲解,另外一种情况也是大同小异的。

虽然说使用了 32 位无符号的数据类型变量来存储事件标志,但这并不意味着一个 EventBits_t 数据类型的变量能够存储 32 个事件标志,FreeRTOS 将这个 EventBits_t 数据类型的变量拆分成两部分,其中低 24 位[23:0](configUSE_16_BIT_TICKS 配置为 1 时,是低 8 位[7:0])用于存储事件标志,而高 8 位[31:24](configUSE_16_BIT_TICKS 配置为 1 时,依然是高 8 位[15:8])用作存储事件标志组的一些控制信息,也就是说一个事件组最多可以存储 24 个事件标志。EventBits_t 数据类型变量的位使用情况如图 16.1 所示。

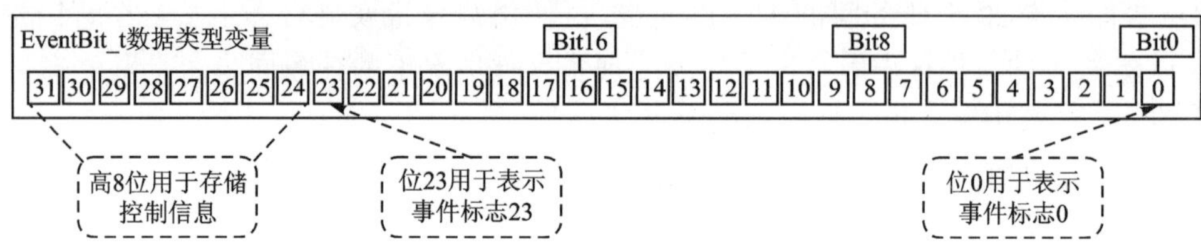

图 16.1　EventBits_t 数据类型变量位使用情况

从图 16.1 中可以看到,变量中低 24 位中的每一位都是一个事件标志,当某一位被置一时,则表示这一位对应的事件发生了。

16.2　FreeRTOS 事件标志组相关 API 函数

FreeRTOS 提供了事件标志组的一些相关操作函数,如表 16.1 所列。

表 16.1　FreeRTOS 常用事件标志组相关的 API 函数描述

函　数	描　述
xEventGroupCreate()	使用动态方式创建事件标志组
xEventGroupCreateStstic()	使用静态方式创建事件标志组
vEventGroupDelete()	删除事件标志组
xEventGroupWaitBits()	等待事件标志位
xEventGroupSetBits()	设置事件标志位
xEventGroupSetBitsFromISR()	在中断中设置事件标志位
xEventGroupClearBits()	清零事件标志位
xEventGroupClearBitsFromISR()	在中断中清零事件标志位
xEventGroupGetBits()	获取事件组中各事件标志位的值
xEventGroupGetBitsFromISR()	在中断中获取事件组中各事件标志位的值
xEventGroupSync()	设置事件标志位,并等待事件标志位

1. 创建事件标志组

FreeRTOS 提供了两种创建事件标志组的方式，分别为动态方式创建事件标志组和静态方式创建事件标志组；两者的区别在于静态方式创建事件标志组时，需要用户提供创建事件标志组所需的内存空间，而使用动态方式创建事件标志组时，FreeRTOS 会自动从 FreeRTOS 管理的堆中分配创建事件标志组所需的内存空间。

动态方式创建事件标志组 API 函数的函数原型如下所示：

```
EventGroupHandle_t xEventGroupCreate(void);
```

函数 xEventGroupCreate()的形参描述如表 16.2 所列。

表 16.2　函数 xEventGroupCreate()形参相关描述

形　参	描　述
无	无

函数 xEventGroupCreate()的返回值如表 16.3 所列。

表 16.3　函数 xEventGroupCreate()返回值相关描述

返回值	描　述
NULL	事件标志组创建失败
其他值	事件标志组创建成功，返回其句柄

静态方式创建事件标志组 API 函数的函数原型如下所示：

```
EventGroupHandle_t xEventGroupCreateStatic(
        StaticEventGroup_t * pxEventGroupBuffer);
```

函数 xEventGroupCreateStatic()的形参描述如表 16.4 所列。

表 16.4　函数 xEventGroupCreateStatic()形参相关描述

形　参	描　述
pxEventGroupBuffer	创建事件标志组所需的内存空间

函数 xEventGroupCreateStatic()的返回值如表 16.5 所列。

表 16.5　函数 xEventGroupCreateStatic()返回值相关描述

返回值	描　述
NULL	事件标志组创建失败
其他值	事件标志组创建成功，返回其句柄

2. 删除事件标志组

FreeRTOS 提供了用于删除事件标志组的 API 函数，函数原型如下所示：

```
void vEventGroupDelete(EventGroupHandle_t xEventGroup);
```

函数 vEventGroupDelete()的形参描述如表 16.6 所列。

表 16.6　函数 vEventGroupDelete()形参相关描述

形　参	描　述
xEventGroup	待删除的事件标志组句柄

函数 vEventGroupDelete()的返回值如表 16.7 所列。

表 16.7　函数 vEventGroupDelete()返回值相关描述

返回值	描　述
无	无

3. 等待事件标志位

等待事件标志位使用的是函数 xEventGroupWaitBits(),其函数原型如下所示:

```
EventBits_t xEventGroupWaitBits(
        EventGroupHandle_t      xEventGroup,
        const EventBits_t       uxBitsToWaitFor,
        const BaseType_t        xClearOnExit,
        const BaseType_t        xWaitForAllBits,
        TickType_t              xTicksToWait)
```

函数 xEventGroupWaitBits()的形参描述如表 16.8 所列。

表 16.8　函数 xEventGroupWaitBits()形参相关描述

形　参	描　述
xEvenrGroup	等待的事件标志组
uxBitsToWaitFor	等待的事件标志位,可以用逻辑或等待多个事件标志位
xClearOnExit	成功等待到事件标志位后,清除事件组中对应的事件标志位
xWaitForAllBits	等待 uxBitsToWaitFor 中的所有事件标志位(逻辑与)
xTicksToWait	获取等待的阻塞时间

函数 xEventGroupWaitBits()的返回值如表 16.9 所列。

表 16.9　函数 vEventGroupWaitBits()返回值相关描述

返回值	描　述
等待的事件标志位值	等待事件标志位成功,返回等待到的事件标志位
其他值	等待事件标志位失败,返回事件组中的事件标志位

4. 设置事件标志位

FreeRTOS 提供了两个用于设置事件标志位的 API 函数,分别用于在任务和在中断中设置事件标志位。

在任务中设置事件标志位 API 函数的函数原型如下所示:

```
EventBits_t xEventGroupSetBits(
        EventGroupHandle_t      xEventGroup,
        const EventBits_t       uxBitsToSet)
```

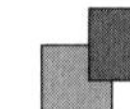

函数 xEventGroupSetBits()的形参描述如表 16.10 所列。

表 16.10　函数 xEventGroupSetBits()形参相关描述

形　参	描　述
xEventGroup	待操作的事件标志组
uxBitsToSet	待设置的事件标志位

函数 xEventGroupSetBits()的返回值如表 16.11 所列。

表 16.11　函数 xEventGroupSetBits()返回值相关描述

返回值	描　述
整数	函数返回时，事件组中的事件标志位值

在中断中设置事件标志位 API 函数的函数原型如下所示：

```
BaseType_t xEventGroupSetBitsFromISR(
          EventGroupHandle_t     xEventGroup,
          const EventBits_t      uxBitsToSet,
          BaseType_t *           pxHigherPriorityTaskWoken)
```

函数 xEventGroupSetBitsFromISR()的形参描述如表 16.12 所列。

表 16.12　函数 xEventGroupSetBitsFromISR()形参相关描述

形　参	描　述
xEventGroup	待操作的事件标志组
uxBitsToSet	带设置的事件标志位
pxHigherPriorityTaskWoken	用于标记函数退出后是否需要进行任务切换

函数 xEventGroupSetBitsFromISR()的返回值如表 16.13 所列。

表 16.13　函数 xEventGroupSetBitsFromISR()返回值相关描述

返回值	描　述
pdPASS	事件标志位设置成功
pdFAIL	事件标志位设置失败

5. 清零事件标志位

FreeRTOS 提供了两个用于清零事件标志位的 API 函数。

在任务中清零事件标志位 API 函数的函数原型如下所示：

```
EventBits_t xEventGroupClearBits(
          EventGroupHandle_t     xEventGroup,
          const EventBits_t      uxBitsToClear)
```

函数 xEventGroupClearBits()的形参描述如表 16.14 所列。

表 16.14　函数 xEventGroupClearBits()形参相关描述

形　参	描　述
xEventGroup	待操作的事件标志组
uxBitsToSet	待清零的事件标志位

函数 xEventGroupClearBits()的返回值如表 16.15 所列。

表 16.15　函数 xEventGroupClearBits()返回值相关描述

返回值	描　述
整数	清零事件标志位之前事件组中事件标志位的值

在中断中清零事件标志位 API 函数的函数原型如下所示：

```
BaseType_t xEventGroupClearBitsFromISR(
        EventGroupHandle_t      EventGroup,
        const EventBits_t       uxBitsToClear)
```

函数 xEventGroupClearBitsFromISR()的形参描述如表 16.16 所列。

表 16.16　函数 xEventGroupClearBitsFromISR()形参相关描述

形　参	描　述
xEventGroup	待操作的事件标志组
uxBitsToSet	带清零的事件标志位

函数 xEventGroupClearBitsFromISR()的返回值如表 16.17 所列。

表 16.17　函数 xEventGroupClearBitsFromISR()返回值相关描述

返回值	描　述
pdPASS	事件标志位清零成功
pdFAIL	事件标志位清零失败

6. 获取事件组中事件标志位的值

FreeRTOS 提供了两个用于获取事件组中事件标志位值的 API 函数。

在任务中获取事件组中事件标志位值 API 函数的函数原型如下所示：

```
EventBits_t xEventGroupGetBits(xEventGroup);
```

函数 xEventGroupGetBits()的形参描述如表 16.18 所列。

表 16.18　函数 xEventGroupGetBits()形参相关描述

形　参	描　述
xEventGroup	待获取事件标志位值的事件组

函数 xEventGroupGetBits()的返回值如表 16.19 所列。

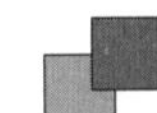

表 16.19　函数 xEventGroupGetBits()返回值相关描述

返回值	描　述
整数	事件组的事件标志位的值

在中断中获取事件标志位 API 函数的函数原型如下所示：

```
EventBits_t xEventGroupGetBitsFromISR(EventGroupHandle_t xEventGroup);
```

函数 xEventGroupGetBitsFromISR()的形参描述如表 16.20 所列。

表 16.20　函数 xEventGroupGetBitsFromISR()形参相关描述

形　参	描　述
xEventGroup	待获取事件标志位值的事件组

函数 xEventGroupGetBitsFromISR()的返回值如表 16.21 所列。

表 16.21　函数 xEventGroupGetBitsFromISR()返回值相关描述

返回值	描　述
整数	事件组的事件标志位的值

7. 函数 xEventGroupSync()

此函数一般用于多任务同步，其中每个任务都必须等待其他任务达到同步点，然后才能继续执行。函数 xEventGroupSync()的函数原型如下所示：

```
EventBits_t xEventGroupSync(
        EventGroupHandle_t      xEventGroup,
        const EventBits_t       uxBitsToSet,
        const EventBits_t       uxBitsToWaitFor,
        TickType_t              xTicksToWait)
```

函数 xEventGroupSync()的形参描述如表 16.22 所列。

表 16.22　函数 xEventGroupSync()形参相关描述

形　参	描　述
xEventGroup	等待事件标志所在事件组
uxBitsToSet	达到同步点后，要设置的事件标志
uxBitsToWaitFor	等待的事件标志
xTicksToWait	等待的阻塞时间

函数 xEventGroupSync()的返回值如表 16.23 所列。

表 16.23　函数 xEventGroupSync()返回值相关描述

返回值	描　述
等待的事件标志位值	等待事件标志位成功，返回等待到的事件标志位
其他值	等待事件标志位失败，返回事件组中的事件标志位

16.3 FreeRTOS 事件标志组实验

16.3.1 功能设计

本实验主要用于学习 FreeRTOS 事件标志组相关 API 函数的使用,设计了 4 个任务,功能如表 16.24 所列。

表 16.24 各任务功能描述

任务名	任务功能描述
start_task	用于创建事件标志组和其他任务
task1	用于扫描按键并设置事件标志
task2	用于等待指定的事件标志
task3	用于 LCD 上实时显示事件组中的事件标志

该实验的实验工程可参考配套资料中的“FreeRTOS 实验例程 16 FreeRTOS 事件标志组实验”。

16.3.2 软件设计

1. 程序流程图

本实验的程序流程如图 16.2 所示。

2. 程序解析

整体的代码结构可参考 2.1.6 小节,本小节着重讲解本实验相关的部分。

(1) start_task 任务

start_task 任务的入口函数代码如下所示:

```
/**
 * @brief     start_task
 * @param     pvParameters : 传入参数(未用到)
 * @retval    无
 */
void start_task(void * pvParameters)
{
    taskENTER_CRITICAL();              /* 进入临界区 */
    /* 创建事件标志组 */
    EventGroupHandler = xEventGroupCreate();
    /* 创建任务 1 */
    xTaskCreate ((TaskFunction_t  ) task1,
                 (const char *    ) "task1",
                 (uint16_t        ) TASK1_STK_SIZE,
                 (void *          ) NULL,
                 (UBaseType_t     ) TASK1_PRIO,
```

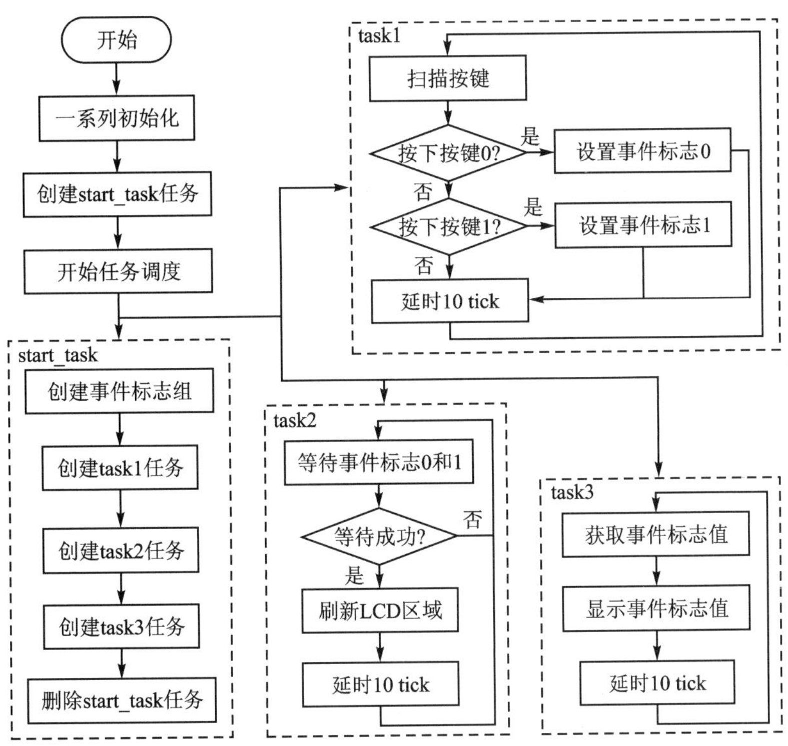

图 16.2　程序流程图

```
                   (TaskHandle_t *   ) &Task1Task_Handler);
    /* 创建任务 2 */
    xTaskCreate ((TaskFunction_t  ) task2,
                 (const char *    ) "task2",
                 (uint16_t        ) TASK2_STK_SIZE,
                 (void *          ) NULL,
                 (UBaseType_t     ) TASK2_PRIO,
                 (TaskHandle_t *  ) &Task2Task_Handler);
    /* 创建任务 3 */
    xTaskCreate ((TaskFunction_t  ) task3,
                 (const char *    ) "task3",
                 (uint16_t        ) TASK3_STK_SIZE,
                 (void *          ) NULL,
                 (UBaseType_t     ) TASK3_PRIO,
                 (TaskHandle_t *  ) &Task3Task_Handler);
    vTaskDelete(StartTask_Handler);      /* 删除开始任务 */
    taskEXIT_CRITICAL();                 /* 退出临界区 */
}
```

start_task 任务主要用于创建事件标志组、task1 任务、task2 任务和 task3 任务。

(2) task1 任务

```
/**
 * @brief     task1
 * @param     pvParameters : 传入参数(未用到)
 * @retval    无
 */
void task1(void * pvParameters)
{
    uint8_t key = 0;
    while (1)
    {
        key = key_scan(0);
        switch (key)
        {
            case KEY0_PRES:
            {
                /* 设置事件组的事件标志 0 */
                xEventGroupSetBits ((EventGroupHandle_t) EventGroupHandler,
                                    (EventBits_t       ) EVENTBIT_0);
                break;
            }
            case KEY1_PRES:
            {
                /* 设置事件组的事件标志 1 */
                xEventGroupSetBits ((EventGroupHandle_t) EventGroupHandler,
                                    (EventBits_t       ) EVENTBIT_1);
                break;
            }
        }
        vTaskDelay(10);
    }
}
```

task1 任务主要用于扫描按键,当按下按键 0 时,设置事件组的事件标志 0;当按下按键 1 时,设置事件组的事件标志 1。

(3) task2 任务

```
/**
 * @brief     task2
 * @param     pvParameters : 传入参数(未用到)
 * @retval    无
 */
void task2(void * pvParameters)
{
    uint32_t task2_num = 0;
    while (1)
    {
        /* 等待事件标志 0 和事件标志 1
         * 如果成功等待到了事件标志 0 和 1,则清零事件标志 0 和 1
```

```
        * 等待的方式为逻辑与，即事件标志 0 和 1 需要被同时设置
        */
        xEventGroupWaitBits ((EventGroupHandle_t) EventGroupHandler,
                             (EventBits_t        ) EVENTBIT_ALL,
                             (BaseType_t         ) pdTRUE,
                             (BaseType_t         ) pdTRUE,
                             (TickType_t         ) portMAX_DELAY);
        /* LCD 区域刷新 */
        lcd_fill(6, 131, 233, 313,lcd_discolor[++task2_num % 11]);
        vTaskDelay(10);
    }
}
```

可以看到，task2 任务等待事件组中的事件标志 0 和 1 同时被设置，只有事件组中的视角标志 0 和 1 被同时设置，task2 任务才会继续执行；同时如果成功等待到了事件标志 0 和 1 被同时设置，那么还会自动清零事件组中的事件标志 0 和 1，无须手动清零。

(4) task3 任务

```
/**
  * @brief     task3
  * @param     pvParameters : 传入参数(未用到)
  * @retval    无
  */
void task3(void * pvParameters)
{
    EventBits_t event_val = 0;
    while (1)
    {
        /* 获取事件组的所有事件标志值 */
        event_val = xEventGroupGetBits((EventGroupHandle_t)EventGroupHandler);
        /* 在 LCD 上显示事件值 */
        lcd_show_xnum(182, 110,event_val, 1, 16, 0,BLUE);
        vTaskDelay(10);
    }
}
```

从上面的代码可以看出，task3 任务获取了事件组的事件标志值，并将事件组的事件标志值实时显示到 LCD 屏幕上。

16.3.3　下载验证

编译并下载代码，复位后可以看到 LCD 屏幕上显示了本次实验的相关信息，如图 16.3 所示。

一开始可以看到，事件组的事件标志值为 0。此时按下按键 0 来设置事件组的事件标志 0，可以看到 LCD 上显示的事件组事件标志值为 1，此值正是事件标志 0 被设置后的值，如图 16.4 所示。

图 16.3 LCD 显示内容一

图 16.4 LCD 显示内容二

接着多次按下按键 0,LCD 显示的内容都不会发生变化,因为事件标志 0 已经被设置了。

接着按下按键 1,设置事件标志 1,可以看到 LCD 上显示的事件标志值清零,并且 LCD 屏幕区域也刷新了,如图 16.5 所示。

图 16.5 LCD 显示内容三

这是因为,当事件标志 1 被设置后,task2 任务就等待到了事件标志 0 和 1 被同时设置,因此 task2 任务就将事件标志 0 和 1 清零,并且解除阻塞得以运行,所以 LCD 屏幕区域被刷新了。

在本次实验中,不论事件标志 0 还是 1 中的哪一个先被设置,只要事件标志 0 和 1 存在同时处于被设置的状态,那么 task2 任务就能解除阻塞状态得以执行。

第 17 章

FreeRTOS 任务通知

任务通知也是用于任务间进行同步和通信的一种机制，但是相对于前面章节介绍的队列、事件标志组和信号量等而言，任务通知在内存占用和效率方面都有很大的优势。本章就来学习 FreeRTOS 中任务通知的相关内容。

本章分为如下几部分：

17.1　FreeRTOS 任务通知简介

17.2　FreeRTOS 任务通知相关 API 函数

17.3　FreeRTOS 任务通知模拟二值信号量实验

17.4　FreeRTOS 任务通知模拟计数型信号量实验

17.5　FreeRTOS 任务通知模拟消息邮箱实验

17.6　FreeRTOS 任务通知模拟事件标志组实验

17.1　FreeRTOS 任务通知简介

在 FreeRTOS 中，每一个任务都有两个用于任务通知功能的数组，分别为任务通知数组和任务通知状态数组。其中，任务通知数组中的每一个元素都是一个 32 位无符号类型的通知值，而任务通知状态数组中的元素则表示与之对应的任务通知的状态。

任务通知数组中的 32 位无符号通知值，用于任务到任务或中断到任务发送通知的"媒介"。当通知值为 0 时，表示没有任务通知；当通知值不为 0 时，表示有任务通知，并且通知值就是通知的内容。

任务通知状态数组中的元素用于标记任务通知数组中通知的状态，任务通知有 3 种状态，分别为未等待通知状态、等待通知状态和等待接收通知状态。其中，未等待通知状态为任务通知的复位状态；当任务在没有通知的时候接收通知时，在任务阻塞等待任务通知的这段时间内，任务所等待的任务通知就处于等待通知状态；当有其他任务向任务发送通知，但任务还未接收这一通知的这段期间，任务通知就处于等待接收通知状态。

任务通知功能使用到的任务通知数组和任务通知状态数组为任务控制块中的成员变量，因此，任务通知的传输是直接传出到任务中的，不用通过任务的通信对象（队列、事件标志组和信号量就属于通信对象）这个间接的方式。间接通信示意图如

图 17.1 所示。

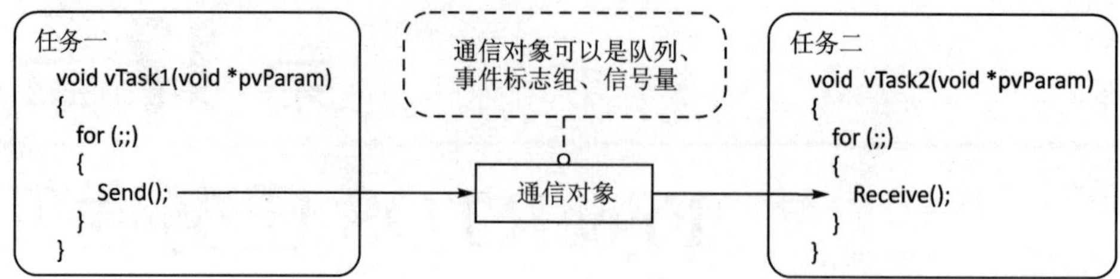

图 17.1 间接通信示意图

任务通知则是直接往任务中发送通知。直接通信示意图如图 17.2 所示。

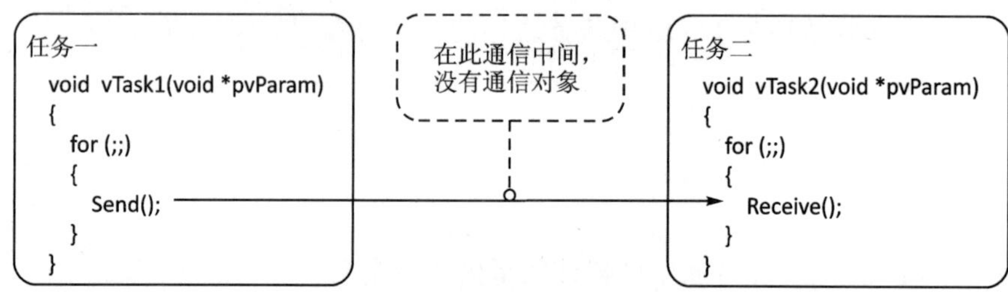

图 17.2 直接通信示意图

17.1.1 任务通知的优势

使用任务通知向任务发送事件或数据比使用队列、事件标志组或信号量快得多；并且使用任务通知代替队列、事件标志组或信号量，可以节省大量的内存，这是因为每个通信对象在使用之前都需要被创建，而任务通知功能中的每个通知只需要在每个任务中占用固定的 5 字节内存。

17.1.2 任务通知的缺点

虽然任务通知功能相比通信对象有着更快、占用内存少的优点，但是任务通知功能并不能适用于所有情况，例如以下列出的几种情况：

(1) 发送事件或数据到中断

通信对象可以发送事件或数据从中断到任务，或从任务到中断，但是由于任务通知依赖于任务控制块中的两个成员变量，并且中断不是任务，因此任务通知功能并不适用于从任务往中断发送事件或数据的这种情况，但是任务通知功能可以在任务之间或从中断到任务发送事件或数据。

(2) 存在多个接收任务

通信对象可以被已知通信对象句柄的任意多个任务或中断访问(发送或接收)，但任务通知是直接发送事件或数据到指定接收任务的，因为传输的事件或数据只能由接收任务处理。然而在实际中很少受到这种情况的限制，因为，虽然多个任务和中断发送事件或数据到一个通信对象是很常见的，但很少出现多个任务或中断接收同一个通信对象的情况。

(3) 缓冲多个数据项

通信对象中的队列是可以一次性保存多个已经被发送到队列，但还未被接收的事件或数据的，也就是说，通信对象有一定的缓冲多个数据的能力；但是任务通知是通过更新任务通知值来发送事件或数据的，一个任务通知值只能保存一次。

(4) 广播到多个任务

通信对象中的事件标志组是可以将一个事件同时发送到多个任务中的，但任务通知只能被指定的一个接收任务接收并处理。

(5) 阻塞等待接收任务

当通信对象处于暂时无法写入的状态（如队列已满，此时无法再向队列写入消息）时，发送任务可以选择阻塞等待接收任务来接收，但是任务不能因尝试发送任务通知到已有任务通知但还未处理的任务而进行阻塞等待的。但是任务通知也很少在实际情况中受到这种情况的限制。

17.2　FreeRTOS 任务通知相关 API 函数

FreeRTOS 提供了任务通知的一些相关操作函数，其中任务通知相关 API 函数如表 17.1 和表 17.2 所列。

表 17.1　FreeRTOS 常用任务通知相关的 API 函数描述

函　数	描　述
xTaskNotify()	发送任务通知
xTaskNotifyAndQuery()	
xTaskNotifyGive()	
xTaskNotifyFromISR()	在中断中发送任务通知
xTaskNotifyAndQueryFromISR()	
vTaskNotifyGiveFromISR()	
ulTaskNotifyTake()	接收任务通知
xTaskNotifyWait()	

从 17.1 节可以知道任务的任务控制块中，与任务通知功能相关的两个成员变量，任务通知值和任务通知状态，是两个数组，也就是说，一个任务可以有多个任务通知，多个通知就通过数组的下标进行索引。

表 17.1 所列出的 API 函数都是对任务通知相关数组中下标为 0 的元素进行操作，而表 17.2 中列出的 API 函数可以指定对任务通知相关数组中的元素进行操作。表 17.1 和表 17.2 中对应的 API 函数原理上是一样的，只是表 17.1 中的 API 只针

对任务通知 0 进行操作,而表 17.2 中的 API 函数可以对任务的指定任务通知进行操作。本书以表 17.1 中的函数为例进行讲解。

表 17.2 FreeRTOS 任务通知相关的 API 函数描述

函 数	描 述
xTaskNotifyIndexed()	发送任务通知
xTaskNotifyAndQueryIndexed()	
xTaskNotifyGiveIndexed()	
xTaskNotifyIndexedFromISR()	在中断中发送任务通知
xTaskNotifyAndQueryIndexedFromISR()	
vTaskNotifyGiveIndexedFromISR()	
ulTaskNotifyTakeIndexed()	接收任务通知
xTaskNotifyWaitIndexed()	

1. 发送任务通知

表 17.1 中发送任务通知的 3 个 API 函数的定义如下所示:

```
#define xTaskNotify (xTaskToNotify,                                          \
                     ulValue,                                                \
                     eAction)                                                \
    xTaskGenericNotify ((xTaskToNotify),                                     \
                        (tskDEFAULT_INDEX_TO_NOTIFY),                        \
                        (ulValue),                                           \
                        (eAction),                                           \
                        NULL)
#define xTaskNotifyAndQuery (xTaskToNotify,                                  \
                             ulValue,                                        \
                             eAction,                                        \
                             pulPreviousNotifyValue)                         \
    xTaskGenericNotify ((xTaskToNotify),                                     \
                        (tskDEFAULT_INDEX_TO_NOTIFY),                        \
                        (ulValue),                                           \
                        (eAction),                                           \
                        (pulPreviousNotifyValue))
#define xTaskNotifyGive (xTaskToNotify)                                      \
    xTaskGenericNotify ((xTaskToNotify),                                     \
                        (tskDEFAULT_INDEX_TO_NOTIFY),                        \
                        (0),                                                 \
                        eIncrement,                                          \
                        NULL)
```

从上面的代码中可以看出,3 个用于任务中发送任务通知的函数,实际上都是调用了函数 xTaskGenericNotify()来发送任务通知的,只是传入了不同的参数。函数 xTaskGenericNotify()的函数原型如下所示:

```
BaseType_t xTaskGenericNotify ( TaskHandle_t     xTaskToNotify,
                                UBaseType_t      uxIndexToNotify,
                                uint32_t         ulValue,
                                eNotifyAction    eAction,
                                uint32_t *       pulPreviousNotificationValue);
```

函数 xTaskGenericNotify()的形参描述如表 17.3 所列。

表 17.3 函数 xTaskGenericNotify()形参相关描述

形　参	描　述
xTaskToNotify	接收任务通知的任务
uxIndexToNotify	任务的指定通知(任务通知相关数组下标)
ulValue	通知值
eAction	通知方式
pulPreviousNotificationValue	用于获取发送通知前的通知值

函数 xTaskGenericNotify()的返回值如表 17.4 所列。

表 17.4 函数 xTaskGenericNotify()返回值相关描述

返回值	描　述
pdPASS	任务通知发送成功
pdFAIL	任务通知发送失败

函数 xTaskGenericNotify()的源代码如下所示:

```
BaseType_t xTaskGenericNotify (TaskHandle_t     xTaskToNotify,
                               UBaseType_t      uxIndexToNotify,
                               uint32_t         ulValue,
                               eNotifyAction    eAction,
                               uint32_t *       pulPreviousNotificationValue)
{
    TCB_t * pxTCB;
    BaseType_t xReturn = pdPASS;
    uint8_t ucOriginalNotifyState;
    /* 数组下标不能越界
     * 宏 configTASK_NOTIFICATION_ARRAY_ENTRIES
     * 用于定义一个任务包含的最大通知数量
     * 即任务通知相关数组中元素的个数
     */
    configASSERT (uxIndexToNotify < configTASK_NOTIFICATION_ARRAY_ENTRIES);
    configASSERT (xTaskToNotify);
    pxTCB = xTaskToNotify;
    /* 进入临界区 */
    taskENTER_CRITICAL();
    {
        /* 判断是否获取发送通知前的通知值 */
        if (pulPreviousNotificationValue != NULL)
        {
```

```
        /* 获取发送通知前的通知值 */
        *pulPreviousNotificationValue =
            pxTCB->ulNotifiedValue[uxIndexToNotify];
    }
    /* 记录发送通知前任务通知的状态 */
    ucOriginalNotifyState = pxTCB->ucNotifyState[uxIndexToNotify];
    /* 将任务通知的状态设置为等待接收通知状态
     * 因为下面要发送通知了
     * 将任务通知设置为等待接收通知状态后接收任务时就能够通过任务通知的状态
     * 从而判断是否有待接收的任务通知
     */
    pxTCB->ucNotifyState[uxIndexToNotify] = taskNOTIFICATION_RECEIVED;
    switch (eAction)
    {
        /* 此通知方式用于将通知值的指定比特位置一,类似于事件标志组
         */
        case eSetBits:
            pxTCB->ulNotifiedValue[uxIndexToNotify] |= ulValue;
            break;
        /* 此通知方式用于将通知值加 1
         * 类似于计数型信号量
         */
        case eIncrement:
            (pxTCB->ulNotifiedValue[uxIndexToNotify])++;
            break;
        /* 此通知方式用于覆写通知值
         * 类似于队列
         */
        case eSetValueWithOverwrite:
            pxTCB->ulNotifiedValue[uxIndexToNotify] = ulValue;
            break;
        /* 此通知方式用于覆写通知值
         * 但是在覆写通知值前会判断任务通知是否处于等待接收通知状态
         * 如果是,则不会覆写通知,并返回失败
         */
        case eSetValueWithoutOverwrite:
            /* 判断任务通知是否不处于等待接收通知状态 */
            if (ucOriginalNotifyState != taskNOTIFICATION_RECEIVED)
            {
                pxTCB->ulNotifiedValue[uxIndexToNotify] = ulValue;
            }
            else
            {
                /* 任务通知处于等待接收通知状态,不能写入 */
                xReturn = pdFAIL;
            }
            break;
        /* 此通知方式不修改通知值
         * 只标记任务通知为等待接收通知状态,不会修改通知值
```

```
                */
            case eNoAction:
                break;
            /*不应该出现这种情况*/
            default:
                /*出入参数有误,强行断言*/
                configASSERT (xTickCount == (TickType_t) 0);
                break;
        }
        /*如果在此之前,任务因等待任务通知而被阻塞,则现在解除阻塞*/
        if (ucOriginalNotifyState == taskWAITING_NOTIFICATION)
        {
            /*将任务从所在任务状态列表中移除*/
            listREMOVE_ITEM(& (pxTCB ->xStateListItem));
            /*将任务添加到就绪态任务列表中*/
            prvAddTaskToReadyList (pxTCB);
            /*任务是因为等待任务通知被阻塞,而不是等待事件被阻塞
             *因此任务不应该在任何一个事件列表中
             */
            configASSERT(listLIST_ITEM_CONTAINER(&(pxTCB ->xEventListItem)) ==
                NULL);
            /*此宏用于低功耗*/
#if (configUSE_TICKLESS_IDLE != 0)
{
            prvResetNextTaskUnblockTime();
}
#endif
            /*有任务解除阻塞后,就应该判断是否需要进行任务切换*/
            if (pxTCB ->uxPriority > pxCurrentTCB ->uxPriority)
            {
                /*挂起 PendSV,准备进行任务切换*/
                taskYIELD_IF_USING_PREEMPTION();
            }
        }
    }
    /*退出临界区*/
    taskEXIT_CRITICAL();
    return xReturn;
}
```

结合函数 xTaskNotify()、函数 xTaskNotifyAndQuery()、函数 xTaskNotifyGive()的定义和以上代码,可以知道函数 xTaskNotify()、函数 xTaskNotifyAndQuery()、函数 xTaskNotifyGive()的作用如下所示:

函数 xTaskNotify()用于向指定任务发送任务通知,通知方式可以自由指定,并且不获取发送任务通知前任务通知的通知值。

函数 xTaskNotifyAndQuery()用于向指定任务发送任务通知,通知方式可以自由指定,并且获取发送任务通知前任务通知的通知值。

函数 xTaskNotifyGive()用于向指定任务发送任务通知,通知方式为将通知值加 1,并且不获取发送任务通知前任务通知的通知值。

2. 在中断中发送任务通知

表 17.1 的中断在发送任务通知的 3 个 API 函数的定义如下所示:

```
#define xTaskNotifyFromISR (xTaskToNotify,                                  \
                            ulValue,                                        \
                            eAction,                                        \
                            pxHigherPriorityTaskWoken)                      \
    xTaskGenericNotifyFromISR ((xTaskToNotify),                             \
                               (tskDEFAULT_INDEX_TO_NOTIFY),                \
                               (ulValue),                                   \
                               (eAction),                                   \
                               NULL,                                        \
                               (pxHigherPriorityTaskWoken))
#define xTaskNotifyAndQueryFromISR (xTaskToNotify,                          \
                                    ulValue,                                \
                                    eAction,                                \
                                    pulPreviousNotificationValue,           \
                                    pxHigherPriorityTaskWoken)              \
    xTaskGenericNotifyFromISR ((xTaskToNotify),                             \
                               (tskDEFAULT_INDEX_TO_NOTIFY),                \
                               (ulValue),                                   \
                               (eAction),                                   \
                               (pulPreviousNotificationValue),              \
                               (pxHigherPriorityTaskWoken))
#define vTaskNotifyGiveFromISR (xTaskToNotify,                              \
                                pxHigherPriorityTaskWoken)                  \
    vTaskGenericNotifyGiveFromISR ((xTaskToNotify),                         \
                                   (tskDEFAULT_INDEX_TO_NOTIFY),            \
                                   (pxHigherPriorityTaskWoken));
```

从上面的代码可以看出,函数 xTaskNotifyFromISR()和函数 xTaskNotifyAndQueryFromISR()实际上都是调用了函数 xTaskGenericNotifyFromISR(),而函数 vTaskNotifyGiveFromISR()实际上则是调用了函数 vTaskGenericNotifyGiveFromISR()。下面就分别看一下以上这两个实际被调用的函数。

函数 xTaskGenericNotifyFromISR()的函数原型如下所示:

```
BaseType_t xTaskGenericNotifyFromISR(
        TaskHandle_t      xTaskToNotify,
        UBaseType_t       uxIndexToNotify,
        uint32_t          ulValue,
        eNotifyAction     eAction,
        uint32_t *        pulPreviousNotificationValue,
        BaseType_t *      pxHigherPriorityTaskWoken);
```

函数 xTaskGenericNotifyFromISR()的形参描述如表 17.5 所列。

表 17.5　函数 xTaskGenericNotifyFromISR()形参相关描述

形　参	描　述
xTaskToNotify	接收任务通知的任务
uxIndexToNotify	任务的指定通知(任务通知相关数组下标)
ulValue	通知值
eAction	通知方式
pulPreviousNotificationValue	用于获取发送通知前的通知值
pxHigherPriorityTaskWoken	用于标记函数退出后是否需要进行任务切换

函数 xTaskGenericNotifyFromISR()的返回值如表 17.6 所列。

表 17.6　函数 xTaskGenericNotifyFromISR()返回值相关描述

返回值	描　述
pdPASS	任务通知发送成功
pdFAIL	任务通知发送失败

函数 xTaskGenericNotifyFromISR()的源代码如下所示：

```
BaseType_t xTaskGenericNotifyFromISR(
        TaskHandle_t      xTaskToNotify,
        UBaseType_t       uxIndexToNotify,
        uint32_t          ulValue,
        eNotifyAction     eAction,
        uint32_t *        pulPreviousNotificationValue,
        BaseType_t *      pxHigherPriorityTaskWoken)
{
    TCB_t * pxTCB;
    uint8_t ucOriginalNotifyState;
    BaseType_t xReturn = pdPASS;
    UBaseType_t uxSavedInterruptStatus;
    configASSERT (xTaskToNotify);
    configASSERT (uxIndexToNotify < configTASK_NOTIFICATION_ARRAY_ENTRIES);
    /* 只有受 FreeRTOS 管理的中断才能调用该函数 */
    portASSERT_IF_INTERRUPT_PRIORITY_INVALID();
    pxTCB = xTaskToNotify;
    /* 获取中断状态,并屏蔽中断 */
    uxSavedInterruptStatus = portSET_INTERRUPT_MASK_FROM_ISR();
    {
        /* 判断是否获取发送通知前的通知值 */
        if (pulPreviousNotificationValue != NULL)
        {
            /* 获取发送通知前的通知值 */
            * pulPreviousNotificationValue =
                pxTCB->ulNotifiedValue [uxIndexToNotify];
        }
        /* 记录发送通知前任务通知的状态 */
```

```
ucOriginalNotifyState = pxTCB ->ucNotifyState [uxIndexToNotify];
/ * 将任务通知的状态设置为等待接收通知状态
 * 因为下面要发送通知了
 * 将任务通知设置为等待接收通知状态后接收任务时
 * 就能够通过任务通知的状态来判断是否有待接收的任务通知
 * /
pxTCB ->ucNotifyState [uxIndexToNotify] = taskNOTIFICATION_RECEIVED;
switch (eAction)
{
    / * 此通知方式用于将通知值的指定比特位置一,类似于事件标志组
     * /
    case eSetBits:
        pxTCB ->ulNotifiedValue [uxIndexToNotify] |= ulValue;
        break;
    / * 此通知方式用于将通知值加 1
     * 类似于计数型信号量
     * /
    case eIncrement:
        (pxTCB ->ulNotifiedValue [uxIndexToNotify]) ++ ;
        break;
    / * 此通知方式用于覆写通知值
     * 类似于队列
     * /
    case eSetValueWithOverwrite:
        pxTCB ->ulNotifiedValue [uxIndexToNotify] = ulValue;
        break;
    / * 此通知方式用于覆写通知值
     * 但是在覆写通知值前会判断任务通知是否处于等待接收通知状态
     * 如果是,则不会覆写通知,并返回失败
     * /
    case eSetValueWithoutOverwrite:
        / * 判断任务通知是否不处于等待接收通知状态 * /
        if (ucOriginalNotifyState ! = taskNOTIFICATION_RECEIVED)
        {
            pxTCB ->ulNotifiedValue [uxIndexToNotify] = ulValue;
        }
        else
        {
            / * 任务通知处于等待接收通知状态,不能写入 * /
            xReturn = pdFAIL;
        }
        break;
    / * 不应该出现这种情况 * /
    case eNoAction:
        break;
    default:
        / * 出入参数有误,强行断言 * /
        configASSERT (xTickCount == (TickType_t) 0);
```

```
            break;
        }
        /* 如果在此之前,任务因等待任务通知而被阻塞,则现在解除阻塞 */
        if (ucOriginalNotifyState == taskWAITING_NOTIFICATION)
        {
            /* 任务是因为等待任务通知被阻塞,而不是等待事件被阻塞
             * 因此任务不应该在任何一个事件列表中
             */
            configASSERT(listLIST_ITEM_CONTAINER(&(pxTCB ->xEventListItem)) ==
                NULL);
            /* 判断任务调度器是否运行 */
            if (uxSchedulerSuspended == (UBaseType_t) pdFALSE)
            {
                /* 将任务从所在任务状态列表中移除 */
                listREMOVE_ITEM(& (pxTCB ->xStateListItem));
                /* 将任务添加到就绪态任务列表中 */
                prvAddTaskToReadyList (pxTCB);
            }
            else
            {
                /* 任务调度器被挂起,则将任务添加到挂起态任务列表
                 */
                listINSERT_END(& (xPendingReadyList),
                    & (pxTCB ->xEventListItem));
            }
            /* 有任务解除阻塞后,就应该判断是否需要进行任务切换 */
            if (pxTCB ->uxPriority > pxCurrentTCB ->uxPriority)
            {
                /* 根据需要返回需要进行任务切换 */
                if (pxHigherPriorityTaskWoken != NULL)
                {
                    * pxHigherPriorityTaskWoken = pdTRUE;
                }
                /* 标记需要进行任务切换 */
                xYieldPending = pdTRUE;
            }
        }
    }
    /* 恢复中断状态 */
    portCLEAR_INTERRUPT_MASK_FROM_ISR (uxSavedInterruptStatus);
    return xReturn;
}
```

从上面的代码中可以看出,函数 xTaskGenericNotifyFromISR()与函数 xTaskNotify()是很相似的,只是多了对中断做了一些相应的处理。

函数 vTaskGenericNotifyGiveFromISR()的函数原型如下所示:

```
void vTaskGenericNotifyGiveFromISR(
        TaskHandle_t     xTaskToNotify,
```

```
        UBaseType_t         uxIndexToNotify,
        BaseType_t *        pxHigherPriorityTaskWoken);
```

函数 vTaskGenericNotifyGiveFromISR()的形参描述如表 17.7 所列。

表 17.7 函数 vTaskGenericNotifyGiveFromISR()形参相关描述

形 参	描 述
xTaskToNotify	接收任务通知的任务
uxIndexToNotify	任务的指定通知(任务通知相关数组下标)
pxHigherPriorityTaskWoken	用于标记函数退出后是否需要进行任务切换

函数 vTaskGenericNotifyGiveFromISR()的返回值如表 17.8 所列。

表 17.8 函数 vTaskGenericNotifyGiveFromISR()返回值相关描述

返回值	描 述
无	无

函数 vTaskGenericNotifyGiveFromISR()的源代码如下所示：

```
void vTaskGenericNotifyGiveFromISR(
        TaskHandle_t     xTaskToNotify,
        UBaseType_t      uxIndexToNotify,
        BaseType_t *     pxHigherPriorityTaskWoken)
{
    TCB_t * pxTCB;
    uint8_t ucOriginalNotifyState;
    UBaseType_t uxSavedInterruptStatus;
    configASSERT (xTaskToNotify);
    configASSERT (uxIndexToNotify < configTASK_NOTIFICATION_ARRAY_ENTRIES);
    /* 只有受 FreeRTOS 管理的中断才能调用该函数 */
    portASSERT_IF_INTERRUPT_PRIORITY_INVALID();
    pxTCB = xTaskToNotify;
    /* 保存中断状态，并屏蔽中断 */
    uxSavedInterruptStatus = portSET_INTERRUPT_MASK_FROM_ISR();
    {
        /* 记录发送通知前任务通知的状态 */
        ucOriginalNotifyState = pxTCB ->ucNotifyState [uxIndexToNotify];
        /* 将任务通知的状态设置为等待接收通知状态
         * 因为下面要发送通知了，将任务通知设置为等待接收通知状态后
         * 接收任务时就能够通过任务通知的状态来判断是否有待接收的任务通知
         */
        pxTCB ->ucNotifyState [uxIndexToNotify] = taskNOTIFICATION_RECEIVED;
        /* 通知值加 1
         * 因此，此函数类似于通知方式为 eIncrement 的
         * 函数 xTaskGenericNotifyFromISR()
         */
        (pxTCB ->ulNotifiedValue [uxIndexToNotify]) ++ ;
        /* 如果在此之前，任务因等待任务通知而被阻塞，则现在解除阻塞 */
```

```
        if (ucOriginalNotifyState == taskWAITING_NOTIFICATION)
        {
            /* 任务是因为等待任务通知被阻塞,而不是等待事件被阻塞
             * 因此任务不应该在任何一个事件列表中
             */
            configASSERT(listLIST_ITEM_CONTAINER(&(pxTCB ->xEventListItem)) ==
                NULL);
            /* 判断任务调度器是否运行 */
            if (uxSchedulerSuspended == (UBaseType_t) pdFALSE)
            {
                /* 将任务从所在任务状态列表中移除 */
                listREMOVE_ITEM(& (pxTCB ->xStateListItem));
                /* 将任务添加到就绪态任务列表中 */
                prvAddTaskToReadyList (pxTCB);
            }
            else
            {
                /* 任务调度器被挂起,则将任务添加到挂起态任务列表
                 */
                listINSERT_END(& (xPendingReadyList),
                    & (pxTCB ->xEventListItem));
            }
            /* 有任务解除阻塞后,就应该判断是否需要进行任务切换 */
            if (pxTCB ->uxPriority > pxCurrentTCB ->uxPriority)
            {
                /* 根据需要返回需要进行任务切换 */
                if (pxHigherPriorityTaskWoken != NULL)
                {
                    * pxHigherPriorityTaskWoken = pdTRUE;
                }
                /* 标记需要进行任务切换 */
                xYieldPending = pdTRUE;
            }
        }
    }
    /* 恢复中断状态 */
    portCLEAR_INTERRUPT_MASK_FROM_ISR (uxSavedInterruptStatus);
}
```

从以上代码中可以看出,函数 vTaskGenericNotifyGiveFromISR()就是通知方式为 eIncrement 并且没有返回值的函数 xTaskGenericNotifyFromISR()。

结合以上函数 xTaskGenericNotifyFromISR()、函数 vTaskGenericNotifyGiveFromISR()的源代码和函数 xTaskNotifyFromISR()、函数 xTaskNotifyAndQueryFromISR()、函数 vTaskNotifyGiveFromISR()的定义,表 17.1 中列出的 3 个在中断中发送任务通知的 API 函数作用如下:

函数 xTaskNotifyFromISR()用于在中断中向指定任务发送任务通知,通知方式可以自由指定,并且不获取发送任务通知前任务通知的通知值,但获取发送通知后

是否需要进行任务切换的标志。

函数 xTaskNotifyAndQueryFromISR()用于在中断中向指定任务发送任务通知,通知方式可以自由指定,并且获取发送任务通知前任务通知的通知值,和发送通知后是否需要进行任务切换的标志。

函数 vTaskNotifyGiveFromISR()用于在中断中向指定任务发送任务通知,通知方式为将通知值加 1,并且不获取发送任务通知前任务通知的通知值,但获取发送通知后是否需要进行任务切换的标志。

3. 接收任务通知

用于获取任务通知的 API 函数有两个,分别为函数 ulTaskNotifyTake()和函数 xTaskNotifyWait()。

(1) 函数 ulTaskNotifyTake()

此函数用于获取任务通知的通知值,并且在成功获取任务通知的通知值后,可以指定将通知值清零或减 1。此函数实际上是一个宏定义,具体的代码如下所示:

```
#define ulTaskNotifyTake (xClearCountOnExit,                                    \
                         xTicksToWait)                                          \
    ulTaskGenericNotifyTake ((tskDEFAULT_INDEX_TO_NOTIFY),                      \
                             (xClearCountOnExit),                               \
                             (xTicksToWait))
```

从上面的代码中可以看出,函数 ulTaskNotifyTake()实际上是调用了函数 ulTaskGenericNotifyTake()。函数 ulTaskGenericNotifyTake()的函数原型如下所示:

```
uint32_t ulTaskGenericNotifyTake (UBaseType_t    uxIndexToWaitOn,
                                  BaseType_t     xClearCountOnExit,
                                  TickType_t     xTicksToWait);
```

函数 ulTaskGenericNotifyTake()的形参描述如表 17.9 所列。

表 17.9 函数 ulTaskGenericNotifyTake()形参相关描述

形 参	描 述
uxIndexToWaitOn	任务的指定通知(任务通知相关数组下标)
xClearCountOnExit	指定在成功接收通知后,将通知值清零或减 1
xTicksToWait	阻塞等待任务通知值的最大时间

函数 ulTaskGenericNotifyTake()的返回值如表 17.10 所列。

表 17.10 函数 ulTaskGenericNotifyTake()返回值相关描述

返回值	描 述
0	接收失败
非 0	接收成功,返回任务通知的通知值

函数 ulTaskGenericNotifyTake()的源代码如下所示：

```
uint32_t ulTaskGenericNotifyTake (UBaseType_t      uxIndexToWait,
                                  BaseType_t       xClearCountOnExit,
                                  TickType_t       xTicksToWait)
{
    uint32_t ulReturn;
    configASSERT (uxIndexToWait < configTASK_NOTIFICATION_ARRAY_ENTRIES);
    /* 进入临界区 */
    taskENTER_CRITICAL();
    {
        /* 判断任务通知的通知值是否为 0,为 0 表示没有收到任务通知
         */
        if (pxCurrentTCB ->ulNotifiedValue [uxIndexToWait] == 0UL)
        {
            /* 设置任务通知的状态为等待通知状态 */
            pxCurrentTCB ->ucNotifyState [uxIndexToWait] =
                taskWAITING_NOTIFICATION;
            /* 判断是否允许阻塞等待任务通知 */
            if (xTicksToWait > (TickType_t) 0)
            {
                /* 将当前任务添加到阻塞态任务列表 */
                prvAddCurrentTaskToDelayedList (xTicksToWait, pdTRUE);
                /* 挂起 PendSV 准备进行任务切换
                 * 任务切换后,当前任务就被阻塞了
                 */
                portYIELD_WITHIN_API();
            }
        }
    }
    /* 退出临界区 */
    taskEXIT_CRITICAL();
    /* 如果在此之前,任务被阻塞
     * 则解除阻塞后会执行到这
     */
    /* 进入临界区 */
    taskENTER_CRITICAL();
    {
        /* 再次获取任务通知的通知值 */
        ulReturn = pxCurrentTCB ->ulNotifiedValue[uxIndexToWait];
        /* 当通知值不为 0 的时候,说明任务已经收到通知了
         */
        if (ulReturn != 0UL)
        {
            /* 判断是否需要在成功读取通知后,将通知值清零
             */
            if (xClearCountOnExit != pdFALSE)
            {
                /* 将通知值清零 */
```

```
                pxCurrentTCB ->ulNotifiedValue [uxIndexToWait] = 0UL;
            }
            else
            {
                /* 将通知值减 1 */
                pxCurrentTCB ->ulNotifiedValue [uxIndexToWait] =
                    ulReturn - (uint32_t) 1;
            }
        }
        /* 不论接收通知成功或者失败
         * 都将任务通知的状态标记为未等待通知状态
         */
        pxCurrentTCB ->ucNotifyState [uxIndexToWait] =
            taskNOT_WAITING_NOTIFICATION;
    }
    /* 退出临界区 */
    taskEXIT_CRITICAL();
    /* 返回 0:接收通知失败
     * 返回非 0:接收通知成功,返回通知值
     */
    return ulReturn;
}
```

(2) 函数 xTaskNotifyWait()

此函数用于等待任务通知的通知值中的指定比特位被置一,此函数可以在等待前和成功等待到任务通知通知值中的指定比特位被置一后清零指定比特位,并且还能获取等待超时后任务通知的通知值。此函数实际上是一个宏定义,具体的代码如下所示:

```
#define xTaskNotifyWait (ulBitsToClearOnEntry,                              \
                         ulBitsToClearOnExit,                               \
                         pulNotificationValue,                              \
                         xTicksToWait)                                      \
    xTaskGenericNotifyWait (tskDEFAULT_INDEX_TO_NOTIFY,                     \
                            (ulBitsToClearOnEntry),                         \
                            (ulBitsToClearOnExit),                          \
                            (pulNotificationValue),                         \
                            (xTicksToWait))
```

从上面的代码中可以看出,函数 xTaskNotifyWait()实际上是调用了函数 xTaskGenericNotifyWait()。函数 xTaskGenericNotifyWait()的函数原型如下所示:

```
BaseType_t xTaskGenericNotifyWait (UBaseType_t    uxIndexToWaitOn,
                                   uint32_t       ulBitsToClearOnEntry,
                                   uint32_t       ulBitsToClearOnExit,
                                   uint32_t *     pulNotificationValue,
                                   TickType_t     xTicksToWait);
```

函数 xTaskGenericNotifyWait()的形参描述如表 17.11 所列。

表 17.11　函数 xTaskGenericNotifyWait()形参相关描述

形　参	描　述
uxIndexToWaitOn	任务的指定通知(任务通知相关数组下标)
ulBitesToClearOnEntry	等待前指定清零的任务通知通知值比特位
ulBitesToClearOnExit	成功等待后指定清零的任务通知通知值比特位
pulNotificationValue	等待超时后任务通知的通知值
xTicksToWait	阻塞等待任务通知值的最大时间

函数 xTaskGenericNotifyWait()的返回值如表 17.12 所列。

表 17.12　函数 xTaskGenericNotifyWait()返回值相关描述

返回值	描　述
pdTRUE	等待任务通知成功
pdFALSE	等待任务通知失败

函数 xTaskGenericNotifyWait()的源代码如下所示：

```
BaseType_t xTaskGenericNotifyWait (UBaseType_t    uxIndexToWait,
                                   uint32_t       ulBitsToClearOnEntry,
                                   uint32_t       ulBitsToClearOnExit,
                                   uint32_t *     pulNotificationValue,
                                   TickType_t     xTicksToWait)
{
    BaseType_t xReturn;
    configASSERT (uxIndexToWait < configTASK_NOTIFICATION_ARRAY_ENTRIES);
    /* 进入临界区 */
    taskENTER_CRITICAL();
    {
        /* 判断任务通知的状态是否不为等待接收通知状态
         * 即判断任务是否无通知
         */
        if (pxCurrentTCB ->ucNotifyState[uxIndexToWait] ! =
            taskNOTIFICATION_RECEIVED)
        {
            /* 等待任务通知前将任务通知的通知值指定比特位清零 */
            pxCurrentTCB ->ulNotifiedValue[uxIndexToWait] & =
                ~ulBitsToClearOnEntry;
            /* 设置任务通知的状态为等待通知状态 */
            pxCurrentTCB ->ucNotifyState [uxIndexToWait] =
                taskWAITING_NOTIFICATION;
            /* 判断是否允许阻塞等待任务通知 */
            if (xTicksToWait > (TickType_t) 0)
            {
                /* 将当前任务添加到阻塞态任务列表 */
                prvAddCurrentTaskToDelayedList (xTicksToWait,pdTRUE);
                /* 挂起 PendSv,准备进行任务切换
```

```
                    * 任务切换后,任务将进入阻塞状态
                    */
                    portYIELD_WITHIN_API();
                }
            }
        }
        /* 退出临界区 */
        taskEXIT_CRITICAL();
        /* 如果在此之前任务被阻塞,则解除阻塞后会执行到这
         */
        /* 进入临界区 */
        taskENTER_CRITICAL();
        {
            /* 判断是否记录操作前的任务通知值 */
            if (pulNotificationValue != NULL)
            {
                /* 记录操作前的任务通知值 */
                *pulNotificationValue =
                    pxCurrentTCB->ulNotifiedValue[uxIndexToWait];
            }
            /* 再次判断任务通知的状态是否不为等待接收通知状态
             * 因为如果接收到通知,任务通知值的状态会被置为等待接收通知状态
             */
            if (pxCurrentTCB->ucNotifyState[uxIndexToWait] !=
                taskNOTIFICATION_RECEIVED)
            {
                /* 未接收到通知 */
                xReturn = pdFALSE;
            }
            else
            {
                /* 接收到通知
                 * 在成功接收到通知后将任务通知通知值的指定比特位清零
                 */
                pxCurrentTCB->ulNotifiedValue[uxIndexToWait] &=
                    ~ulBitsToClearOnExit;
                xReturn = pdTRUE;
            }
            /* 不论接收通知成功或者失败
             * 都将任务通知的状态标记为未等待通知状态
             */
            pxCurrentTCB->ucNotifyState[uxIndexToWait] =
                taskNOT_WAITING_NOTIFICATION;
        }
        /* 退出临界区 */
        taskEXIT_CRITICAL();
}
```

17.3　FreeRTOS 任务通知模拟二值信号量实验

17.3.1　功能设计

本实验主要用于学习使用 FreeRTOS 中的任务通知功能模拟二值信号量，设计了 3 个任务，功能如表 17.13 所列。

表 17.13　各任务功能描述

任务名	任务功能描述
start_task	用于创建其他任务
task1	用于扫描按键和发送任务通知
task2	用于接收任务通知并作相应解释

该实验的实验工程可参考配套资料中的“FreeRTOS 实验例程 17-1 FreeRTOS 任务通知模拟二值信号量实验”。

17.3.2　软件设计

1. 程序流程图

本实验的程序流程如图 17.3 所示。

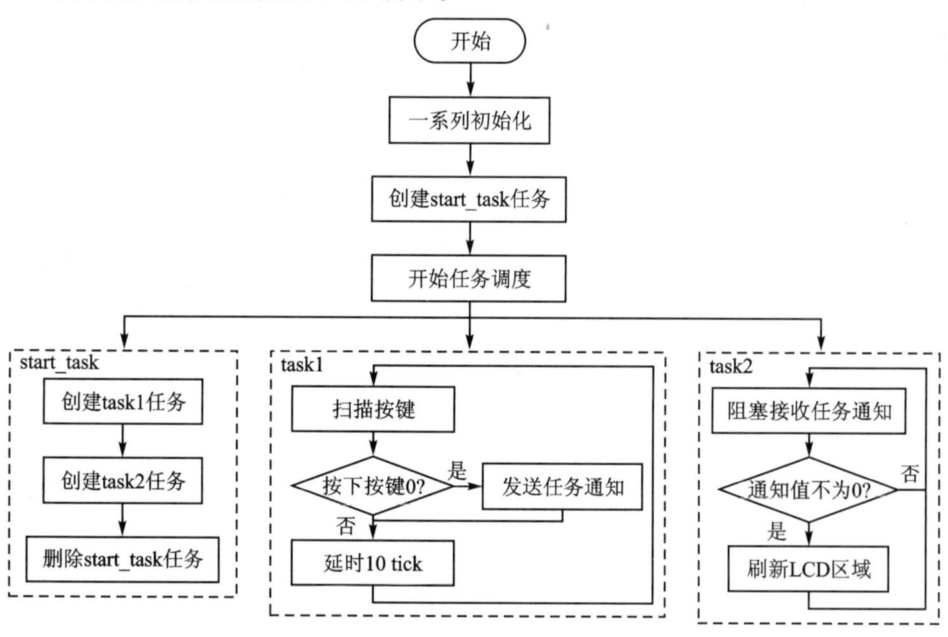

图 17.3　程序流程图

2. 程序解析

整体的代码结构可参考 2.1.6 小节,本小节着重讲解本实验相关的部分。

(1) start_task 任务

start_task 任务的入口函数代码如下所示:

```
/**
 * @brief      start_task
 * @param      pvParameters : 传入参数(未用到)
 * @retval     无
 */
void start_task(void * pvParameters)
{
    taskENTER_CRITICAL();              /* 进入临界区 */
    /* 创建任务 1 */
    xTaskCreate ((TaskFunction_t   ) task1,
                 (const char *     ) "task1",
                 (uint16_t         ) TASK1_STK_SIZE,
                 (void *           ) NULL,
                 (UBaseType_t      ) TASK1_PRIO,
                 (TaskHandle_t *   ) &Task1Task_Handler);
    /* 创建任务 2 */
    xTaskCreate ((TaskFunction_t   ) task2,
                 (const char *     ) "task2",
                 (uint16_t         ) TASK2_STK_SIZE,
                 (void *           ) NULL,
                 (UBaseType_t      ) TASK2_PRIO,
                 (TaskHandle_t *   ) &Task2Task_Handler);
    vTaskDelete(StartTask_Handler);     /* 删除开始任务 */
    taskEXIT_CRITICAL();                /* 退出临界区 */
}
```

start_task 任务主要用于创建 task1 任务和 task2 任务。

(2) task1 任务

```
/**
 * @brief      task1
 * @param      pvParameters : 传入参数(未用到)
 * @retval     无
 */
void task1(void * pvParameters)
{
    uint8_t key = 0;
    while (1)
    {
        if (Task2Task_Handler ! = NULL)
        {
            key = key_scan(0);
            switch (key)
            {
```

```
                case KEY0_PRES:
                {
                    /* 发送任务通知 */
                    xTaskNotifyGive((TaskHandle_t)Task2Task_Handler);
                    break;
                }
                default:
                {
                    break;
                }
            }
        }
        vTaskDelay(10);
    }
}
```

task1 任务主要用于扫描按键，当按下按键 0 时，向 task2 任务发送任务通知。

(3) task2 任务

```
/**
 * @brief    task2
 * @param    pvParameters : 传入参数(未用到)
 * @retval   无
 */
void task2(void * pvParameters)
{
    uint32_t notify_val = 0;
    uint32_t task2_num = 0;
    while (1)
    {
        /* 接收任务通知，
         * 并在接收到任务通知后将任务通知的通知值清零
         * 类似于二值信号量
         */
        notify_val = ulTaskNotifyTake ((BaseType_t) pdTRUE,
                                       (TickType_t) portMAX_DELAY);
        if (notify_val != 0)
        {
            /* LCD 区域刷新 */
            lcd_fill(6, 131, 233, 313,lcd_discolor[++task2_num % 11]);
        }
    }
}
```

可以看到，task2 任务会接收任务通知，并且在成功接收到任务通知后将任务通知的通知值清零。那么任务通知的通知值就只存在两种状态，就是 0 和非 0，这也就是模拟二值信号量的关键。接着还会判断任务通知的通知值是否为零，如果任务通知的通知值为 0，说明接收任务通知失败；只有在任务通知的通知值不为 0，即成功地接收地任务通知后，才会执行刷新 LCD 区域的操作。

17.3.3 下载验证

编译并下载代码,复位后可以看到 LCD 屏幕上显示了本次实验的相关信息,如图 17.4 所示。

此时按下按键 0,让 task1 任务发送任务通知到 task2 任务,可以看到,LCD 发生了变化,如图 17.5 所示。

图 17.4 LCD 显示内容一

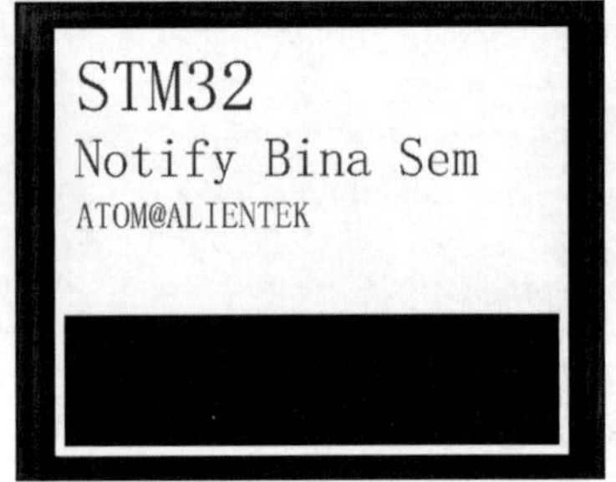

图 17.5 LCD 显示内容二

可以看到 LCD 的区域刷新了颜色,这是因为 task2 任务成功接收到任务通知后执行了操作。多次按下按键 0,LCD 区域都会刷新颜色,这与预计的实验结果相符。

17.4 FreeRTOS 任务通知模拟计数型信号量实验

17.4.1 功能设计

本实验主要用于学习使用 FreeRTOS 中的任务通知功能模拟计数型信号量,设计了 3 个任务,功能如表 17.14 所列。

表 17.14 各任务功能描述

任务名	任务功能描述
start_task	用于创建其他任务
task1	用于扫描按键和发送任务通知
task2	用于接收任务通知并作相应解释

该实验的实验工程可参考配套资料中的"FreeRTOS 实验例程 17-2 FreeRTOS 任务通知模拟计数型信号量实验"。

17.4.2 软件设计

1. 程序流程图

本实验的程序流程如图 17.6 所示。

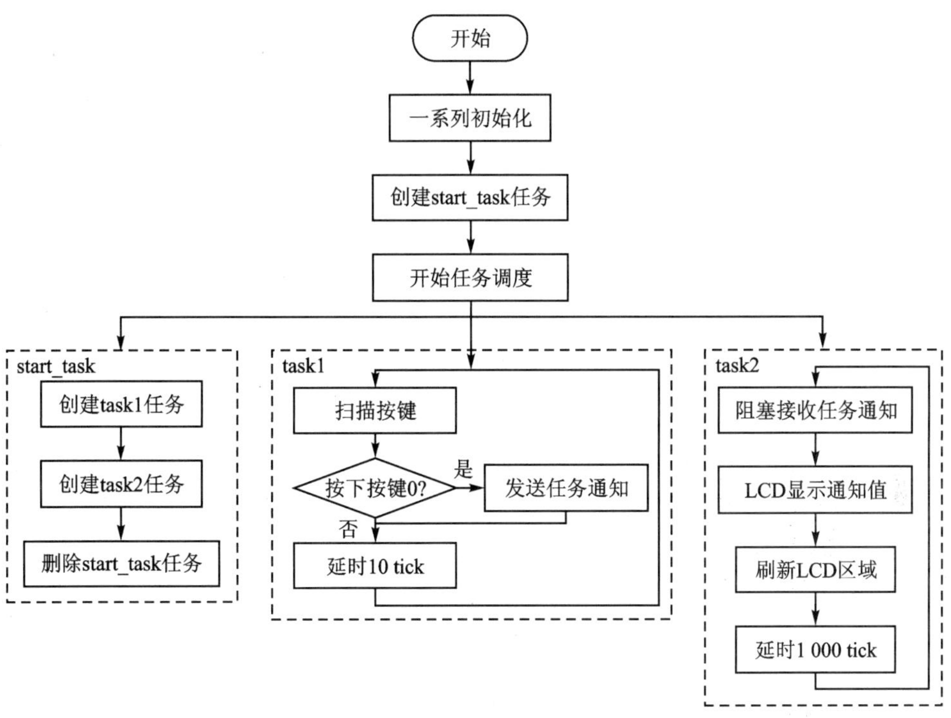

图 17.6　程序流程图

2. 程序解析

整体的代码结构可参考 2.1.6 小节，本小节着重讲解本实验相关的部分。

(1) start_task 任务

start_task 任务的入口函数代码如下所示：

```
/**
 * @brief      start_task
 * @param      pvParameters : 传入参数(未用到)
 * @retval     无
 */
void start_task(void * pvParameters)
{
    taskENTER_CRITICAL();             /* 进入临界区 */
    /* 创建任务 1 */
    xTaskCreate ((TaskFunction_t  ) task1,
                 (const char *     ) "task1",
                 (uint16_t        ) TASK1_STK_SIZE,
                 (void *          ) NULL,
                 (UBaseType_t     ) TASK1_PRIO,
                 (TaskHandle_t *  ) &Task1Task_Handler);
    /* 创建任务 2 */
    xTaskCreate ((TaskFunction_t  ) task2,
```

```
                    (const char *      ) "task2",
                    (uint16_t          ) TASK2_STK_SIZE,
                    (void *            ) NULL,
                    (UBaseType_t       ) TASK2_PRIO,
                    (TaskHandle_t *    ) &Task2Task_Handler);
    vTaskDelete(StartTask_Handler);      /* 删除开始任务 */
    taskEXIT_CRITICAL();                 /* 退出临界区 */
}
```

start_task 任务主要用于创建 task1 任务和 task2 任务。

(2) task1 任务

```
/**
 * @brief    task1
 * @param    pvParameters : 传入参数(未用到)
 * @retval    无
 */
void task1(void * pvParameters)
{
    uint8_t key = 0;
    while (1)
    {
        key = key_scan(0);
        if (Task2Task_Handler != NULL)
        {
            switch (key)
            {
                case KEY0_PRES:
                {
                    /* 发送任务通知 */
                    xTaskNotifyGive((TaskHandle_t)Task2Task_Handler);
                    break;
                }
                default:
                {
                    break;
                }
            }
        }
        vTaskDelay(10);
    }
}
```

task1 任务主要用于扫描按键,当按下按键 0 时,向 task2 任务发送任务通知。

(3) task2 任务

```
/**
 * @brief    task2
 * @param    pvParameters : 传入参数(未用到)
 * @retval    无
```

```
 */
void task2(void * pvParameters)
{
    uint32_t notify_val = 0;
    uint32_t task2_num = 0;
    while (1)
    {
        /* 接收任务通知,并在接收任务通知后,将任务通知的通知值减 1
         * 类似于计数型信号量
         */
        notify_val = ulTaskNotifyTake ((BaseType_t) pdFALSE,
                                        (TickType_t) portMAX_DELAY);
        /* 在 LCD 上显示任务通知的通知值 */
        lcd_show_xnum(166, 111,notify_val - 1, 2, 16, 0,BLUE);
        /* LCD 区域刷新 */
        lcd_fill(6, 131, 233, 313,lcd_discolor[++task2_num % 11]);
        vTaskDelay(1000);
    }
}
```

可以看到 task2 任务会接收任务通知,并且在成功接收到任务通知后将任务通知的通知值减 1,这也就是模拟计数型信号量的关键。接着还会在 LCD 上显示任务通知的通知值,并刷新 LCD 区域的颜色。

17.4.3　下载验证

编译并下载代码,复位后可以看到 LCD 屏幕上显示了本次实验的相关信息,如图 17.7 所示。

图 17.7　LCD 显示内容一

此时按下按键 0,让 task1 任务发送任务通知到 task2 任务,可以看到,LCD 发生了变化,如图 17.8 所示。

可以看到 LCD 的区域刷新了颜色,这是因为 task2 任务成功接收到任务通知后执行了操作,同时 LCD 屏幕上显示了任务通知的通知值为 0,这是因为任务通知的通知值已经被获取且从 1 减 1 为 0 了。快速地多次按下按键 0,可以看到,任务通知的通知值变大,并且 LCD 区域会自动刷新,每刷新一次任务通知的通知值就减 1,直到任务通知的通知值减到 0 为止,如图 17.9 所示。

LCD 区域已知刷新颜色,直到任务通知的通知值为 0,这与预期的实验结果相符。

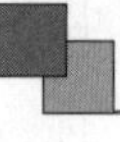

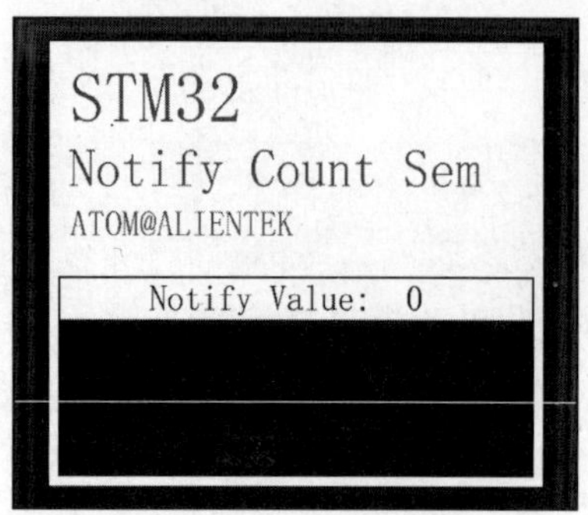

图 17.8 LCD 显示内容二

图 17.9 LCD 显示内容三

17.5 FreeRTOS 任务通知模拟消息邮箱实验

17.5.1 功能设计

本实验主要用于学习使用 FreeRTOS 中的任务通知功能模拟消息邮箱，设计了 3 个任务，功能如表 17.15 所列。

表 17.15 各任务功能描述

任务名	任务功能描述
start_task	用于创建其他任务
task1	用于扫描按键和发送任务通知
task2	用于接收任务通知并作相应解释

该实验的实验工程可参考配套资料中的“FreeRTOS 实验例程 17-3 FreeRTOS 任务通知模拟消息邮箱实验”。

17.5.2 软件设计

1. 程序流程图

本实验的程序流程如图 17.10 所示。

2. 程序解析

整体的代码结构可参考 2.1.6 小节，本小节着重讲解本实验相关的部分。

(1) start_task 任务

start_task 任务的入口函数代码如下所示：

```
/**
 * @brief     start_task
```

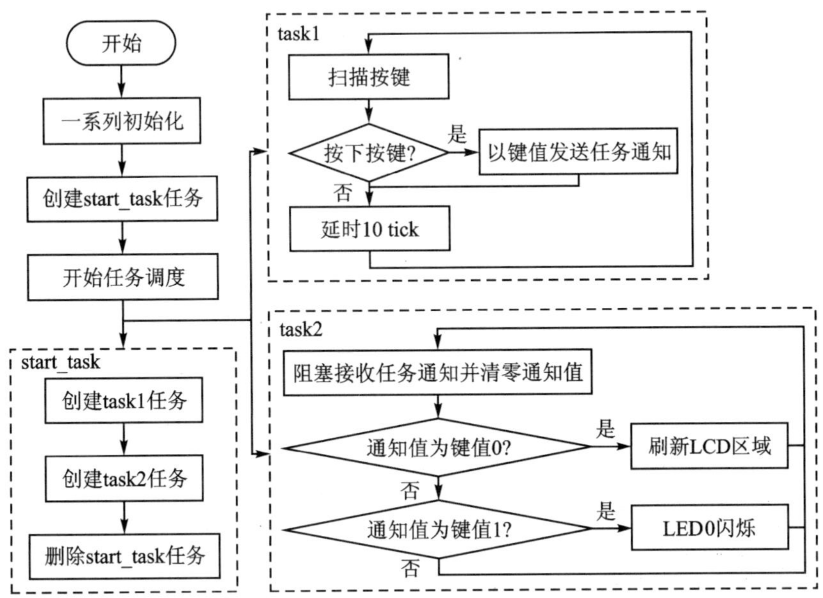

图 17.10　程序流程图

```
 * @param    pvParameters : 传入参数(未用到)
 * @retval    无
 */
void start_task(void * pvParameters)
{
    taskENTER_CRITICAL();                /* 进入临界区 */
    /* 创建任务 1 */
    xTaskCreate ((TaskFunction_t  ) task1,
                 (const char *    ) "task1",
                 (uint16_t        ) TASK1_STK_SIZE,
                 (void *          ) NULL,
                 (UBaseType_t     ) TASK1_PRIO,
                 (TaskHandle_t *  ) &Task1Task_Handler);
    /* 创建任务 2 */
    xTaskCreate ((TaskFunction_t  ) task2,
                 (const char *    ) "task2",
                 (uint16_t        ) TASK2_STK_SIZE,
                 (void *          ) NULL,
                 (UBaseType_t     ) TASK2_PRIO,
                 (TaskHandle_t *  ) &Task2Task_Handler);
    vTaskDelete(StartTask_Handler);      /* 删除开始任务 */
    taskEXIT_CRITICAL();                 /* 退出临界区 */
}
```

start_task 任务主要用于创建 task1 任务和 task2 任务。

(2) task1 任务

```
/**
  * @brief     task1
  * @param     pvParameters : 传入参数(未用到)
  * @retval    无
  */
void task1(void * pvParameters)
{
    uint8_t key = 0;
    while (1)
    {
        key = key_scan(0);
        if ((Task2Task_Handler != NULL) && (key != 0))
        {
            /* 以键值作为通知值向 task2 任务发送任务通知 */
            xTaskNotify ((TaskHandle_t  ) Task2Task_Handler,
                         (uint32_t      ) key,
                         (eNotifyAction ) eSetValueWithOverwrite);
        }
        vTaskDelay(10);
    }
}
```

task1 任务主要用于扫描按键,当按下按键时,将键值作为通知值向 task2 任务发送任务通知。

(3) task2 任务

```
/**
  * @brief     task2
  * @param     pvParameters : 传入参数(未用到)
  * @retval    无
  */
void task2(void * pvParameters)
{
    uint32_t notify_val = 0;
    uint32_t task2_num = 0;
    while (1)
    {
        /* 接收任务通知,并在成功接收到任务通知后清零任务通知通知值
         */
        xTaskNotifyWait ((uint32_t   ) 0x00000000,
                         (uint32_t   ) 0xFFFFFFFF,
                         (uint32_t * ) &notify_val,
                         (TickType_t ) portMAX_DELAY);
        switch (notify_val)
        {
            case KEY0_PRES:
            {
                /* LCD 区域刷新 */
```

```
                lcd_fill(6, 126, 233, 313,lcd_discolor[ ++ task2_num % 11]);
                break;
            }
            case KEY1_PRES:
            {
                /* LED0 闪烁 */
                LED0_TOGGLE();
                break;
            }
            default:
            {
                break;
            }
        }
    }
}
```

可以看到 task2 任务会接收任务通知，并且在成功接收到任务通知后将任务通知的通知值清零，然后将接收到的任务通知通知值作为键值进行解析，并做相应的解释。

17.5.3　下载验证

编译并下载代码，复位后可以看到 LCD 屏幕上显示了本次实验的相关信息，如图 17.11 所示。

接着按下按键 0，可以看到 LCD 的区域颜色刷新了，这是因为，当 task1 任务扫描到按键 0 被按下后，往 task2 任务发送任务通知，任务通知的通知值就是按键 0 的键值；当 task2 任务接收到按键 0 键值的任务通知后，task2 任务就知道按键 0 被按下了，因此执行了刷新 LCD 区域颜色的操作，如图 17.12 所示。

图 17.11　LCD 显示内容一

图 17.12　LCD 显示内容二

接着按下按键 1，同样的，task2 任务接收到了通知值为按键 1 键值的任务通知，因此执行改变 LED0 状态的操作，这与预期的实验结果相符。

17.6 FreeRTOS 任务通知模拟事件标志组实验

17.6.1 功能设计

本实验主要用于学习使用 FreeRTOS 中的任务通知功能模拟事件标志组,设计了 3 个任务,功能如表 17.16 所列。

表 17.16 各任务功能描述

任务名	任务功能描述
start_task	用于创建其他任务
task1	用于扫描按键和发送任务通知
task2	用于接收任务通知并作相应解释

该实验的实验工程可参考配套资料中的“FreeRTOS 实验例程 17-4 FreeRTOS 任务通知模拟时间标志组实验”。

17.6.2 软件设计

1. 程序流程图

本实验的程序流程如图 17.13 所示。

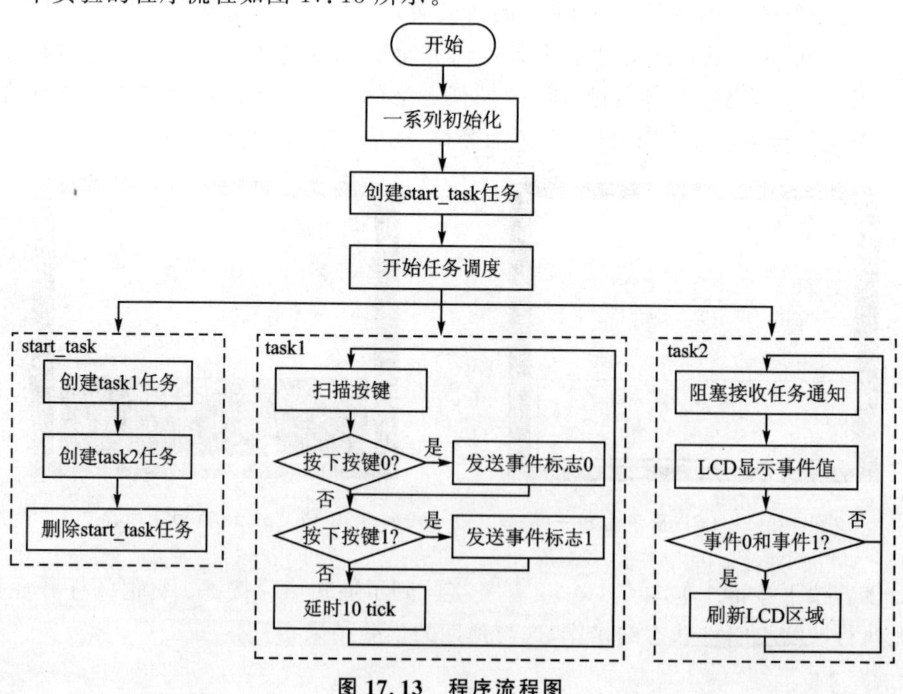

图 17.13 程序流程图

2. 程序解析

整体的代码结构可参考 2.1.6 小节，本小节着重讲解本实验相关的部分。

(1) start_task 任务

start_task 任务的入口函数代码如下所示：

```
/**
 * @brief     start_task
 * @param     pvParameters : 传入参数(未用到)
 * @retval    无
 */
void start_task(void * pvParameters)
{
    taskENTER_CRITICAL();                   /* 进入临界区 */
    /* 创建任务 1 */
    xTaskCreate ((TaskFunction_t  ) task1,
                 (const char *    ) "task1",
                 (uint16_t        ) TASK1_STK_SIZE,
                 (void *          ) NULL,
                 (UBaseType_t     ) TASK1_PRIO,
                 (TaskHandle_t *  ) &Task1Task_Handler);
    /* 创建任务 2 */
    xTaskCreate ((TaskFunction_t  ) task2,
                 (const char *    ) "task2",
                 (uint16_t        ) TASK2_STK_SIZE,
                 (void *          ) NULL,
                 (UBaseType_t     ) TASK2_PRIO,
                 (TaskHandle_t *  ) &Task2Task_Handler);
    vTaskDelete(StartTask_Handler);         /* 删除开始任务 */
    taskEXIT_CRITICAL();                    /* 退出临界区 */
}
```

start_task 任务主要用于创建 task1 任务和 task2 任务。

(2) task1 任务

```
/**
 * @brief     task1
 * @param     pvParameters : 传入参数(未用到)
 * @retval    无
 */
void task1(void * pvParameters)
{
    uint8_t key = 0;
    while (1)
    {
        if (Task2Task_Handler != NULL)
        {
            key = key_scan(0);
            switch (key)
            {
```

```
                case KEY0_PRES:
                {
                    /* 发送事件标志 0 */
                    xTaskNotify ((TaskHandle_t   )Task2Task_Handler,
                                 (uint32_t       )EVENTBIT_0,
                                 (eNotifyAction  )eSetBits);
                    break;
                }
                case KEY1_PRES:
                {
                    /* 发送事件标志 1 */
                    xTaskNotify ((TaskHandle_t   )Task2Task_Handler,
                                 (uint32_t       )EVENTBIT_1,
                                 (eNotifyAction  )eSetBits);
                    break;
                }
                default:
                {
                    break;
                }
            }
        }
        vTaskDelay(10);
    }
}
```

task1 任务主要用于扫描按键,当按下按键时,将事件标志 0 或事件标志 1 作为通知值向 task2 任务发送任务通知。

(3) task2 任务

```
/**
 * @brief     task2
 * @param     pvParameters : 传入参数(未用到)
 * @retval    无
 */
void task2(void * pvParameters)
{
    uint32_t notify_val = 0;
    uint32_t event_val = 0;
    uint32_t task2_num = 0;
    while (1)
    {
        /* 阻塞接收任务通知 */
        xTaskNotifyWait ((uint32_t   ) 0x00000000,
                         (uint32_t   ) 0xFFFFFFFF,
                         (uint32_t * ) &notify_val,
                         (TickType_t ) portMAX_DELAY);
        if (notify_val & EVENTBIT_0)
        {
            /* 标记接收到事件 0 */
```

```
            event_val |= EVENTBIT_0;
        }
        else if (notify_val & EVENTBIT_1)
        {
            /* 标记接收到事件 1 */
            event_val |= EVENTBIT_1;
        }
        /* LCD 上显示事件值 */
        lcd_show_xnum(182, 110,event_val, 1, 16, 0,BLUE);
        if (event_val == EVENTBIT_ALL)
        {
            /* 事件标记清零 */
            event_val = 0;
            /* LCD 区域刷新 */
            lcd_fill(6, 131, 233, 313,lcd_discolor[ ++ task2_num % 11]);
        }
    }
}
```

可以看到 task2 任务会接收任务通知，并且在成功接收到任务通知后将任务通知的通知值清零，然后将接收到的任务通知通知值作为事件存入事件标记中，并在 LCD 上实时显示事件值；当事件 0 和事件 1 通知发生时，刷新 LCD 区域显示。

17.6.3　下载验证

编译并下载代码，复位后可以看到 LCD 屏幕上显示了本次实验的相关信息，如图 17.14 所示。

一开始可以看到，模拟事件组的事件标志值为 0。此时按下按键 0 来设置模拟事件组的事件标志 0，可以看到 LCD 上显示的模拟事件组事件标志值为 1，此值正是事件标志 0 被设置后的值，如图 17.15 所示。

图 17.14　LCD 显示内容一

图 17.15　LCD 显示内容二

接着多次按下按键 0，LCD 显示的内容都不会发生变化，因为事件标志 0 已经被设置了。

接着按下按键 1 来设置模拟事件组的事件标志 1,可以看到 LCD 屏幕区域刷新了,如图 17.16 所示。

图 17.16　LCD 显示内容三

这是因为,当事件标志 1 被设置后就满足了 task2 任务等待的事件条件(事件标志 0 和事件标志 1 通知发生),因此就刷新了 LCD 区域,这与预期的实验结果相符。

第 18 章

FreeRTOS 低功耗 Tickless 模式

在一些特殊场景中，如长期无人照看的数据采集设备、可穿戴设备等，都对设备的功耗有着很严格的要求，为了迎合这种特殊需求，大多数 MCU 也都有相应的低功耗模式，以此来降低设备的整体功耗。当然，有了相应的低功耗硬件设计，软件层面的低功耗设计也得跟上，FreeRTOS 就提供了用于低功耗的 Tickless 机制。本章就来学习 FreeRTOS 中低功耗 Tickless 模式的相关内容。

本章分为如下几部分：

18.1 FreeRTOS 低功耗 Tickless 模式简介

18.2 FreeRTOS 低功耗 Tickless 模式相关配置项

18.3 FreeRTOS 低功耗 Tickless 实验

18.1 FreeRTOS 低功耗 Tickless 模式简介

FreeRTOS 的低功耗 Tickless 模式是基于硬件层面的相应低功耗模式实现的，MCU 硬件层面相关的低功耗模式可参考配套资料中的"低功耗实验"章节，本章主要介绍 FreeRTOS 的低功耗 Tickless 模式。

18.1.1 空闲任务中的低功耗 Tickless 处理

11.3 节介绍过，在整个系统的运行过程中，其实大部分的时间是在执行空闲任务的，而空闲任务之所以叫空闲任务，是因为空闲任务是在系统中的所有其他任务都被阻塞或挂起时才运行的，因此可以在空闲任务执行期间让 MCU 进入相应的低功耗模式，接着在其他任务因被解除阻塞或其他原因而准备运行的时候，让 MCU 退出相应的低功耗模式，去执行相应的任务。在以上这一过程中，主要的难点在于，MCU 进入相应的低功耗模式后如何判断有除空闲任务外的其他任务就绪，并退出相应的空闲模式去执行就绪任务，也就是如何计算 MCU 进入相应低功耗模式的时间，而 FreeRTOS 的低功耗 Tickless 模式机制已经处理好了这个问题。

8.8 节已经对空闲任务进行了分析，但并没有涉及低功耗 Tickless 模式的相关内容，接下来看一下在空闲任务中是如何处理低功耗 Tickless 机制的。代码如下所示：

```
static portTASK_FUNCTION (prvIdleTask,pvParameters)
{
    /* 省略低功耗 Tickless 模式无关代码 */
    /* 此宏用于启用 FreeRTOS 低功耗 Tickless 模式 */
#if (configUSE_TICKLESS_IDLE != 0)
{
    TickType_t xExpectedIdleTime;
    /* 计算进入相应低功耗模式的时长
     * 本次计算的结果并不一定准确,因为可能会收到任务调度器的影响
     */
    xExpectedIdleTime = prvGetExpectedIdleTime();
    /* 时长大于 configEXPECTED_IDLE_TIME_BEFORE_SLEEP,则进入相应的低功耗模式 */
    if (xExpectedIdleTime >= configEXPECTED_IDLE_TIME_BEFORE_SLEEP)
    {
        /* 挂起任务调度器 */
        vTaskSuspendAll();
        {
            configASSERT (xNextTaskUnblockTime >= xTickCount);
            /* 重新计算进入相应低功耗模式的时长
             * 此时任务调度器已经被挂起,因此本次的计算结果就是 MCU 进入相应低功
               耗模式的时长
             */
            xExpectedIdleTime = prvGetExpectedIdleTime();
            /* 如果不希望进入低功耗模式,可以定义此宏将 xExpectedIdleTime 设置为 0
             */
            configPRE_SUPPRESS_TICKS_AND_SLEEP_PROCESSING (xExpectedIdleTime);
            /* 如果时长大于 configEXPECTED_IDLE_TIME_BEFORE_SLEEP,则进入相应的低
               功耗模式
             */
            if (xExpectedIdleTime >= configEXPECTED_IDLE_TIME_BEFORE_SLEEP)
            {
                /* 此宏就是用来让 MCU 进入相应的低功耗模式的
                 * 传入 MCU 需要进入相应低功耗模式的时长
                 */
                portSUPPRESS_TICKS_AND_SLEEP (xExpectedIdleTime);
            }
        }
        /* 恢复任务调度器 */
        (void) xTaskResumeAll();
        }
    }
#endif
}
```

从上面的代码中可以看出,FreeRTOS 首先调用函数 prvGetExpectedIdleTime()计算 MCU 需要进入相应低功耗模式的时长,只有当这个时长大于宏定义 configEXPECTED_IDLE_TIME_BEFORE_SLEEP 的值时,才会让 MCU 进入相应的低功耗模式。接下来还会第二次计算 MCU 需要进入相应低功耗模式的时长,这是因为第

一次计算的时长可能会受到任务调度器的影响,并不准确,第二次计算的时长是在挂起了任务调度器之后计算的,最终会调用函数 portSUPPRESS_TICKS_AND_SLEEP()使得 MCU 进入相应的低功耗模式。

18.1.2　函数 portSUPPRESS_TICKS_AND_SLEEP()

此函数实际上是一个宏,该宏在 portmacro.h 文件中有定义,因为各种不同架构的不同 MCU 进入低功耗模式的方式各有不同。FreeRTOS 针对不同架构的不同 MCU,为用户提供了此宏,代码如下所示:

```
#ifndef portSUPPRESS_TICKS_AND_SLEEP
    extern void vPortSuppressTicksAndSleep (TickType_t xExpectedIdleTime);
    #define portSUPPRESS_TICKS_AND_SLEEP(xExpectedIdleTime)                    \
            vPortSuppressTicksAndSleep(xExpectedIdleTime)
#endif
```

可以看出,宏 portSUPPRESS_TICKS_AND_SLEEP()默认是被定义成函数 vPortSuppressTickAndSleep()。此函数中有一段重要的代码,使得 CPU 进入睡眠模式,代码如下所示:

```
__weak void vPortSuppressTicksAndSleep (TickType_t xExpectedIdleTime)
{
    /* 省略低功耗无关代码 */
    /* 此宏用于执行进入相应低功耗模式之前的事务 */
    configPRE_SLEEP_PROCESSING (xModifiableIdleTime);
    /* 判断时长是否大于 0 */
    if (xModifiableIdleTime > 0)
    {
        __dsb (portSY_FULL_READ_WRITE);
        /* 进入睡眠模式 */
        __wfi();
        __isb (portSY_FULL_READ_WRITE);
    }
    /* 此宏用于执行退出相应低功耗模式后的事务 */
    configPOST_SLEEP_PROCESSING (xExpectedIdleTime);
}
```

从上面的代码中可以看出,调用了函数__wfi()使得 CPU 进入睡眠模式,且在 CPU 进入睡眠模式前后分别调用了函数 configPRE_SLEEP_RPOCESSING()和函数 configPost_Sleep_ProCESSING()处理 CPU 进入睡眠模式之前和 CPU 退出睡眠模式之后要做的事务。在这两个函数中,用户可以自行添加一些优化功耗的相关功能,如管理 MCU 一些片上外设的时钟、修改 MCU 的系统时钟或时钟源,使得 CPU 在进入睡眠模式后功耗达到最低,在退出睡眠模式后又恢复功能。

18.2 FreeRTOS 低功耗 Tickless 模式相关配置项

前面对 FreeRTOS 低功耗 Tickless 模式的简介中提到了 FreeRTOS 中针对该模式的几个配置，分别为 configUSE_TICKLESS_IDLE、configEXPECTED_IDLE_TIME_BEFORE_SLEEP、configPRE_SLEEP_PROCESSING(x)及 configPOST_SLEEP_PROCESSING(x)。

1) configUSE_TICKLESS_IDLE

此宏用于使能低功耗 Tickless 模式，当此宏定义为 1 时，系统会在进入空闲任务期间进入相应的低功耗模式大于 configEXPECTED_IDLE_TIME_BEFORE_SLEEP 的时长。

2) configEXPECTED_IDLE_TIME_BEFORE_SLEEP

此宏用于定义系统进入相应低功耗模式的最短时长，如果系统在进入相应低功耗模式前，计算出系统将进入相应低功耗的时长小于 configEXPECTED_IDLE_TIME_BEFORE_SLEEP 定义的最小时长，则系统不进入相应的低功耗模式。注意，此宏的值不能小于 2。

3) configPRE_SLEEP_PROCESSING(x)

此宏用于定义一些需要在系统进入相应低功耗模式前执行的事务，如可以在进入低功耗模式前关闭一些 MCU 片上外设的时钟，以达到降低功耗的目的。

4) configPOSR_SLEEP_PROCESSING(x)

此宏用于定义一些需要在系统退出相应低功耗模式后执行的事务，如开启在系统在进入相应低功耗模式前关闭的 MCU 片上外设的时钟，以显示系统能够正常运行。

18.3 FreeRTOS 低功耗 Tickless 实验

18.3.1 功能设计

本实验主要用于学习使用 FreeRTOS 中的低功耗 Tickless 模式，设计了两个任务，功能如表 18.1 所列。

表 18.1 各任务功能描述

任务名	任务功能描述
start_task	用于创建其他任务
task1	指示系统是否进入相应的低功耗模式

该实验的实验工程可参考配套资料中的“FreeRTOS 实验例程 18 FreeRTOS 低

功耗 Tickless 实验”。

18.3.2　软件设计

1. 程序流程图

本实验的程序流程如图 18.1 所示。

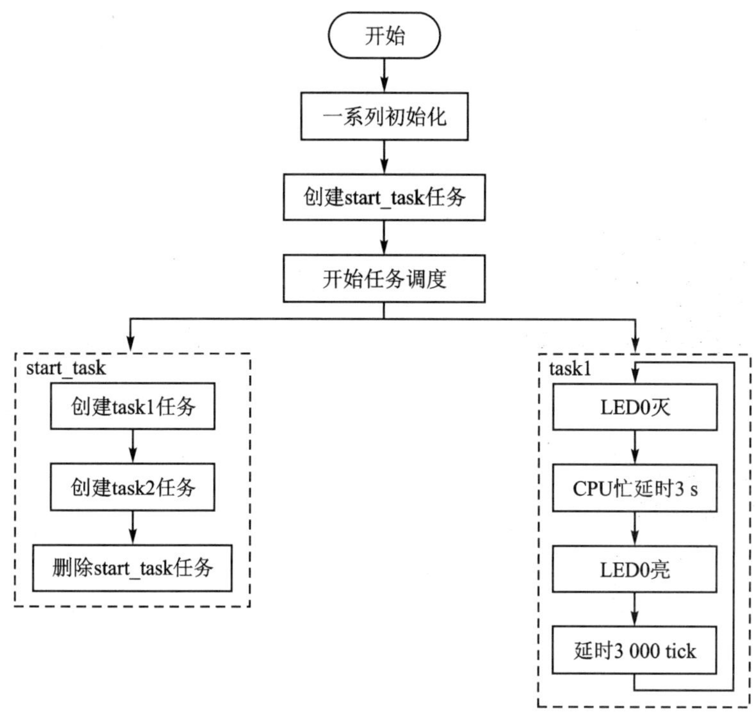

图 18.1　程序流程图

2. 程序解析

整体的代码结构可参考 2.1.6 小节，本小节着重讲解本实验相关的部分。

(1) FreeRTOS 配置

本实验需要使用 FreeRTOS 的低功耗 Tickless 模式功能，因此需要配置 FreeRTOSConfig.h 文件，具体的配置如下所示：

```
/* 1: 使能 tickless 低功耗模式，默认: 0 */
#define configUSE_TICKLESS_IDLE 1
/* 低功耗相关定义 */
#if (configUSE_TICKLESS_IDLE != 0)
#include "freertos_demo.h"
/* 定义在进入低功耗模式前执行的函数 */
extern void PRE_SLEEP_PROCESSING(void);
```

```
#define configPRE_SLEEP_PROCESSING(x) PRE_SLEEP_PROCESSING()
/* 定义在退出低功耗模式后执行的函数 */
extern void POST_SLEEP_PROCESSING(void);
#define configPOST_SLEEP_PROCESSING(x) POST_SLEEP_PROCESSING()
#endif
```

可以看到，将宏 configUSE_TICKLESS_IDLE 定义为 1，使能了 Tickless 模式，接着定义了宏 configPRE_SLEEP_PROCESSING(x)和宏 configPOST_SLEEP_PROCESSING(x)，后续会在 freertos_demo.c 文件中实现这两个宏定义对应的函数。FreeRTOSConfig.h 文件中并没有定义宏 configEXPECTED_IDLE_TIME_BEFORE_SLEEP，这是因为，此宏在 FreeRTOS.h 文件中已经有默认定义了，具体的定义如下所示：

```
#ifndef configEXPECTED_IDLE_TIME_BEFORE_SLEEP
    #define configEXPECTED_IDLE_TIME_BEFORE_SLEEP   2
#endif
#if configEXPECTED_IDLE_TIME_BEFORE_SLEEP < 2
    #error configEXPECTED_IDLE_TIME_BEFORE_SLEEP must not be less than 2
#endif
```

可以看出，宏 configEXPECTED_IDLE_TIME_BEFORE_SLEEP 被默认定义为 2，本实验使用默认为值即可，同时可以看出此宏定义的值不能小于 2。

(2) start_task 任务

start_task 任务的入口函数代码如下所示：

```
/**
 * @brief     start_task
 * @param     pvParameters : 传入参数(未用到)
 * @retval    无
 */
void start_task(void * pvParameters)
{
    taskENTER_CRITICAL();             /* 进入临界区 */
    /* 关闭 LCD */
    lcd_display_off();
    LCD_BL(0);
    /* 创建任务 1 */
    xTaskCreate ((TaskFunction_t  ) task1,
                 (const char *    ) "task1",
                 (uint16_t        ) TASK1_STK_SIZE,
                 (void *          ) NULL,
                 (UBaseType_t     ) TASK1_PRIO,
                 (TaskHandle_t *  ) &Task1Task_Handler);
    vTaskDelete(StartTask_Handler);    /* 删除开始任务 */
    taskEXIT_CRITICAL();               /* 退出临界区 */
}
```

start_task 任务主要用于创建 task1 任务和关闭 LCD 显示。因为本实验为低功耗实验，需要测量板卡的整体功耗，因此关闭一些功耗较大的板载设备，这样后续能够比较直观地观察实验结果。

(3) task1 任务

```
/**
 * @brief     task1
 * @param     pvParameters : 传入参数(未用到)
 * @retval    无
 */
void task1(void * pvParameters)
{
    while(1)
    {
        LED0(1);                /* LED0 灭,指示退出低功耗模式 */
        delay_ms(3000);         /* CPU 忙延时,期间不会进入低功耗模式 */
        LED0(0);                /* LED0 亮,指示进入低功耗模式 */
        vTaskDelay(3000);       /* 阻塞延时,期间会进入低功耗模式 */
    }
}
```

task1 任务比较简单,就是重复地延时并更改 LED0 的状态。注意,LED0 熄灭后使用的延时函数是 delay_ms(),此函数为 CPU 忙延时,并不会触发任务切换;而当 LED0 亮起时使用的是阻塞延时,此时会触发任务切换,因此空闲任务就有机会被执行,从而进入相应的低功耗状态。

(4) 函数 PRE_SLEEP_PROCESSING()和函数 POST_SLEEP_PROCESSING()

```
/**
 * @brief     PRE_SLEEP_PROCESSING
 * @param     无
 * @retval    无
 */
void PRE_SLEEP_PROCESSING(void)
{
    /* 关闭部分外设时钟,仅作演示 */
    __HAL_RCC_GPIOA_CLK_DISABLE();
}
/**
 * @brief     POST_SLEEP_PROCESSING
 * @param     无
 * @retval    无
 */
void POST_SLEEP_PROCESSING(void)
{
    /* 重新打开部分外设时钟,仅作演示 */
    __HAL_RCC_GPIOA_CLK_ENABLE();
}
```

可以看出,在进入和退出相应低功耗模式前后分别关闭和打开了部分 GPIO 外设的时钟,这些操作仅在本实验中起演示作用,读者应根据实际情况完成相应的事务。

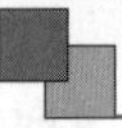

18.3.3 下载验证

编译并下载代码,复位后可以看到 LCD 屏幕上显示了本次实验的相关信息,如图 18.2 所示。

图 18.2 LCD 显示内容

随后 LCD 被关闭,接着 LED0 闪烁,当 LED0 熄灭时,CPU 正常运行;当 LED0 亮起时,CPU 进入睡眠模式。接下来测量板卡在 CPU 正常运行和 CPU 进入睡眠模式时的整体功耗。测量的设备如图 18.3 所示。

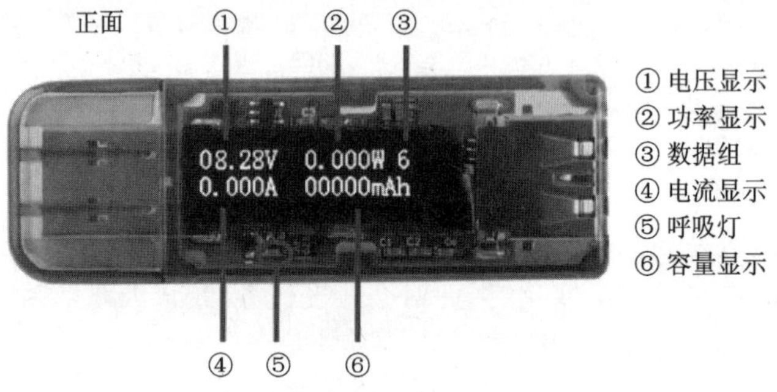

图 18.3 功耗测试仪器

CPU 正常运行时板卡的整体功耗如图 18.4 所示。

CPU 进入低功耗模式后板卡的整体功耗如图 18.5 所示。

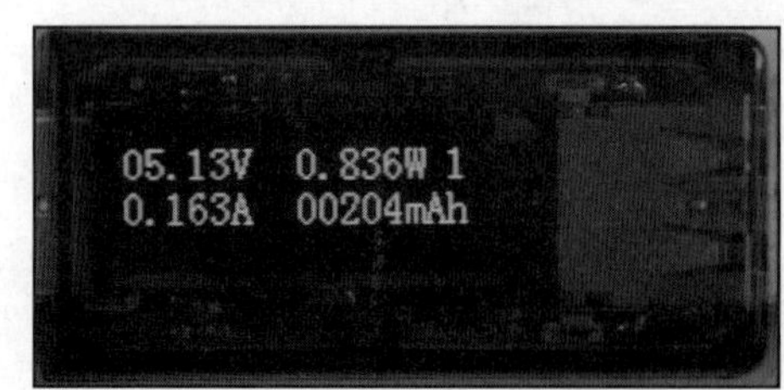

图 18.4 正常运行功耗

图 18.5 低功耗模式功耗

注意,在不同的测量环境下,测量出的数据肯定是不同的,本书给出的测量数据仅作参考。

从图 18.4 和图 18.5 中的测量数据可以看到,当使能了低功耗 Tickless 模式功能后,系统会使 CPU 在空闲任务运行期间进入睡眠模式,降低了系统的整体功耗。在实际应用中,应根据实际情况在系统进入 Tickless 模式前为降低系统功耗做更多的事务,而绝非仅仅是本实验中的关闭部分 GPIO 时钟,这样才能保证能够满足特殊场景的低功耗要求。

第 19 章

FreeRTOS 空闲任务

空闲任务是 FreeRTOS 必不可少的一个任务，通过名称不难猜测，空闲任务是在处理器空闲期间会去执行的任务。当系统中没有其他就绪态的任务时，空闲任务就会开始运行，因此空闲任务的任务优先级肯定是最低的任务优先级。当然也不可能在空闲任务中什么都不做，这样太浪费处理器的资源了，因此，FreeRTOS 在空闲任务中也会处理一些事务。本章就来学习 FreeRTOS 中空闲任务的相关内容。

本章分为如下几部分：

19.1 FreeRTOS 空闲任务详解

19.2 FreeRTOS 空闲任务钩子函数

19.3 FreeRTOS 空闲任务钩子函数实验

19.1 FreeRTOS 空闲任务详解

19.1.1 FreeRTOS 空闲任务简介

前面分析 vTaskStartScheduler()函数启动任务调度器的时候就了解到，FreeRTOS 会自动创建一个空闲任务，这样就可以确保系统中永远都至少有一个正在被执行的任务。空闲任务是以系统中最低的任务优先级被创建的，这样可以确保空闲任务不会占用其他就绪态任务的被执行时间。

19.1.2 FreeRTOS 空闲任务的创建

前面也说了，空闲任务是在函数 vTaskStartScheduler()中被创建的，具体的代码如下所示：

```
void vTaskStartScheduler(void)
{
    BaseType_t xReturn;
    /* 此宏用于启用静态方式管理内存 */
#if (configSUPPORT_STATIC_ALLOCATION == 1)
{
    StaticTask_t * pxIdleTaskTCBBuffer = NULL;
```

```
    StackType_t * pxIdleTaskStackBuffer = NULL;
    uint32_t ulIdleTaskStackSize;
    /* 获取空闲任务所需内存空间 */
    vApplicationGetIdleTaskMemory (&pxIdleTaskTCBBuffer,
                                   &pxIdleTaskStackBuffer,
                                   &ulIdleTaskStackSize);
    /* 使用静态方式创建空闲任务 */
    xIdleTaskHandle = xTaskCreateStatic(
                        prvIdleTask,                  /* 任务函数 */
                        configIDLE_TASK_NAME,         /* 任务名 */
                        ulIdleTaskStackSize,          /* 任务栈大小 */
                        (void * ) NULL,               /* 任务函数参数 */
                        portPRIVILEGE_BIT,            /* 任务优先级 */
                        pxIdleTaskStackBuffer,        /* 任务栈 */
                        pxIdleTaskTCBBuffer);         /* 任务控制块 */
}
#else
{
    /* 使用动态方式创建空闲任务 */
    xReturn = xTaskCreate (prvIdleTask,               /* 任务函数 */
                         configIDLE_TASK_NAME,        /* 任务名 */
                         configMINIMAL_STACK_SIZE,    /* 任务栈大小 */
                         (void * ) NULL,              /* 任务函数参数 */
                         portPRIVILEGE_BIT,           /* 任务优先级 */
                         &xIdleTaskHandle);           /* 任务句柄 */
}
#endif
    /* 省略空闲任务无关代码 */
}
```

从上面的代码中可以看出,空闲任务的优先级为宏 portPRIVILEGE_BIT 定义的值。此宏在 FreeRTOS.h 文件中定义,具体的代码如下所示:

```
#ifndef portPRIVILEGE_BIT
    #define portPRIVILEGE_BIT ((UBaseType_t) 0x00)
#endif
```

可以看出,空闲任务的任务优先级就是最低的任务优先级 0。

19.1.3 FreeRTOS 空闲任务的任务函数

从 19.1.2 小节可以看到,空闲任务的任务函数为 prvIdleTask,这个函数由宏 portTASK_FUNCTION 定义,代码如下所示:

```
#define portTASK_FUNCTION(vFunction, pvParameters) \
        void vFunction(void * pvParameters)
static portTASK_FUNCTION (prvIdleTask,pvParameters)
{
    /* 代码省略 */
}
```

其中，空闲任务的任务函数中的具体内容可参考8.8节和18.1.1小节的相关内容。

19.2　FreeRTOS空闲任务钩子函数

19.2.1　FreeRTOS中的钩子函数

FreeRTOS提供了多种钩子函数，它们具体要实现什么功能可以由用户自行编写。在FreeRTOSConfig.h文件中就可以看到启用钩子函数的相关配置项，具体的代码如下所示：

```
/* 钩子函数相关定义 */
#define configUSE_IDLE_HOOK                 0   /* 空闲任务钩子函数 */
#define configUSE_TICK_HOOK                 0   /* 系统时钟节拍中断钩子函数 */
#define configUSE_MALLOC_FAILED_HOOK        0   /* 动态内存申请失败钩子函数 */
#define configUSE_DAEMON_TASK_STARTUP_HOOK  0   /* 首次执行定时器服务任务钩子函数 */
```

要启用相应的钩子函数，只须将对应的配置项配置为1即可，当然也不要忘了编写相应的钩子函数。

19.2.2　FreeRTOS空闲任务钩子函数

从8.8节可以看出，如果将宏configUSE_IDLE_HOOK配置为1，那么在空闲任务的每一个运行周期都会调用一次函数vApplicationIdleHook()，此函数就是空闲任务的钩子函数。

要想在空闲任务相同的优先级中处理某些事务，那么有两种选择：

① 在空闲任务的钩子函数中处理需要处理的任务。

在这种情况下需要特别注意，因为不论在什么时候，都应该保证系统中有一个正在被执行的任务，因此在空闲任务的钩子函数中不能够调用会使空闲任务被阻塞或挂起的函数，如函数vTaskDelay()。

② 在和空闲任务相同任务优先级的任务中处理需要处理的事务。

创建一个和空闲任务相同优先级的任务来处理需要处理的事务是一个比较好的方法，但是这会导致消耗更多的RAM。

通常在空闲任务的钩子函数中设置处理器进入相应的低功耗模式，以达到降低整体功率的目的。为了与FreeRTOS自带的低功耗Tickless模式做区分，这里暂且将这种使用空闲任务钩子函数的低功耗模式称为通用低功耗模式，这是因为几乎所有的RTOS都可以使用这种方式实现低功耗。

通用的低功耗模式会使处理器在每次进入空闲任务函数时进入相应的低功耗模式，并且在每次SysTick中断发生的时候都会被唤醒。可见，通用方式实现的低功耗效果远不如FreeRTOS自带的低功耗Tickless模式，但是这种方式更加通用。

19.3 FreeRTOS 空闲任务钩子函数实验

19.3.1 功能设计

本实验主要用于学习使用 FreeRTOS 中空闲任务钩子函数实现通用的低功耗模式,两个任务的功能如表 19.1 所列。

表 19.1 各任务功能描述

任务名	任务功能描述
start_task	用于创建其他任务
task1	指示系统是否进入相应的低功耗模式

该实验的实验工程可参考配套资料中的"FreeRTOS 实验例程 19 FreeRTOS 空闲任务钩子函数实验"。

19.3.2 软件设计

1. 程序流程图

本实验的程序流程如图 19.1 所示。

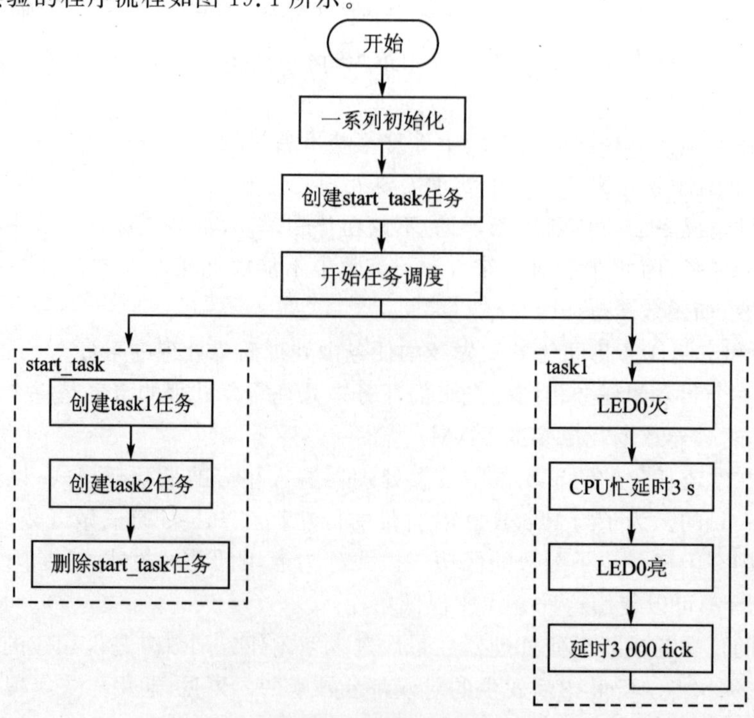

图 19.1 程序流程图

2. 程序解析

整体的代码结构可参考 2.1.6 小节，本小节着重讲解本实验相关的部分。

(1) FreeRTOS 配置

本实验需要使用空闲任务的回调函数，因此需要配置 FreeRTOSConfig.h 文件，具体的配置如下所示：

```
/* 1：使能空闲任务钩子函数，无默认需定义 */
#define    configUSE_IDLE_HOOK     1
```

将宏 configUSE_IDLE_HOOK 配置为 1 就使能了空闲任务的钩子函数，因此下面还须添加空闲任务的钩子函数。

(2) start_task 任务

start_task 任务的入口函数代码如下所示：

```
/**
 * @brief     start_task
 * @param     pvParameters : 传入参数(未用到)
 * @retval    无
 */
void start_task(void * pvParameters)
{
    taskENTER_CRITICAL();                 /* 进入临界区 */
    /* 关闭 LCD */
    lcd_display_off();
    LCD_BL(0);
    /* 创建任务 1 */
    xTaskCreate ((TaskFunction_t  ) task1,
                 (const char *    ) "task1",
                 (uint16_t        ) TASK1_STK_SIZE,
                 (void *          ) NULL,
                 (UBaseType_t     ) TASK1_PRIO,
                 (TaskHandle_t *  ) &Task1Task_Handler);
    vTaskDelete(StartTask_Handler);        /* 删除开始任务 */
    taskEXIT_CRITICAL();                   /* 退出临界区 */
}
```

start_task 任务主要用于创建 task1 任务和关闭 LCD 显示。因为本实验为低功耗实验，需要测量板卡的整体功耗，因此须关闭一些功耗较大的板载设备，这样后续能够比较直观地观察实验结果。

(3) task1 任务

```
/**
 * @brief     task1
 * @param     pvParameters : 传入参数(未用到)
 * @retval    无
 */
void task1(void * pvParameters)
```

```
{
    while(1)
    {
        LED0(1);                /* LED0 灭,指示退出低功耗模式 */
        delay_ms(3000);         /* CPU 忙延时,期间不会进入低功耗模式 */
        LED0(0);                /* LED0 亮,指示进入低功耗模式 */
        vTaskDelay(3000);       /* 阻塞延时,期间会进入低功耗模式 */
    }
}
```

task1 任务比较简单,就是重复地延时并更改 LED0 的状态。注意,LED0 熄灭后使用的延时函数是 delay_ms(),此函数为 CPU 忙延时,并不会触发任务切换;而当 LED0 亮起时,使用的是阻塞延时,此时会触发任务切换,因此空闲任务就有机会被执行,从而进入相应的低功耗状态。

(4) 函数 vApplicationIdleHook()

```
void BeforeEnterSleep(void)
{
    /* 关闭部分外设时钟,仅作演示 */
    __HAL_RCC_GPIOA_CLK_DISABLE();
}
void AfterExitSleep(void)
{
    /* 重新打开部分外设时钟,仅作演示 */
    __HAL_RCC_GPIOA_CLK_ENABLE();
}
void vApplicationIdleHook(void)
{
    __disable_irq();
    __dsb(portSY_FULL_READ_WRITE);
    __isb(portSY_FULL_READ_WRITE);
    BeforeEnterSleep();
    __wfi();
    AfterExitSleep();
    __dsb(portSY_FULL_READ_WRITE);
    __isb(portSY_FULL_READ_WRITE);
    __enable_irq();
}
```

可以看出,此处编写的空闲任务回调函数与 FreeRTOS 低功耗 Tickless 模式的部分代码很相似,同样会在处理器进出睡眠模式的时候做一些相应的处理。

19.3.3 下载验证

编译并下载代码,复位后可以看到 LCD 屏幕上显示了本次实验的相关信息,如图 19.2 所示。

随后 LCD 被关闭,接着 LED0 闪烁。当 LED0 熄灭时,CPU 正常运行;当 LED0 亮起时,CPU 进入睡眠模式。接下来测量板卡在 CPU 空闲任务中的整体功耗,如

图 19.3 所示。

图 19.2 LCD 显示内容

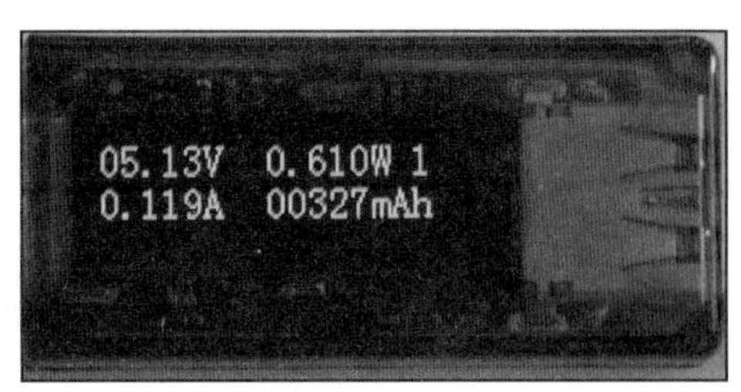

图 19.3 空闲任务整体功耗

注意,在不同的测量环境下测量出的数据肯定是不同的,本书给出的测量数据仅作参考。

比较图 19.3、图 18.4 和图 18.5 中的测量数据可以看到,使用通用的低功耗模式也能起到一定降低功耗的效果,但还是不如 FreeRTOS 提供的低功耗 Tickless 模式。

第 20 章

FreeRTOS 内存管理

内存管理是一个系统的基本组成部分，FreeRTOS 中大量地使用了内存管理，比如创建任务、信号量、队列等对象时，都可以从 FreeRTOS 管理的堆中申请内存。FreeRTOS 也向用户提供了应用层的内存申请与释放函数。本章就来学习 FreeRTOS 中内存管理的相关内容。

本章分为如下几部分：

20.1　FreeRTOS 内存管理简介

在使用 FreeRTOS 创建任务、队列、信号量等对象的时候，FreeRTOS 一般都提供了两种方法，一种是动态地申请创建对象时所需要的内存，这种方法也叫动态方法；一种是由用户自定义对象，在编译器编译程序的时候会为已经在程序中定义好的对象分配一定的内存空间，这种方法也叫静态方法。

静态方法创建任务、队列、信号量等对象的 API 函数一般是以“Static”结尾的，如静态创建任务的 API 函数 xTaskCreateStatic()。使用静态方式创建各种对象时，需要用户提供各种内存空间，如任务的栈空间、任务控制块所用内存空间等；并且使用静态方式占用的内存空间一般固定下来了，即使任务、队列等被删除后，这些被占用的内存空间也没有其他用途。

在使用动态方式管理内存的时候，FreeRTOS 就能够在创建任务、队列、信号量等对象的时候，自动地从 FreeRTOS 管理的内存堆中申请所创建对象所需的内存；在对象被删除后，又可以将这块内存释放回 FreeRTOS 管理的内存堆。这样看来，动态方式管理内存相比于静态方式，显得灵活许多。

除了 FreeRTOS 提供的动态内存管理方法，标准的 C 库也提供了函数 malloc() 和函数 free()来实现动态地申请和释放内存，但是标准 C 库的动态内存管理方法有如下几个缺点：

① 并不适用于所有嵌入式系统。

② 占用大量的代码空间。

③ 没有线程安全的相关机制。

④ 具有不确定性,体现在每次执行的时间不同。

为此,FreeRTOS 提供了动态方式管理内存的方法。不同的嵌入式系统对于动态内存管理的需求不同,因此 FreeRTOS 提供了多种内存管理算法选项,并将其作为 FreeRTOS 移植层的一部分,这样一来,FreeRTOS 的使用者就能够根据自己的实际需求选择合适的动态内存管理算法,并将其移植到系统中。

FreeRTOS 一共提供了 5 种动态内存管理算法,这 5 种动态内存管理算法对应了 5 个 C 源文件,分别为 heap_1. c、heap_2. c、heap_3. c、heap_4. c、heap_5. c,后面将讲解这 5 种动态内存管理算法的异同。

20. 2 FreeRTOS 内存管理算法

FreeRTOS 提供了 5 种动态内存管理算法,分别为 heap_1、heap_2、heap_3、heap_4 和 heap_5,各自的特点如下所示:

heap_1:最简单,只允许申请内存,不允许释放内存。

heap_2:允许申请和释放内存,但不能合并相邻的空闲内存块。

heap_3:简单封装 C 库的函数 malloc()和函数 free(),以确保线程安全。

heap_4:允许申请和释放内存,并且能够合并相邻的空闲内存块,减少内存碎片的产生。

heap_5:能够管理多个非连续内存区域的 heap_4。

读者可根据实际的应用需求选择合适的内存管理算法,如果不想了解 FreeRTOS 内存管理算法的实现机制,则可以跳过本节的后续内容。

20. 2. 1 heap_1 内存管理算法

heap_1 内存管理算法是 5 种内存管理算法中最简单实现的内存管理算法,但是由 heap_1 内存管理算法申请的内存是无法被释放的。尽管如此,heap_1 内存管理算法依然适用于个别嵌入式应用,这是因为个别嵌入式应用会在系统启动时创建所需的任务、队列、信号量等,接着在整个程序的运行过程中,这些创建好的任务、队列、信号量等都不需要被删除,因此也就无须释放这些任务、队列、信号量等创建时申请的内存。

1. heap_1 内存管理算法的内存堆

heap_1 内存管理算法管理的内存堆是一个数组,在申请内存的时候,heap_1 内存管理算法只是简单地从数组中分出合适大小的内存。内存堆数组的定义如下所示:

```
/* 此宏用于定义 FreeRTOS 内存堆的定义方式 */
#if (configAPPLICATION_ALLOCATED_HEAP == 1)
    /* 用户自定义一个大数组作为 FreeRTOS 管理的内存堆 */
    extern uint8_t ucHeap [configTOTAL_HEAP_SIZE];
#else
    /* 定义一个大数组作为 FreeRTOS 管理的内存堆 */
    static uint8_t ucHeap [configTOTAL_HEAP_SIZE];
#endif
```

从上面的代码中可以看出,heap_1 内存管理算法管理的内存堆实际上是一个大小为 configTOTAL_HEAP_SIZE 字节的数组,宏 configTOTAL_HEAP_SIZE 可以在 FreeRTOSConfig.h 文件中进行配置。宏 configAPPLICATION_ALLCOATED_HEAP 允许用户将内存堆定义在指定的地址中,常用于将内存堆定义在外扩的 RAM 中。

2. heap_1 内存管理算法特性

① 适用于一旦创建好任务、队列、信号量等就不会删除的应用,实际上大多数的 FreeRTOS 应用都是这样的。

② 具有确定性,体现在每次执行的时间都是一样的,而且不会产生内存碎片。

③ 实现的方式非常简单,分配的内存都是从一个静态分配的数组中分配的,因此也意味着并不适用于那些真正需要动态申请和释放内存的应用。

3. heap_1 内存管理算法内存申请函数详解

heap_1.c 文件中用于申请内存的函数为函数 pvPortMalloc(),此函数的定义如下所示:

```
void * pvPortMalloc(size_t xWantedSize)
{
    void * pvReturn = NULL;
    static uint8_t * pucAlignedHeap = NULL;
    /* 确保申请的内存大小按照 portBYTE_ALIGNMENT 字节对齐
     * 如果申请的内存大小没有按照 portBYTE_ALIGNMENT 字节对齐
     * 则会加大申请的内存大小,是指按 portBYTE_ALIGNMENT 字节对齐
     */
#if (portBYTE_ALIGNMENT != 1)
{
    if (xWantedSize & portBYTE_ALIGNMENT_MASK)
    {
        if ((xWantedSize +
                (portBYTE_ALIGNMENT - (xWantedSize & portBYTE_ALIGNMENT_MASK)))
            > xWantedSize)
        {
            xWantedSize +=
                (portBYTE_ALIGNMENT - (xWantedSize & portBYTE_ALIGNMENT_MASK));
        }
        else
```

```
            {
                xWantedSize = 0;
            }
        }
}
#endif
    /* 挂起任务调度器 */
    vTaskSuspendAll();
    {
        if (pucAlignedHeap == NULL)
        {
            /* 确保内存堆的起始地址按照 portBYTE_ALIGNMENT 字节对齐 */
            pucAlignedHeap = (uint8_t *)
                (((portPOINTER_SIZE_TYPE)&ucHeap[portBYTE_ALIGNMENT - 1]) &
                (~((portPOINTER_SIZE_TYPE)portBYTE_ALIGNMENT_MASK)));
        }
        /* 申请的内存大小须大于 0
         * 检查内存堆中是否有足够的空间
         */
        if ((xWantedSize > 0) &&
            ((xNextFreeByte + xWantedSize) < configADJUSTED_HEAP_SIZE) &&
            ((xNextFreeByte + xWantedSize) > xNextFreeByte))
        {
            /* 计算申请到内存的起始地址
             * 内存堆的对齐地址 + 内存堆已分配的大小
             */
            pvReturn = pucAlignedHeap + xNextFreeByte;
            /* 更新内存堆已分配的大小 */
            xNextFreeByte += xWantedSize;
        }
    }
    (void) xTaskResumeAll();
    /* 返回申请到内存的首地址 */
    return pvReturn;
}
```

从上面的代码中可以看出，heap_1 内存管理算法的申请内存函数的实现非常简单，就是从内存堆的低地址开始往高地址分配内存。内存堆的结构示意图如图 20.1 所示。

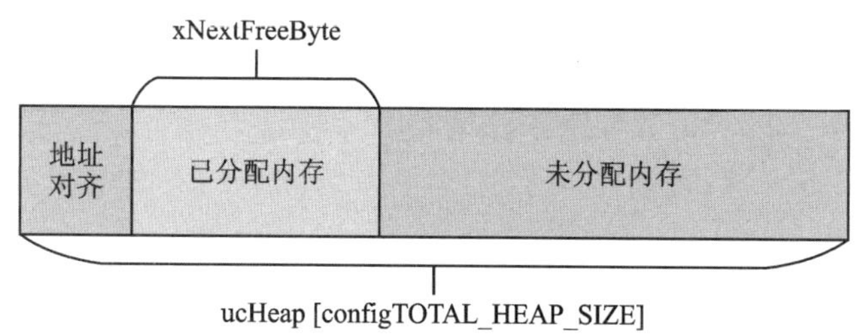

图 20.1　heap_1 内存堆结构示意图

可以看出,heap_1 内存管理算法管理下的内存堆利用率是非常高的,除了内存堆起始地址的位置可能会因地址对齐产生一小块无用内存外,内存堆中其余的内存空间都可以用来分配,并且也不会产生内存碎片。

4. heap_1 内存管理算法内存释放函数详解

heap_1.c 文件并没有为内存释放函数实现具体的功能,因此使用 heap_1 内存管理算法申请的内存是无法释放的。

20.2.2 heap_2 内存管理算法

相比于 heap_1 内存管理算法,heap_2 内存管理算法使用了最适应算法,以支持释放先前申请的内存;但是 heap_2 内存管理算法并不能将相邻的空闲内存块合并成一个大的空闲内存块,因此 heap_2 内存管理算法不可避免地会产生内存碎片。

内存碎片是由于多次申请和释放内存,但释放的内存无法与相邻的空闲内存合并而产生的。具体的产生过程如图 20.2 所示。

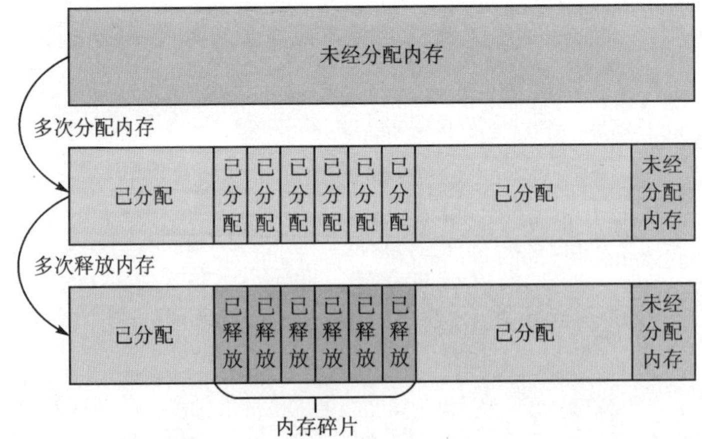

图 20.2　内存碎片产生示意图

当内存堆被多次申请和释放后,由于相邻的小空闲内存无法合并成一个大的空闲内存,从而导致即使内存堆中有足够多的空闲内存,也无法再分配出一块大内存。

1. heap_2 内存管理算法的内存堆

heap_2 内存管理算法的内存堆与 heap_1 内存管理算法的内存堆一样,都是一个数组,定义如下所示:

```
/* 此宏用于定义 FreeRTOS 内存堆的定义方式 */
#if (configAPPLICATION_ALLOCATED_HEAP == 1)
    /* 用户自定义一个大数组作为 FreeRTOS 管理的内存堆 */
    extern uint8_t ucHeap [configTOTAL_HEAP_SIZE];
#else
```

```
    /* 定义一个大数组作为 FreeRTOS 管理的内存堆 */
    static uint8_t ucHeap [configTOTAL_HEAP_SIZE];
#endif
```

从上面的代码中可以看出，heap_2 内存管理算法中定义的内存堆与 heap_1 内存管理算法一样，可以在 FreeRTOSConfig.h 文件中配置 configTOTAL_HEAP_SIZE 项，以配置内存堆的字节大小。同样地，也可以用 configAPPLICATION_ALLOCATED_HEAP 配置项将内存堆定义在指定的内存地址中。

2. heap_2 内存管理算法特性

① 可以使用在可能会删除已经创建好的任务、队列、信号量等的应用程序中，但是要注意内存碎片的产生。

② 不应该被使用在多次申请和释放不固定大小内存的情况，因为这可能导致内存碎片的情况变得严重，如多次创建和删除任务、队列等，并且每次创建的任务栈大小、队列长度等都是不固定的，或需要在应用程序中调用函数 pvPortMalloc()和函数 vPortFree()来申请和释放不固定大小的内存等，以上这些情况都应该慎用 heap_2 内存管理算法。

③ 具有不确定性，但是执行的效率比标准 C 库的内存管理高得多。

3. heap_2 内存管理算法内存块详解

为了能够实现内存的释放功能，heap_2 内存管理算法引入了内存块的概念。在内存堆中的内存都是以内存块表示的，首先来看一下 heap_2 内存管理算法中内存块的定义：

```
typedef struct A_BLOCK_LINK
{
    struct A_BLOCK_LINK *      pxNextFreeBlock;      /* 指向下一个内存块 */
    size_t                     xBlockSize;           /* 内存块的大小 */
} BlockLink_t;
```

从上面的代码中可以看出，每一个内存块都包含了一个用于指向下一个内存块的指针 pxNextFreeBlock，并记录了内存块的大小。内存块的大小就包含了内存块结构体占用的内存空间和内存块中可使用的内存大小，因此内存块的结构如图 20.3 所示(图 20.3 展示了一段 24 字节大小的内存作为内存块的示意图)。

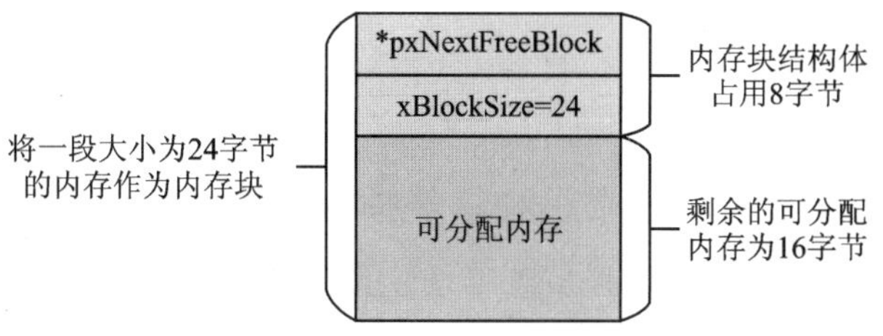

图 20.3　heap_2 内存块示意图

heap_2 内存管理算法会通过内存块中的 pxNextFreeBlock 指针,将还未分配的内存块链成一个单向链表,这个单向链表就叫空闲块链表。空闲块链表中的内存块是按照内存块的大小从小到大排序的,因此空闲块链表中相邻的两个内存块在内存中不一定相邻。为了方便管理这个空闲块链表,heap_2.c 文件中定义了两个内存块来作为空闲块链表的链表头和链表尾。这两个内存块的定义如下:

```
static BlockLink_t xStart,xEnd;
```

其中,xStart 作为空闲块链表的链表头,xEnd 作为空闲块链表的链表尾,注意,xStart 和 xEnd 并不是内存堆中的内存块,因此 xStart 和 xEnd 内存块并不包含可分配的内存。

4. heap_2 内存管理算法内存堆初始化详解

heap_2.c 文件中用于初始化内存堆的函数为函数 prvHeapInit(),此函数的定义如下所示:

```
static void prvHeapInit(void)
{
    BlockLink_t * pxFirstFreeBlock;
    uint8_t * pucAlignedHeap;
    /* 确保内存堆的起始地址按照 portBYTE_ALIGNMENT 字节对齐 */
    pucAlignedHeap = (uint8_t * )
        (((portPOINTER_SIZE_TYPE) & ucHeap[portBYTE_ALIGNMENT - 1]) &
        (~((portPOINTER_SIZE_TYPE) portBYTE_ALIGNMENT_MASK)));
    /* xStart 内存块的下一个内存块指向内存堆 */
    xStart.pxNextFreeBlock = (void * ) pucAlignedHeap;
    /* xStart 内存块的大小固定为 0 */
    xStart.xBlockSize = (size_t) 0;
    /* xEnd 内存块的大小用于指示内存堆的总大小 */
    xEnd.xBlockSize = configADJUSTED_HEAP_SIZE;
    /* xEnd 内存块没有下一个内存块 */
    xEnd.pxNextFreeBlock = NULL;
    /* 将整个内存堆作为一个内存块 */
    pxFirstFreeBlock = (void * ) pucAlignedHeap;
    /* 设置内存块的大小 */
    pxFirstFreeBlock ->xBlockSize = configADJUSTED_HEAP_SIZE;
    /* 内存块的下一个内存块指向 xEnd */
    pxFirstFreeBlock ->pxNextFreeBlock = &xEnd;
}
```

从上面的代码中可以看出,初始化内存堆的时候同时也初始化了 xStart 和 xEnd。初始化好后的内存堆和 xStart、xEnd 如图 20.4 所示。

5. heap_2 内存管理算法空闲块链表插入空闲内存块

heap_2 内存管理算法支持释放已经分配的内存,被释放的内存将被作为空闲内存块添加到空闲块链表,这一操作通过宏 prvInsertBlockIntoFreeList()完成。此宏的定义如下所示:

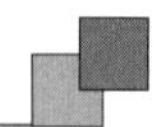

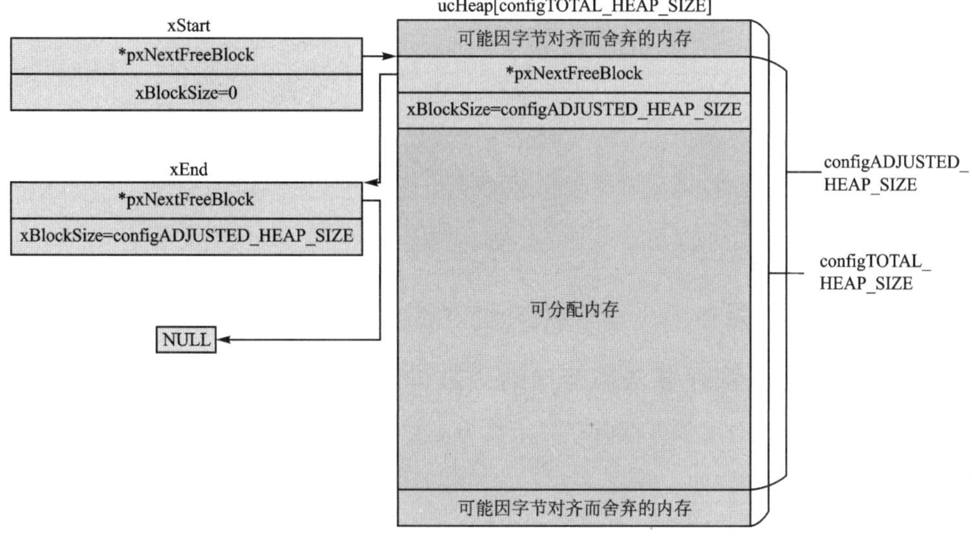

图 20.4　heap_2 初始化后的内存堆

```
#define prvInsertBlockIntoFreeList(pxBlockToInsert)                              \
{                                                                                \
    BlockLink_t * pxIterator;                                                    \
    size_t xBlockSize;                                                           \
    /* 获取待插入空闲内存块的大小 */                                              \
    xBlockSize = pxBlockToInsert->xBlockSize;                                    \
    /* 从 xStart 开始，遍历整个内存块单向链表 */                                  \
    /* 找到第一个内存大小不小于待插入空闲内存块的空闲内存块的上一个空闲内存块 */  \
    for(pxIterator = &xStart;                                                    \
    pxIterator->pxNextFreeBlock->xBlockSize < xBlockSize;                        \
    pxIterator = pxIterator->pxNextFreeBlock)                                    \
    {                                                                            \
        /* 什么都不做，找到内存块该插入的位置 */                                  \
    }                                                                            \
    /* 将待插入的内存块，插入链表中的对应位置 */                                  \
    pxBlockToInsert->pxNextFreeBlock = pxIterator->pxNextFreeBlock;              \
    pxIterator->pxNextFreeBlock = pxBlockToInsert;                               \
}
```

从上面的代码中可以看出，将空闲的内存块插入空闲块链表，首先会从头遍历空闲块链表找到第一个内存大小不小于待插入空闲内存块的空闲内存块的上一个空闲内存块，然后将待插入空闲内存块插入到这个空闲内存块的后面，如图 20.5 所示。

可以看出，heap_2 内存管理算法的空闲内存块插入空闲内存块链表的操作与 7.2.4 小节相似。

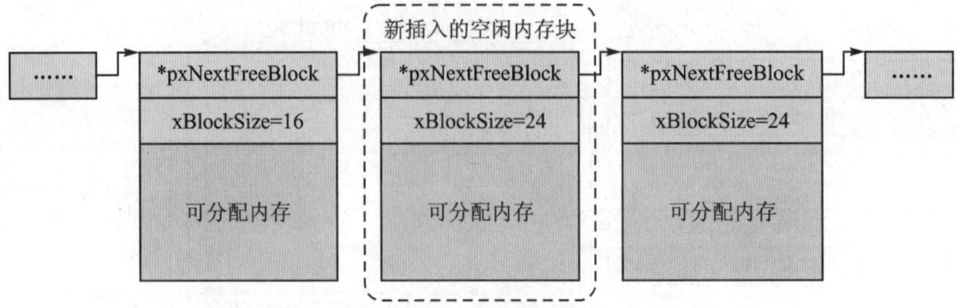

图 20.5 heap_2 空闲内存块插入空闲块链表示意图

6. heap_2 内存管理算法内存申请函数详解

heap_2.c 文件中用于申请内存的函数为函数 pvPortMalloc(),此函数的定义如下所示:

```
void * pvPortMalloc(size_t xWantedSize)
{
    BlockLink_t * pxBlock, * pxPreviousBlock, * pxNewBlockLink;
    static BaseType_t xHeapHasBeenInitialised = pdFALSE;
    void * pvReturn = NULL;
    /* 挂起任务调度器 */
    vTaskSuspendAll();
    {
        /* 如果内存堆未初始化,则先初始化内存堆 */
        if (xHeapHasBeenInitialised == pdFALSE)
        {
            /* 初始化内存堆 */
            prvHeapInit();
            /* 标记内存堆已经初始化 */
            xHeapHasBeenInitialised = pdTRUE;
        }
        /* 申请的内存大小需要大于 0 */
        if ( (xWantedSize > 0) &&
            ((xWantedSize + heapSTRUCT_SIZE) > xWantedSize))
        {
            /* 将所需申请的内存大小加上内存块结构体的大小 */
            xWantedSize += heapSTRUCT_SIZE;
            /* 将所需申请的内存大小按 portBYTE_ALIGNMENT 字节对齐 */
            if ((xWantedSize +
                    (portBYTE_ALIGNMENT - (xWantedSize&portBYTE_ALIGNMENT_MASK)))
                 > xWantedSize)
            {
                xWantedSize +=
                    (portBYTE_ALIGNMENT - (xWantedSize&portBYTE_ALIGNMENT_MASK));
                configASSERT((xWantedSize & portBYTE_ALIGNMENT_MASK) == 0);
            }
            else
```

```
        {
            xWantedSize = 0;
        }
    }
    else
    {
        xWantedSize = 0;
    }
    /* 所需的内存大小需要大于 0
     * 且小于内存堆中可分配内存大小
     */
    if((xWantedSize > 0) && (xWantedSize <= xFreeBytesRemaining))
    {
        pxPreviousBlock = &xStart;
        pxBlock = xStart.pxNextFreeBlock;
        /* 从头遍历内存块链表,找到第一个内存大小适合的内存块 */
        while ((pxBlock ->xBlockSize < xWantedSize) &&
                (pxBlock ->pxNextFreeBlock != NULL))
        {
            pxPreviousBlock = pxBlock;
            pxBlock = pxBlock ->pxNextFreeBlock;
        }
        /* 判断是否找到了符合条件的内存块 */
        if (pxBlock != &xEnd)
        {
            /* 将返回值设置为符合添加内存块中可分配内存的起始地址
             * 即内存块的内存地址偏移内存块结构体大小的地址
             */
            pvReturn = (void * )
                (((uint8_t * ) pxPreviousBlock ->pxNextFreeBlock) +
                    heapSTRUCT_SIZE);
            /* 将符合条件的内存块从空闲块链表中移除 */
            pxPreviousBlock ->pxNextFreeBlock = pxBlock ->pxNextFreeBlock;
            /* 如果内存块中可分配内存比需要申请的内存大
             * 那么这个内存块可以被分配两个内存块
             * 一个作为申请到的内存块
             * 一个作为空闲内存块重新添加到空闲块链表中
             */
            if ((pxBlock ->xBlockSize - xWantedSize) >
                heapMINIMUM_BLOCK_SIZE)
            {
                /* 计算新空闲内存块的内存地址 */
                pxNewBlockLink = (void * )
                    (((uint8_t * ) pxBlock) +
                        xWantedSize);
                /* 计算两个内存块的大小 */
                pxNewBlockLink ->xBlockSize =
                    pxBlock ->xBlockSize - xWantedSize;
                pxBlock ->xBlockSize = xWantedSize;
```

```
                    /* 将新的空闲内存块插入到空闲块链表中 */
                    prvInsertBlockIntoFreeList((pxNewBlockLink));
                }
                /* 更新内存堆中可分配的内存大小 */
                xFreeBytesRemaining -= pxBlock->xBlockSize;
            }
        }
    }
    /* 恢复任务调度器 */
    (void) xTaskResumeAll();
    /* 返回申请到内存的首地址 */
    return pvReturn;
}
```

从上面的代码中可以看出，heap_2 内存管理算法申请内存的过程，大致如下：

① 因为空闲块链表中的空闲内存块是按照内存块的大小从小到大排序的，因此从头开始遍历空闲块链表，找到第一个大小适合的空闲内存块。

② 找到大小适合的空闲内存块后，由于找到的空闲内存块可能比需要申请的内存大，因此需要将整个内存块分为两个小的内存块，其中一个内存块的大小就是需要申请内存的大小，另一个小内存块作为空闲内存块重新插入空闲块链表。

7. heap_2 内存管理算法内存释放函数详解

heap_2.c 文件中用于释放内存的函数为函数 pvPortFree()，此函数的定义如下所示：

```
void vPortFree(void * pv)
{
    uint8_t * puc = (uint8_t * ) pv;
    BlockLink_t * pxLink;
    /* 被释放的对象需要不为空 */
    if (pv != NULL)
    {
        /* 获取内存块的起始地址 */
        puc -= heapSTRUCT_SIZE;
        /* 获取内存块 */
        pxLink = (void * ) puc;
        /* 挂起任务调度器 */
        vTaskSuspendAll();
        {
            /* 将被释放的内存块插入空闲块链表 */
            prvInsertBlockIntoFreeList(((BlockLink_t * ) pxLink));
            /* 更新内存堆中可分配的内存大小 */
            xFreeBytesRemaining += pxLink->xBlockSize;
        }
        /* 恢复任务调度器 */
        (void) xTaskResumeAll();
    }
}
```

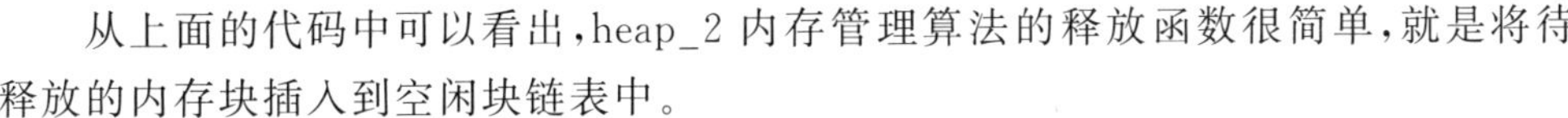

从上面的代码中可以看出，heap_2 内存管理算法的释放函数很简单，就是将待释放的内存块插入到空闲块链表中。

20.2.3 heap_3 内存管理算法

heap_3 内存管理算法是对标准 C 库提供的函数 malloc()和函数 free()的简单封装，以确保线程安全。

1. heap_3 内存管理算法的内存堆

heap_3 内存管理算法本质使用的是调用标准 C 库提供的内存管理函数，标准 C 库的内存管理需要链接器设置好一个堆，这个堆将作为内存管理的内存堆使用。在启动文件中可以配置这个堆的大小，如下所示：

```
; 配置堆的大小
Heap_Size           EQU      0x00000200
; AREA:             开辟一段内存空间
; HEAP:             段名为 HEAP
; NOINIT:           不进行初始化
; READWRITE:        可读可写
; ALIGN = 3:        以 8(2 的 3 次方)字节对齐
                    AREA     HEAP, NOINIT, READWRITE, ALIGN = 3
; 堆的起始地址
__heap_base
; 分配一个 Heap_Size 大小的内存空间
Heap_Mem            SPACE    Heap_Size
; 堆的结束地址
__heap_limit
```

通过修改 Heap_Size 的值就可以修改堆的大小。

2. heap_3 内存管理算法特性

① 需要链接器提供一个堆，还需要编译器的库提供用于申请内存的函数 malloc()和用于释放内存的函数 free()。

② 具有不确定性。

③ 有可能大大增减编译后的代码量。

3. heap_3 内存管理算法内存申请函数详解

heap_3.c 文件中用于申请内存的函数为函数 pvPortMalloc()，此函数的定义如下所示：

```
void * pvPortMalloc(size_t xWantedSize)
{
    void * pvReturn;
    /* 挂起任务调度器 */
    vTaskSuspendAll();
    {
```

```
        /* 调用 C 库函数申请内存 */
        pvReturn = malloc (xWantedSize);
    }
    /* 恢复任务调度器 */
    (void) xTaskResumeAll();
    /* 返回申请到内存的首地址 */
    return pvReturn;
}
```

从上面的代码中可以看出,heap_3 内存管理算法实际上是调用了 C 库的内存申请函数 malloc()申请内存,但会在申请内存的前后挂起和恢复任务调度器,以确保线程安全。

4. heap_3 内存管理算法内存释放函数详解

heap_3.c 文件中用于释放内存的函数为函数 pvPortFree(),此函数的定义如下所示:

```
void vPortFree(void * pv)
{
    /* 被释放的对象需要不为空 */
    if (pv)
    {
        /* 挂起任务调度器 */
        vTaskSuspendAll();
        {
            /* 调用 C 库函数释放内存 */
            free (pv);
        }
        /* 恢复任务调度器 */
        (void) xTaskResumeAll();
    }
}
```

从上面的代码中可以看出,heap_3 内存管理算法同样是简单地调用了 C 库的内存释放函数 free()来释放内存,同时在释放内存前后挂起和恢复任务调度器,以确保线程安全。

20.2.4 heap_4 内存管理算法

heap_4 内存管理算法使用了首次适应算法。与 heap_2 内存管理算法一样,heap_4 内存管理算法也支持内存的申请与释放,并且内存管理算法还能够将空闲且相邻的内存进行合并,从而减少内存碎片的现象。

1. heap_4 内存管理算法的内存堆

heap_4 内存管理算法的内存堆与 heap_1、heap_2 内存管理算法的内存堆一样,都是一个数组,定义如下所示:

```
/* 此宏用于定义 FreeRTOS 内存堆的定义方式 */
#if (configAPPLICATION_ALLOCATED_HEAP == 1)
    /* 用户自定义一个大数组作为 FreeRTOS 管理的内存堆 */
    extern uint8_t ucHeap [configTOTAL_HEAP_SIZE];
#else
    /* 定义一个大数组作为 FreeRTOS 管理的内存堆 */
    PRIVILEGED_DATA static uint8_t ucHeap[configTOTAL_HEAP_SIZE];
#endif
```

从上面的代码中可以看出，heap_4 内存管理算法中定义的内存堆与 heap_1、heap_2 内存管理算法一样，可以在 FreeRTOSConfig.h 文件中配置 configTOTAL_HEAP_SIZE 项，以配置内存堆的字节大小。同样地，也可以用 configAPPLICATION_ALLOCATED_HEAP 配置项将内存堆定义在指定的内存地址中。

2. heap_4 内存管理算法特性

① 适用于在程序中多次创建和删除任务、队列、信号量等的应用。

② 与 heap_2 内存管理算法相比，即使多次分配和释放随机大小的内存，产生内存碎片的几率也要小得多。

③ 具有不确定性，但是执行的效率比标准 C 库的内存管理高得多。

3. heap_4 内存管理算法内存块详解

与 heap_2 内存管理算法相似，heap_4 内存管理算法也引入了内存块的概念。在内存堆中内存以内存块表示，首先来看一下 heap_4 内存管理算法中内存块的定义：

```
/* 内存块结构体 */
typedef struct A_BLOCK_LINK
{
    /* 指向下一个内存块 */
    struct A_BLOCK_LINK * pxNextFreeBlock;
    /* 最高位表示内存块是否已经被分配
     * 其余位表示内存块的大小
     */
    size_t xBlockSize;
} BlockLink_t;
```

与 heap_2 内存管理算法类似，heap_4 内存管理算法的内存块结构体中也包含了两个成员变量，其中成员变量 pxNextFreeBlock 与 heap_2 内存管理算法一样，都用来指向下一个空闲内存块。再来看一下成员变量 xBlockSize，这个成员变量与 heap_2 内存管理算法中的有些不同，这个成员变量的数据类型为 size_t 对于 32 位的 STM32 而言，这是一个 32 位无符号数，其中 xBlockSize 的最高位用来标记内存块是否已经被分配；当内存块被分配后，xBlockSize 的最高位会被置 1，反之，则置 0。其余位用来表示内存块的大小，因为 xBlockSize 是一个 32 位无符号数，因此能用第 0～30 位来表示内存块的大小；也因此内存块的最大大小被限制在 0x80000000，即申请内存的大小不能超过 0x80000000 字节。

heap_4 内存管理算法同样会通过内存块中的 pxNextFreeBlock 指针，将还未分配的内存块链成一个单向链表，这个单向链表就叫作空闲块链表。与 heap_2 内存管理算法不同的是，heap_4 内存管理算法的空闲块链表中的内存块并不是按照内存块大小的顺序从小到大排序，而是按照空闲块链表中内存块的起始地址大小从小到大排序，这也是为了后续往空闲块链表中插入内存块时能够将相邻的内存块合并。为了方便管理这个空闲块链表，heap_4.c 文件中还定义了一个内存块和一个内存块指针来作为空闲块链表的链表头和指向空闲块链表的链表尾，这两个定义如下：

```
PRIVILEGED_DATA static BlockLink_t xStart, * pxEnd = NULL;
```

其中，xStart 作为空闲块链表的链表头，pxEnd 指向空闲块链表的链表尾。需要注意的是，xStart 不是内存堆中的内存块，而 pxEnd 所指向的内存块则是占用了内存堆中一个内存块结构体大小内存的，只是 pxEnd 指向的链表尾内存块的内存大小为 0，因此 xStart 内存块和 pxEnd 指向的内存块并不包含可分配的内存。

4. heap_4 内存管理算法内存堆初始化详解

heap_4.c 文件中用于初始化内存堆的函数为函数 prvHeapInit()，此函数的定义如下所示：

```
static void prvHeapInit(void)
{
    BlockLink_t * pxFirstFreeBlock;
    uint8_t * pucAlignedHeap;
    size_t uxAddress;
    /* 获取内存堆的大小
     * 即配置项 configTOTAL_HEAP_SIZE 的值
     */
    size_t xTotalHeapSize = configTOTAL_HEAP_SIZE;
    /* 获取内存堆的起始地址 */
    uxAddress = (size_t) ucHeap;
    /* 将内存堆的起始地址按 portBYTE_ALIGNMENT 字节向上对齐
     * 并且重新计算地址对齐后内存堆的大小
     */
    if((uxAddress & portBYTE_ALIGNMENT_MASK) != 0)
    {
        uxAddress += (portBYTE_ALIGNMENT - 1);
        uxAddress &= ~((size_t) portBYTE_ALIGNMENT_MASK);
        xTotalHeapSize -= uxAddress - (size_t) ucHeap;
    }
    /* 获取对齐后的地址 */
    pucAlignedHeap = (uint8_t * ) uxAddress;
    /* xStart 内存块的下一个内存块指向内存堆 */
    xStart.pxNextFreeBlock = (void * ) pucAlignedHeap;
    /* xStart 内存块的大小固定为 0 */
    xStart.xBlockSize = (size_t) 0;
```

```
    /* 从内存堆的末尾空出一个内存块结构体的内存
     * 并让 pxEnd 指向这个内存块
     */
    /* 获取内存堆的结束地址 */
    uxAddress = ((size_t) pucAlignedHeap) + xTotalHeapSize;
    /* 为 pxEnd 预留内存空间 */
    uxAddress -= xHeapStructSize;
    /* 地址按 portBYTE_ALIGNMENT 字节向下对齐 */
    uxAddress &= ~((size_t) portBYTE_ALIGNMENT_MASK);
    /* 设置 pxEnd */
    pxEnd = (void * ) uxAddress;
    /* pxEnd 内存块的大小固定为 0 */
    pxEnd ->xBlockSize = 0;
    /* pxEnd 指向的内存块没有下一个内存块 */
    pxEnd ->pxNextFreeBlock = NULL;
    /* 将内存堆作为一个空闲内存块 */
    pxFirstFreeBlock = (void * ) pucAlignedHeap;
    /* 设置空闲内存块的大小
     * 空闲内存块的大小为 pxEnd 指向的地址减内存块结构体的大小
     */
    pxFirstFreeBlock ->xBlockSize = uxAddress - (size_t) pxFirstFreeBlock;
    /* 空闲内存块的下一个内存块指向 pxEnd */
    pxFirstFreeBlock ->pxNextFreeBlock = pxEnd;
    /* 此时内存堆中只有一个空闲内存块
     * 并且这个内存块覆盖了整个内存堆空间
     */
    xMinimumEverFreeBytesRemaining = pxFirstFreeBlock ->xBlockSize;
    xFreeBytesRemaining = pxFirstFreeBlock ->xBlockSize;
    /* 此变量限制了内存块的大小
     * 在 32 位系统中，这个值的计算结果为 0x80000000
     * 内存块结构体中的成员变量 xBlockSize 的最高位用来标记内存块是否被分配
     * 其余位用来表示内存块的大小
     * 因此内存块的大小最大为 0x7FFFFFFF
     * 即内存块的大小小于 xBlockAllocatedBit 的值
     */
    xBlockAllocatedBit = ((size_t)1) << ((sizeof(size_t) * heapBITS_PER_BYTE) - 1);
}
```

从上面的代码中可以看出，初始化内存堆的时候，同时也初始化了 xStart 和 pxEnd。初始化好后的内存堆和 xStart、pxEnd 如图 20.6 所示。

从图 20.6 中可以看出，heap_4 内存管理算法初始化后的内存堆被分成了两个内存块，分别被内存块指针 pxFirstFreeBlock 和内存块指针 pxEnd 所指向。其中，内存块指针 pxEnd 所指向的内存块就是空闲块链表的链表尾，虽然这个链表尾内存块占用了内存堆中的内存，但是并不能作为空闲内存被分配；而被内存块指针 pxFirstFreeBlock 所指向的内存块才是可以被分配的空闲内存块。

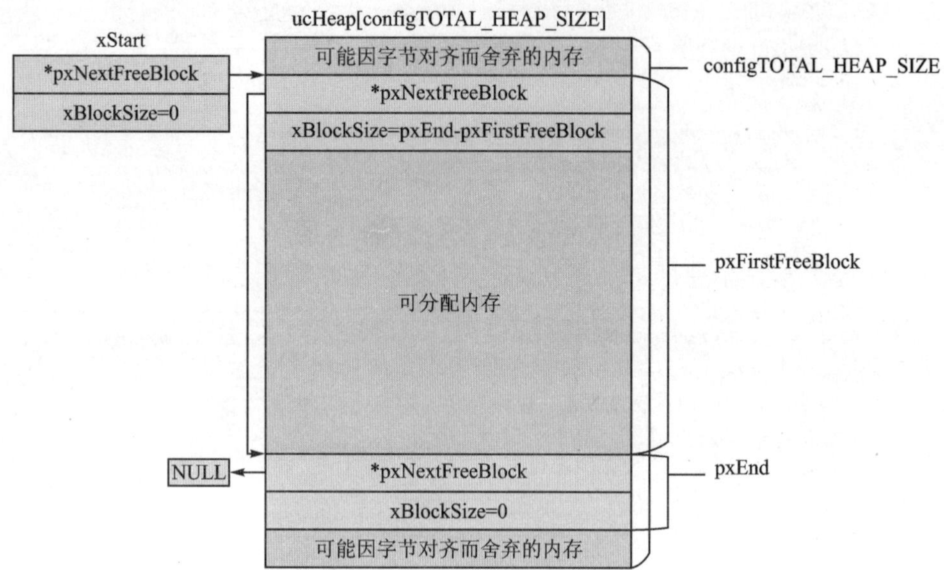

图 20.6 heap_4 初始化后的内存堆

5. heap_4 内存管理算法空闲块链表插入空闲内存块

heap_4 内存管理算法整体与 heap_2 内存管理算法很相似,但是 heap_4 内存管理算法相较于 heap_2 内存管理算法能够将物理内存空间上相邻的两个空闲内存块合并成一个大的空闲内存块,而这正是在将空闲内存块插入空闲块链表的时候实现的。heap_4.c 文件中定义了函数 prvInsertBlockIntoFreeList(),用于将空闲内存块插入空闲块链表。此函数的定义如下所示:

```
static void prvInsertBlockIntoFreeList (BlockLink_t * pxBlockToInsert)
{
    BlockLink_t * pxIterator;
    uint8_t * puc;
    /* 从头开始遍历空闲块链表
     * 找到第一个下一个内存块的起始地址比待插入内存块高的内存块
     */
    for (pxIterator = &xStart;
        pxIterator ->pxNextFreeBlock < pxBlockToInsert;
        pxIterator = pxIterator ->pxNextFreeBlock)
    {
        /* 什么都不做 */
    }
    /* 获取找到的内存块的起始地址 */
    puc = (uint8_t * ) pxIterator;
    /* 判断找到的这个内存块是否与待插入内存块的低地址相邻 */
    if((puc + pxIterator ->xBlockSize) == (uint8_t * ) pxBlockToInsert)
    {
```

```
        /* 将两个相邻的内存块合并 */
        pxIterator->xBlockSize += pxBlockToInsert->xBlockSize;
        pxBlockToInsert = pxIterator;
    }
    /* 获取待插入内存块的起始地址 */
    puc = (uint8_t *) pxBlockToInsert;
    /* 判断找到的这个内存块的下一个内存块始于待插入内存块的高地址相邻 */
    if ( (puc + pxBlockToInsert->xBlockSize) ==
        (uint8_t *) pxIterator->pxNextFreeBlock)
    {
        /* 要合并的内存块不能为 pxEnd */
        if (pxIterator->pxNextFreeBlock != pxEnd)
        {
            /* 将两个内存块合并 */
            pxBlockToInsert->xBlockSize +=
                pxIterator->pxNextFreeBlock->xBlockSize;
            pxBlockToInsert->pxNextFreeBlock =
                pxIterator->pxNextFreeBlock->pxNextFreeBlock;
        }
        else
        {
            /* 将待插入内存块插入到 pxEnd 前面 */
            pxBlockToInsert->pxNextFreeBlock = pxEnd;
        }
    }
    else
    {
        /* 将待插入内存块插入到找到的内存块的下一个内存块前面 */
        pxBlockToInsert->pxNextFreeBlock = ->pxNextFreeBlock;
    }
    /* 判断找到的内存块是否不因为与待插入内存块的低地址相邻
     * 而与待插入内存块合并
     */
    if (pxIterator != pxBlockToInsert)
    {
        /* 将找到的内存块的下一个内存块指向待插入内存块 */
        pxIterator->pxNextFreeBlock = pxBlockToInsert;
    }
}
```

从上面的代码中可以看出，与 heap_2 内存管理算法将空闲块链表中的空闲内存块按照内存块的内存大小从小到大排序的方式不同，heap_4 内存管理算法是将空闲内存块链表中的空闲内存块按照内存块在物理内存上的起始地址从低到高进行排序的，也正是因此，才能够更加方便地找出物理内存地址相邻的空闲内存块，并将其进行合并。

从代码中可以看到，在将空闲内存块插入空闲块链表之前，会先从头开始遍历空闲块链表，按照内存块在物理内存上起始地址从低到高的排序规则，找到空闲块要插入的位置。接着判断待插入空闲内存块的起始地址或结束地址是否分别与该位置前面内存块的结束地址或该位置后面内存块的起始地址相同，如果相同，则表示待插入的空闲内存块在物理地址上与该位置前面的内存块或该位置后面的内存块相邻，那么就将相邻的两个空闲内存块合并成一个大的内存块，再将这个大的内存块插入到空闲块链表中。这个操作的示意图如图 20.7 所示(以待插入空闲内存块与找到位置的上一个内存块相邻为例)。

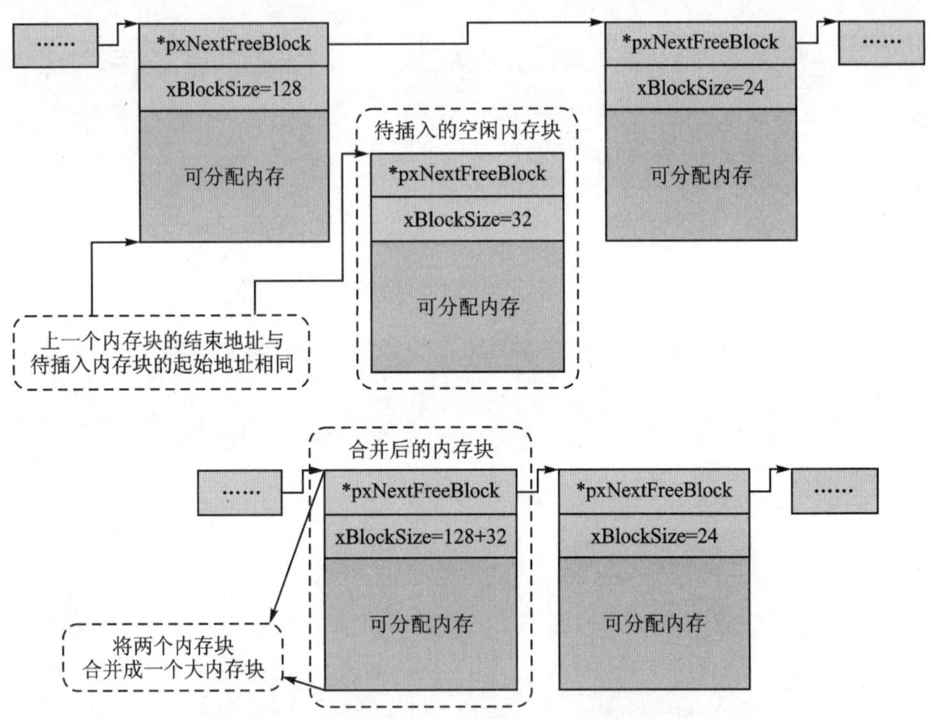

图 20.7　heap_4 空闲内存块插入空闲块链表示意图

6. heap_4 内存管理算法内存申请函数详解

heap_4.c 文件中用于申请内存的函数为函数 pvPortMalloc()，此函数的定义如下所示：

```
void * pvPortMalloc(size_t xWantedSize)
{
    BlockLink_t * pxBlock, * pxPreviousBlock, * pxNewBlockLink;
    void * pvReturn = NULL;
    /* 挂起任务调度器 */
    vTaskSuspendAll();
    {
        /* 如果内存堆未初始化，则先初始化内存堆 */
        if (pxEnd == NULL)
```

```
{
    /* 初始化内存堆 */
    prvHeapInit();
}
/* 需要申请的内存大小不能超过内存块的最大大小限制
 * 如果超过此限制，则内存申请失败
 */
if ((xWantedSize & xBlockAllocatedBit) == 0)
{
    /* 申请的内存大小需要大于 0 */
    if ((xWantedSize > 0) &&
        ((xWantedSize + xHeapStructSize) > xWantedSize))
    {
        /* 将所需申请的内存大小加上内存块结构体的大小 */
        xWantedSize += xHeapStructSize;
        /* 将所需申请的内存大小按 portBYTE_ALIGNMENT 字节对齐 */
        if((xWantedSize & portBYTE_ALIGNMENT_MASK) != 0x00)
        {
            if((xWantedSize + (portBYTE_ALIGNMENT -
                            (xWantedSize & portBYTE_ALIGNMENT_MASK)))
                > xWantedSize)
            {
                xWantedSize +=
                    (portBYTE_ALIGNMENT -
                        (xWantedSize & portBYTE_ALIGNMENT_MASK));
                configASSERT(
                    (xWantedSize & portBYTE_ALIGNMENT_MASK) == 0);
            }
            else
            {
                xWantedSize = 0;
            }
        }
    }
    else
    {
        xWantedSize = 0;
    }
    /* 所需的内存大小需要大于 0
     * 且小于内存堆中可分配内存大小
     */
    if((xWantedSize > 0) && (xWantedSize <= xFreeBytesRemaining))
    {
        pxPreviousBlock = &xStart;
        pxBlock = xStart.pxNextFreeBlock;
        /* 从头遍历内存块链表，找到第一个内存大小适合的内存块 */
        while((pxBlock->xBlockSize < xWantedSize) &&
            (pxBlock->pxNextFreeBlock != NULL))
        {
```

```
            pxPreviousBlock = pxBlock;
            pxBlock = pxBlock ->pxNextFreeBlock;
        }
        /* 判断是否找到了符合条件的内存块 */
        if (pxBlock != pxEnd)
        {
            /* 将返回值设置为符合添加内存块中可分配内存的起始地址
             * 即内存块的内存地址偏移内存块结构体大小的地址
             */
            pvReturn = (void *)
                (((uint8_t *) pxPreviousBlock ->pxNextFreeBlock) +
                    xHeapStructSize);
            /* 将符合条件的内存块从空闲块链表中移除 */
            pxPreviousBlock ->pxNextFreeBlock = pxBlock ->pxNextFreeBlock;
            /* 如果内存块中可分配内存比需要申请的内存大
             * 那么这个内存块可以被分配两个内存块
             * 一个作为申请到的内存块
             * 一个作为空闲块重新添加到空闲块链表中
             */
            if ((pxBlock ->xBlockSize - xWantedSize) >
                heapMINIMUM_BLOCK_SIZE)
            {
                /* 计算新空闲内存块的内存地址 */
                pxNewBlockLink =
                    (void *) (((uint8_t *) pxBlock) + xWantedSize);
                /* 计算出的新地址也要按 portBYTE_ALIGNMENT 字节对齐 */
                configASSERT ((((size_t) pxNewBlockLink) &
                                portBYTE_ALIGNMENT_MASK) ==
                            0);
                /* 计算两个内存块的大小 */
                pxNewBlockLink ->xBlockSize =
                    pxBlock ->xBlockSize - xWantedSize;
                pxBlock ->xBlockSize = xWantedSize;
                /* 将新的空闲内存块插入到空闲块链表中 */
                prvInsertBlockIntoFreeList (pxNewBlockLink);
            }
            /* 更新内存堆中可分配的内存大小 */
            xFreeBytesRemaining -= pxBlock ->xBlockSize;
            /* 更新空闲内存块中内存最小的空闲内存块的内存大小 */
            if (xFreeBytesRemaining < xMinimumEverFreeBytesRemaining)
            {
                xMinimumEverFreeBytesRemaining = xFreeBytesRemaining;
            }
            /* 标记内存块已经被分配 */
            pxBlock ->xBlockSize |= xBlockAllocatedBit;
            /* 内存块从空闲块链表中移除后
             * 将内存块结构体中指向下一个内存块的指针指向空
             */
            pxBlock ->pxNextFreeBlock = NULL;
```

```
                    /* 更新成功分配内存的次数 */
                    xNumberOfSuccessfulAllocations++;
                }
            }
        }
    }
    /* 恢复任务调度器 */
    (void) xTaskResumeAll();
    /* 申请到内存的起始地址
     * 须按 portBYTE_ALIGNMENT 字节对齐
     */
    configASSERT((((size_t)pvReturn) & (size_t)portBYTE_ALIGNMENT_MASK) == 0);
    /* 返回申请到内存的首地址 */
    return pvReturn;
}
```

从上面的代码中可以看出，heap_4 内存管理算法申请内存的过程的整个逻辑与 heap_2 内存管理算法是大同小异的。

7. heap_4 内存管理算法内存释放函数详解

heap_4.c 文件中用于释放内存的函数为函数 pvPortFree()，此函数的定义如下所示：

```
void vPortFree(void * pv)
{
    uint8_t * puc = (uint8_t * ) pv;
    BlockLink_t * pxLink;
    /* 被释放的对象需要不为空 */
    if (pv != NULL)
    {
        /* 获取内存块的起始地址 */
        puc -= xHeapStructSize;
        /* 获取内存块 */
        pxLink = (void * ) puc;
        /* 待释放的内存块必须是已经被分配的内存块 */
        configASSERT((pxLink->xBlockSize & xBlockAllocatedBit) != 0);
        /* 待释放的内存块不能在空闲块链表中 */
        configASSERT (pxLink->pxNextFreeBlock == NULL);
        /* 判断待释放的内存块是否是已经被分配的内存块 */
        if((pxLink->xBlockSize & xBlockAllocatedBit) != 0)
        {
            /* 判断待释放的内存块是否不在空闲块链表中 */
            if (pxLink->pxNextFreeBlock == NULL)
            {
                /* 将待释放的内存块标记为未被分配 */
                pxLink->xBlockSize &= ~xBlockAllocatedBit;
                /* 挂起任务调度器 */
                vTaskSuspendAll();
```

```
                {
                    /* 更新内存堆中可分配的内存大小 */
                    xFreeBytesRemaining += pxLink->xBlockSize;
                    /* 将新的空闲内存块插入到空闲块链表中 */
                    prvInsertBlockIntoFreeList(((BlockLink_t *) pxLink));
                    /* 更新成功释放内存的次数 */
                    xNumberOfSuccessfulFrees++;
                }
                /* 恢复任务调度器 */
                (void) xTaskResumeAll();
            }
        }
    }
}
```

从上面的代码中可以看出，heap_4 内存管理算法释放函数的逻辑与 heap_2 内存管理算法依然类似。

20.2.5 heap_5 内存管理算法

heap_5 内存管理算法是在 heap_4 内存管理算法的基础上实现的，因为 heap_5 内存管理算法使用与 heap_4 内存管理算法相同的内存分配、释放和合并算法，但是 heap_5 内存管理算法在 heap_4 内存管理算法的基础上实现了管理多个非连续内存区域的能力。

heap_5 内存管理算法默认并没有定义内存堆，需要用户手动调用函数 vPortDefindHeapRegions()，并传入作为内存堆的内存区域的信息，对其进行初始化。初始化后的内存堆将被作为空闲内存块链接到空闲块链表中，再接下来的内存申请与释放就和 heap_4 内存管理算法一致了。

要注意的是，因为 heap_5 内存管理算法并不会自动创建好内存堆，因此需要用户手动为 heap_5 初始化好作为内存堆的内存区域后，才能够动态创建任务、队列、信号量等对象。

1. heap_5 内存管理算法内存区域信息结构体

heap_5 内存管理算法定义了一个结构体，用于表示内存区域的信息。该结构体的定义如下所示：

```
typedef struct HeapRegion
{
    uint8_t *    pucStartAddress;    /* 内存区域的起始地址 */
    size_t       xSizeInBytes;       /* 内存区域的大小,单位:字节 */
} HeapRegion_t;
```

通过这个结构体就能够表示内存区域的信息了。要注意的是系统中有多个内存区域需要由 heap_5 内存管理算法管理，切记不能多次调用内存区域初始化函数，须参考以下方式(仅作参考，请根据实际情况编写内存区域信息数组)：

```
const HeapRegion_t xHeapRegions[] =
{
    {(uint8_t *)0x80000000, 0x10000},     /* 内存区域 1 */
    {(uint8_t *)0x90000000, 0xA0000},     /* 内存区域 2 */
    {NULL, 0}                             /* 数组终止标志 */
};
vPortDefineHeapRegions(xHeapRegions);
```

上例定义了一个内存区域信息结构体 HeapRegion_t 类型的数组，数组中包含了两个内存区域的信息。这些内存区域信息必须按照内存区域起始地址的高低，从低到高进行排序；最后以一个起始地址为 NULL，大小为 0 的“虚假”内存区域信息作为内存区域信息数组的终止标志。

2. heap_5 内存管理算法初始化内存区域

heap_5.c 文件中用于初始化内存区域的函数为函数 vPortDefineHeapRegions()，此函数的定义如下所示：

```
void vPortDefineHeapRegions(const HeapRegion_t * const pxHeapRegions)
{
    BlockLink_t * pxFirstFreeBlockInRegion = NULL, * pxPreviousFreeBlock;
    size_t xAlignedHeap;
    size_t xTotalRegionSize,xTotalHeapSize = 0;
    BaseType_t xDefinedRegions = 0;
    size_t xAddress;
    const HeapRegion_t * pxHeapRegion;
    /* 此函数只能被调用一次 */
    configASSERT (pxEnd == NULL);
    /* 获取内存区域信息中的第 0 个信息 */
    pxHeapRegion = & (pxHeapRegions [xDefinedRegions]);
    /* 作为内存堆的内存区域大小需大于 0
     * 此处用于遍历内存区域信息数组，直到数组终止标志
     */
    while (pxHeapRegion ->xSizeInBytes > 0)
    {
        /* 获取内存区域的大小 */
        xTotalRegionSize = pxHeapRegion ->xSizeInBytes;
        /* 获取内存区域的起始地址 */
        xAddress = (size_t) pxHeapRegion ->pucStartAddress;
        /* 将内存区域的地址按 portBYTE_ALIGNMENT 字节向上对齐 */
        if((xAddress & portBYTE_ALIGNMENT_MASK) ! = 0)
        {
            xAddress += (portBYTE_ALIGNMENT - 1);
            xAddress & = ~portBYTE_ALIGNMENT_MASK;
            /* 更新起始地址对齐后内存区域的大小 */
            xTotalRegionSize -=
                xAddress - (size_t) pxHeapRegion ->pucStartAddress;
        }
        /* 获取对齐后的内存区域起始地址 */
```

```
xAlignedHeap = xAddress;
/* 判断初始化的内存区域是否为第 0 个内存区域
 * 如果初始化的内存区域为第 0 个内存区域,则需要初始化 xStart 内存块
 * 反之,则无须重复初始化 xStart 内存块
 */
if (xDefinedRegions == 0)
{
    /* xStart 内存块的下一个内存块指向内存堆 0 */
    xStart.pxNextFreeBlock = (BlockLink_t * ) xAlignedHeap;
    /* xStart 内存块的大小固定为 0 */
    xStart.xBlockSize = (size_t) 0;
}
else
{
    /* 如果初始化的内存区域不是内存区域 0,那么 pxEnd 应该已经被初始化过了
     */
    configASSERT (pxEnd != NULL);
    /* 本次初始化的内存区域的起始地址应大于 pxEnd
     * 因为入参 pxHeapRegions 中的内存区域信息是按照内存区域起始地址的高
       低从低到高进行排序的
     */
    configASSERT (xAddress > (size_t) pxEnd);
}
/* 记录前一个内存区域的 pxEnd(如果有) */
pxPreviousFreeBlock = pxEnd;
/* 获取内存堆的结束地址 */
xAddress = xAlignedHeap + xTotalRegionSize;
/* 为 pxEnd 预留内存空间 */
xAddress  -= xHeapStructSize;
/* 地址按 portBYTE_ALIGNMENT 字节向下对齐 */
xAddress &= ~portBYTE_ALIGNMENT_MASK;
/* 设置 pxEnd */
pxEnd = (BlockLink_t * ) xAddress;
/* pxEnd 内存块的大小固定为 0 */
pxEnd->xBlockSize = 0;
/* pxEnd 指向的内存块没有下一个内存块 */
pxEnd->pxNextFreeBlock = NULL;
/* 将内存堆作为该内存区域的一个空闲内存块 */
pxFirstFreeBlockInRegion = (BlockLink_t * ) xAlignedHeap;
/* 设置空闲内存块的大小
 * 空闲内存块的大小为 pxEnd 的地址减内存块结构体的大小
 */
pxFirstFreeBlockInRegion->xBlockSize =
    xAddress - (size_t) pxFirstFreeBlockInRegion;
/* 空闲内存块的下一个内存块指向 pxEnd */
pxFirstFreeBlockInRegion->pxNextFreeBlock = pxEnd;
/* 判断本次初始化的内存区域是否为第 0 个内存区域
 * 如果不是第 0 个内存区域,那么就将上一个内存区域的 pxEnd 中用于指向
 * 下一个内存块的指针指向本次初始化后的空闲内存块
```

```
        */
        if (pxPreviousFreeBlock != NULL)
        {
            pxPreviousFreeBlock->pxNextFreeBlock = pxFirstFreeBlockInRegion;
        }
        /* 更新所有内存堆的大小 */
        xTotalHeapSize += pxFirstFreeBlockInRegion->xBlockSize;
        /* 准备处理内存区域数组中的下一个内存区域信息元素 */
        xDefinedRegions++;
        pxHeapRegion = &(pxHeapRegions[xDefinedRegions]);
    }
    /* 此时所有内存堆中还没有被申请的内存 */
    xMinimumEverFreeBytesRemaining = xTotalHeapSize;
    xFreeBytesRemaining = xTotalHeapSize;
    /* 检查是否有实际的内存区域被初始化 */
    configASSERT(xTotalHeapSize);
    /* 此变量限制了内存块的大小
     * 在 32 位系统中,这个值的计算结果为 0x80000000
     * 内存块结构体中的成员变量 xBlockSize 的最高位用来标记内存块是否被分配
     * 其余位用来表示内存块的大小,因此内存块的大小最大为 0x7FFFFFFF
     * 即内存块的大小小于 xBlockAllocatedBit 的值
     */
    xBlockAllocatedBit = ((size_t)1) << ((sizeof(size_t) * heapBITS_PER_BYTE) - 1);
}
```

从上面的代码中可以看出,heap_5 内存管理算法的内存区域初始化与 heap_4 内存管理算法的内存堆初始化是有些相似地方的,heap_5 内存管理算法初始化后的内存区域示意图如图 20.8 所示(以两个内存区域为例)。

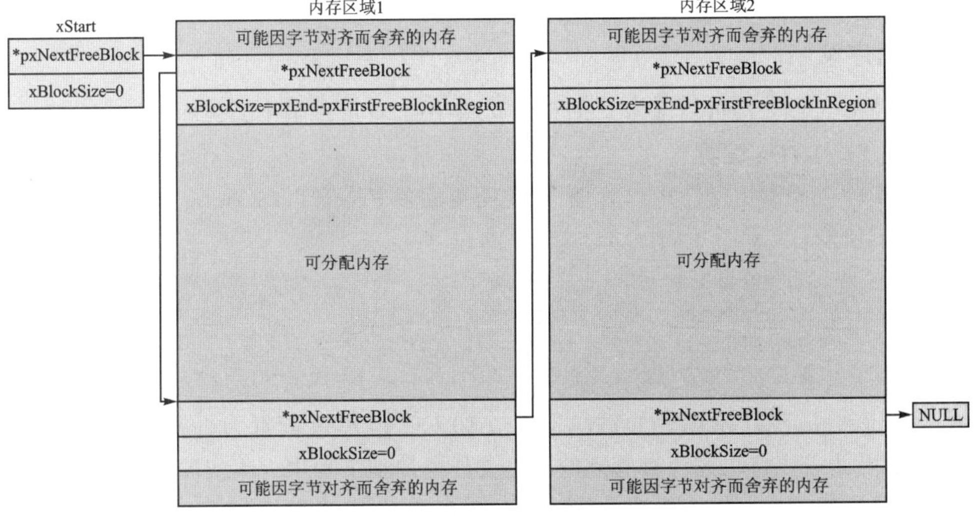

图 20.8 heap_5 初始化后的内存区域

heap_5 内存管理算法与 heap_4 内存管理算法大部分的差异在于初始化，其余的内存块插入空闲块链表、内存申请与释放，都是大同小异的，这里就不再专门分析 heap_5 内存管理算法了，读者可参考 heap_4 内存管理的算法的相关内容。

20.3 FreeRTOS 内存管理实验

20.3.1 功能设计

本实验主要用于学习使用 FreeRTOS 中的内存管理，设计了两个任务，功能如表 20.1 所列。

表 20.1 各任务功能描述

任务名	任务功能描述
start_task	用于创建其他任务
task1	扫描按键，并作相应的按键解释

该实验的实验工程可参考配套资料中的“FreeRTOS 实验例程 20 FreeRTOS 内存管理实验”。

20.3.2 软件设计

1. 程序流程图

本实验的程序流程如图 20.9 所示。

2. 程序解析

整体的代码结构可请参考 2.1.6 小节，本小节着重讲解本实验相关的部分。

(1) FreeRTOS 配置

本实验需要使用动态内存管理，因此需要配置 FreeRTOSConfig.h 文件，具体的配置如下所示：

```
/* 1：支持动态申请内存，默认：1 */
#define configSUPPORT_DYNAMIC_ALLOCATION    1
/* FreeRTOS 堆中可用的 RAM 总量，单位：Byte，无默认须定义 */
#define configTOTAL_HEAP_SIZE               ((size_t)(10 * 1024))
```

将宏 configSUPPORT_DYNAMIC_ALLOCATION 配置为 1 就使能了动态内存管理，因此需要将动态内存管理的算法文件添加到工程中。本实验以 heap_4 内存管理算法为例，在上文移植 FreeRTOS 的时候已经往工程添加了内存管理算法文件，因此无须重复添加，如图 2.4 所示。同时还需要设置用于内存管理的对的大小，这里定义为 10 KB，这么一来就配置好了动态内存管理的相关项。

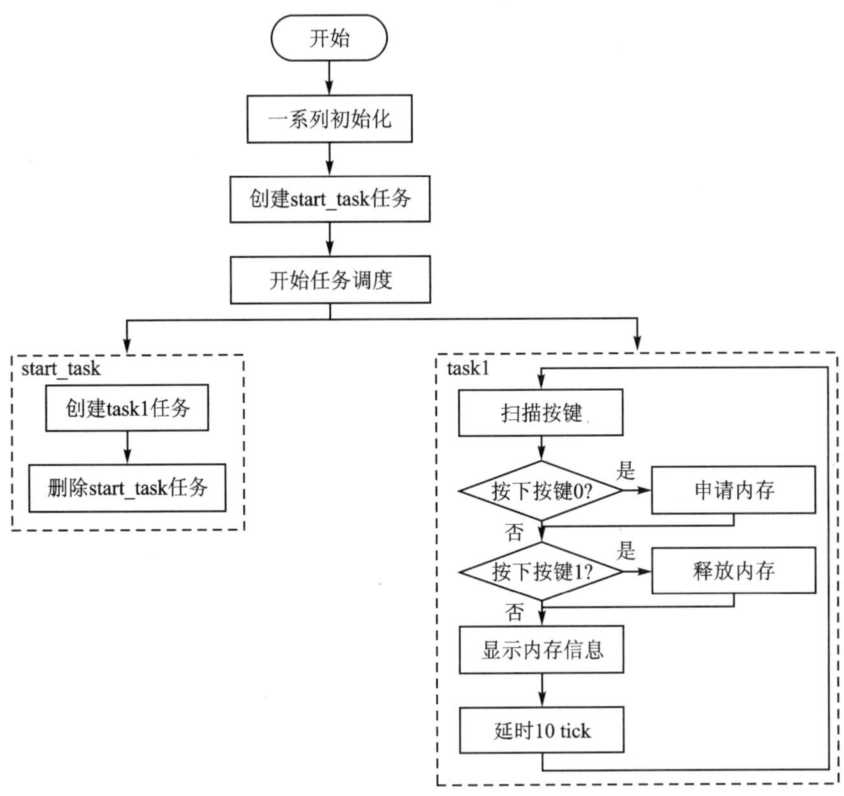

图 20.9 程序流程图

(2) start_task 任务

start_task 任务的入口函数代码如下所示：

```
/**
 * @brief      start_task
 * @param      pvParameters : 传入参数(未用到)
 * @retval     无
 */
void start_task(void * pvParameters)
{
    taskENTER_CRITICAL();                  /* 进入临界区 */
    /* 创建任务 1 */
    xTaskCreate ((TaskFunction_t  ) task1,
                 (const char *    ) "task1",
                 (uint16_t        ) TASK1_STK_SIZE,
                 (void *          ) NULL,
                 (UBaseType_t     ) TASK1_PRIO,
                 (TaskHandle_t *  ) &Task1Task_Handler);
    vTaskDelete(StartTask_Handler);        /* 删除开始任务 */
    taskEXIT_CRITICAL();                   /* 退出临界区 */
}
```

start_task 任务主要用于创建 task1 任务。

(3) task1 任务

```
/**
 * @brief    task1
 * @param    pvParameters : 传入参数(未用到)
 * @retval    无
 */
void task1(void * pvParameters)
{
    uint8_t    key          = 0;
    uint8_t    * buf        = NULL;
    size_t     free_size    = 0;
    while (1)
    {
        key = key_scan(0);
        switch (key)
        {
            case KEY0_PRES:
            {
                /* 申请内存和使用内存 */
                buf = pvPortMalloc(30);
                sprintf((char *)buf, "0x%p",buf);
                lcd_show_string(130, 160, 200, 16, 16, (char *)buf,BLUE);
                break;
            }
            case KEY1_PRES:
            {
                /* 释放内存 */
                if (NULL != buf)
                {
                    vPortFree(buf);
                    buf = NULL;
                }
                break;
            }
            default:
            {
                break;
            }
        }
        /* 显示总内存大小 */
        lcd_show_xnum(114, 118,configTOTAL_HEAP_SIZE, 5, 16, 0,BLUE);
        /* 获取内存剩余大小 */
        free_size = xPortGetFreeHeapSize();
        /* 显示剩余内存大小 */
        lcd_show_xnum(114, 139,free_size, 5, 16, 0,BLUE);
        vTaskDelay(10);
    }
}
```

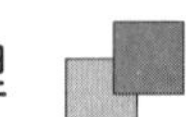

task1 任务用于扫描按键，当按键 0 被按下时，使用函数 pvPortMalloc()申请 30 字节的内存，并往内存中写入该内存的首地址，然后将其打印出来；当按键 1 被按下时，释放掉申请的内存，同时会在 LCD 上实时显示内存的总大小和剩余大小。

20.3.3　下载验证

编译并下载代码，复位后可以看到 LCD 屏幕上显示了本次实验的相关信息，如图 20.10 所示。

可以看到，LCD 上显示了用于动态内存管理的总内存大小为 1 KB，由于内存对齐、内存块结构体占用、系统启动等因素，已经使用了一部分内存，此时还剩余 7 664 B 的可分配内存空间。

接着按下按键 0，动态地从内存堆中申请 30 B 内存，LCD 显示的内容如图 20.11 所示。

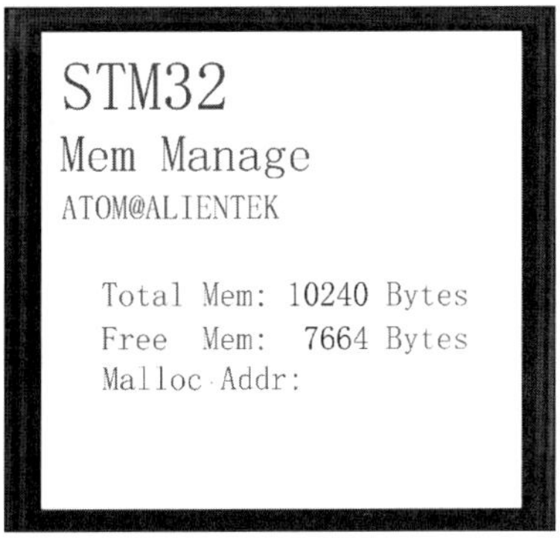

图 20.10　LCD 显示内容一

图 20.11　LCD 显示内容二

首先可以看到，LCD 上显示了申请到内存的首地址，这说明申请到内存的读取和写入都没有问题，因此成功地申请到了内存。但是与图 20.10 比较可以发现，剩余的可分配内存减少了 40 B，但是明明就只申请了 30 B，这是怎么回事呢？这是因为本实验使用的是 heap_4 内存管理算法，此内存管理算法引入了内存块的概念，内存块的结构体变量固定占用了 8 B 的空间，因此需要从内存堆中分配的内存就变成了 38 B。另外还需要按照 portBYTE_ALIGNMENT（对于 32 位的 STM32，宏定义为 8）字节对齐，因此就需要从内存堆中划分出 40 B 的内存空间了，详细可参考 20.2 节的介绍。

接着按下按键 1，释放刚刚申请的内存，LCD 显示的内容如图 20.12 所示。

释放完内存后可以看到，内存堆中剩余的可分配内存又变回了 7 664 B，说明之前申请到的内存被成功释放。

内存管理机制为用户提供了灵活的管理内存方法，用户可以在程序运行过程中根据需求申请和释放内存，但是这也就要求用户对申请的内存进行管理。对于程序

图 20.12　LCD 显示内容三

中动态申请的内存,在程序执行完毕后需要进行内存释放,将不用的内存释放回内存堆中。如果没有释放不用且动态申请的内存,则将导致内存泄漏,这也是使用内存管理的问题之一。因此在一般情况下,临时申请内存时,申请和释放内存的函数都是成对出现的,除非保证申请到的内存需要一直使用,这样才能尽可能地避免内存泄露问题的发生。

参考文献

[1] Joseph Yiu. ARM Cortex - M3 权威指南[M]. 宋岩，译. 北京：北京航空航天大学出版社，2009.

[2] Joseph Yiu. ARM Cortex - M3 与 Cortex - M4 权威指南[M]. 吴常玉，曹孟娟，王丽红，译. 3 版. 北京：清华大学出版社，2015.

[3] 左忠凯，刘军，张洋. FreeRTOS 源码详解与应用开发——基于 STM32[M]. 北京：北京航空航天大学出版社，2017.

[4] Amazon Web Services. The FreeRTOS™ Reference Manual[M]. 2016

[5] Richard Barry. Mastering the FreeRTOS™ Real Time Kernel[M]. 2016.

[6] Jean J. Labrosse. 嵌入式实时操作系统 μC/OS - III. 宫辉，译. 3 版. 北京：北京航空航天大学出版社，2012.